Differenziert vertiefen: **Weiterführende Aufgaben** erhöhen das Niveau und vertiefen dein Verständnis.

Überprüfe deine Lernfortschritte mit dem **Zwischentest** in der App Cornelsen Lernen.

Zu einzelnen Aufgaben erhältst du gestufte **Hilfen** in der App Cornelsen Lernen.

Die **Stolperstelle** zeigt dir typische Fehler.

Der **Ausblick** ist immer die letzte Aufgabe – und die schwierigste!

Das **Niveau** der Aufgaben erkennst du an einem Symbol.
◐ = mittel
● = schwierig

Weitere Symbole:

Medieneinsatz

Partnerarbeit

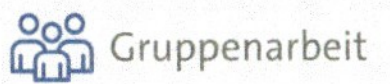
Gruppenarbeit

Sichern

Bist du sicher? **Prüfe dein neues Fundament** mit den **Testaufgaben**. Vergleiche deine Ergebnisse mit den Lösungen im Anhang und schätze deine Leistung selbstständig ein.

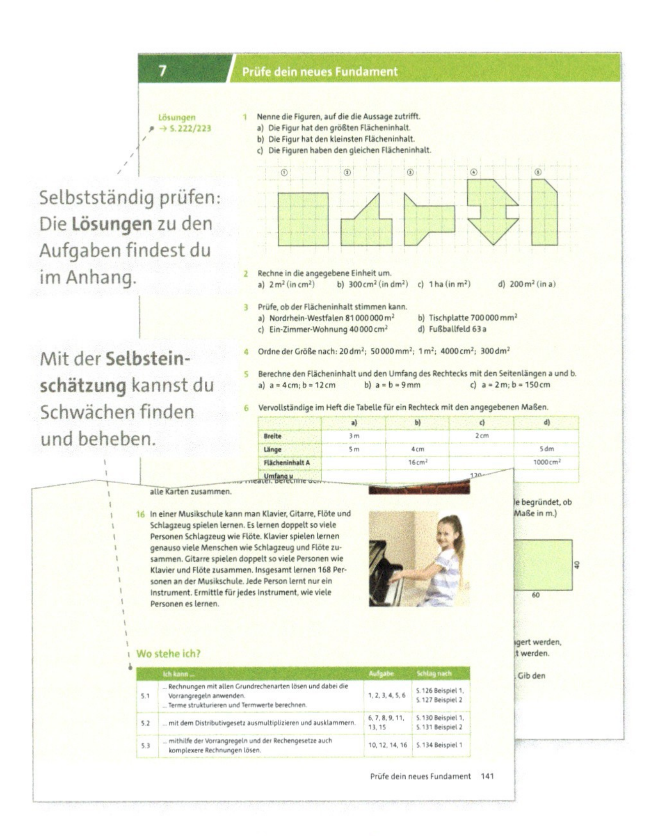

Selbstständig prüfen: Die **Lösungen** zu den Aufgaben findest du im Anhang.

Mit der **Selbsteinschätzung** kannst du Schwächen finden und beheben.

Wissen kompakt

Hier ist alles Wichtige auf einer Seite zusammengefasst – ideal zum Nachschlagen.

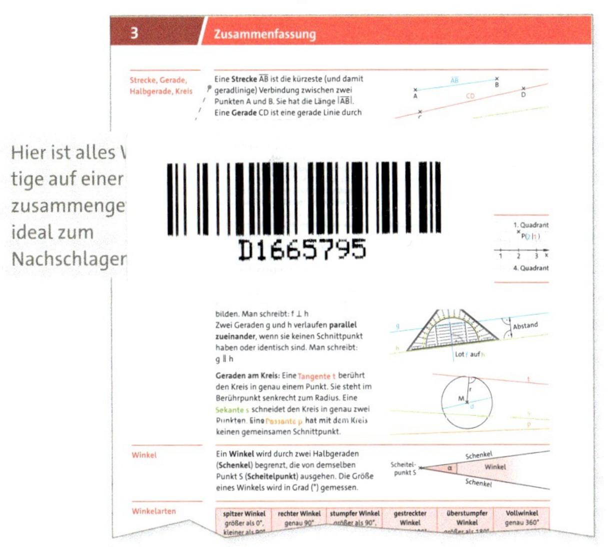

Fundamente der Mathematik 5

Gymnasium Bayern
Jahrgangsstufe 5

Herausgegeben von
Brigitte Distel, Spardorf
Dr. Andreas Pallack, Arnsberg

Dieses Schulbuch findest du auch in der App **Cornelsen Lernen**.

Wenn du eines dieser Symbole im Schulbuch siehst, findest du in der App …

Zwischentest — **Zwischentests** zur Selbsteinschätzung,

Hilfe — gestufte **Hilfen** zu ausgewählten Aufgaben.

Inhaltsverzeichnis

1

Natürliche und ganze Zahlen

Nach diesem Kapitel kannst du

→ Zahlen in Stellenwerttafeln, am Zahlenstrahl und an der Zahlengerade darstellen,
→ große Zahlen benennen und schreiben,
→ Zahlen geeignet runden,
→ ganze Zahlen vergleichen und ordnen.

Lösungen
→ S. 210

Natürliche Zahlen in einer Stellenwerttafel darstellen

1 Kaja hat in der Stellenwerttafel eine Zahl dargestellt.

T	H	Z	E
8	8	8	8

a) Lies die Zahl.
b) Kaja schreibt an der Tausenderstelle nun anstelle der 8 eine 7 und an der Zehnerstelle anstelle der 8 eine 0. Benenne diese Zahl.

2 Trage in eine Stellenwerttafel ein.
a) 719 b) 4010 c) 2 T 4 H 1 E d) fünfhundertsiebzehn
e) 9987 f) 1 T 5 E g) 5780 h) zweitausendfünfhundert

3 Schreibe als Zahlwort.
a) 33 b) 333 c) 3033 d) 3 333 000

4 Ines hat in einer Stellenwerttafel mit 11 Plättchen eine Zahl dargestellt.

T	H	Z	E
●●●●	●●●●●		●●

a) Gib an, wie die Zahl heißt.
b) Martin nimmt ein Plättchen weg. Gib alle möglichen Zahlen an, die entstehen können.
c) Tanja legt ein Plättchen dazu. Gib alle möglichen Zahlen an, die entstehen können.

5 Gib an, welchen Wert die Ziffer 3 in der Zahldarstellung bezeichnet.
a) 213 b) 231 c) 321 d) 9023

6 Ersetze den Platzhalter ■ im Heft so durch eine Zahl oder einen Buchstaben, dass die Aussage stimmt.
Beispiel: 1 H = 10 Z
a) 1 Z = ■ E b) 1 T = ■ Z c) 1000 E = ■ H d) ■ E = 5 H e) 2 H = 20 ■

7 Gib den Vorgänger und den Nachfolger der Zahl an.
a) 10 b) 25 c) 36 d) 79 e) 99

Zahlen vergleichen und ordnen

Erinnere dich
Das Kleinerzeichen „<“ und das Größerzeichen „>“ zeigen immer auf die kleinere Zahl wie bei 5 < 7 und 7 > 5.

8 Ersetze den Platzhalter ■ im Heft durch das richtige Zeichen <, > oder =.
a) 12 ■ 17 b) 23 ■ 13 c) 89 ■ 98 d) 31 ■ 13

9 Ordne der Größe nach. Beginne mit der kleinsten Zahl und verwende das richtige Zeichen < oder >.
a) 11; 4; 1; 9 b) 23; 9; 17; 19 c) 50; 10; 40; 90 d) 31; 5; 27; 0; 18

10 Ordne der Größe nach. Beginne mit der größten Zahl und verwende das richtige Zeichen < oder >.
a) 5; 7; 19; 11 b) 50; 100; 150; 25
c) 79; sechzig; 59; 66 d) dreihundert; 550; 99; 301

11 Ersetze den Platzhalter ■ im Heft durch eine passende Ziffer.
a) ■ < 1 b) 18 < 1■ c) 7■ > 78 d) 62 > 6■

Lösungen → S. 210

12 a) Gib die größte Zahl mit zwei Stellen an.
b) Gib die kleinste Zahl mit vier Stellen an.
c) Gib die kleinste zweistellige Zahl mit zwei gleichen Ziffern an.

13 Ersetze den Platzhalter ■ im Heft durch das richtige Zeichen <, > oder =.
a) 4 T ■ 2 H b) 30 H ■ 3 T c) 55 Z ■ 8 H d) 372 E ■ 12 H

14 Einige Freunde haben an einem Quiz teilgenommen.
Sie haben folgende Punktzahlen erzielt:

Paula: 39 Juri: 36
Alex: 32 Maria: 45
Jenna: 28 Lars: 34
Amira: 29 Chris: 37

a) Gib an, wer von den Freunden am besten abgeschnitten hat.
b) Sortiere die Freunde absteigend nach ihrer Punktzahl im Quiz.

15 Auf der Webseite des Goethe-Gymnasiums steht:
Zum neuen Schuljahr begrüßen wir vierundachtzig neue Fünftklässler an unserer Schule! Damit lernen jetzt insgesamt sechshundertfünfundneunzig Jugendliche bei uns, von denen zweiundsiebzig dieses Jahr ihr Abitur ablegen möchten. Die Jugendlichen werden von vierundsechzig Lehrkräften unterrichtet. In den Sommerferien haben wir außerdem siebenundzwanzig neue Whiteboards bekommen.
Schreibe alle Zahlen aus dem Text mit Ziffern und ordne sie der Größe nach. Verwende dazu das richtige Zeichen < oder >.

Zahlen auf einem Zahlenstrahl ablesen

16 Gib an, welche Zahlen durch die Buchstaben gekennzeichnet sind.

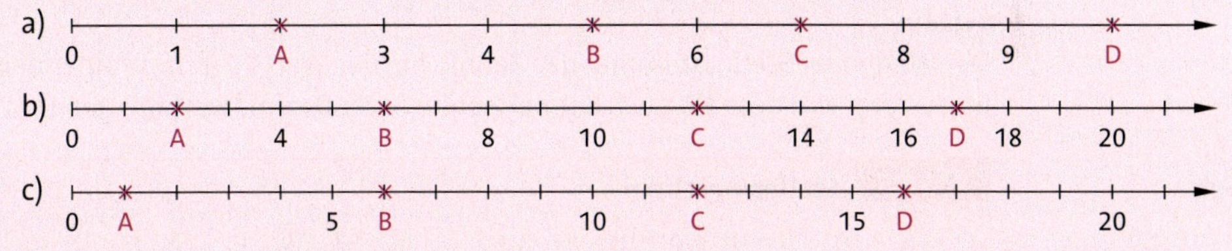

17 Gib drei Zahlen an, die auf einem Zahlenstrahl
a) rechts von der 12 liegen,
b) links von der 5 liegen,
c) zwischen der 19 und der 23 liegen.

18 Bestimme, wie viele Zahlen
a) zwischen 6 und 9 liegen,
b) zwischen 8 und 16 liegen,
c) zwischen 2 und 19 liegen.

19 Beschreibe, wo man auf einem Zahlenstrahl den Vorgänger und den Nachfolger einer Zahl findet.

20 Gib alle geraden Zahlen an, die auf einem Zahlenstrahl zwischen 17 und 29 liegen.

1.1 Natürliche Zahlen – große Zahlen

Lies den Zeitungsartikel vor. Achte besonders darauf, die Zahlen richtig wiederzugeben.

Die Weltbevölkerung steigt rapide

Vor 75 000 Jahren gab es auf der Welt etwa 10 000 Menschen. Vor 10 000 Jahren soll es bereits bis zu 10 000 000 Menschen und vor 2000 Jahren etwa 300 000 000 Menschen gegeben haben. Trotz Krankheiten wie der Pest im Mittelalter stieg die Weltbevölkerung bis zum Jahr 1500 n. Chr. auf etwa 500 000 000. Für das Jahr 2050 rechnet man mit einer Weltbevölkerung von etwa 9 000 000 000 Menschen.

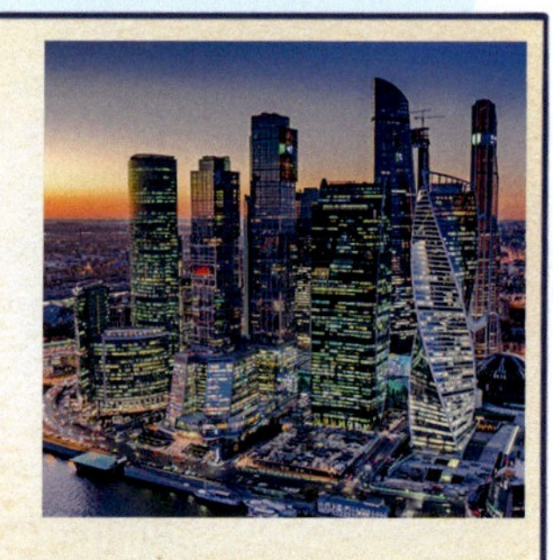

Zählen müssen Menschen schon seit Tausenden von Jahren. Wenn etwas gezählt wird, dann werden dafür die Zahlen 0, 1, 2, 3 ... genutzt. Diese Zahlen nennt man die **natürlichen Zahlen**. Man kann die natürlichen Zahlen zu einer **Menge** zusammenfassen. Eine Menge ist eine Zusammenfassung von verschiedenen Dingen. Diese Dinge heißen **Elemente**. Man stellt eine Menge dar, indem man die Elemente in geschweifte Klammern schreibt.

Wissen

Die Zahlen 0, 1, 2, 3 ... bilden die **Menge der natürlichen Zahlen**: $\mathbb{N} = \{0; 1; 2; 3; 4; ...\}$

Für die Aussage „1 ist ein Element der Menge der natürlichen Zahlen." schreibt man auch kurz: $1 \in \mathbb{N}$. Die Zahl 0,5 ist keine natürliche Zahl, man schreibt dafür: $0{,}5 \notin \mathbb{N}$

Natürliche Zahlen werden mit den Ziffern 0, 1, 2, 3, 4, 5, 6, 7, 8 und 9 gebildet. Die Bedeutung einer Ziffer hängt davon ab, an welcher Stelle in der Zahl sie steht: In der Zahl 132 steht die 3 für drei Zehner, sie hat also den Wert 30. In der Zahl 312 steht die 3 für drei Hunderter, sie hat also den Wert 300. Bei unserem Zahlensystem handelt es sich daher um ein **Stellenwertsystem**.
Der Wert einer Stelle ist immer das Zehnfache des Werts der nachfolgenden Stelle. Unser Zahlensystem wird deshalb auch **Zehnersystem** (oder **Dezimalsystem**) genannt.

Hinweis

Um sie besser lesen zu können, schreibt man große Zahlen in „Dreierpäckchen" auf:
2 853 691 015
„2 Milliarden
853 Millionen
691 Tausend
und 15"

Wissen **Stellenwerttafel**

·10 ·10 ·10 ·10 ·10 ·10 ·10 ·10 ·10 ·10 ·10 ·10 ·10 ·10

100 Billionen	10 Billionen	Billionen	100 Milliarden	10 Milliarden	Milliarden	100 Millionen	10 Millionen	Millionen	100 Tausender	10 Tausender	Tausender	Hunderter	Zehner	Einer	Lies ...
											1	2	0	0	„1 Tausend 200"
									1	0	0	3	0	0	„100 Tausend 300"
								7	2	3	0	0	0	0	„7 Millionen 230 Tausend"
					3	0	0	0	0	2	0	0	0	3	„3 Milliarden 20 Tausend und 3"
		4	0	3	2	0	0	0	0	0	0	0	0	0	„4 Billionen 32 Milliarden"

Die nächsten Zahlwörter heißen Billiarde, Trillion, Trilliarde und Quadrillion. Man kann beliebig viele Ziffern ergänzen, deshalb gibt es keine größte natürliche Zahl.

Hinweis

E = Einer
Z = Zehner
H = Hunderter
T = Tausender
ZT = Zehntausender
HT = Hunderttausender
Mio. = Millionen
Mrd. = Milliarden
Bill. = Billionen

Beispiel 1

Trage die Zahlen in eine Stellenwerttafel ein und lies sie laut vor.
23432411; 5108730080; 19315000000609

Lösung:
Trage bei jeder Zahl zuerst die Einer (E), dann die Zehner (Z), dann die Hunderter (H) und so weiter ein.

Billionen			Milliarden			Millionen			Tausender			Einer		
							2	3	4	3	2	4	1	1
					5	1	0	8	7	3	0	0	8	0
	1	9	3	1	5	0	0	0	0	0	0	6	0	9

Lies die Zahl laut in „Dreierpäckchen" vor:
dreiundzwanzig Millionen vierhundertzweiunddreißigtausendvierhundertelf
fünf Milliarden einhundertacht Millionen siebenhundertdreißigtausendachtzig
neunzehn Billionen dreihundertfünfzehn Milliarden sechshundertneun

Basisaufgaben

1 Trage die Zahl in eine Stellenwerttafel ein. Lies sie laut vor.
a) 1 923 000 b) 73 001 002 c) 387 248 292 d) 18 723 897 402

2 Schreibe die Zahl in „Dreierpäckchen" und lies sie laut vor.
a) 82054 b) 504500431 c) 94078540025 d) 295405899003

3 Schreibe die Zahl in Ziffern.
a) dreihundertsiebenundsechzigtausendneunhundertdreiundfünfzig
b) fünfunddreißig Millionen sechshundertfünfzigtausendvierhunderteinundzwanzig
c) vier Milliarden fünfundzwanzig Millionen siebenundzwanzigtausendundelf
d) zwölf Milliarden einhunderttausenddreiundsiebzig
e) fünf Billionen und fünf

4 **Stufenzahlen und Zehnerpotenzen:** Die Zahlen 1, 10, 100, 1000 ... heißen Stufenzahlen.
a) Erkläre, welche Bedeutung die Stufenzahlen im Zehnersystem haben.
b) Für Stufenzahlen gibt es eine kürzere Schreibweise mit **Zehnerpotenzen**: Die 1000 hat 3 Nullen, also schreibt man $1000 = 10^3$ („zehn hoch drei"). Damit kann man auch andere große Zahlen kürzer schreiben, zum Beispiel $50\,000 = 5 \cdot 10\,000 = 5 \cdot 10^4$. Schreibe die Zahl mit beziehungsweise ohne Zehnerpotenz.
① 80 000 ② 950 000 ③ 14 000 000 ④ $7 \cdot 10^9$ ⑤ $28 \cdot 10^7$

5 a) Beschreibe die Mengen $K = \{150; 151; ...; 160\}$ und $L = \{1; 2; 3; 4; 5; ...\}$ in Worten.
b) Schreibe die Menge E der einstelligen natürlichen Zahlen in der Mengenschreibweise mit geschweiften Klammern.
c) Die Menge M enthält alle zweistelligen natürlichen Zahlen. Schreibe M in der Mengenschreibweise mit geschweiften Klammern.

6 Die Menge der geraden natürlichen Zahlen ist $G = \{0; 2; 4; 6; ...\}$. Die Menge der ungeraden natürlichen Zahlen ist $U = \{1; 3; 5; 7; ...\}$. Ersetze den Platzhalter ■ im Heft durch das passende Zeichen $\in$ oder $\notin$.
a) 2 ■ G b) 3 ■ G c) 13 ■ U d) 32 ■ U e) 24 245 ■ U

Weiterführende Aufgaben

Zwischentest

7 Finde Paare gleicher Zahlen.

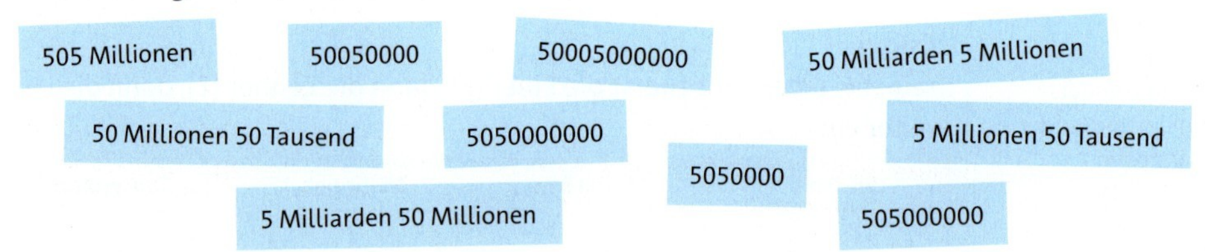

8 **Stolperstelle:** Erkläre und korrigiere Tristans Fehler.

a) Schreibe dreihundertfünfundsechzigtausendsiebenundzwanzig als Zahl. *Lösung: 36527*

b) Gib die kleinste und die größte sechsstellige Zahl an. *Lösung: 111111 und 999999*

9 a) Gib an, wie die Zahl heißt, die mit einer Eins beginnt und acht (zehn; vierzehn) Nullen hat.

b) Gib an, wie viele Nullen eine Billion, eine Billiarde, eine Trillion, eine Trilliarde und eine Quadrillion jeweils haben.

Hilfe

10 Entscheide begründet, ob die Aussage wahr oder falsch ist.

a) Jede natürliche Zahl hat eine natürliche Zahl als Vorgänger.

b) Jede natürliche Zahl hat einen Nachfolger.

11 Die abgebildete Zahl heißt „Googol".

a) Zähle im Bild ab, wie viele Nullen ein Googol hat.

b) Recherchiere im Internet, wie der Name „Googol" entstanden ist und warum sich eine bekannte Internet-suchmaschine danach benannt hat.

c) Eine noch viel größere Zahl hat den Namen „Googolplex". Recherchiere, für welche Zahl dieses Zahlwort steht.

12 Im Englischen lauten die Zahlwörter teilweise anders als im Deutschen.
Lies die angegebenen Zahlen zuerst auf Deutsch und dann auf Englisch vor:
12 000 000; 50 000 000 000; 25 000 000 000 000; 30 008 000 000; 4 009 500 000 000

Deutsch	Million	Milliarde	Billion
Englisch	million	billion	trillion

Hilfe

13 Die alten Ägypter nutzten eine andere Art von Zehnersystem, als wir es heute tun. Sie verwendeten die rechts abgebildeten Zahlzeichen und schrieben zum Beispiel die 234 als 𓍢𓍢 𓎆𓎆𓎆 ||||. Beschreibe den Unterschied zu unserem Zahlensystem. Erkläre, warum das Zahlensystem der Ägypter kein Stellenwertsystem war.

100 𓍢 10 𓎆 1 |

14 **Ausblick:** Bei einer Balkenwaage ist je ein Massestück zu 1 g, 2 g, 4 g und 8 g vorhanden. Auf einer Seite wird der zu wiegende Gegenstand aufgelegt, auf der anderen Seite die Massestücke, bis die Waage im Gleichgewicht ist.

a) Erläutere, welche Massen mit diesen Massestücken gewogen werden können.

b) Beschreibe, wie man eine Masse von 10 g wiegt. Erläutere die Schreibweise $(1010)_2$ für die Zahl 10.

Römische Zahlen

Auf der Uhr sind die Zahlen in römischer Schreibweise angegeben. Schreibe die römischen Zahlen für 1 bis 12 ab. Gib an, mit welchen Zeichen die Zahlen dargestellt wurden. Stelle eine Vermutung auf, wofür die Zeichen stehen könnten.

Bis ins 16. Jahrhundert nutzte man in Europa die römischen Zahlen. Die römischen Zahlzeichen sind Buchstaben.

römisches Zahlzeichen	I	V	X	L	C	D	M
Wert	1	5	10	50	100	500	1000

Wissen **Römische Zahlen lesen**

1. Steht ein Zahlzeichen mit einem kleineren Wert vor einem Zeichen mit höherem Wert, dann subtrahiert man den Wert von dem des folgenden Zeichens.
2. Ansonsten werden die Werte der Zahlzeichen addiert.

Beispiel 1 Schreibe im Zehnersystem.

a) XXVI b) IX c) XCIV

Lösung:

a) Addiere die Werte der Zeichen. XXVI = X + X + V + I = 10 + 10 + 5 + 1 = 26

b) Subtrahiere den Wert von I vom (größeren) Wert von X. IX = X − I = 10 − 1 = 9

c) Subtrahiere Zeichen mit kleinerem Wert, wenn sie vor Zeichen mit größerem Wert stehen. Addiere die restlichen Zeichen. XCIV = C − X + V − I = 100 − 10 + 5 − 1 = 94

Die römischen Zahlen schreibt man nach bestimmten Regeln.

Wissen **Römische Zahlen schreiben**

1. Die Zeichen I, X, C und M stehen höchstens dreimal hintereinander.
2. V, L und D dürfen nur einmal verwendet werden.
3. V, L und D dürfen nicht vor einem höheren Zeichen stehen. Es darf immer nur höchstens ein niedrigeres Zeichen vor einem höheren stehen.
4. Subtrahiert werden dürfen nur I von V und X, X von L und C sowie C von D und M. Alle anderen Zeichen schreibt man in absteigender Reihenfolge.
5. Wenn ein Zeichen subtrahiert wurde, darf danach weder dieses Zeichen noch ein höheres Zeichen addiert werden.

Beispiel 2 Schreibe als römische Zahl. a) 38 b) 91

Lösung:

a) Stelle die 38 als Summe mit den Zeichen X = 10, V = 5 und I = 1 dar. 38 = 10 + 10 + 10 + 5 + 1 + 1 + 1 = XXXVIII

b) Stelle die 90 als Differenz von C = 100 und X = 10 dar. Addiere dann I = 1. 91 = 90 + 1 = 100 − 10 + 1 = XCI

Aufgaben

I Schreibe im Zehnersystem.

a) V b) VI c) XI d) IV e) CX f) MC g) DLV
h) XVIII i) IX j) XIV k) XLIV l) CDLXX m) DXLIX n) MMCXCVII

II Schreibe als römische Zahl.

a) 2 b) 7 c) 10 d) 12 e) 36 f) 151 g) 1520
h) 19 i) 94 j) 140 k) 405 l) 749 m) 2945 n) 3999

III Auf alten Gebäuden ist das Jahr der Fertigstellung oft in römischen Zahlen angegeben. Gib an, in welchem Jahr das Gebäude erbaut wurde.

IV Das Bild zeigt den Grabstein des Schriftstellers Thomas Mann und seiner Frau Katia. Thomas Manns berühmteste Romane sind „Buddenbrooks" und „Der Zauberberg".

a) Schreibe das Geburts- und Todesjahr von Thomas Mann in unserem Stellenwertsystem.
b) Gib an, wann Katia Mann geboren wurde und wann sie starb.

V a) Ordne jedem Jahr das passende Ereignis zu. Überprüfe deine Ergebnisse mit einer Recherche.

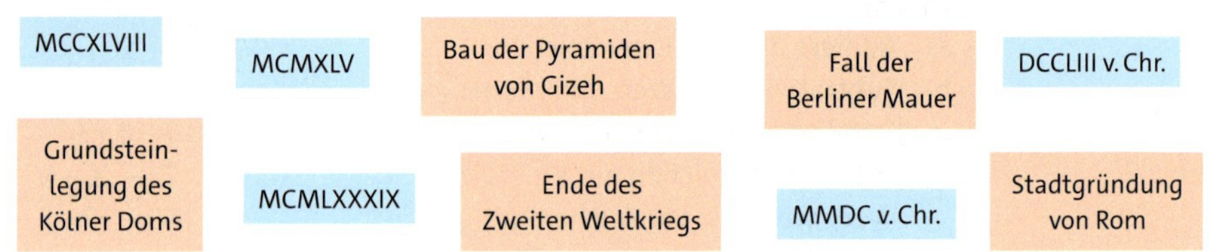

b) Erstellt eigene Karten mit römischen Jahresangaben und Ereignissen.

VI a) Julian hat versucht, eine römische Zahl zu schreiben: XXXXVIIII
Beschreibe Julians Fehler. Gib die korrekte Schreibweise der Zahl an.
b) Schreibe 14 und 99 mit römischen Zahlzeichen. Nenne die Regeln, die du verwendet hast.

VII Caesar eroberte Gallien mit etwa 60 000 Legionären. Kann man diese Zahl mit römischen Zahlzeichen aufschreiben?

a) Ermittle die größte Zahl, die man mit den Zahlzeichen I, V, X, L, C, D, M schreiben kann.
b) Erfinde ein Zeichen für 5000. Wie groß ist nun die größte Zahl?
c) Erfinde weitere Zeichen, bis du die Größe von Caesars Heer angeben kannst.

VIII Begründe, dass es sich beim römischen Zahlensystem nicht um ein Stellenwertsystem handelt. Erläutere, welche Vorteile ein Stellenwertsystem gegenüber dem römischen System hat.

IX Lege ein Streichholz um, sodass die Rechnung stimmt.

a) b) c)

1.2 Zahlenstrahl

Lies die markierten Werte ab. Gib an, wofür sie stehen.
Nenne Beispiele für ähnliche Messanzeigen.

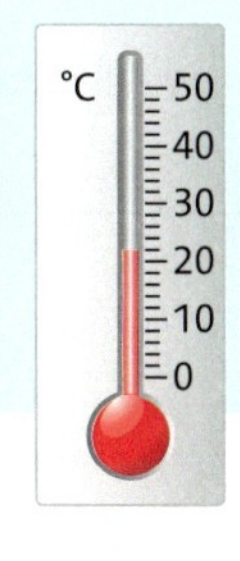

Wissen

Die Abfolge der natürlichen Zahlen kann man am **Zahlenstrahl** darstellen. Der Zahlenstrahl beginnt bei 0 und hat kein Ende. Dies wird durch einen Pfeil dargestellt. Je weiter rechts eine Zahl am Zahlenstrahl steht, desto größer ist sie.

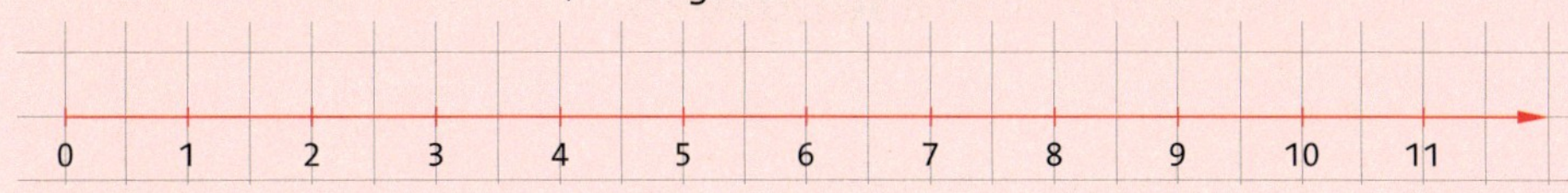

Der Abstand zwischen zwei aufeinanderfolgenden Zahlen ist immer gleich groß. Dieser Abstand heißt **Einheit**.

Beispiel 1 Lies die am Zahlenstrahl markierten Zahlen ab.

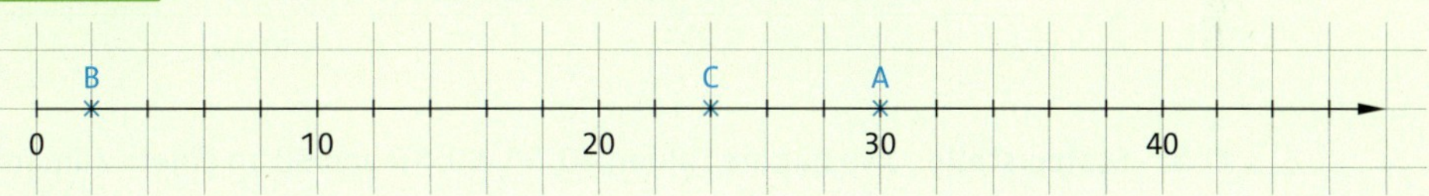

Lösung:

Lies den Wert von A direkt am Zahlenstrahl ab.	A: 30
Von 0 bis 10 sind es 5 Striche, also steht ein Strich für 2. Gib damit B an.	B: 2
Zähle für C die Striche ab der 20.	C: 24

Beispiel 2 Zeichne einen Zahlenstrahl und markiere die Zahlen: 20; 50; 140; 170

Lösung:
Die größte Zahl, die du abtragen musst, ist die 170. Wähle für 2 Kästchen als Abstand 20er-Schritte, sodass die 170 noch auf die Seite passt. Zeichne den Zahlenstrahl von 0 an und trage die Zahlen ein. Bei 50 und 170 liegt die Markierung zwischen zwei Strichen.

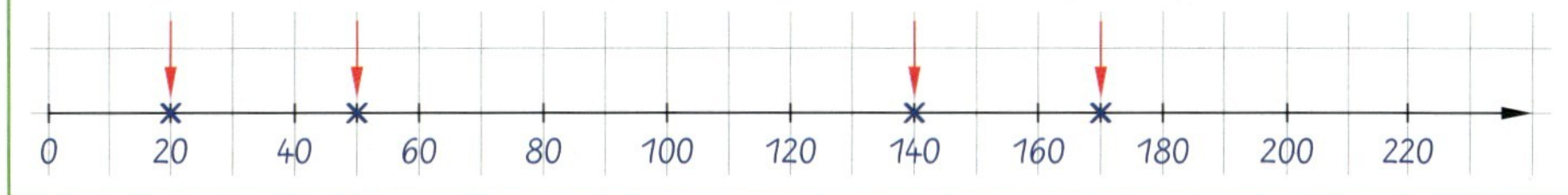

Basisaufgaben

1 Lies die markierten Zahlen ab. Achte auf die Einteilung.

a)

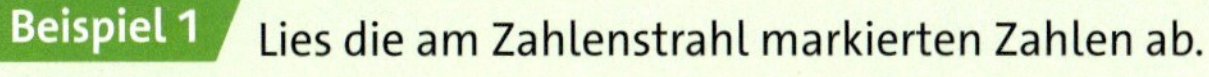

b)

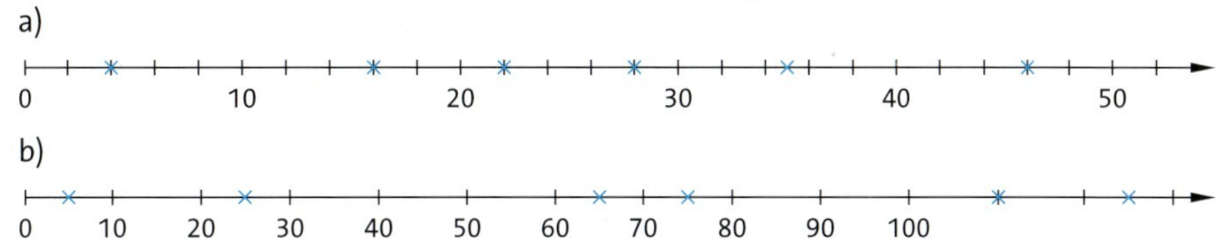

Lösungen zu 2

15 180 5 20 10 11 60 160 7 17 1 120

2 Gib an, welche Zahlen durch die Buchstaben markiert sind.

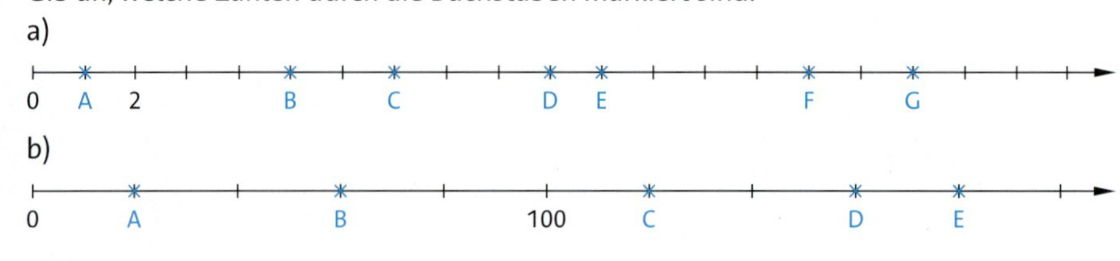

3 Zeichne einen Zahlenstrahl und markiere die Zahlen.

a) 2; 5; 8; 12 b) 10; 15; 30; 50; 65 c) 30; 60; 80; 150

Weiterführende Aufgaben

Zwischentest 

Hilfe

4 Hier ist ein Ausschnitt eines Zahlenstrahls abgebildet. Gib an, welche Zahlen durch die Buchstaben markiert sind.

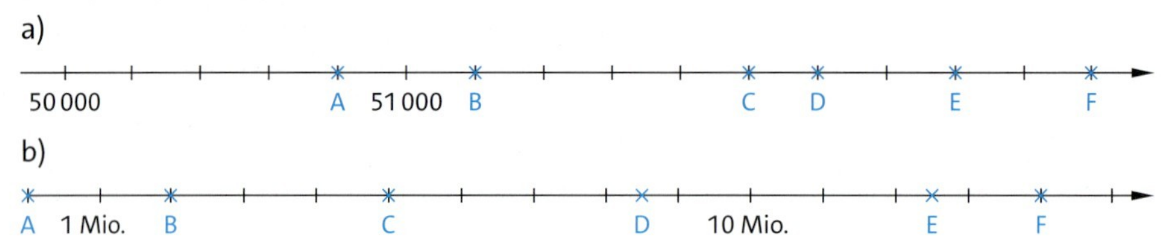

⚠ **5** **Stolperstelle:** Ava hat die Zahlen 40, 55, 80, 85 und 90 an einem Zahlenstrahl markiert.

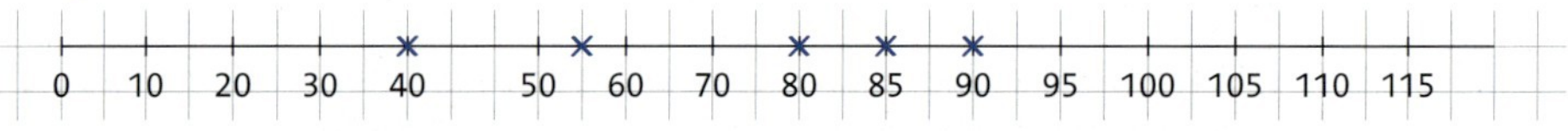

Beschreibe ihre Fehler. Zeichne dann den Zahlenstrahl richtig.

6 Zeichne einen geeigneten Zahlenstrahl und trage die Höhe der Gebäude ein.

Burj al Arab 321 m

Freiheitsstatue 93 m

Burj Khalifa 828 m

Petronas Towers 452 m

Frauenkirche 91 m

Gran Torre 300 m

Hinweis

Wenn man ein Gegenbeispiel für eine Aussage findet, ist begründet, dass die Aussage falsch ist.

7 Entscheide, ob die Aussage wahr oder falsch ist. Begründe deine Entscheidung.

a) Die Zahlen 2 und 4000 kann man nicht am gleichen Zahlenstrahl eintragen.

b) Die Zahl 5 000 000 liegt am Zahlenstrahl genau in der Mitte zwischen 2 Millionen und 8 Millionen.

8 **Ausblick:** Gesucht ist eine achtstellige Zahl, die nur die Ziffern 1, 2, 3 und 4 enthält. Jede Ziffer kommt dabei als „Zwillingspaar" doppelt vor. Die Differenz einer Zwillingsziffer und 1 gibt an, wie viele Ziffern zwischen dem Zwillingspaar stehen. Zwischen dem „Zwillingspaar 4" stehen zum Beispiel 3 Ziffern, denn 4 − 1 = 3.

a) Begründe, dass die Zahl 11 423 243 eine Lösung des Rätsels ist.

b) Finde die größtmögliche Lösung. Erkläre dein Vorgehen.

c) Überprüfe, ob es für eine zehnstellige Zahl mit den Ziffern 1 bis 5 eine Lösung gibt.

1.3 Runden

Die British Library ist die größte Bibliothek der Erde. Ihre Sammlung umfasst etwa 170 Millionen Bücher, Zeitschriften, CDs, Briefmarken und andere Objekte.
Henning sagt: „In der Bibliothek könnte es zum Beispiel 172 Millionen Objekte geben, aber auch nur 167 Millionen." Erkläre, was Henning sich überlegt hat.

Manchmal reicht es aus, nur den ungefähren Wert einer Zahl anzugeben. Dann kann man eine Zahl auf Zehner, Hunderter, Tausender ... **runden**. Hierfür sucht man immer den nächstgelegenen Zehner, Hunderter, Tausender ...
Man kann sich das am Zahlenstrahl vorstellen, zum Beispiel beim Runden auf Hunderter:

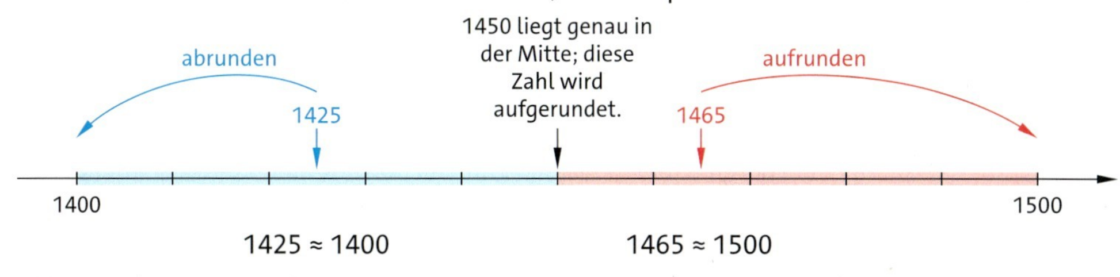

Hinweis

Das Zeichen ≈ bedeutet, dass die Zahl gerundet wird.

Wissen

Beim Runden wird zuerst die **Rundungsstelle** gewählt, also die Stelle, auf die gerundet werden soll.
Abrunden: Folgt nach der Rundungsstelle eine **0, 1, 2, 3 oder 4,** so wird abgerundet.
Aufrunden: Folgt nach der Rundungsstelle eine **5, 6, 7, 8 oder 9,** so wird aufgerundet.

Beispiel 1 Runde.
a) 35 auf Zehner b) 1835 auf Hunderter c) 79 835 auf Tausender

Lösung:
a) Die Rundungsstelle ist die 3. Die Ziffer rechts neben der 3 ist die 5. Runde die 35 deshalb auf 40 auf. 35 ≈ 40
b) Die Rundungsstelle ist die 8. Die Ziffer rechts neben der 8 ist die 3. Runde deshalb auf 1800 ab. 1835 ≈ 1800
c) Die Rundungsstelle ist die 9. Die Ziffer rechts neben der 9 ist die 8. Runde deshalb auf. 79835 ≈ 80 000

Basisaufgaben

1 Runde die Zahlen auf die vorgegebene Rundungsstelle.
a) Hunderter: 460; 7549; 7956
b) Tausender: 8359; 67 498; 89 528
c) Zehntausender: 84 931; 625 129; 996 732

2 Runde die Zahl auf Hunderter, Tausender und Zehntausender.
a) 75 845 b) 187 956 c) 12 999

3 Zoés Schulweg ist 789 Meter lang. Gib die Entfernung sinnvoll gerundet an.

Weiterführende Aufgaben

Zwischentest 

4 Beurteile, ob es sinnvoll ist, die Zahl zu runden. Falls ja, runde sie.
a) Lenas Telefonnummer lautet 865214.
b) 13 789 Menschen besuchten das Konzert.
c) Nils wohnt in der Goethestraße 198.
d) In Deutschland leben 84 358 845 Personen.

5 Runde die Zahl 9 459 521 auf
a) Zehner, b) Hunderter, c) Tausender,
d) Zehntausender, e) Hunderttausender, f) Millionen.

 **6** **Stolperstelle:** Anja soll die Zahl 3549 auf volle Hunderter runden. Beschreibe ihr Vorgehen und nimm Stellung dazu.
Lösung: Erster Schritt: 3549 ≈ 3550 Zweiter Schritt: 3550 ≈ 3600. Also ist 3549 ≈ 3600.

Hilfe 

7 a) Eine Zahl wurde auf Hunderter gerundet und lautet nun 2400. Gib drei mögliche Ausgangszahlen an.
b) Eine Zahl wurde auf Tausender gerundet und lautet nun 16 000. Gib drei mögliche Ausgangszahlen an.
c) Die Zahlen 5000, 37 000, 49 000 und 100 000 sind auf Tausender gerundet. Gib jeweils die größte und kleinste mögliche Ausgangszahl an.
d) Eine Zahl wurde auf 1300 gerundet. Erkläre, warum du nicht eindeutig sagen kannst, auf welche Stelle gerundet wurde.

Hinweis

Wenn man ein Gegenbeispiel für eine Aussage findet, ist begründet, dass die Aussage falsch ist.

8 Entscheide begründet, ob die Aussage wahr oder falsch ist.
a) Wenn eine Zahl beim Runden auf Hunderter aufgerundet wird, dann wird sie auch beim Runden auf Tausender aufgerundet.
b) Wenn eine Zahl beim Runden auf Zehner auf 500 gerundet wird, dann wird sie auch beim Runden auf Hunderter auf 500 gerundet.
c) Eine siebenstellige Zahl kann auf höchstens sechs verschiedene Zahlen gerundet werden.

Hilfe 

9 Die Zahl 68■■3 soll so ergänzt werden, dass
a) sie auf Tausender gerundet 69 000 ergibt. Gib drei verschiedene Lösungen an.
b) sie auf Hunderter gerundet 68 400 ergibt. Gib alle Möglichkeiten an.
c) die Zahl beim Runden auf Hunderter und beim Runden auf Tausender dasselbe Ergebnis hat. Gib auch die gerundete Zahl an.

10 Herr Müller möchte sein Bad renovieren. Dazu braucht er 1440 neue Fliesen und 62 ℓ Wandfarbe. Er rundet und kauft 1400 Fliesen und 60 ℓ Farbe. Begründe, dass Herr Müller nicht sinnvoll eingekauft hat. Beschreibe, wie du vorgehen würdest.

11 Mila und ihre Mutter gehen einkaufen. Mila hat 50 € dabei. Sie kauft sich neue Jeans für rund 40 € und ein T-Shirt für rund 20 €. Erkläre, wie das möglich ist.

12 **Ausblick:** Der **Rundungsfehler** ist der Unterschied zwischen einer gerundeten Zahl und ihrer Ausgangszahl.
Beispiel: 14 wird auf 10 abgerundet, der Rundungsfehler ist 4.
a) Runde 6837 auf Hunderter (auf Tausender) und gib den Rundungsfehler an.
b) Gib an, wie hoch der Rundungsfehler beim Runden auf Hunderter (auf Tausender; auf Millionen) höchstens sein kann. Begründe.

1.4 Ganze Zahlen und Zahlengerade

Das Außenthermometer zeigt alle Zahlen zweimal in verschiedenen Farben an.
Lies die beiden Temperaturangaben ab und erkläre daran die Bedeutung der Farben.

Wenn es kälter ist als 0 °C, wird die Temperatur mit negativen Zahlen angegeben. Negative Zahlen (−1; −2; −3 ...) haben das Vorzeichen „−“. Bei positiven Zahlen kann man das Vorzeichen „+“ setzen, darf es aber auch weglassen: 3 = +3

Wissen

Die Zahlen −1, −2, −3 ... heißen **negative ganze Zahlen**.
Die negativen ganzen Zahlen und die natürlichen Zahlen (0, 1, 2, 3 ...) bilden zusammen die **Menge der ganzen Zahlen**: $\mathbb{Z} = \{...; -3; -2; -1; 0; 1; 2; 3; ...\}$

Ganze Zahlen auf der Zahlengerade

Hinweis

Zur besseren Unterscheidung schreibt man positive Zahlen manchmal mit einem Vorzeichen +: 8 = +8; 3 = +3

Um alle ganzen Zahlen darzustellen, muss man den Zahlenstrahl zur Zahlengerade erweitern.

Wissen

Auf der Zahlengerade liegen die negativen ganzen Zahlen links von der Null und die positiven ganzen Zahlen rechts von der Null. Der Abstand zwischen zwei aufeinanderfolgenden Zahlen ist immer gleich groß. Die Null ist weder positiv noch negativ.

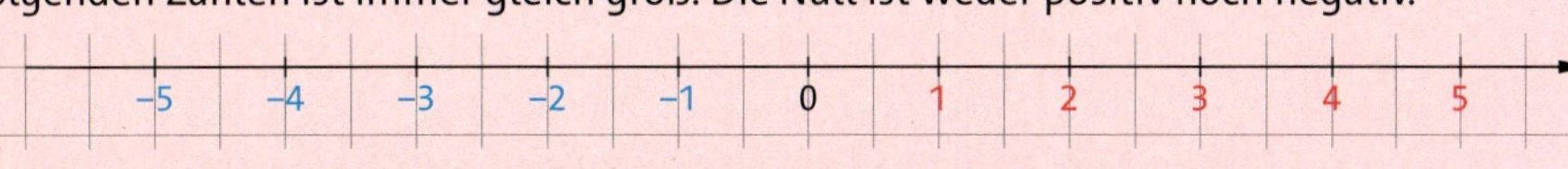

Der Abstand eines Punktes auf der Zahlengerade zur 0 heißt **Betrag** dieser Zahl. Man schreibt: |8| = 8; |−8| = 8; |0| = 0

Zahlen mit gleichem Betrag, aber verschiedenen Vorzeichen, heißen **Gegenzahlen**.

Beispiel 1

a) Gib an, welche Zahlen auf der Zahlengerade markiert wurden.

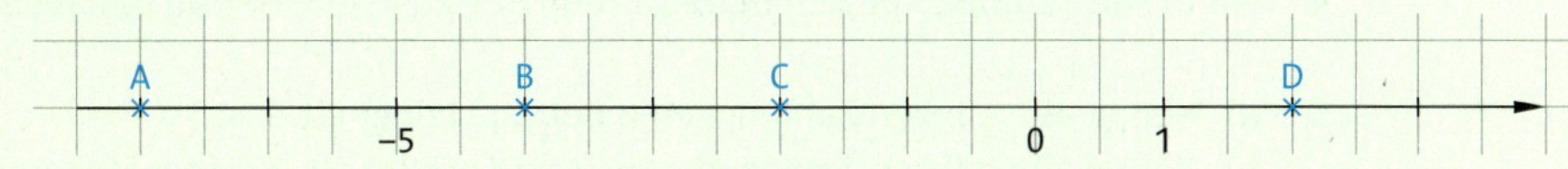

b) Zeichne die Zahlengerade ab und trage die Zahl −6 darauf ein.

Lösung:

a) Zähle (bei 0 beginnend) die Anzahl der Einteilungen nach links oder nach rechts. Die Zahlen links von null sind negativ und die Zahlen rechts von null sind positiv.
A: −7 B: −4 C: −2 D: 2

b) Gehe von der Null sechs Einteilungen nach links und markiere dort die Zahl −6.

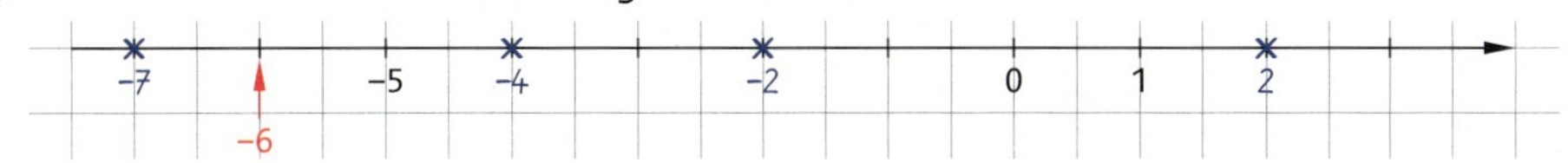

Beispiel 2

a) Gib den Betrag und die Gegenzahl von 5 an.
b) Nenne alle ganzen Zahlen, deren Betrag kleiner als 3 ist.

Lösung:

a) Der Abstand von 5 zu 0 ist 5. Daher ist der Betrag von 5 ebenfalls 5. — $|5| = 5$
Bilde die Gegenzahl von 5 mit einem Minus. — Gegenzahl: −5

b) Nenne alle Zahlen, deren Abstand zur Null auf der Zahlengerade kleiner als 3 ist. — −2; −1; 0; 1; 2

Basisaufgaben

1 Gib an, welche Zahlen durch die Buchstaben markiert sind.

a)
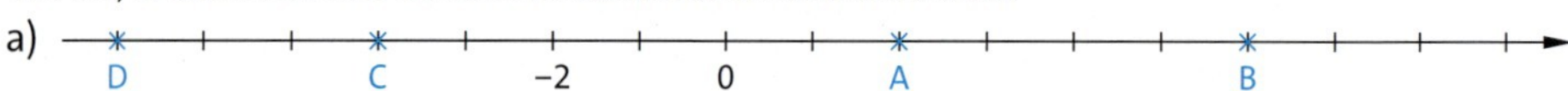

b)
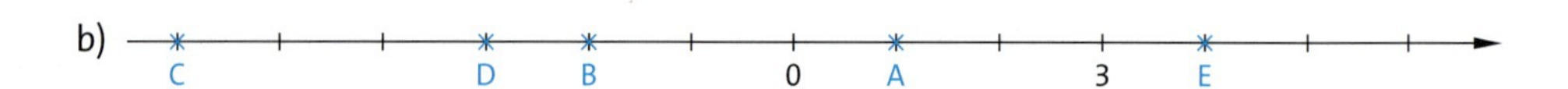

c)

d)
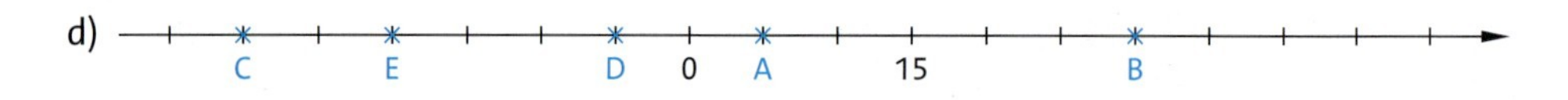

e)

2 Markiere die Zahlen auf einer Zahlengerade. Achte auf eine geeignete Einteilung.
a) 0; −2; 3; 5; −8; −12 b) 0; 15; −20; −35; 50; −50 c) 25; −75; −50; 0; 125

3 Gib den Betrag der Zahl an. Nenne auch die Gegenzahl.
a) −8 b) 19 c) −199
d) 0 e) 25 f) −86

4 Nenne alle Zahlen, die den Betrag 2 (den Betrag 7; den Betrag 0) haben.

5 a) Nenne alle ganzen Zahlen, deren Betrag kleiner als 5 ist.
b) Nenne alle ganzen Zahlen, deren Betrag größer als 10, aber kleiner als 14 ist.
c) Gib die Menge aller ganzen Zahlen an, deren Betrag größer als 20 ist.
d) Gib die Menge aller negativen ganzen Zahlen an, deren Betrag kleiner als 7 ist.

6 Ersetze den Platzhalter ■ im Heft durch das richtige Zeichen <, > oder =.
a) $|5|$ ■ $|-9|$ b) $|-3|$ ■ $|3|$ c) $|12|$ ■ $|-2|$
d) $|-4|$ ■ $|0|$ e) $|19|$ ■ $|-20|$ f) $|-10|$ ■ $|9|$

7 Ordne die Zahlen nach der Größe ihrer Beträge.
a) −1; −2; −3 b) 1; 3; 2 c) −1; 2; −2; 3; −3; 1

Weiterführende Aufgaben

Zwischentest

Lösungen zu 8

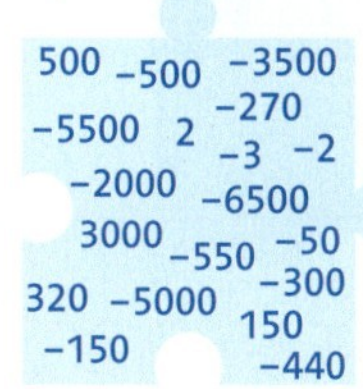

8 Gib an, welche Zahlen markiert sind.

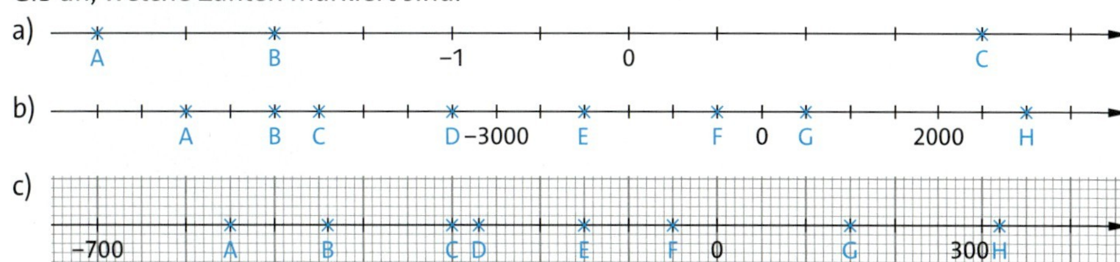

Hilfe

9 a) Neo sagt: „In das blaue Kästchen muss man die Null schreiben." Beurteile diese Aussage.

b) Übertrage die Zahlengerade, wähle eine passende Einheit und markiere die Zahlen: −8; 4; 20; −24; −40; 28

10 Zeichne eine Zahlengerade mit der Einheit 2 Kästchen.
a) Markiere alle Zahlen, die den Abstand 3 zur Null haben.
b) Markiere zwei weitere Zahlen, zwischen denen der Abstand 6 beträgt.

c) Vergleicht eure Ergebnisse aus b) untereinander. Beschreibt Gemeinsamkeiten und Unterschiede.

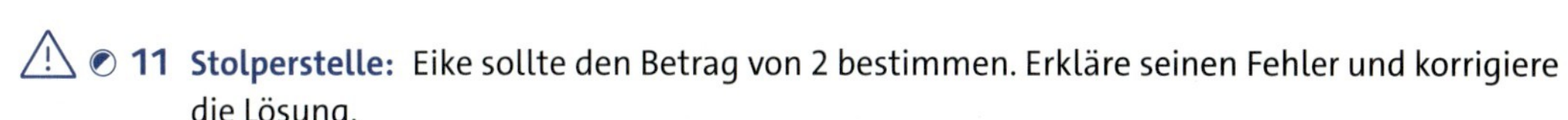

11 **Stolperstelle:** Eike sollte den Betrag von 2 bestimmen. Erkläre seinen Fehler und korrigiere die Lösung.
Die Gegenzahl von 2 ist −2, also ist |2| = −2.

12 Entscheide, ob die Aussage wahr oder falsch ist. Begründe deine Entscheidung und gib ein Gegenbeispiel an, falls die Aussage falsch ist.
a) Es gibt eine Zahl, die kleiner als 0 ist, deren Betrag aber größer als 1 ist.
b) Der Betrag einer Zahl kann nie kleiner als 0 sein.
c) Für jede negative Zahl gibt es eine positive Zahl mit dem gleichen Betrag.
d) Von zwei Zahlen liegt die Zahl mit dem kleineren Betrag weiter links auf der Zahlengerade.

13 Ersetze den Platzhalter ■ im Heft durch das passende Zeichen ∈ oder ∉.
a) 2 ■ ℕ b) 2 ■ ℤ c) −5 ■ ℕ d) −5 ■ ℤ e) 0 ■ ℤ

Hilfe

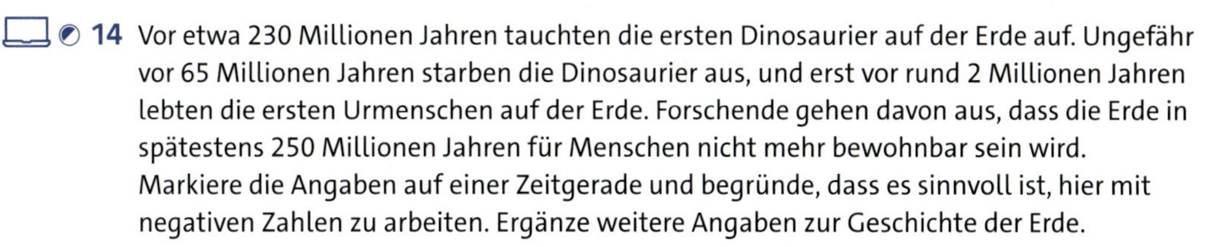

14 Vor etwa 230 Millionen Jahren tauchten die ersten Dinosaurier auf der Erde auf. Ungefähr vor 65 Millionen Jahren starben die Dinosaurier aus, und erst vor rund 2 Millionen Jahren lebten die ersten Urmenschen auf der Erde. Forschende gehen davon aus, dass die Erde in spätestens 250 Millionen Jahren für Menschen nicht mehr bewohnbar sein wird. Markiere die Angaben auf einer Zeitgerade und begründe, dass es sinnvoll ist, hier mit negativen Zahlen zu arbeiten. Ergänze weitere Angaben zur Geschichte der Erde.

Hinweis zu 15

Die Höhe von Bergen und die Tiefe von Gräben wird von der Meeresoberfläche (Meeresspiegel) aus gemessen. Der Tagebau liegt unter der Erde.

15 **Ausblick:** Lisa hat folgende Angaben zu hohen Bergen und tiefen Gräben gefunden: Mount Everest 8848 m, K2 8611 m, Lhotse 8516 m, Zugspitze 2962 m, Marianengraben 11 034 m, Philippinengraben 10 540 m, Tongagraben 10 882 m, Tagebau Hambach 239 m
a) Schreibe Lisas Liste mit ganzen Zahlen. Verwende auch Vorzeichen.
b) Runde sinnvoll und markiere die Angaben auf einer Zahlengerade.
c) Gib die Höhendifferenz zwischen dem höchsten Berg und dem tiefsten Graben an.

1.5 Ganze Zahlen vergleichen und ordnen

Höhen geografischer Orte werden häufig bezogen auf den Meeresspiegel angegeben. Bekannte Höhen sind zum Beispiel:
- Mount Everest, 8848 m über dem Meeresspiegel
- Totes Meer, 430 m unter dem Meeresspiegel
- Zugspitze, 2962 m über dem Meeresspiegel
- Kaspisches Meer, 28 m unter dem Meeresspiegel
- Marianengraben, 11 034 m unter dem Meeresspiegel
- Death Valley, 86 m unter dem Meeresspiegel

Ordne die Orte nach ihrer Höhe. Beginne mit dem am tiefsten gelegenen Ort.

Ganze Zahlen vergleicht man anhand ihrer Lage auf der Zahlengerade miteinander.

Wissen

Je weiter rechts eine Zahl auf der Zahlengerade liegt, desto größer ist sie.

Beispiel 1

Markiere die Zahlen auf einer Zahlengerade. Ordne sie dann in einer Ordnungskette:
9; −4; 0; 6; −12; −2; 7; −8; −6

Lösung:

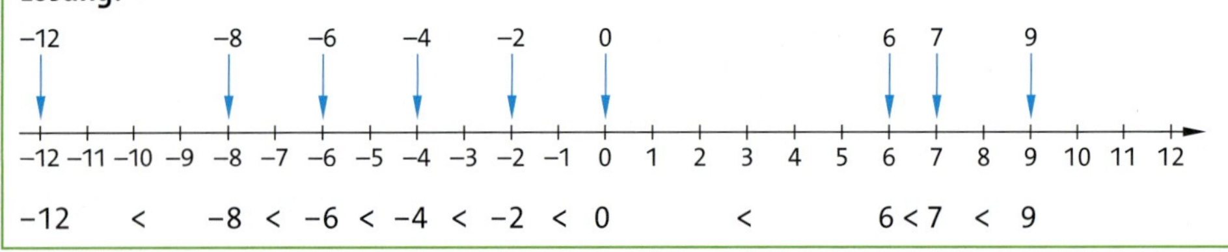

$-12 < -8 < -6 < -4 < -2 < 0 < 6 < 7 < 9$

Basisaufgaben

1 Markiere die Zahlen auf einer Zahlengerade. Ordne sie dann in einer Ordnungskette.
a) −5; 0; 4; −6; −2; −10; −8; 8
b) 25; −80; −12; 22; −22; 18; −18; 0; −42

2 Vergleiche die beiden Zahlen und setze das passende Zeichen < oder >.
a) −6 und −8
b) −14 und −12
c) −9 und 9
d) 5 und −7
e) 0 und −4
f) −1 und −5
g) 23 und 33
h) −606 und −660

3 Zeichne eine Zahlengerade von −15 bis 15 mit der Einheit 1 Kästchen. Markiere dann alle ganzen Zahlen auf der Zahlengerade, die
a) kleiner sind als −8,
b) größer sind als −2,
c) kleiner sind als −3, aber größer als −6,
d) größer sind als −8 und kleiner als −2.

Weiterführende Aufgaben

Zwischentest

4 Vergleiche sowohl die Zahlen als auch ihre Beträge miteinander.
a) −7 und −3 b) −6 und −8 c) −15 und −11 d) −39 und −38
e) Ergänze den Satz in deinem Heft: Wenn eine negative Zahl kleiner als eine andere negative Zahl ist, dann ist ihr Betrag ...

Hilfe

5 Ersetze den Platzhalter ■ im Heft durch die passende Ziffer, falls möglich.
a) ■ < 1 b) −2 < −■ c) −3■ > −31 d) −88 > −■8
e) −4■7 > −417 f) 0 < −■ g) −90 > −■9 h) −■00 < −800

6 Ordne in einer Ordnungskette.
a) −55 11 −155 151 −511 −51 −15 515
b) Die Beträge der Zahlen aus a).
c) Die Gegenzahlen der Zahlen aus a).

7 **Stolperstelle:** Paul hat Zahlen miteinander verglichen. Erkläre seinen Denkfehler.
a) −11 < −111 b) −5 > 4 c) 1 < −1

8 **Spiel:** Bildet Gruppen aus 3 bis 4 Personen. Erstellt 51 gleich große Karten und beschriftet sie mit den Zahlen −25 bis 25. Mischt die Karten und lasst jeden 3 Karten ziehen. Versucht nun, eure Zahlen in aufsteigender Reihenfolge abzulegen, ohne miteinander zu sprechen – überlegt gut, ob ihr schon eure nächste Zahl ablegen solltet oder lieber wartet, bis jemand anders eine Karte spielt. Ihr gewinnt, wenn ihr es schafft, alle Zahlen in der richtigen Reihenfolge abzulegen. (*Inspiriert von THE MIND.*)

9 Entscheide, ob die Aussage wahr oder falsch ist, und begründe deine Entscheidung.
a) Von zwei ganzen Zahlen ist immer die Zahl mit dem größeren Betrag die größere.
b) Von zwei negativen Zahlen ist immer die Zahl mit dem größeren Betrag die größere.
c) Es gibt eine größte negative ganze Zahl.
d) Es gibt eine kleinste ganze Zahl.

10 **Ausblick:** Auf den Himmelskörpern unseres Sonnensystems herrschen sehr unterschiedliche Durchschnittstemperaturen.
Sonne: 5527 °C Erde: 8 °C Jupiter: −153 °C
Mars: −43 °C Uranus: −214 °C Merkur: 179 °C
Venus: 453 °C Saturn: −185 °C Neptun: −225 °C

a) Ordne die Himmelskörper nach der Temperatur. Beginne mit der höchsten.
b) Vergleiche deine Anordnung mit dem Bild und erkläre deine Beobachtung.

c) Suche im Internet nach einer Erklärung für deine Beobachtung aus b) und für den einzigen Planeten, der eine Ausnahme ist.
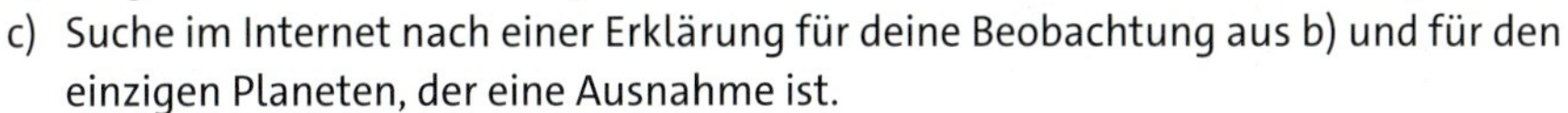
d) Erkläre am Beispiel der Erde, warum die Durchschnittstemperatur nur sehr grobe Informationen über einen Planeten liefert.

1.6 Vermischte Aufgaben

1 Schreibe die Zahlen mit Ziffern auf.

a) Unsere Sonne ist einhundertneunundvierzig Millionen sechshunderttausend Kilometer von der Erde entfernt. Sie ist etwa eine Million dreihunderttausend Mal so schwer wie die Erde.

b) Das Licht, das von der Sonne abgestrahlt wird, legt in einem Jahr eine Strecke von neun Billiarden vierhundertsechzig Billionen achthundertfünfundneunzig Milliarden zweihunderteinundzwanzig Millionen Meter zurück.

2 Tatjana hat in ihrer Stellenwerttafel mit Plättchen eine Zahl gelegt.

HM	ZM	M	HT	ZT	T	H	Z	E
	●		●●		●	●		

a) Schreibe die Zahl als Wort.

b) Lege ein Plättchen um, so dass die größtmögliche bzw. kleinstmögliche Zahl entsteht. Begründe deine Entscheidung.

c) Tatjana möchte nun mit zwölf Plättchen eine Zahl legen, die möglichst nah bei der angegebenen Zahl liegt. Gib an, welche Zahl gesucht ist.

① 5 Millionen ② 50 000 ③ dreihundertfünfundvierzigtausendsechshundertachtundsiebzig

3 Die Tabelle enthält die Einwohnerzahlen einiger Landeshauptstädte.

a) Runde die Zahlen so, dass du sie gut auf einem Zahlenstrahl darstellen kannst.

b) Trage die Zahlen am Zahlenstrahl ein.

c) Auf der Erde leben aktuell 8 120 380 705 Menschen. Gib diese Zahl in Worten an und runde sie sinnvoll.

Stadt	Einwohnerzahl
Stuttgart	597 939
Düsseldorf	613 230
München	1 388 300
Wiesbaden	272 630
Dresden	525 100
Saarbrücken	176 990
Hannover	514 130
Erfurt	203 480
Schwerin	91 260

4 Der Zeitungsartikel über den Rosenmontagsumzug des Kölner Karnevals enthält exakte und gerundete Größenangaben.

Rosenmontag in Köln

Am Rosenmontagsumzug haben mehr als 12 000 Menschen teilgenommen, von denen aber nur 1249 auf einem Festwagen fuhren. 3840 Helfende und rund 2500 Polizisten waren im Einsatz, während über 1 Million Zuschauer das Spektakel beobachteten und sich über 700 000 Tafeln Schokolade sowie 220 000 Pralinenschachteln freuen konnten. 1432 Musiker sorgten in 78 Kapellen für gute Stimmung. Am Ende mussten 150 Tonnen Müll beseitigt werden.

a) Notiere alle exakten Angaben und runde sie sinnvoll.

b) Notiere alle gerundeten Angaben. Gib alle möglichen Ausgangszahlen an. Du kannst zur Veranschaulichung einen Zahlenstrahl verwenden.

5 Die Tabelle zeigt einige Vereine aus der ewigen Tabelle der Fußballbundesliga (Stand 2023).

a) Ordne die Vereine absteigend nach ihrer Tordifferenz.

b) Trage die Tordifferenzen näherungsweise auf einer Zahlengerade ein.

Verein	Punktzahl	Tordifferenz
Hamburger SV	2733	275
1. FC Nürnberg	1318	−366
TSV 1860 München	884	−37
Alemannia Aachen	157	−84
SpVgg Unterhaching	79	−26

6 **Blütenaufgabe:** Unsere Sonne ist rund 4 570 000 000 Jahre alt. In ihrem Kern herrschen Temperaturen von etwa 15 Millionen Grad Celsius, die Oberfläche wird dagegen nur rund 5500 °C heiß. Im Weltall ist es viel kälter, die Temperatur beträgt dort −270 °C. Auf der Erde wird es nicht so kalt. Die niedrigste Temperatur auf der Südhalbkugel wurde in der Antarktis gemessen (etwa −93 °C), auf der Nordhalbkugel in Oimjakon in Russland (etwa −68 °C).

Gib das Alter der Sonne in Worten an und schreibe die Temperatur des Sonnenkerns als Zahl.

Eine Raumsonde misst auf fünf Himmelskörpern die Temperatur: Mond −170 °C; Venus 460 °C; Merkur −140 °C; Mars 20 °C; Erde −40 °C. Zeichne einen passenden Ausschnitt einer Zahlengerade und trage die Temperaturen ein.

Nimm an, dass die Temperatur des Sonnenkerns auf Millionen gerundet wurde. Nenne den Bereich von Temperaturen, in dem die exakte Temperatur liegt.

Gib an, ob die niedrigste Temperatur der Erde auf der Nord- oder der Südhalbkugel gemessen wurde. Vergleiche beide Temperaturen mit der Temperatur des Weltalls.

7 Ermittle die gesuchte Zahl.

a) die kleinste natürliche Zahl mit 4 Ziffern

b) die größte negative ganze Zahl mit 4 Ziffern

c) die kleinste ganze Zahl, deren Betrag kleiner als 100 ist

d) die kleinste zehnstellige natürliche Zahl aus den Ziffern 8 und 9, die diese gleich oft enthält

e) die größte achtstellige negative ganze Zahl aus den Ziffern 3 und 4, die diese gleich oft enthält

8 Die Menge A besteht aus allen ganzen Zahlen, deren Betrag kleiner als 10 ist. Die Menge B ist B = {−10; −8; −6; −4; −2}. Die Abbildung zeigt die Menge C. Entscheide, ob die Aussage wahr oder falsch ist. Begründe deine Entscheidung.

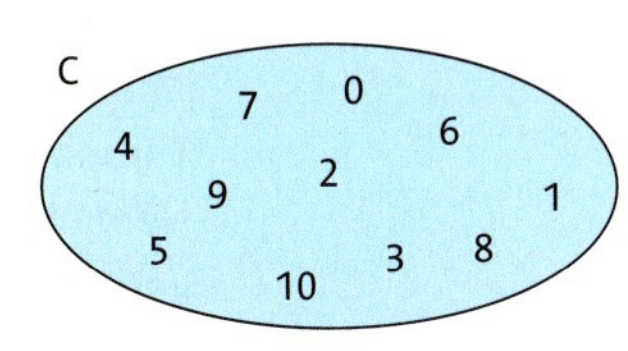

a) Alle Elemente der Menge B sind auch in der Menge A enthalten.

b) Die Menge B besteht aus allen negativen geraden Zahlen.

c) Es gibt kein Element, das in den Mengen A, B und C enthalten ist.

d) $-9 \in A$

e) $10 \in A$

f) Alle Elemente der Menge B liegen auf der Zahlengerade links von der Null.

Lösungen
→ S. 210/211

1 a) Schreibe die Zahl 12 345 067 089 als Zahlwort.
b) Schreibe als Zahl:
sieben Milliarden dreihundertelf Millionen fünfhunderttausendundeins

2 Gib an, was die Stelle der 5 in den Zahlen 12 519 und 256 394 bedeutet. Erkläre, warum unser Zahlensystem ein Stellenwertsystem ist.

3 Lies die am Zahlenstrahl markierten Zahlen ab.

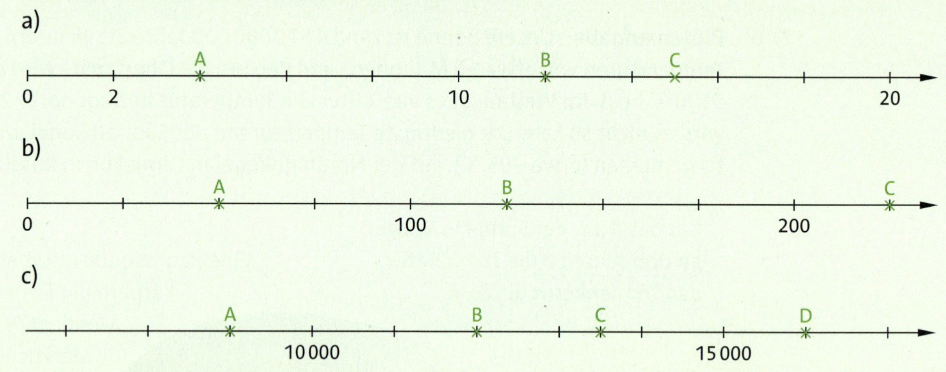

4 Stelle die Zahlen auf einem Zahlenstrahl dar.
a) 5; 13; 2; 8; 24; 17; 21
b) 200; 50; 475; 325; 600

5 Runde.
a) auf Zehner: 312; 2037; 1845
b) auf Hunderter: 126; 6723; 73 928
c) auf Tausender: 14 872; 498; 99 999
d) auf Hunderttausender: 28 391 913; 8 274 452 341; 98 214
e) auf Millionen: 213; 24 831 316; 924 246 673

6 Runde die Zahl, falls es sinnvoll ist. Begründe deine Entscheidung.
a) Ein Bundesligaspiel zwischen dem FC Bayern und Borussia Dortmund besuchten 75 024 Personen.
b) Max hat Schuhgröße 47.
c) Ein Blauwal wiegt 196 000 kg.
d) Die Telefonnummer einer Schule lautet 8722387.
e) Den Nürnberger Christkindlesmarkt besuchten dieses Jahr 2 200 000 Menschen.

7 In einer Statistik sind die Bevölkerungszahlen aller Kontinente angegeben:
Asien: 4 810 322 219
Afrika: 1 456 259 490
Europa: 751 844 403
Nordamerika: 611 383 440
Südamerika: 446 049 461
Australien/Ozeanien: 44 925 997

a) Begründe, dass diese exakten Angaben nicht sinnvoll sind.
b) Jannes schlägt vor, die Zahlen auf Millionen zu runden. Beurteile den Vorschlag.
c) In der EU leben ungefähr 450 Millionen Menschen. Gib den Bereich der möglichen exakten Bevölkerungszahl an. Gib auch an, auf welche Stelle vermutlich gerundet wurde.

Lösungen
→ S. 211

8 Zeichne eine geeignete Zahlengerade und markiere die Zahlen.
a) 7; 3; −1; −6; −5; 0; 5; −9; 4; 9
b) 5; 10; −45; 35; −40; 0; −15; −30; 40

9 a) Ergänze die Tabelle im Heft.

Zahl	−2	6		−3	33		−6	13		
Betrag der Zahl									0	
Gegenzahl			5			−10				−333

b) Ordne die Zahlen in der ersten Zeile. Beginne mit der kleinsten Zahl.

10 Setze das passende Zeichen < oder > zwischen die Zahlen.
a) −87 und −79 b) −12 und 3 c) −1839 und −1832 d) −9999 und −10001

11 Ersetze den Platzhalter ▢ im Heft durch das passende Zeichen ∈ oder ∉.
a) −35 ▢ ℕ b) 32 ▢ ℤ c) 89 ▢ ℕ d) −54 ▢ ℤ e) 0 ▢ ℕ

12 Die Menge M ist die Menge der negativen ganzen Zahlen.
a) Gib die Menge M in der Mengenschreibweise an.
b) Entscheide, ob die 0 ein Element der Menge M ist. Begründe.
c) Jede Zahl, die ein Element der Menge M ist, hat einen Betrag. Diese Beträge bilden die Menge B. Beschreibe die Menge B in Worten.

13 Entscheide, ob die Aussage wahr oder falsch ist. Begründe deine Entscheidung.
a) Jedes Element der Menge der natürlichen Zahlen ist auch ein Element der Menge der ganzen Zahlen.
b) Jedes Element der Menge der ganzen Zahlen ist auch ein Element der Menge der natürlichen Zahlen.
c) Die kleinere von zwei ganzen Zahlen steht am Zahlenstrahl immer weiter links.
d) Der Betrag einer ganzen Zahl ist ihre Gegenzahl.
e) Der Betrag einer natürlichen Zahl ist die Zahl selbst.

14 In einer Handball-Jugendliga sind vier Mannschaften punktgleich, die bisher nicht gegeneinander gespielt haben. Sie haben die folgenden Tordifferenzen:
TSV Rot-Weiß: −18 SV Eintracht: −42
SG Handball-Stars: −38 SC 1992 Handball: −29
Ordne die Mannschaften nach ihrer Reihenfolge in der aktuellen Tabelle.

Wo stehe ich?

	Ich kann ...	Aufgabe	Schlag nach
1.1	... natürliche Zahlen in Stellenwerttafeln darstellen und auch große Zahlen richtig benennen.	1, 2	S. 9 Beispiel 1
1.2	... natürliche Zahlen vom Zahlenstrahl ablesen und am Zahlenstrahl darstellen.	3, 4	S. 13 Beispiel 1, S. 13 Beispiel 2
1.3	... natürliche Zahlen runden.	5, 6, 7	S. 15 Beispiel 1
1.4	... ganze Zahlen erkennen und an der Zahlengerade darstellen. ... Beträge von ganzen Zahlen bestimmen.	8, 9, 11, 12, 13	S. 17 Beispiel 1, S. 18 Beispiel 2
1.5	... ganze Zahlen vergleichen und ordnen.	9, 10, 13, 14	S. 20 Beispiel 1

Natürliche Zahlen in der Stellenwerttafel

Die Zahlen 0, 1, 2, 3 ... bilden die **Menge der natürlichen Zahlen**: ℕ = {0; 1; 2; 3; 4; ...}

Um Zahlen darzustellen, verwendet man das **Zehnersystem** (auch: Dezimalsystem). Die Bedeutung einer **Ziffer** in einer Zahl hängt davon ab, an welcher Stelle sie steht. Es handelt sich also um ein **Stellenwertsystem**. In einer **Stellenwerttafel** kann man große Zahlen übersichtlich darstellen.

In 4 307 230 911 hat die erste 3 den Wert 300 Millionen und die zweite 3 den Wert 30 000.

Milliarden			Millionen			Tausender			Einer		
		4	3	0	7	2	3	0	9	1	1

„4 Milliarden 307 Millionen 230 Tausend 911"
Als Zahlwort: vier Milliarden dreihundertsieben Millionen zweihundertdreißigtausendneunhundertundelf

Zahlenstrahl

Der Zahlenstrahl beginnt mit der Zahl 0.
Er hat keinen Endpunkt, da es keine größte natürliche Zahl gibt. Der Abstand zwischen zwei benachbarten Punkten (Zahlen) ist immer gleich groß.
Dieser Abstand heißt **Einheit**.

0 1 2 3 4 5 6 7 8 9 10 11

Beachte:
Von zwei Zahlen ist diejenige die kleinere, die auf einem Zahlenstrahl weiter links liegt.

Natürliche Zahlen runden

Wenn rechts von der Rundungsstelle eine 0, 1, 2, 3 oder 4 steht, wird abgerundet. Ansonsten wird aufgerundet.

Zahl	zu runden auf	Rundung	Zahl gerundet
6553	Hunderter	aufrunden	6600
972	Zehner	abrunden	970

Ganze Zahlen und Zahlengerade

Die Zahlen −1, −2, −3 ... heißen **negative ganze Zahlen**.
Die negativen ganzen Zahlen und die natürlichen Zahlen (0, 1, 2, 3 ...) bilden zusammen die **Menge der ganzen Zahlen**:
ℤ = {...; −3; −2; −1; 0; 1; 2; 3; ...}

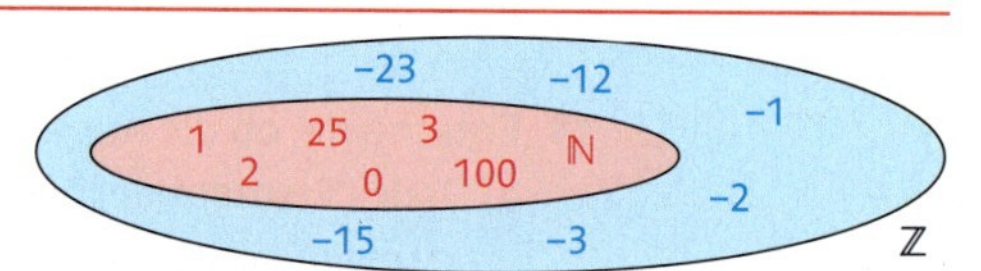

Die Zahl −15 ist ein **Element** der Menge der ganzen Zahlen: −15 ∈ ℤ

Auf der Zahlengerade liegen die negativen ganzen Zahlen links von der Null und die positiven ganzen Zahlen rechts von der Null. Die Null ist weder positiv noch negativ. Der Abstand zwischen zwei aufeinanderfolgenden Zahlen ist immer gleich groß.

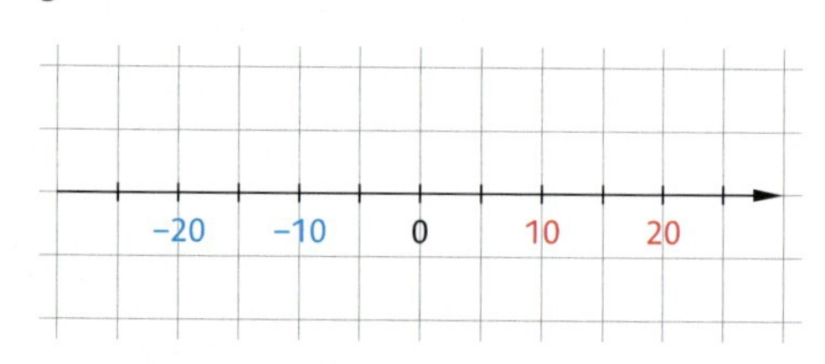

Der Abstand eines Punktes auf der Zahlengerade zur 0 heißt **Betrag** dieser Zahl. Zahlen mit gleichem Betrag, aber verschiedenen Vorzeichen, heißen **Gegenzahlen**.

|5| = 5; |−5| = 5
|0| = 0
5 und −5 sind Gegenzahlen.

Ganze Zahlen vergleichen

Von zwei ganzen Zahlen ist diejenige größer, die auf der Zahlengerade weiter rechts liegt.

1 < 4
−3 < 1
−5 < −3
−5 < 0 < 4

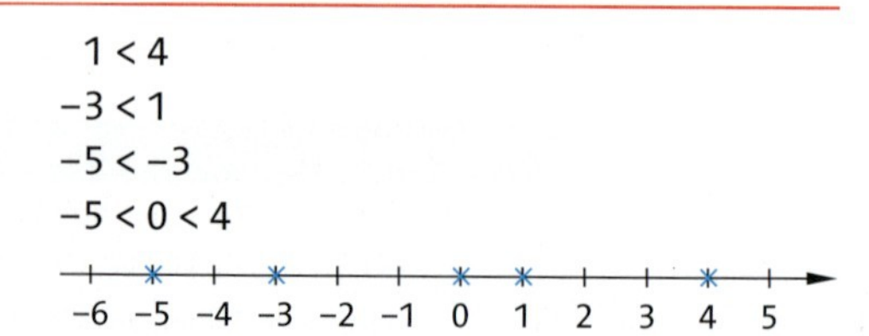

2

Addition und Subtraktion

Nach diesem Kapitel kannst du

→ große Zahlen schriftlich addieren und subtrahieren,
→ ganze Zahlen addieren und subtrahieren,
→ einfache Gleichungen lösen,
→ Rechengesetze anwenden, um Rechenvorteile zu nutzen,
→ Terme strukturieren und ihren Wert ermitteln.

Lösungen
→ S. 211/212

Addieren und Subtrahieren natürlicher Zahlen

1 Rechne im Kopf.

a) 13 + 34 b) 45 − 32 c) 56 + 13 d) 49 − 24
e) 32 − 12 f) 43 + 24 g) 100 + 15 h) 119 − 7

2 Berechne.

a) 28 + 17 b) 45 − 27 c) 80 − 21 d) 87 + 9
e) 75 + 25 f) 100 − 88 g) 90 + 60 h) 120 − 80

3 Berechne schriftlich.

a) 37 + 49
b) 66 + 27
c) 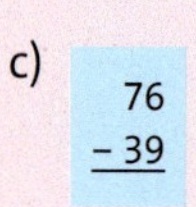 76 − 39
d) 61 − 29
e) 59 + 23
f) 524 + 198
g) 297 + 416
h) 144 − 36

4 Ersetze den Platzhalter ■ im Heft so, dass die Rechnung stimmt.

a) 5 + ■ = 20 b) ■ + 21 = 77 c) 27 − ■ = 7 d) ■ − 6 = 38
e) 25 + ■ = 83 f) ■ + 19 = 112 g) 35 − ■ = 23 h) ■ − 43 = 43

5 Berechne von links nach rechts. Beispiel: 75 + 25 − 30 = 100 − 30 = 70

a) 32 + 68 + 77 b) 81 + 52 + 25 c) 113 + 17 − 21 d) 24 + 36 − 49
e) 89 − 24 − 15 f) 175 − 81 − 69 g) 145 − 98 + 33 h) 313 − 83 + 116

6 Berechne im Kopf. Überprüfe dein Ergebnis mit der Umkehraufgabe.
Beispiel: Aufgabe: 89 − 32 = 57 Umkehraufgabe: 57 + 32 = 89

a) 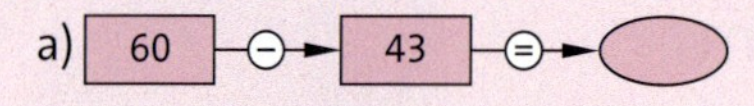 60 − 43 =
b) 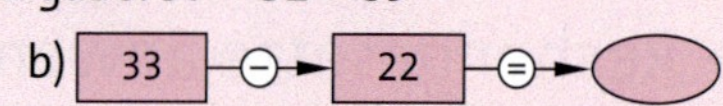 33 − 22 =
c) 91 − 49 =
d) 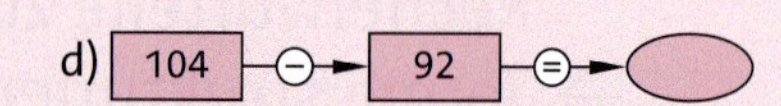 104 − 92 =
e) 275 − 125 =
f) 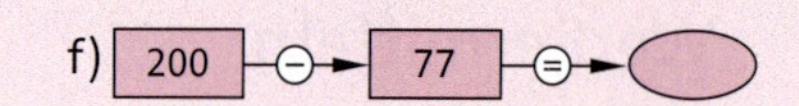 200 − 77 =
g) 423 − 135 =
h) 573 − 285 =

7 Gib zwei Additionsaufgaben an, deren Ergebnis 27 ist.

8 Gib zwei Subtraktionsaufgaben an, deren Ergebnis 35 ist.

9 Von den 24 Kindern der Klasse 5a können 17 Kinder schwimmen. Berechne, wie viele Kinder der Klasse 5a nicht schwimmen können.

10 Im letzten Schuljahr besuchten 842 Jugendliche die Carl-Friedrich-Gauß-Schule. Am Ende des Schuljahrs verließen 97 die Schule und 87 kamen zum neuen Schuljahr hinzu. Berechne, wie viele Jugendliche im neuen Schuljahr an der Schule sind.

11 Maria bekommt von ihrer Oma 12 €. Sie nimmt aus ihrem Sparschwein 12 € dazu und geht damit auf den Rummel. Sie gibt 8 € für die Achterbahn, 6 € für die Geisterbahn, 3 € für ein Stück Pizza und 2 € für ein Getränk aus. Berechne, wie viel Geld sie noch hat.

Lösungen
→ S. 212

Ganze Zahlen

12 Gib das Vorzeichen der Zahl an.

a) +5 b) −17 c) −128 d) 99

13 Gib den Betrag der Zahl an.

a) 89 b) −48 c) 193 d) −2487

14 Erkläre in eigenen Worten, was der Betrag einer ganzen Zahl ist.

15 Vergleiche die beiden Zahlen. Setze das richtige Zeichen <, > oder = zwischen sie.

a) −54 und 28 b) 19 und −17 c) −32 und −41 d) −142 und −253
e) 19 und |19| f) 26 und |−26| g) −18 und |−18| h) |−15| und |−9|

16 Markiere die Zahlen auf einer Zahlengerade.

a) 1; −7; −3; −1 b) 10; 15; −20; −30 c) −100; −300; 50; −500

17 Markiere die Zahl −5 auf einer Zahlengerade. Gehe von dort auf der Zahlengerade 3 Einheiten nach rechts (2 Einheiten nach links) und markiere die Zahl dort. Gib an, welche Zahl du markiert hast.

Vermischtes

18 Runde.

a) 5169 auf Tausender b) 1272 auf Hunderter
c) 19 338 auf Zehntausender d) 952 auf Hunderter

19 Isaak kauft Stifte für 6,15 €, einen Block für 2,45 €, einen Radiergummi für 0,39 € und Patronen für 1,25 €. Isaak rundet alle Beträge und stellt fest: „Das sind insgesamt rund 9 €. Also kann ich mit einem 10-€-Schein bezahlen!“ Erkläre, wie Isaak gerechnet hat. Beurteile, ob die Rechnung sinnvoll ist.

20 Trage die Zahlen untereinander in eine Stellenwerttafel ein und nenne die Zahlwörter.

a) 1897 b) 25 407 c) 9088 d) 228 615
e) 25 000 f) 201 500 g) 2 000 000 h) 10 800 000

21 Zähle.

a) von 5000 bis 10 000 in 1000er-Schritten
b) von 600 bis 1800 in 200er-Schritten
c) von 100 000 bis 1 Million in 300 000er-Schritten

22 In den Additionspyramiden erhält man die Zahl in einem Stein, indem man die Zahlen in den beiden Steinen darunter addiert.

①
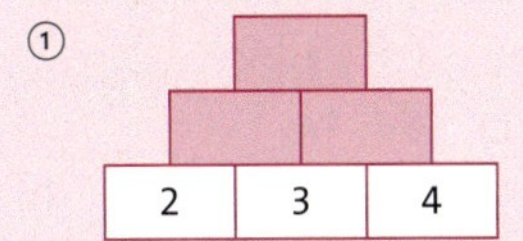

②
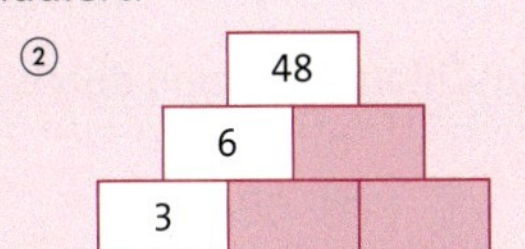

③
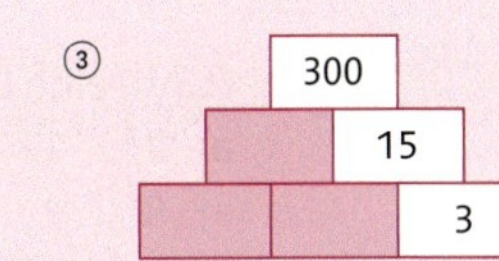

a) Übertrage die Additionspyramiden in dein Heft und ergänze sie.
b) Gib an, wie sich die Zahl an der Spitze der Pyramide ① verändert, wenn die Zahl 2 in der unteren Reihe durch die Zahl 4 ersetzt wird.

2.1 Überschlagsrechnung

Ein Lkw-Fahrer muss auf seiner nächsten Route zunächst von Frankfurt nach München fahren. Danach fährt er über Leipzig und Bremen zurück nach Frankfurt. Er weiß, dass sein Benzin für etwa 1500 km reicht. Erkläre, wie du schnell entscheiden kannst, ob das Benzin für die Route ausreicht.

In vielen Situationen ist es nicht nötig oder möglich, exakt zu rechnen. Man benötigt oft nur eine Vorstellung von der Größenordnung eines Ergebnisses. Es genügt deshalb, das Ergebnis einer Rechnung ungefähr zu bestimmen.

Hinweis

Man kann die Überschlagsrechnung auch zur Kontrolle von Rechnungen verwenden.

Beim Überschlagen verändert man die Zahlen so, dass man die Rechnung einfach im Kopf lösen kann. Damit Überschlagsrechnungen genauer werden, ist es manchmal besser, von den Rundungsregeln abzuweichen. Das gegensinnige Runden ist bei Additionen und Multiplikationen sinnvoll, das gleichsinnige Runden bei Subtraktion und Division.

Beispiel 1 Führe eine Überschlagsrechnung durch.

a) $4534 + 763$ b) $3167 - 576$ c) $3297 \cdot 19$ d) $5778 : 9$

Lösung:

a) Runde 4534 auf Hunderter ab und 763 auf Hunderter auf und berechne. $4500 + 800 = 5300$

b) Runde 3167 auf Tausender ab. Verändere die 576 in die gleiche Richtung, rechne also mit 500. $3000 - 500 = 2500$

c) Runde 3297 auf Tausender ab und 19 auf Zehner auf. $3000 \cdot 20 = 60\,000$

d) Runde 5778 auf Tausender auf und 9 auf Zehner auf. $6000 : 10 = 600$

Basisaufgaben

1 Führe eine Überschlagsrechnung durch.

a) $847 + 129$ b) $1249 + 3872$ c) $1269 + 112$ d) $8967 + 137$
e) $78\,910 - 451$ f) $4790 - 231$ g) $7641 - 248$ h) $8967 - 721$

745	674
1159	7881
9580	11 388

2 Ordne der Aufgabe das passende Ergebnis aus der Randspalte zu. Entscheide durch eine Überschlagsrechnung.

a) $531 + 628$ b) $819 - 145$ c) $7066 + 815$
d) $803 - 58$ e) $14\,858 - 3150 - 2128$ f) $2291 + 1839 + 7258$

3 Führe eine Überschlagsrechnung durch.

a) $243 \cdot 12$ b) $1360 \cdot 9$ c) $184 \cdot 14$ d) $18 \cdot 2105$
e) $855 : 9$ f) $5940 : 11$ g) $4184 : 122$ h) $17\,780 : 2540$

4 Prüfe mit einer Überschlagsrechnung, ob das Ergebnis richtig sein kann.

a) $356 + 259 = 915$ b) $6523 - 568 = 5704$ c) $72 \cdot 354 = 25\,488$ d) $31 \cdot 235 = 7285$
e) $54 \cdot 69 = 8726$ f) $286 : 13 = 22$ g) $8765 : 15 = 195$ h) $3328 : 13 = 256$

Weiterführende Aufgaben

Zwischentest

Hilfe

5 Übertrage in dein Heft und ersetze den Platzhalter ■ durch das richtige Zeichen < oder >.
a) 67 + 59 − 63 ■ 75 b) 288 − 45 + 805 ■ 950 c) 759 + 624 − 1216 ■ 200
d) 660 : 33 ■ 18 e) 1234 · 12 ■ 16 000 f) 4809 · 211 ■ 1 000 000

6 **Stolperstelle:** Herr Behling sieht ein Urlaubsangebot. Er überschlägt die Kosten und freut sich, dass das Angebot weniger als 1000 € kostet.

a) Erkläre, wie Herr Behling überschlagen hat.
b) Beurteile Herrn Behlings Überschlag. Gib einen sinnvolleren Überschlag an. Begründe, welcher Überschlag sich am besten eignet.

Eine Woche Sardinien
(für 2 Personen)
Flug: 539 €
Hotel: 349 €
Mietauto: 145 €

7 Im Einkaufswagen liegen Käse (3,95 €), ein Baguette (1,39 €), Äpfel (2,22 €) und Orangensaft (1,89 €). Simon, Sophie und Raphael überschlagen unterschiedlich.
Simon: *4 + 1 + 2 + 2 = 9* Sophie: *4 + 2 + 3 + 2 = 11* Raphael: *4 + 1,50 + 2,50 + 2 = 10*
Der Einkauf kostet 9,45 €. Begründe, welcher Überschlag am besten geeignet ist.

8 Eine Konzerthalle hat 1853 Plätze. Am Einlass wird auf unterschiedliche Weise gezählt, wie viele Gäste bereits in der Halle sind.
Zählung 1: 682 Gäste mit Stehplatz, 484 Gäste mit Sitzplatz sind eingetroffen.
Zählung 2: 534 Gäste am Westeingang, 632 Gäste am Osteingang sind eingetroffen.
Überschlagt die Anzahl der freien Plätze einmal mit Zählung 1 und einmal mit Zählung 2. Vergleicht die Ergebnisse. Erklärt den Unterschied und begründet, welcher Überschlag besser ist.

9 Ein Mitarbeiter in der Spedition berichtet: „Auf jeden unserer 127 Lkws passen 38 Transportkisten und in jede Kiste passen 144 Fußbälle."
Überschlage, wie viele Fußbälle die Spedition gleichzeitig transportieren kann.

Hilfe

10 Amelia ist 562 Wochen alt und geht in die fünfte Klasse. Prüfe, ob das stimmen kann.

11 **Ausblick:** Andrea, Martin und Khalid (von links nach rechts) machen unterschiedliche Überschlagsrechnungen der Aufgabe 5435 + 108 324 + 548 619.

Ich achte immer darauf, dass nicht nur aufgerundet oder nur abgerundet wird.
Ich runde immer alle Zahlen auf den gleichen Stellenwert.
Ich lasse die kleinen Zahlen immer weg.

Ⓐ 6000 + 100 000 + 500 000 = 606 000

Ⓑ 10 000 + 110 000 + 550 000 = 670 000

Ⓒ 100 000 + 500 000 = 600 000

a) Ordne jedem Kind die entsprechende Rechnung zu.
b) Überschlage die folgenden Aufgaben jeweils wie Khalid, Martin und Andrea, wenn das möglich ist: ① 1234 + 94 123 ② 65 · 84 · 3618 ③ 73 325 − 4342
c) Nenne Vorteile und Nachteile jeder Strategie.

2.2 Schriftliches Addieren und Subtrahieren

Ein Fußballstadion hat vier Tribünen mit Sitz- und Stehplätzen. Insgesamt passen genau 34 276 Fans in das Stadion.
Berechne die Anzahl der Sitzplätze und die Anzahl der Stehplätze.

Wenn man eine Zahl zu einer anderen Zahl addiert, geht man am Zahlenstrahl nach rechts.
Wenn man eine Zahl subtrahiert, geht man am Zahlenstrahl nach links.

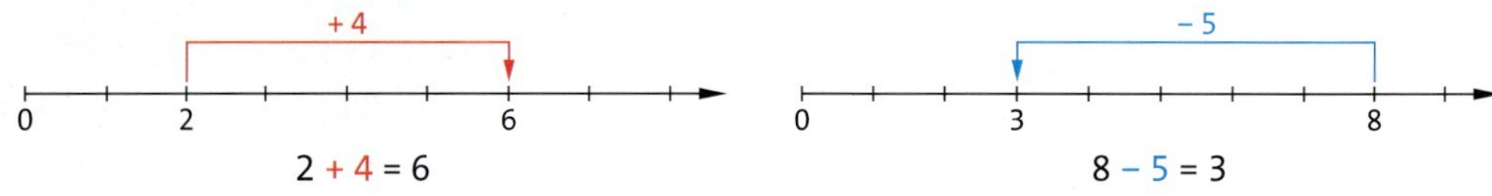

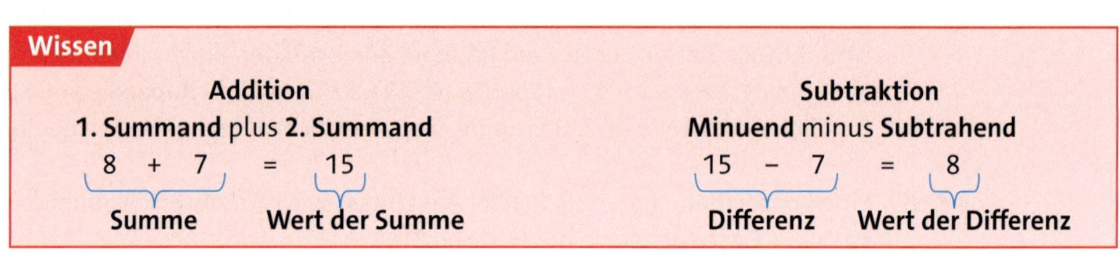

Wissen

Addition
1. Summand plus **2. Summand**
8 + 7 = 15
Summe (8 + 7) — **Wert der Summe** (15)

Subtraktion
Minuend minus **Subtrahend**
15 − 7 = 8
Differenz (15 − 7) — **Wert der Differenz** (8)

Schriftliches Addieren

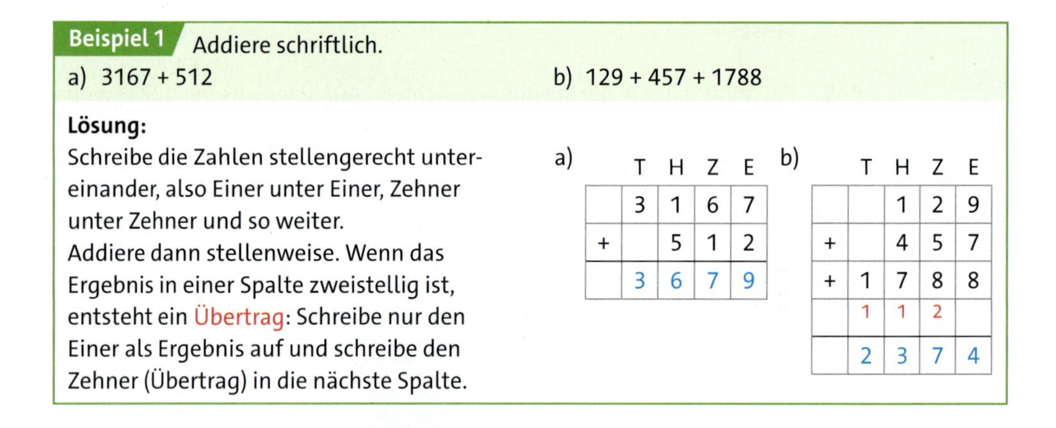

Beispiel 1 Addiere schriftlich.

a) 3167 + 512 b) 129 + 457 + 1788

Lösung:
Schreibe die Zahlen stellengerecht untereinander, also Einer unter Einer, Zehner unter Zehner und so weiter.
Addiere dann stellenweise. Wenn das Ergebnis in einer Spalte zweistellig ist, entsteht ein Übertrag: Schreibe nur den Einer als Ergebnis auf und schreibe den Zehner (Übertrag) in die nächste Spalte.

a)

	T	H	Z	E
	3	1	6	7
+		5	1	2
	3	6	7	9

b)

	T	H	Z	E
		1	2	9
+		4	5	7
+	1	7	8	8
	1	1	2	
	2	3	7	4

Basisaufgaben

1 Addiere schriftlich im Heft. Überprüfe mit einer Überschlagsrechnung, ob dein Ergebnis stimmen kann.

a) 812 + 147   b) 5183 + 3016   c) 1598 + 281   d) 8057 + 9253   e) 16 970 + 20 872   f) 796 607 + 9063

2 Schreibe die Summanden im Heft stellengerecht untereinander und addiere schriftlich.

a) 361 + 724   b) 726 + 973   c) 8715 + 1832
d) 5622 + 6173   e) 3813 + 10 283   f) 73 912 + 891 305

3 Man kann auch schriftlich addieren, wenn man die Summanden nebeneinander schreibt.

a) Erkläre die Schreibweise anhand des Beispiels:

5172 + 3683 = ■■■■ 5172 + 3683 = ■■■5 5172 + 3683 = ■■55

5172 + 3683 = ■855 5172 + 3683 = 8855

b) Addiere schriftlich, ohne die Summanden untereinander zu schreiben.

① 412 + 293 ② 3713 + 8932 ③ 179 + 6214

Lösungen zu 4

142 827, 2377, 869, 314 973, 11 597, 19 203, 3210, 2345

4 Überschlage zuerst das Ergebnis und addiere dann schriftlich.

a) 516 + 52 + 301
b) 1807 + 895 + 508
c) 736 + 3970 + 6891
d) 73 + 908 + 841 + 555
e) 313 000 + 1200 + 699 + 74
f) 23 855 + 16 792 + 80 672 + 21 508
g) 790 + 99 + 925 + 75 + 456
h) 7905 + 4216 + 273 + 6006 + 803

5 Familie Meyer fuhr auf ihrer Städtereise von Hannover nach Amsterdam 374 km, von dort nach Brüssel 202 km, dann nach Paris 295 km und anschließend nach Hause 757 km. Überschlage die Länge der Städtereise und berechne dann schriftlich.

6 Bestimme den Wert der Summe aus den Summanden 8561, 9286 und 13 455. Rechne schriftlich.

7 Gib an, wie sich der Wert der Summe ändert, wenn

a) der erste Summand um 2 vergrößert wird und der zweite gleich bleibt,
b) beide Summanden um jeweils 3 verkleinert werden,
c) der erste Summand um 5 vergrößert und der zweite Summand um 8 verkleinert wird,
d) der erste Summand um 1 vergrößert, der zweite Summand um 2 vergrößert und der dritte Summand um 3 verkleinert wird.

Schriftliches Subtrahieren

Beispiel 2 Subtrahiere schriftlich.

a) 686 − 394 b) 5485 − 812 − 1234 − 492

Lösung:

a) Schreibe die Zahlen stellengerecht untereinander. Subtrahiere stellenweise:
Einer: 6 − 4 = 2
Zehner: 8 − 9 geht nicht, 1 entbündeln: 18 − 9 = 9, schreibe 9 als Ergebnis.
Hunderter: 6 − 1 − 3 = 2

	T	H	Z	E
		6	8	6
−		3	9	4
		2	9	2

b) Subtrahiere stellenweise:
Einer: 5 − 2 − 4 − 2 geht nicht, 1 entbündeln: 15 − 2 − 4 − 2 = 7
Zehner: 8 − 1 − 1 − 3 − 9 geht nicht, 1 entbündeln: 18 − 1 − 1 − 3 − 9 = 4
Hunderter: 4 − 1 − 8 − 2 − 4 geht nicht, 1 entbündeln: 14 − 1 − 8 − 2 − 4 geht nicht, 2 entbündeln: 24 − 1 − 8 − 2 − 4 = 9
Tausender: 5 − 2 − 1 = 2

	T	H	Z	E
	5	4	8	5
−		8	1	2
−	1	2	3	4
−		4	9	2
	2	9	4	7

Basisaufgaben

8 Berechne schriftlich im Heft. Prüfe mit einem Überschlag, ob dein Ergebnis stimmen kann.

a) 345 − 125 b) 2489 − 1375 c) 981 − 79 d) 4035 − 2781 e) 12 971 − 8017 f) 231 089 − 121 126

9 Überschlage zuerst das Ergebnis und subtrahiere dann schriftlich.

a) 879 − 699 b) 2398 − 1689 c) 43 572 − 21 312
d) 67 113 − 9787 e) 232 111 − 129 887 f) 476 385 − 11 989

Lösungen zu 10

220 342 1632 987 71 835 4758

10 Überschlage das Ergebnis und subtrahiere schriftlich.

a) 478 − 242 − 16 b) 3035 − 781 − 622 c) 5023 − 331 − 3705
d) 987 − 112 − 212 − 321 e) 6783 − 472 − 1458 − 95 f) 81 097 − 2918 − 431 − 5913

11 Für ein Livekonzert stehen 32 500 Plätze zur Verfügung. 17 281 Karten wurden bereits verkauft. Berechne, wie viele Plätze noch frei sind.

12 Der Minuend ist 12 183, der Subtrahend ist 8704. Berechne den Wert der Differenz.

13 Gib an, wie sich der Wert der Differenz ändert, wenn

a) der Minuend um 6 vergrößert wird und der Subtrahend gleich bleibt,
b) der Minuend und der Subtrahend jeweils um 4 verkleinert werden,
c) der Minuend um 5 verkleinert wird und der Subtrahend um 3 vergrößert wird.

14 Ergänze im Heft die fehlenden Zahlen, sodass die Rechnung stimmt.

a) 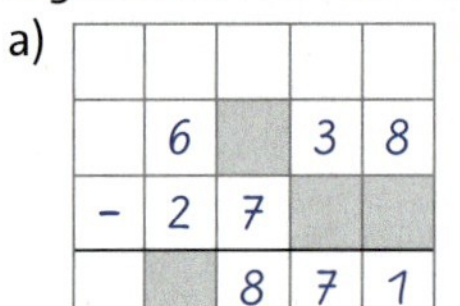
b) 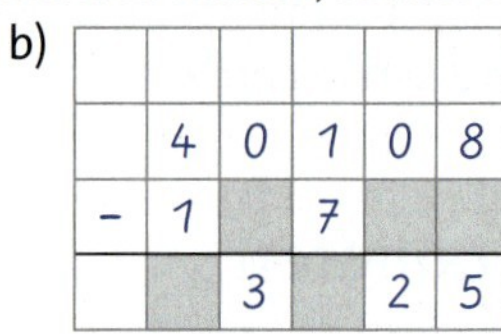
c) 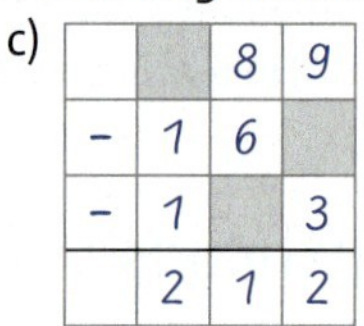
d) 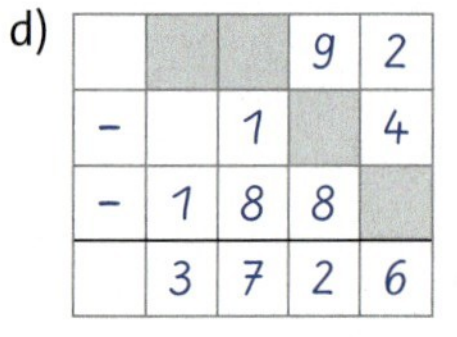

Weiterführende Aufgaben

Zwischentest

 **15** **Stolperstelle:** Finde und erläutere die Fehler. Führe die Rechnung dann richtig durch.

a)

	2	0	7	9
+	5	9	4	
+	1	0	9	9
	1	2	1	
	9	1	1	8

b) 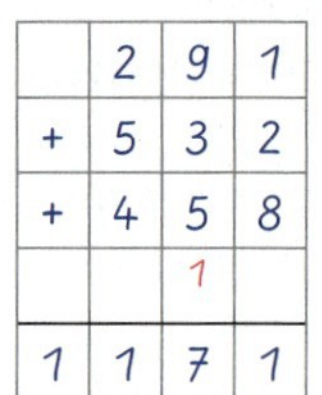
c) 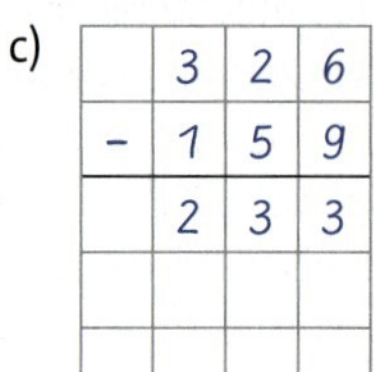
d) 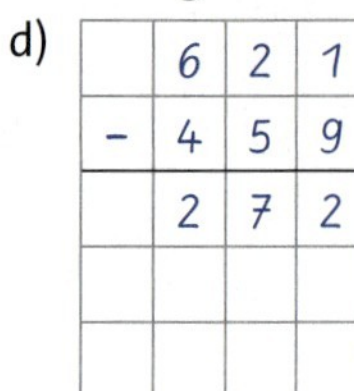

16 Berechne schriftlich. Überprüfe mit einem Überschlag, ob dein Ergebnis stimmen kann.

a) 2 142 742 + 1 627 253 b) 3 384 261 + 5 410 284 c) 45 827 312 + 23 371 934
d) 18 731 347 + 7 826 317 e) 9 726 413 − 4 615 211 f) 12 738 985 − 11 535 254
g) 68 726 134 − 17 482 637 h) 879 726 131 − 76 136 724 i) 52 716 123 − 43 871 624

Hilfe

17 Schreibe als Rechenaufgabe. Berechne das Ergebnis schriftlich.

a) Zu einhundertdreiundzwanzigtausendvierhundertundvierzehn werden vierhundertsechsunddreißigtausendzweihundertachtundsechzig addiert.
b) Von fünf Millionen zweihundertzwölf werden zwei Millionen fünfhunderttausend subtrahiert.
c) Der Minuend ist $8 \cdot 10^9$, der Subtrahend ist $4 \cdot 10^7$.

Wissen

Eine **Gleichung** besteht aus zwei Rechenausdrücken, die durch ein Gleichheitszeichen verbunden sind, zum Beispiel 5 + 7 = 12 oder 2 · ■ + 1 = 13.
Eine **Lösung** der Gleichung ist jede Zahl, die beim Einsetzen für den Platzhalter eine wahre Aussage ergibt.

18 Gleichungen durch systematisches Probieren lösen: Ermittle durch Probieren im Heft die richtige Zahl für den Platzhalter ■, sodass die Gleichung stimmt.

a) 25 + ■ = 58 b) 44 − ■ = 19 c) ■ + 18 = 32 d) ■ − 27 = 51

19 Rechnungen umkehren: Ersetze den Platzhalter ■ im Heft so durch eine Zahl, dass die Gleichung stimmt. Arbeite mit der Umkehraufgabe.

a) 12 + ■ = 40 b) ■ + 22 = 63 c) 120 + ■ = 230 d) ■ + 120 = 250
e) ■ − 8 = 18 f) ■ − 23 = 31 g) 25 − ■ = 18 h) 162 − ■ = 23
i) ■ − 87 = 203 j) 480 − ■ = 200 k) ■ − 99 = 143 l) 1000 − ■ = 333
m) 413 + ■ = 512 n) 920 − ■ = 895 o) ■ − 247 = 318 p) ■ + 987 = 1001

Hilfe

20 Schreibe eine Gleichung mit einem Platzhalter zu dem Zahlenrätsel. Berechne dann die gesuchte Zahl.

a) Welche Zahl muss man von 761 subtrahieren, um 389 zu erhalten?
b) Zu welcher Zahl muss man 31 005 addieren, um 42 189 zu erhalten?
c) Von welcher Zahl muss man 132 276 subtrahieren, um 87 564 zu erhalten?

Hinweis zu 21

Höhenmeter werden bergauf und bergab überwunden.

21 Malik und Tina waren wandern.

a) Berechne, wie viele Höhenmeter sie dabei überwunden haben.
b) Entscheide ohne Rechnung, ob mehr Höhenmeter bergauf oder bergab überwunden wurden.
c) Bis zur Tiroler Hütte haben sie 1425 Höhenmeter überwunden. Gib an, in welcher Höhe die Tiroler Hütte liegt.

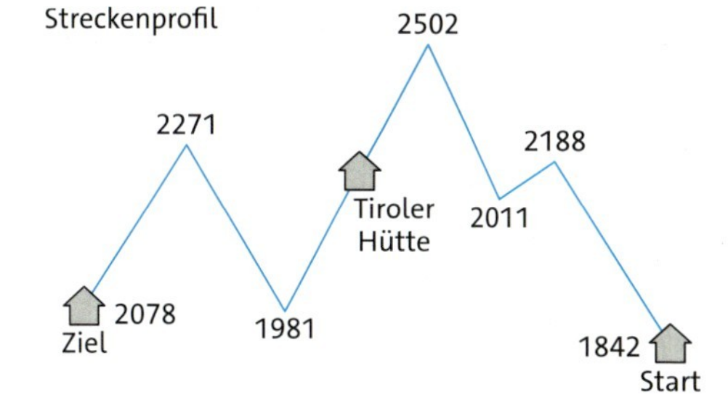

22 Eine Raumstation ist 8 726 124 km von der Erde entfernt.

a) Ein Raumschiff nimmt von der Raumstation aus Kurs auf die Erde. Es ist bereits 1 243 355 km geflogen. Berechne, wie weit es noch von der Erde entfernt ist.
b) Ein zweites Raumschiff sieht geradeaus vor sich die Raumstation und dahinter die Erde. Es ist noch 9 723 591 km von der Raumstation entfernt. Berechne, wie weit dieses Raumschiff von der Erde entfernt ist.

Info

Von 1949 bis 1990 war Deutschland in zwei Länder geteilt: Die BRD im Westen und die DDR im Osten.

23 1990 wurde Deutschland wiedervereinigt. In der DDR lebten zu diesem Zeitpunkt rund 16 434 000 Menschen, in der BRD rund 63 316 000 Menschen. Berechne die Bevölkerungszahl des wiedervereinigten Deutschlands 1990.

24 Ausblick: In den Aufgaben wurden ANNA-Zahlen verwendet.

a) Erkläre, was ANNA-Zahlen sind.
b) Berechne die Ergebnisse. Beschreibe, was dir auffällt.
c) Entscheide begründet, welche der Zahlen bei der Subtraktion von ANNA-Zahlen entstanden sein können.

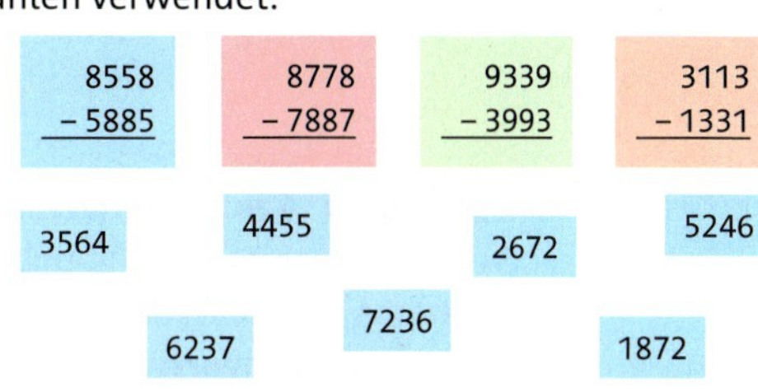

2.3 Ganze Zahlen addieren und subtrahieren

Aus einer Wettervorhersage: „Heute sind es noch drei Grad über null. Aber morgen wird es richtig kalt. Durch den kräftigen Ostwind wird die Temperatur um zehn Grad sinken.“ Schreibe eine Rechnung für die Temperatur am nächsten Tag auf. Ermittle dann diese Temperatur.

Addition ganzer Zahlen

Hinweis

Neben den Rechenzeichen + und − treten jetzt auch noch + und − als Vorzeichen auf. Man setzt Zahlen mit ihren Vorzeichen in Klammern, um Verwechslungen zu vermeiden und nicht zwei Plus- bzw. Minuszeichen hintereinander zu haben.

Positive ganze Zahlen sind natürliche Zahlen. Zwei positive ganze Zahlen werden also wie natürliche Zahlen addiert: $(+8) + (+6) = 8 + 6 = 14 = (+14)$
Bei der Addition von negativen Zahlen hilft die Veranschaulichung in Sachanwendungen: Wenn man 8 € Schulden hat und noch einmal 6 € Schulden dazukommen, dann hat man insgesamt 14 € Schulden. Man addiert zwei negative Zahlen also, indem man ihre Gegenzahlen addiert und dem Ergebnis ein negatives Vorzeichen gibt: $(-8) + (-6) = (-14)$

Wissen **Ganze Zahlen mit gleichem Vorzeichen addieren**
Zwei ganze Zahlen mit dem **gleichen Vorzeichen** werden addiert, indem man ihre **Beträge addiert** und dem **Ergebnis das gemeinsame Vorzeichen** der beiden Zahlen gibt.

Beispiel 1 Berechne $(-5) + (-7)$.

Lösung:

Beide Summanden haben negative Vorzeichen. Addiere deshalb die Beträge und gib dem Ergebnis das gemeinsame Vorzeichen „minus“.	-5 und -7 sind negativ. $\lvert -5\rvert + \lvert -7\rvert = 5 + 7 = 12$ $(-5) + (-7) = (-12)$

Hinweis

Siehe auch den Streifzug „Plättchenmodell“ ab S. 42.

Wenn man Zahlen mit unterschiedlichem Vorzeichen addiert, bestimmt die Zahl mit dem größeren Betrag das Vorzeichen des Ergebnisses:
Wenn man 8 € Schulden hat und 6 € Guthaben erhält, dann kann man 6 € Schulden zurückzahlen und hat immer noch 2 € Schulden. Es gilt also $(-8) + (+6) = (-2)$, das Ergebnis ist negativ.
Hatte man hingegen nur 5 € Schulden und erhält 6 € Guthaben, dann kann man alle Schulden zurückzahlen und hat noch ein Guthaben von 1 €. Es gilt also $(-5) + (+6) = (+1)$, das Ergebnis ist positiv.
Diese Rechnungen kann man auch als eine „Bewegung auf der Zahlengerade um 6 Schritte nach rechts“ veranschaulichen:

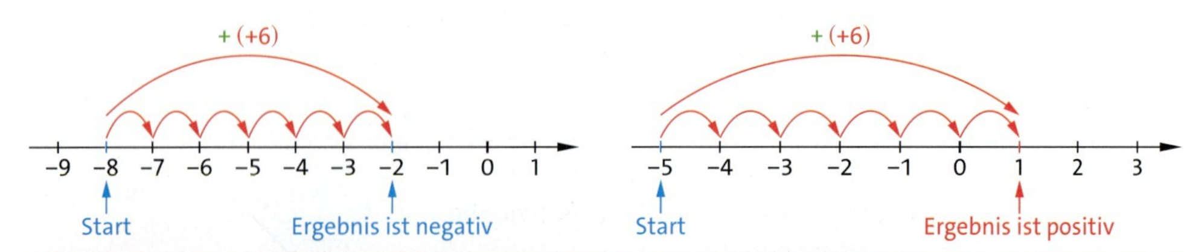

Wissen **Ganze Zahlen mit unterschiedlichen Vorzeichen addieren**
Zwei ganze Zahlen mit **unterschiedlichen Vorzeichen** werden addiert, indem man die **Beträge der Summanden** bildet, vom größeren Betrag den kleineren **subtrahiert** und dem **Ergebnis das Vorzeichen** des Summanden mit dem **größeren Betrag** gibt.

Beispiel 2 Berechne.

a) $(-9) + (+2)$ b) $(+8) + (-3)$

Lösung:

a) Beachte die unterschiedlichen Vorzeichen der Summanden. Subtrahiere die Beträge. Da −9 den größeren Betrag hat, ist das Ergebnis negativ.

-9 ist negativ, $+2$ ist positiv
$|-9| - |2| = 9 - 2 = 7$
$(-9) + (+2) = (-7)$

b) Beachte die unterschiedlichen Vorzeichen der Summanden. Subtrahiere die Beträge. Da +8 den größeren Betrag hat, ist das Ergebnis positiv.

$+8$ ist positiv, -3 ist negativ
$|8| - |-3| = 8 - 3 = 5$
$(+8) + (-3) = (+5)$

Basisaufgaben

1 Addiere die Zahlen mit gleichem Vorzeichen.

a) $(-7) + (-3)$ b) $(+12) + (+9)$ c) $(-14) + (-21)$ d) $(-5) + (-29)$

2 Addiere die Zahlen mit unterschiedlichen Vorzeichen.

a) $(+10) + (-4)$ b) $(-10) + (+4)$ c) $(-12) + (+18)$ d) $(+13) + (-8)$
e) $(-16) + (+7)$ f) $(+9) + (-14)$ g) $(+15) + (-24)$ h) $(-21) + (+32)$

3 Schreibe eine passende Additionsaufgabe zu der Zeichnung und gib das Ergebnis an.

a)

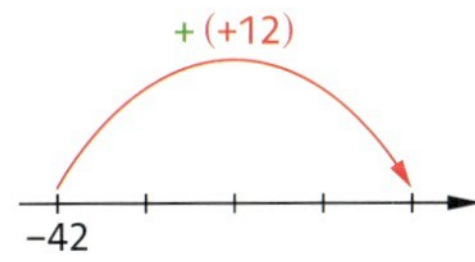

b)

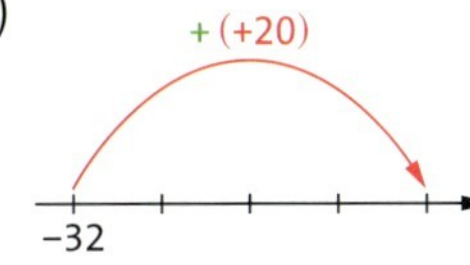

c)

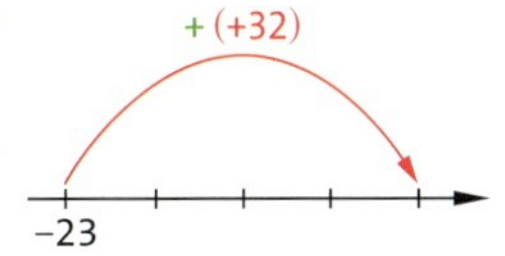

4 a) Berechne 39 + 27 und 39 − 27.
b) Gib mithilfe von a) die Ergebnisse folgender Aufgaben an.
① $(-39) + (-27)$ ② $(+39) + (-27)$ ③ $(-39) + (+27)$ ④ $(-27) + (+39)$

5 Nicolas hat 12 € Schulden bei einem Freund. Er gibt ihm 7 € zurück.

a) Schreibe eine Rechnung zu der Situation auf.
b) Gib an, ob Nicolas immer noch Schulden hat. Wenn ja, berechne ihre Höhe.
c) Erkläre, wie man eine positive und eine negative Zahl addiert. Nutze dazu das Beispiel der Schulden.

6 Gib an, welches Vorzeichen das Ergebnis hat.

a) $(-712) + (+215)$ b) $(-8501) + (-382)$
c) $(+28\,443) + (-15\,823)$ d) $(+413\,128) + (-5143)$

7 Berechne.

a) $(+28) + (-17)$ b) $(-14) + (-23)$ c) $(-36) + (+169)$ d) $(-54) + (-42)$
e) $(+31) + (-63)$ f) $(-78) + (-59)$ g) $(-81) + (+95)$ h) $(+49) + (-87)$

8 Berechne schriftlich.

a) $(-328) + (-485)$ b) $(-879) + (+274)$ c) $(+981) + (-835)$ d) $(-1245) + (-2368)$

Subtraktion ganzer Zahlen

Hinweis

Siehe auch den Streifzug „Plättchenmodell“ ab S. 42.

Wenn man zu einer positiven Zahl eine negative Zahl mit kleinerem Betrag addiert, kann man die Rechnung auch als Subtraktion auffassen: (+8) + (−6) = (+2) = (+8) − (+6)
Umgekehrt kann man jede Subtraktion ganzer Zahlen auf die Addition zurückführen.

Wissen

Man subtrahiert eine ganze Zahl, indem man ihre Gegenzahl addiert.

Beispiel 3

Berechne.

a) (+17) − (−23) b) (−10) − (+19) c) (−25) − (−15)

Lösung:

a) Bilde die Gegenzahl von −23 und addiere sie zu +17. (+17) − (−23) = (+17) + (+23) = (+40)

b) Bilde die Gegenzahl von +19 und addiere sie zu −10. (−10) − (+19) = (−10) + (−19) = (−29)

c) Bilde die Gegenzahl von −15 und addiere sie zu −25. (−25) − (−15) = (−25) + (+15) = (−10)

Basisaufgaben

9 Berechne.

a) (−7) − (−3) b) (−12) − (+9) c) (−14) − (−21) d) (+5) − (−29)
e) (+10) − (−34) f) (−10) − (+41) g) (−12) − (+18) h) (+13) − (−18)

10 Schreibe die Rechnung als Addition.

a) (+789) − (−628) b) (−124) − (+584)
c) (+351) − (+452) d) (−1542) − (−795)

11 Gib an, welches Vorzeichen das Ergebnis hat.

a) (−758) − (+211) b) (−259) − (−38)
c) (+2632) − (−13 528) d) (+71 231) + (−571 216)

12 Berechne schriftlich.

a) (+927) − (−246) b) (+612) − (+875)
c) (−243) − (−1238) d) (+165) − (+3597)

13 Das Subtrahieren einer positiven Zahl kann man als Bewegung auf der Zahlengerade nach links veranschaulichen:

(−2) − (+3) = (−5) (+2) − (+5) = (−3)

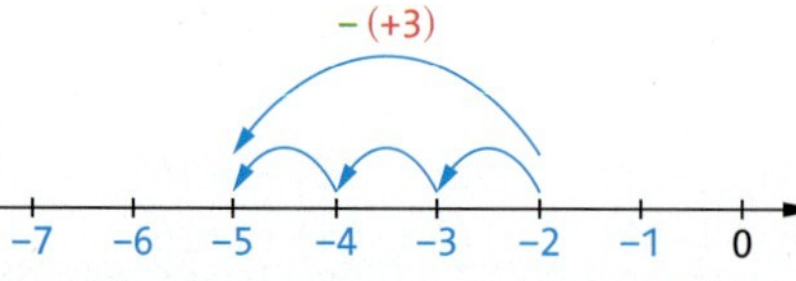

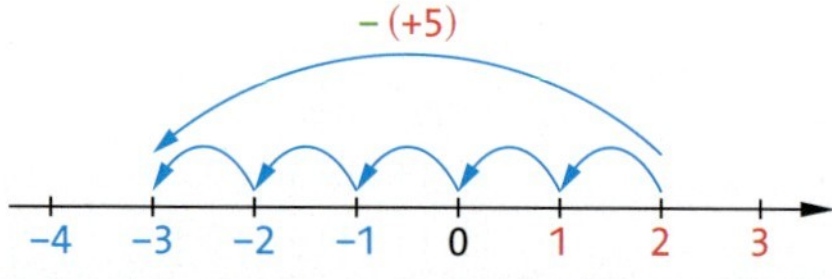

Skizziere die Rechnung an der Zahlengerade. Betrachte sie dazu als Subtraktion. Gib dann das Ergebnis an.

a) (−4) + (−2) b) (−5) − (+3) c) (+3) + (−6) d) (+4) + (−7)

Vereinfachte Schreibweise

Um die Schreibweise für Summen und Differenzen zu vereinfachen, kann man das Pluszeichen als Vorzeichen weglassen. Da man Subtraktionen auf Additionen zurückführen kann (und umgekehrt), kann man alle Rechnungen so umschreiben, dass auf ein Rechenzeichen das Vorzeichen „plus" folgt.
Beispiel: $(+2) + (-3) = (+2) - (+3) = 2 - 3$

Wissen **Vereinfachte Schreibweise**

Stehen ein Pluszeichen und ein Minuszeichen hintereinander, so kann man sie durch ein Minuszeichen ersetzen:

$$2 + (-3) = 2 - 3$$
$$-2 - (+3) = -2 - 3$$

Stehen zwei Minuszeichen hintereinander, so kann man sie durch ein Pluszeichen ersetzen:

$$2 - (-3) = 2 + 3$$
$$-2 - (-3) = -2 + 3$$

Hinweis

Die Klammern um eine Zahl am Anfang einer Rechnung und nach einem Gleichheitszeichen kann man weglassen.

Basisaufgaben

14 Wenn man eine positive Zahl zu einer ganzen Zahl addiert, dann geht man auf der Zahlengerade nach rechts. Wenn man eine negative Zahl addiert, geht man auf der Zahlengerade nach links.
Veranschauliche die Rechnung an einer Zahlengerade und gib das Ergebnis an.

a) $-8 + 5$ b) $1 - 7$ c) $-5 + 7$ d) $-5 - 11$ e) $8 - 9$
f) $-2 - 7$ g) $3 - 10$ h) $0 - 3$ i) $-1 + 6$ j) $-1 + 1$

15 Additionen ganzer Zahlen kann man auch als Subtraktionen schreiben und umgekehrt. Schreibe die Rechnungen $10 + (-7)$ und $10 - (-7)$ ohne Klammern. Erkläre, dass es für jede solche Rechnung eine Schreibweise ohne Klammern gibt.

16 Gib die Rechnung in vereinfachter Schreibweise an. Markiere im Heft Vorzeichen und Rechenzeichen in unterschiedlichen Farben.

a) $12 + (-21)$ b) $-25 - (-14)$ c) $(+28) - (-13)$ d) $-18 + (-26)$

17 Ordne die Rechnungen den passenden Texten zu.

Die Temperatur betrug 3 °C und sank um 8 °C.

$3 + 5 = 8$

Die Temperatur stieg um 8 °C und betrug danach 5 °C.

$5 - 8 = -3$

$-3 + 8 = 5$

$3 - 8 = -5$

Die Temperatur betrug −3 °C, nachdem sie um 8 °C gesunken war.

Die Temperatur stieg um 5 °C und betrug vorher 3 °C.

18 Schreibe als Summe.

a) $13 - 12$ b) $234 - 500$ c) $-17 - 13$ d) $19 - 23 - 45$

19 Entscheide, ohne zu rechnen, welche Rechnungen das gleiche Ergebnis haben.

$746 + (-389)$ $746 + 389$ $746 - (-389)$ $746 - 389$ $-746 - (-389)$ $-746 + 389$

Weiterführende Aufgaben

Zwischentest

20 Begründe: Die Summe aus einer Zahl und ihrer Gegenzahl ergibt immer null.

Hilfe

21 a) Frau Meier kauft mit ihrer Kreditkarte ein. Sie verfügt über ein Guthaben von 321 € und kauft einen neuen Rasenmäher für 399 €. Berechne den neuen Kontostand.

b) Herr Nowak verkauft sein Auto für 1100 €. Anschließend zahlt er 670 € Miete. Danach beträgt sein Kontostand 230 €. Berechne den Kontostand vor dem Verkauf des Autos.

22 Herr Schreiber hat einen Kontostand von −950 € und möchte 750 € abheben. Er darf aber höchstens mit 1200 € im Minus sein. Stellt euch gegenseitig Fragen zu der Situation und beantwortet sie mithilfe von Rechnungen.

23 Der tiefste See der Erde ist der Baikalsee in Sibirien. Seine Wasseroberfläche befindet sich 455 Meter über dem Meeresspiegel. Der Seeboden liegt an seiner tiefsten Stelle 1187 Meter unter dem Meeresspiegel. Berechne, welche Strecke ein U-Boot zurücklegt, wenn es von der Wasseroberfläche bis zum Grund des Sees taucht.

24 **Stolperstelle:** Elisabeth behauptet: *„Wenn ich minus rechne, ziehe ich etwas von einer Zahl ab, das Ergebnis muss also immer kleiner sein als diese Zahl."*
Erkläre Elisabeth ihren Denkfehler.

25 Übertrage in dein Heft. Markiere Vorzeichen und Rechenzeichen in verschiedenen Farben und berechne die Ergebnisse.

a) $4 + (-2)$
$4 - (-2)$

b) $120 + (-180)$
$120 - (-180)$

c) $-84 + (-44)$
$-84 - (-44)$

d) $-32 + (-56)$
$-32 - (-56)$

26 Ersetze die Platzhalter ■ im Heft durch die richtigen Zeichen + oder −. Verwende unterschiedliche Farben für Vorzeichen und Rechenzeichen.

a) ■10 − (■8) = −18

b) 6 + (■5) = ■1

c) ■8 ■ (−4) = 12

d) 20 ■ (−15) = ■35

27 Entscheide, ob die Aussage wahr oder falsch ist. Begründe, falls sie wahr ist. Gib ein Gegenbeispiel an, falls sie falsch ist.

a) Bei der Addition einer ganzen Zahl geht man auf der Zahlengerade nach rechts.
b) Bei der Subtraktion einer ganzen Zahl wird das Ergebnis immer kleiner.
c) Die Summe zweier ganzer Zahlen kann kleiner sein als jeder der beiden Summanden.
d) Die Summe zweier ganzer Zahlen hat den gleichen Betrag wie die Summe ihrer Gegenzahlen.

Hinweis zu 28

Es gibt kein Jahr 0. Zwischen 1 v. Chr. und 1 n. Chr. ist genau 1 Jahr vergangen.

28 Die Olympischen Spiele der Antike wurden von 776 v. Chr. bis 393 n. Chr. ausgetragen. Die Olympischen Spiele der Neuzeit finden seit 1894 n. Chr. statt.

a) Berechne, über welchen Zeitraum die Olympischen Spiele der Antike stattfanden.
b) Berechne, wie viele Jahre zwischen der ersten und der zweiten Gründung der Olympischen Spiele lagen.
c) Berechne, wie lange es zwischendurch keine Olympischen Spiele gab.

29 Systematisches Probieren:

Ben hat die Gleichung $18 - x = 34$ wie folgt gelöst:

Der Subtrahend muss negativ sein.

$18 - (-20) = 18 + 20 = 38$	*zu groß*
$18 - (-10) = 18 + 10 = 28$	*zu klein*
$18 - (-15) = 18 + 15 = 33$	*etwas zu klein*
$18 - (-16) = 18 + 16 = 34$	*passt*

Lösung: $x = -16$

Beschreibe Bens Vorgehensweise und löse auf die gleiche Art die folgende Gleichung.

a) $18 - x = 56$ b) $-13 + x = 24$ c) $x - 12 = -234$ d) $35 - x = -650$

30 Umkehraufgabe:

In der Gleichung $5 - 3 = 2$ erhält man die 5 als Summe aus 2 und 3, also $5 = 3 + 2$.
Auf diese Weise kann man den Wert von Platzhaltern in Gleichungen wie $x - 12 = -50$ bestimmen: $-50 + 12 = -38$, also gilt $x = -38$.
Ermittle auf diese Weise die fehlende Zahl in der Gleichung.

a) $x + (-4) = 12$ b) $-6 + x = -2$ c) $19 - a = 21$
d) $m - (-23) = -15$ e) $k + (-999) = -1$ f) $-320 - y = 12$

31 Ersetze den Platzhalter ■ im Heft durch eine ganze Zahl, sodass die Gleichung stimmt.

a) $-12 +$ ■ $= -6$ b) $-10 +$ ■ $= -15$
c) $-20 -$ ■ $= -25$ d) $-21 -$ ■ $= -17$
e) ■ $- 5 = -13$ f) ■ $+ 46 = -130$

32 Löse die Gleichung.

a) $7 + a = 18$ b) $-9 + a = 11$ c) $a + 13 = 5$ d) $a + (-3) = 8$
e) $a - 12 = 6$ f) $a - 14 = 19$ g) $24 - a = -4$ h) $33 - a = 48$

33 Arbeitet zu zweit. Bestimmt im Heft die passende Zahl für den Platzhalter ■, sodass die Gleichung $78 -$ ■ $= -12$ stimmt,

① durch Probieren, ② mit der Umkehraufgabe.

Vergleicht die Lösungswege. Diskutiert, welcher Lösungsweg besser ist.

34 In jedem Stein der Additionsmauer steht die Summe der Zahlen aus den beiden Steinen darunter. Übertrage die Additionsmauer in dein Heft und vervollständige sie.

a)

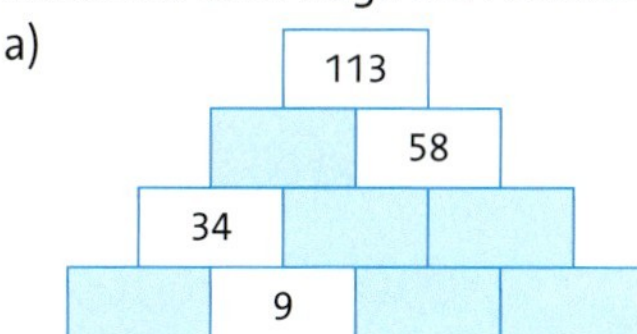

b)

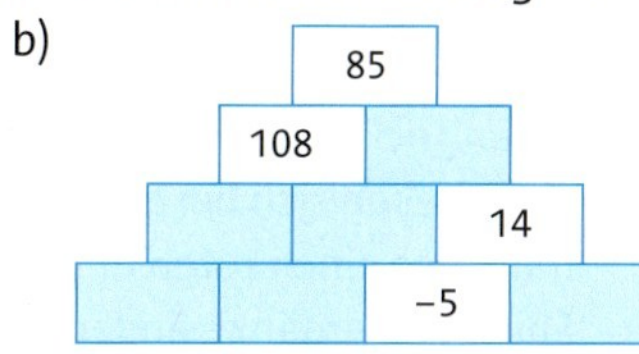

35 Denke dir einen Sachzusammenhang zu der Aufgabe aus und formuliere eine passende Frage. Tauscht untereinander und ermittelt mit einer Rechnung die Antwort auf die Frage. Vergleicht eure Ergebnisse.

a) $-14 + x = -4$ b) $12 - z = -25$
c) $100 + a = 72$ d) $-350 - s = -485$

36 Ausblick:

a) Berechne $-5 + (-5)$, $-5 + (-5) + (-5)$ und $-5 + (-5) + (-5) + (-5)$.
b) Schreibe die Rechnungen aus a) als Multiplikationen. Stelle eine Vermutung auf, was $6 \cdot (-5)$ und $4 \cdot (-3)$ ergibt.

Plättchenmodell

Additionen und Subtraktionen kann man mit farbigen Spielsteinen veranschaulichen. Dabei stehen rote Steine für positive Zahlen und blaue Steine für negative Zahlen.

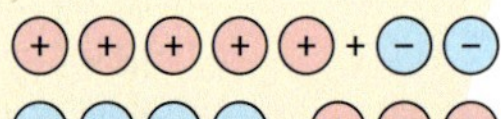

a) Schreibe die passenden Rechnungen zur Abbildung auf.
b) Lege die Rechnung $(-6) + (+4)$ mit farbigen Plättchen.

Mit dem **Plättchenmodell** kann man Additionen und Subtraktionen von ganzen Zahlen veranschaulichen. Wenn man zwei Zahlen **addiert**, die aus **gleichfarbigen Spielsteinen** bestehen, entspricht das Ergebnis der Anzahl aller Spielsteine in der Rechnung:

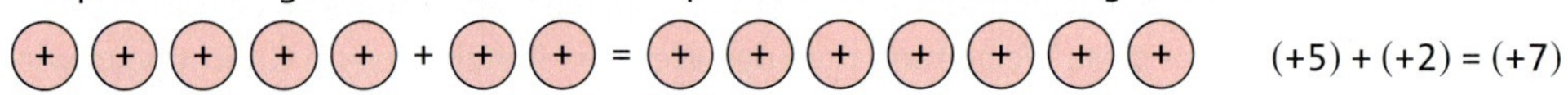

$(+5) + (+2) = (+7)$

$(-5) + (-2) = (-7)$

Wenn bei einer **Addition rote und blaue Spielsteine** aufeinandertreffen, lösen sich jeweils zwei verschiedenfarbige Spielsteine auf:

$(+5) + (-2) = (+3)$

2 rote und 2 blaue Steine lösen sich gegenseitig auf

$(-5) + (+2) = (-3)$

Hinweis

Daraus kann man die Regel ableiten: Zwei ganze Zahlen mit **unterschiedlichen Vorzeichen** werden addiert, indem man die **Beträge der Summanden** bildet, vom größeren Betrag den kleineren **subtrahiert** und dem **Ergebnis das Vorzeichen** des Summanden mit dem **größeren Betrag** gibt.

Wenn man zwei Zahlen addiert, die durch verschiedenfarbige Spielsteine dargestellt werden, hat das Ergebnis immer die Farbe des Summanden, der durch die größere Anzahl an Spielsteinen dargestellt wird. Die Differenz der verschiedenfarbigen Spielsteine gibt die Anzahl der Steine des Ergebnisses an.

Auch **Subtraktionen** kann man durch die Spielsteine darstellen, zum Beispiel:

$(+4) - (-3)$

Da man nicht drei blaue Spielsteine von vier roten wegnehmen kann, verwendet man einen Trick: Ein roter und ein blauer Spielstein heben sich bei der Addition auf. Wenn man also einen roten und einen blauen Spielstein ergänzt, ändert sich das Ergebnis nicht – man addiert eine Null. So kann man schrittweise Nullen einfügen.
Jetzt kann man die blauen Steine aus dem Minuenden entfernen, da genauso viele blaue Steine im Minuenden wie im Subtrahenden liegen. Es bleiben sieben rote Steine übrig. Man erhält: $(+4) - (-3) = (+7)$

=0 =0 =0

Man erhält das gleiche Ergebnis, wenn man +3 addiert, statt −3 zu subtrahieren: $(+4) + (+3) = (+7)$. Die Subtraktion ganzer Zahlen lässt sich folglich auf die Addition zurückführen.
Statt eine Zahl zu subtrahieren, kann man ihre Gegenzahl addieren.

Aufgaben

1 Nenne die Aufgabe, die die Plättchen darstellen. Löse sie mit dem Plättchenmodell.

a) ⊕⊕⊕⊕⊕⊕ + ⊖⊖⊖

b) ⊖⊖⊖⊖ + ⊕⊕

c) ⊕⊕⊕⊕⊕ + ⊖⊖⊖⊖⊖⊖

2 Beschreibe anhand der Abbildung, wie die Aufgabe (−7) − (+2) mit dem Plättchenmodell gelöst werden kann.

⊖⊖⊖⊖⊖⊖⊖ − ⊕⊕

= ⊖⊖⊖⊖⊖⊖⊖⊕⊖⊕⊖ − ⊕⊕

= ⊖⊖⊖⊖⊖⊖⊖ + ⊖⊖ + ⊕⊕ − ⊕⊕

= ⊖⊖⊖⊖⊖⊖⊖⊖⊖

Gib das Ergebnis an.

3 a) Löse die Aufgabe (−3) + (+3) mit dem Plättchenmodell.
b) Begründe mit dem Plättchenmodell, dass die Summe aus einer Zahl und ihrer Gegenzahl immer null ergibt.

4 Veranschauliche die Aufgabe mit dem Plättchenmodell und bestimme das Ergebnis.
a) (+8) + (−4) b) (+2) + (−5) c) (−3) + (+6) d) (−5) + (+3)

5 Löse die Aufgabe (+2) + (−4) + (+5) + (−3) + (−2) mit dem Plättchenmodell.

6 Für das Rechnen mit größeren Zahlen kann man „größere" Spielsteine verwenden. Man zerlegt die Zahlen dazu in Einer, Zehner, Hunderter ...
a) Gib die Aufgabe an, die durch die Spielsteine dargestellt wird.

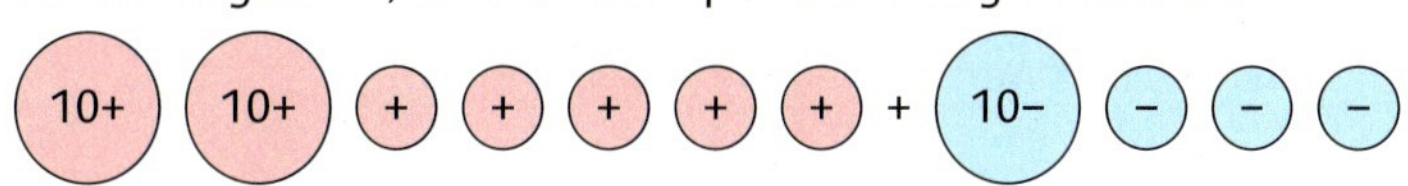

b) Löse die Aufgabe aus a) mit dem Plättchenmodell.
c) Gib die Aufgabe an, die durch die folgenden Spielsteine dargestellt wird. Erkläre, welches Problem hier beim Rechnen mit dem Plättchenmodell entsteht. Beschreibe, wie man die Aufgabe trotzdem lösen kann.

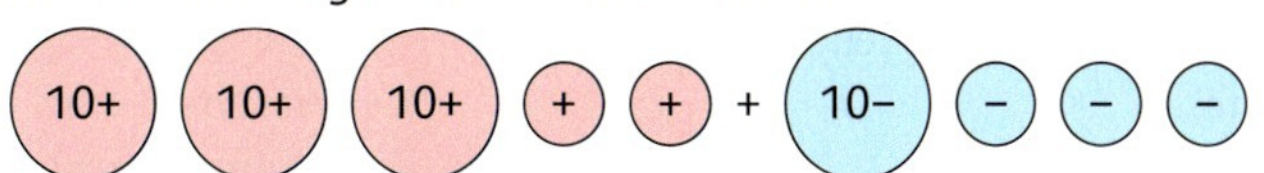

d) Löse die Aufgaben (+56) + (−34) und (−42) + (+25) mit dem Plättchenmodell.

7 Gib das Vorzeichen des Ergebnisses an. Begründe mithilfe des Plättchenmodells.
a) (+23 897) + (−14 356) b) (−49 827) + (9823) c) (−103 928) + (+182 817)

8 Denke dir eine Rechenaufgabe mit ganzen Zahlen aus und stelle sie mit Spielsteinen dar. Du kannst die Spielsteine auch basteln. Tauscht dann untereinander und löst gegenseitig eure Aufgaben. Kontrolliert eure Ergebnisse gemeinsam.

2.4 Rechengesetze der Addition

Vera hat noch 20 € Taschengeld. Davon gibt sie erst 5 € und dann noch einmal 7 € aus.

a) Entscheide begründet, welche der beiden Rechnungen zur Situation passt.
① $20 - 5 + 7$ ② $20 - 5 - 7$

b) Berechne, wie viel Geld Vera noch hat.

Terme und Klammern

Ein **Term** ist ein Rechenausdruck, der Zahlen, Platzhalter, Klammern und Rechenzeichen enthalten kann, zum Beispiel $18 + 7$ oder $39 - (-24)$ oder $2 \cdot 5 + x - 14 : 7$.
Der **Wert des Terms** ist das Ergebnis dieser Rechnung. Zum Beispiel hat der Term $18 + 7$ den Wert 25. Der Wert eines Terms wird nach bestimmten Regeln berechnet:

Wenn ein Term nur aus Zahlen und Plus- oder Minuszeichen besteht, berechnet man seinen Wert **von links nach rechts**: $18 - 3 + 7 = 15 + 7 = 22$
Wenn ein Term zusätzlich **Klammern** enthält, wird der Ausdruck in Klammern zuerst berechnet: $18 - (3 + 7) = 18 - 10 = 8$

Wissen

Ein **Term** ist ein Rechenausdruck, der aus Zahlen und/oder Platzhaltern, Rechenzeichen und eventuell Klammern besteht.
Ausdrücke in **Klammern** werden immer zuerst berechnet. Sind diese ineinander geschachtelt, so wird von „innen nach außen" gerechnet.
Ansonsten rechnet man von links nach rechts.

Beispiel 1

a) Untersuche, ob man die Klammer weglassen kann, ohne dass sich der Wert des Terms $25 - (4 + 9)$ ändert.

b) Berechne den Wert des Terms $18 - [4 - (8 + 9)]$.

Lösung:

a) Berechne den Wert des Terms mit Klammer, indem du zuerst den Ausdruck in Klammern berechnest. Berechne den Wert des Terms ohne Klammern von links nach rechts. Vergleiche die beiden Werte.

$25 - (4 + 9) = 25 - 13 = 12$
$25 - 4 + 9 = 21 + 9 = 30$

Der Wert des Terms ändert sich. Man darf die Klammer **nicht** weglassen.

b) Beginne ganz innen mit der runden Klammer. Berechne im nächsten Schritt die äußere (eckige) Klammer. Das Ergebnis ist negativ, lass deshalb die Klammer zunächst stehen. Löse sie dann mithilfe der vereinfachten Schreibweise auf und berechne den Wert des Terms.

$18 - [4 - (8 + 9)]$
$= 18 - [4 - 17]$
$= 18 - [-13]$
$= 18 + 13 = 31$

Basisaufgaben

1 Untersuche, welche der Terme den gleichen Wert haben.

① $543 - 234 + 123$ ② $543 - (234 + 123)$ ③ $(543 - 234) + 123$ ④ $543 - (234 - 123)$

Lösungen zu 2

33 13 9 −17 48 33

2 Berechne den Wert des Terms.

a) $24 - (8 + 3)$
b) $36 - [19 - (12 + 4)]$
c) $16 - [13 - (8 - 2)]$
d) $[35 - (21 + 5)] - [19 - (7 - 14)]$
e) $51 - 62 - (-28 + (-16))$
f) $(27 + 43) - [39 - (24 + (-7))]$

3 Berechne den Wert des Terms schriftlich.

a) $592 + (173 - 241)$
b) $987 - (284 - 461)$
c) $1039 - (1839 - 2845)$
d) $(8242 + 7169) - (1935 + 9814)$

Terme strukturieren

Um die Reihenfolge bei der Berechnung eines Termwerts zu verdeutlichen, kann man den Term mithilfe von Fachbegriffen gliedern. Die zuletzt auszuführende Rechenart legt die **Art des Terms** fest. Der **Rechenbaum** zeigt die auszuführenden Rechenschritte von oben nach unten. Demgegenüber zeigt der **Gliederungsbaum** die Rechenoperationen in umgekehrter Reihenfolge. Die Gliederung des Terms kann auch in **Wortform** erfolgen.

Beispiel 2

Erstelle für den Term $91 - (34 + 18)$ einen Rechenbaum und bestimme damit die Art des Terms. Erstelle anschließend einen Gliederungsbaum.

Lösung:

Beginne wegen der „Vorfahrt" der Klammer mit der Berechnung von 34 + 18 im **Rechenbaum** auf der obersten Stufe.
Subtrahiere danach das Ergebnis der Klammer von 91.
Lies die letzte Rechenoperation aus dem Term oder Rechenbaum ab:
$91 - (34 + 18)$
Folgere die Art des Terms.

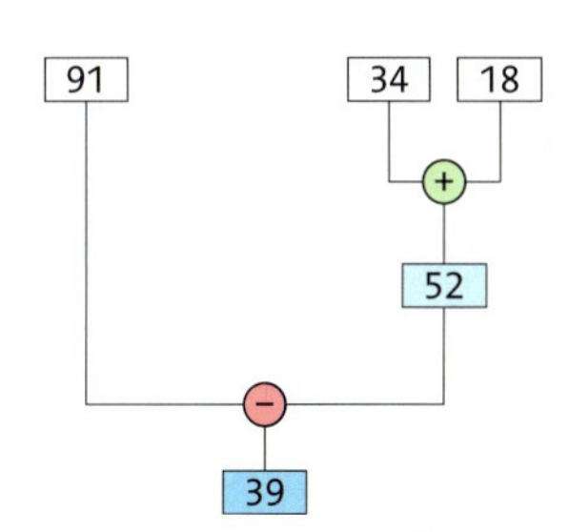

Der Term ist eine **Differenz**.

Der Minuend ist 91, der Subtrahend ist die Summe aus den Zahlen 34 und 18.

Erstelle damit den zugehörigen **Gliederungsbaum**.

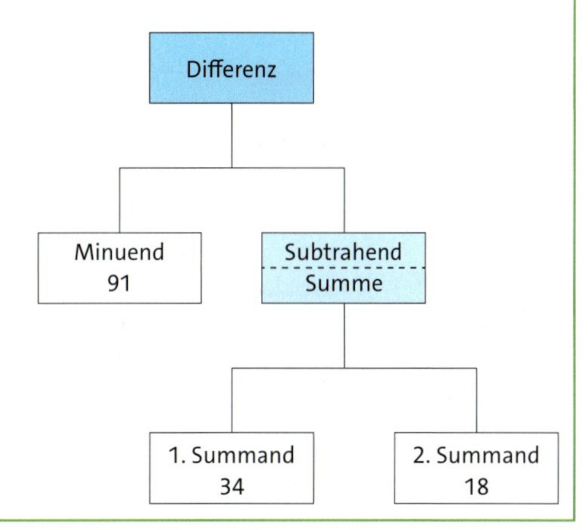

Hinweis

Die Gliederung des Terms als fortlaufender Text wird auch als **Wortform** bezeichnet.

Basisaufgaben

4 Stelle einen passenden Term auf und zeichne einen Rechenbaum zum Term.
a) Zur Summe aus 28 und 15 wird 16 addiert.
b) Die Differenz aus 39 und 17 und die Summe aus 18 und 26 werden addiert.
c) Von der Summe aus 21 und −7 wird die Differenz aus 12 und −6 subtrahiert.
d) Die Differenz aus 78 und 59 wird von 120 subtrahiert. Dann wird die Summe aus 26 und 49 addiert.

5 Formuliere den Term mit Fachbegriffen in Worten. Berechne dann den Wert des Terms.
a) $(17 + 24) - 6$ b) $(18 - 21) + (14 - 19)$ c) $25 - [6 - (-27)] + 4$

6 Der Minuend eines Terms ist die Summe aus 118 und −56. Der Subtrahend ist die Summe aus 69 und der Differenz aus 82 und 44.
a) Stelle den Term auf und zeichne einen passenden Gliederungsbaum.
b) Berechne den Wert des Terms.

7 Stelle den Term auf und berechne seinen Wert.
a) b)

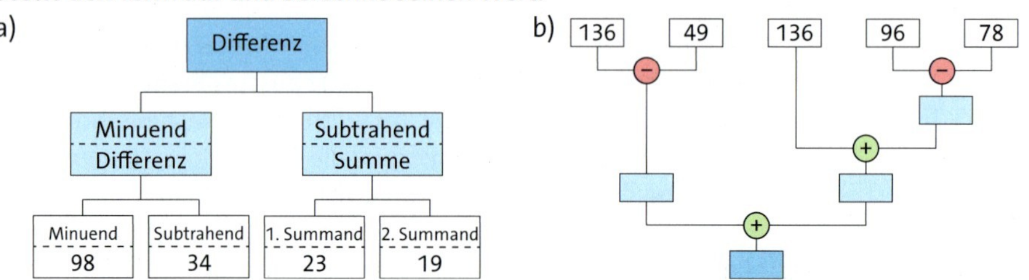

Rechengesetze der Addition

Ein 100 cm langer Stab wird in vier unterschiedlich lange Teile geteilt. Legt man sie anschließend aneinander, so ergibt sich unabhängig von der Reihenfolge die Gesamtlänge von 100 cm.

Bei einer reinen Addition kann man die Reihenfolge der Summanden vertauschen. Um die Rechnung zu vereinfachen, kann man weiterhin die Reihenfolge der Addition beliebig verändern, was man durch das Setzen von **Klammern** zum Ausdruck bringt. Es gilt also:
$27 + 16 + 33 + 24 = 27 + 33 + 16 + 24 = (27 + 33) + (16 + 24) = 60 + 40 = 100$

Hinweis

Diese Rechengesetze gelten **nur** für die Addition, **nicht** für die Subtraktion.
Zum Kommutativgesetz sagt man auch **Vertauschungsgesetz**.
Zum Assoziativgesetz sagt man auch **Verbindungsgesetz**.

Wissen

Kommutativgesetz:
Beim Addieren dürfen Summanden beliebig vertauscht werden.
Für beliebige Zahlen a und b gilt immer: $\mathbf{a + b = b + a}$
$12 + 35 = 35 + 12$

Assoziativgesetz:
Beim Addieren dürfen Klammern beliebig gesetzt oder weggelassen werden.
Für beliebige Zahlen a, b und c gilt immer: $\mathbf{(a + b) + c = a + (b + c) = a + b + c}$
$(6 + 12) + 8 = 6 + (12 + 8) = 6 + 12 + 8$

Aufgrund des Assoziativgesetzes kann man die Reihenfolge der Berechnung bei einer Addition beliebig wählen.

Beispiel 3

a) Berechne 39 + 28 + 11 + 16 + 12 geschickt (unter Nutzung der Rechengesetze der Addition).

b) Peter rechnet: 84 − 92 + 16 − 108 = 84 + 16 − 92 − 108 = 100 − 200 = −100
Mira meint: „Das ist nicht richtig, weil man nur bei Additionen das Kommutativ- und das Assoziativgesetz anwenden darf." Begründe rechnerisch, dass Mira nicht recht hat. Schreibe dazu Peters Rechnung ausführlicher auf.

Lösung:

a) Vertausche Summanden, sodass sich Rechnungen vereinfachen (Kommutativgesetz). Setze Klammern (Assoziativgesetz) und berechne sie. Addiere zum Schluss.

39 + 28 + 11 + 16 + 12
= 39 + 11 + 28 + 12 + 16
= (39 + 11) + (28 + 12) + 16
= 50 + 40 + 16
= 106

b) Deute die Zeichen + und − im Term als Vorzeichen statt als Rechenzeichen. Schreibe damit den Term zu einer Addition um. Vertausche nun Summanden und setze Klammern, sodass Rechenvorteile entstehen.

84 − 92 + 16 − 108
= (+84) + (−92) + (+16) + (−108)
= (+84) + (+16) + (−92) + (−108)
= [(+84) + (+16)] + [(−92) + (−108)]
= 100 + (−200)
= −100

Basisaufgaben

8 Berechne geschickt.

a) 15 + 25 + 18 b) 73 + 21 + 29 c) 10 + 89 + 11 + 7
d) 32 + 6 + 2 + 25 e) 17 + 12 + 13 + 18 f) 41 + 29 + 27 + 32 + 28
g) 38 + 49 + 22 h) 69 + 125 + 375 i) 15 + 24 + 16 + 33 + 17
j) 55 + 29 + 5 + 11 k) 34 + 29 + 16 + 21 l) 187 + 36 + 11 + 54 + 2

9 Schreibe die Aufgabe als Addition. Vertausche geschickt Summanden und berechne.

a) 9 + 17 − 9 b) 4 − 60 + 6 c) 177 − 89 − 77 + 189

10 Beschreibe, welche Rechenvorteile du erkennst. Berechne dann vorteilhaft.

a) 67 + 69 + (−67) b) 46 − 285 + 54 c) −276 + 24 + 76 d) 71 − 721 − 79

11 Berechne unter Verwendung von Rechengesetzen.

a) 2537 + 7813 − 1537 − 671 − 3813 + 371
b) −58 − (−500) − 32 + (−142) + 732
c) (48 − 11) − 18

12 Rechne vorteilhaft. Erläutere dein Vorgehen und nenne die Rechengesetze, die du angewendet hast.

a) 15 + 28 + 25 + 12 + 4 b) 9 + 24 + 13 + 11 + 16
c) 37 + 21 + 14 + 29 + 16 d) 8 + 96 + 21 + 31 + 44
e) 27 + 52 + 37 + 38 + 13 f) 120 + 330 + 170 + 180

13 Berechne geschickt.

a) 462 − 79 − 52 − 12 − 31 b) 623 + 58 + (−19) − 43 − 91 + 42
c) 738 − 123 − 244 + 17 − 14 − 77 d) 976 − 483 + 231 + 253 − 156
e) 1042 − 739 + 258 − 161 + 296 f) 2763 + 237 − 512 − 488 − 276 − 24

Weiterführende Aufgaben

Zwischentest

14 Berechne.

a) $24 - (16 - 5 + 7) - 12$
b) $52 - (-17 + 42) - (-48 - 17)$
c) $-(-388 - 85) - (-743 - 312)$
d) $(-344 - 823) - (574 - 15) - 51$

15 **Stolperstelle:** Beschreibe den Fehler. Schreibe dann die richtige Rechnung auf.

17 + 9 + 13 + 4 = 30 + 9 = 39 + 4 = 43

16 Überprüfe das Ergebnis mithilfe einer Überschlagsrechnung. Korrigiere das Ergebnis, falls es falsch ist.

a) $592 + 318 - [(264 + 94) + 345] = 307$
b) $(374 + 147) + [953 - (269 + 127) - 279] = 1299$
c) $[1957 - (246 + 476)] - [(268 + 96) - 211] = 2100$
d) $4374 - 2484 + 1230 + 901 - 592 = 3429$

Hilfe

17 Begründe, ohne zu rechnen, ob die Terme den gleichen Wert haben. Überprüfe dann mit einer Rechnung.

a) $264 + 108 + 128 - 123$ und $264 + (108 + 128) - 123$
b) $2000 - 58 + 69$ und $2000 - (58 + 69)$
c) $334 + 145 + (108 + 123)$ und $145 + 334 + (123 + 108)$

18 Entscheide begründet, welche Klammern man weglassen kann, ohne dass sich der Wert des Terms ändert. Überprüfe rechnerisch.

a) $60 - 45 + (62 + 50)$
b) $(83 + 54) - (83 - 54)$
c) $[(99 - 5) - 51] - 26$
d) $[76 - (48 - 33)] - 15$
e) $85 - [(69 - 10) + 26]$
f) $72 - [(30 + 22) - (40 - 21)]$

19 Ein Sportverein hat einen Kontostand von 712 €. Ein Sponsor überweist dem Verein weitere 1500 €. Danach kauft der Verein für 315 € neue Sportgeräte und lässt für 125 € eine Reparatur im Vereinshaus durchführen. Dann kauft er für 872 € neue Mannschaftskleidung, bekommt aber einen Rabatt von 52 €. Stelle einen Term für den neuen Kontostand des Vereins auf. Berechne dann den Kontostand.

20 Die Rechengesetze der Addition gelten nicht für die Subtraktion.

a) Zeige an der Aufgabe $23 - 14$, dass das Kommutativgesetz nicht für die Subtraktion gilt.
b) Zeige an der Aufgabe $84 - 41 - 26$, dass das Assoziativgesetz nicht für die Subtraktion gilt.
c) Schreibe die Aufgabe $123 - 38 - 43 - 52$ als Addition. Wende dann die Rechengesetze der Addition an und rechne geschickt.

21 Berechne möglichst geschickt in einer fortlaufenden Rechnung.

a) $-76 - [-33 - (-25 - 43 - 147)] + 92$
b) $-[368 - (428 - 113)] + [-34 - (-77)]$
c) $-23 + (-78) - [-71 + 14 - (48 - 97) + 13]$
d) $-35 + \{-24 - [-43 + (-74) - (+67)]\} - (-338)$

22 Ermittle den Wert des Terms. Rechne schriftlich, falls nötig.

a) (356 + 153) − [232 − (246 − 98)]

b) 3579 − [2345 − (654 + 456) − (135 + 531)]

c) 363 − {345 − [654 − 456 − (315 − 135)]}

d) (888 − 555) − {444 − [777− (333 + 222)]}

e) [3723 − (1323 − 574) − 189] − [(354 + 980) + (1234 − 926)]

23 Berechne den Wert des Terms und gib die Art des Terms an.

a) 80 745 − [(69 396 − 10 045) + 8624] b) 7520 − [(9800 + 320) − (6490 − 501)]

24 Stelle den Term auf und berechne seinen Wert. Verwende möglichst wenige Klammern. Vergleicht untereinander.

a) Der Minuend der Differenz ist die größte dreistellige natürliche Zahl, der Subtrahend ist die Zahl 476.

b) Der erste Summand ist die größte ungerade vierstellige Zahl, die jede Ziffer höchstens einmal enthält. Der zweite Summand ist die größte vierstellige Zahl, die nur aus ungeraden Ziffern besteht.

c) Der vierstellige Minuend der Differenz besteht aus den Ziffern 3, 4, 7 und 8, der dreistellige Subtrahend besteht aus den Ziffern 2, 4, 5. Stelle einen Term auf, der einen möglichst großen (kleinen) Wert hat.

d) Der Minuend ist die Summe aller vierstelligen Zahlen mit Quersumme 3, der Subtrahend ist die größte dreistellige natürliche Zahl mit der Quersumme 4.

Hinweis

Die Quersumme einer Zahl ist die Summe aller Ziffern dieser Zahl.

25 Marc hat in der ersten halben Stunde beim Spielen 140 Punkte erreicht. In der nächsten halben Stunde gewinnt und verliert er immer wieder Punkte:

+ 40 − 88 − 14 − 16 + 4 − 12 + 16

Berechne Marcs Punktzahl am Ende der Stunde möglichst geschickt.

26 Der Hindelanger Klettersteig ist eine der schwierigsten Routen im Allgäu. Von 840 m über dem Meeresspiegel steigt man um 1130 m auf zur Heubatspitze, von da 120 m hinab zur Daumenscharte und dann wieder 400 m hinauf zum Großen Daumen. Bestimme die Höhe dieses Gipfels mithilfe eines einzigen Terms.

27 Zur Summe aus 954 und 1183 wird die Differenz aus der Summe von 817 und 289 und der Summe von 982 und −138 addiert. Anschließend werden erst 159 und dann 254 subtrahiert.

a) Stelle einen passenden Term auf.

b) Berechne den Wert des Terms möglichst geschickt.

28 **Ausblick:** Eva, Till und Marie sollen möglichst schnell alle Zahlen von 1 bis 20 addieren.

Eva: 1 + 2 + 3 + 4 + 5 + ...

Till: (2 + 8) + (17 + 13) + (1 + 4 + 5) + ...

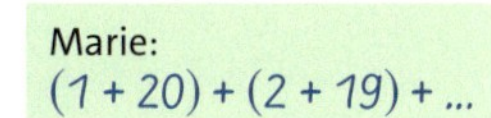

a) Erkläre die verschiedenen Lösungswege.

b) Für welches Vorgehen würdest du dich entscheiden? Begründe deine Wahl und berechne die Lösung.

c) Berechne auf die gleiche Weise die Summe der Zahlen von 1 bis 200.

2.5 Vermischte Aufgaben

1 Berechne schriftlich im Heft.

a) 3456 + 1111
b) 455 + 5120
c) 23455 + 112
d) 23455 + 1120
e) 23455 + 11200
f) 22400 + 46910
g) 90422 + 91946
h) 99999 + 46999
i) 2249990 + 512318
j) 1122334 + 1234567
k) 3456789 + 1112222
l) 14572832 + 28761312

2 Übertrage die Rechenschlange in dein Heft und ergänze die fehlenden Zahlen.

257 —+104→ ☐ —+586→ ☐ —+215→ ☐ —+429→ ☐

3 Martin verwaltet die Klassenkasse. Zum Halbjahr soll er alle Einnahmen, Ausgaben und Kassenstände aufschreiben. Vervollständige die Tabelle.

Alter Kassenstand	Ein- und Auszahlungen	neuer Kassenstand
120€	−55€	65€
65€	−17€	
	+29€	
		54€
		−19€
		15€

4 Kleopatra die Große wurde 69 v. Chr. als Tochter des ägyptisch-griechischen Herrschers Ptolemaios XII. in Ägypten geboren. Sie verliebte sich mit 21 Jahren in Caesar. Dieser war zu dem Zeitpunkt bereits 52 Jahre alt. Im Jahr 30 v. Chr. starb Kleopatra.

a) Ermittle, in welchem Jahr sich Kleopatra in Caesar verliebte.
b) Gib das Geburtsjahr von Caesar an.
c) Berechne, in welchem Alter Kleopatra starb.
d) Berechne, wie alt Caesar zum Zeitpunkt von Kleopatras Tod gewesen wäre.
e) Caesar wurde 14 Jahre vor Kleopatras Tod ermordet. Gib an, in welchem Jahr er starb und wie alt er zu diesem Zeitpunkt war.

5 Bei einer startenden Rakete werden alle zehn Sekunden die Höhe und die Außentemperatur gemessen. Die Messwerte siehst du in der Tabelle:

Zeit seit dem Start in s	0	10	20
Höhe in m	0	309	1430
Temperatur in °C	15	13	5

Zeit seit dem Start in s	30	40	50
Höhe in m	3890	8650	18250
Temperatur in °C	−12	−39	−57

a) Berechne den Temperaturunterschied in den ersten 50 Sekunden nach dem Start.
b) Berechne, in welchem 10-s-Intervall der Temperaturunterschied am größten war. Prüfe, ob in diesem Zeitintervall auch der Höhenunterschied am größten war.

6 **Blütenaufgabe:** Die Inseln von Hawaii sind die höchsten Gipfel eines Tiefseegebirges. Die Inselgruppe liegt im Pazifik und hat ein tropisches Klima.

Der Mauna Kea ist mit 4205 m der höchste Berg von Hawaii. Bestimme, wie hoch der Gipfel über dem 5600 m tiefen Meeresboden liegt.

In der Umgebung von Hawaii liegen viele weitere Tiefseeberge. Einer von ihnen ist der Tuscaloosa, der 2765 m unter dem Meeresspiegel liegt. Das Meer ist an dieser Stelle 5600 m tief. Berechne, wie hoch der Tuscaloosa vom Meeresboden aus gemessen ist.

Die durchschnittliche Tagestemperatur auf dem 4170 m hohen Mauna Loa beträgt an einem Januartag −5 °C (−2 °C; −3 °C) und am Waikiki Beach 30 °C (22 °C; 24 °C). Berechne den Temperaturunterschied zwischen beiden Orten.

Loihi ist ein submariner Vulkan in der Nähe der Inselkette. Sein Gipfel liegt momentan etwa 3000 m über dem Meeresboden. Das Meer ist an dieser Stelle 3975 m tief. Durch austretende Lava könnte der Loihi in den nächsten 1000 Jahren um 78 m wachsen, und in den darauffolgenden 4000 Jahren um weitere 302 m. Berechne, wie weit der Gipfel des Loihi dann in 5000 Jahren noch von der Wasseroberfläche entfernt ist.

7 Begründe, ohne zu rechnen, welche Terme den gleichen Wert haben wie 9 − 6 − 1.

9 − 1 − 6 | −1 + 9 − 6 | 6 − 9 − 1 | −6 − 1 + 9 | 1 − 6 + 9

8 Lara meint, dass sie im Term 30 − 50 − 70 − 90 ein Klammerpaar so setzen kann, dass der Term den Wert −40 hat. Samira entgegnet, dass es wohl zwei Klammerpaare sein müssen. Was meinst du? Begründe deine Antwort.

9 a) Addiere alle natürlichen Zahlen von 1000 bis 1100. Gehe möglichst geschickt vor.
b) Addiere alle ganzen Zahlen von −1000 bis −900.
c) Addiere alle ganzen Zahlen von −1000 bis 1100.

10 In der Rechnung stehen gleiche Buchstaben für gleiche Ziffern. Unterschiedliche Buchstaben stehen für unterschiedliche Ziffern. Finde eine passende Rechenaufgabe oder begründe, dass es keine solche Aufgabe gibt.

a)
```
  MAUS
+ PUMA
  HUND
```

b)
```
  ESEL
+ HASE
 TIGER
```

11 Alfred denkt sich eine vierstellige Zahl, die nur Ziffern von 0 bis 8 enthält. Dann bildet er eine zweite Zahl, indem er jede Ziffer seiner Zahl um 1 erhöht. Er addiert beide Zahlen.
a) Das Ergebnis ist 9753. Bestimme die Zahl, die sich Alfred gedacht hat.
b) Entscheide begründet, ob das Ergebnis einer solchen Rechnung eine gerade Ziffer enthalten oder sogar gerade sein kann. Falls ja, gib ein passendes Beispiel an.
c) Statt die beiden Zahlen zu addieren, subtrahiert Alfred sie nun. Ermittle das Ergebnis dieser Rechnung.
d) Erläutere, was sich in c) ändert, wenn Alfreds gedachte Zahl auch eine 9 enthalten kann und er daraus in der zweiten Zahl eine 0 macht.

2 Prüfe dein neues Fundament

Lösungen
→ S. 212/213

1 Führe eine Überschlagsrechnung durch.
a) 8274 + 7261 b) 10 293 − 2737 c) 143 · 11 d) 71 456 : 58

2 Addiere schriftlich. Überprüfe mit einem Überschlag, ob dein Ergebnis stimmen kann.
a) 412 + 526 b) 827 + 965
c) 7154 + 4916 d) 84 725 + 351 273

3 Subtrahiere schriftlich. Überprüfe mit einem Überschlag, ob dein Ergebnis stimmen kann.
a) 762 − 541 b) 724 − 169 c) 9274 − 6183 d) 361 253 − 63 839

4 Berechne.
a) 36 − 57 b) 67 + 123 c) −35 + 61 d) −133 − 13
e) 67 − 155 f) −855 − 455 g) −48 − 112 h) −38 + 177

5 Vervollständige die Tabelle im Heft.

+	(−5)	10	(−15)	20	15	(−20)	35	5	45	(−32)
5										
(−5)										
(−10)										
(−17)										

6 Rechne schriftlich.
a) −5781 − 4572 b) −7705 − 772 − 98 c) 457 − 87 − 574 d) −7421 + 79

7 Entscheide, ob die Aussage wahr ist, und begründe deine Entscheidung: Das Vorzeichen der Summe zweier ganzer Zahlen stimmt immer mit dem Vorzeichen des Summanden mit dem größeren Betrag überein.

8 Vereinfache die Schreibweise und berechne.
a) (+22) + (+4) b) (−22) + (−3) c) (+26) + (−27) d) (−74) + (−6)
e) (−82) − (−8) f) (−80) − (+22) g) (−23) − (−66) h) (+8) − (−808)

9 Ersetze die Platzhalter ■ im Heft durch die richtigen Vorzeichen.
a) (■6) − (■19) = +13 b) (+27) + (■30) − (■42) = ■39
c) (−13) + (■23) − (■23) = +33 d) (+19) − (■15) − (■45) = ■41

Hinweis zu 10

Es gibt kein Jahr 0. Zwischen 1 v. Chr. und 1 n. Chr. ist genau 1 Jahr vergangen.

10 Berechne, wie alt die berühmten Persönlichkeiten geworden sind.

Augustus (erster römischer Kaiser)
63 v. Chr. bis 14 n. Chr.

Strabon (griechischer Geograph)
63 v. Chr. bis 23 n. Chr.

Aristoteles (griechischer Philosoph)
384 v. Chr. bis 322 v. Chr.

Varus (römischer Feldherr)
46 v. Chr. bis 9 n. Chr.

Ovid (römischer Dichter)
43 v. Chr. bis 17 n. Chr.

Sophokles (griechischer Dichter)
498 v. Chr. bis 406 v. Chr.

Tiberius (römischer Kaiser)
42 v. Chr. bis 37 n. Chr.

Germanicus (Olympiasieger im Wagenrennen)
15 v. Chr. bis 19 n. Chr.

Lösungen → S. 213

11 Ersetze x so durch eine Zahl, dass die Gleichung stimmt.
a) $x + 26 = 77$ b) $68 + x = 123$ c) $x - 17 = 67$ d) $480 - x = 120$

12 Ersetze den Platzhalter ■ im Heft durch eine ganze Zahl, sodass die Gleichung stimmt.
a) $(-73) + \blacksquare = 10$ b) $(-73) + \blacksquare = -10$ c) $(-25) + \blacksquare = 5$
d) $\blacksquare + (-14) = 12$ e) $(-12) + \blacksquare = 0$ f) $58 = 8 + \blacksquare + (-75)$

13 Schreibe zu dem Rätsel eine Gleichung mit einem Platzhalter auf. Bestimme dann die gesuchte Zahl.
a) Welche Zahl musst du zu −24 addieren, um 23 zu erhalten?
b) Welche Zahl musst du von −30 subtrahieren, um 11 zu erhalten?
c) Von welcher Zahl musst du 19 subtrahieren, um −66 zu erhalten?
d) Zu welcher Zahl musst du −27 addieren, um 13 zu erhalten?

14 Rechne vorteilhaft.
a) $142 + 97 + 158 + 1100$ b) $125 + 347 + 875$
c) $47 + 92 + 18 + 53$ d) $97 + 613 + 103 + 187$
e) $111 + 46 + 515 + 289 + 37$ f) $375 + 68 + 53 + 22 + 125$

15 Entscheide, ohne zu rechnen, ob die beiden Terme den gleichen Wert haben. Überprüfe dann, indem du die Termwerte berechnest.
a) $264 + 108 + 128 - 123$ und $264 + (108 + 128) - 123$
b) $2000 - 58 + 69$ und $2000 - (58 + 69)$
c) $334 + 145 + (108 + 123)$ und $145 + 334 + (123 + 108)$

16 Berechne vorteilhaft.
a) $67 + 69 + (-67)$ b) $46 - 285 + 54$ c) $-276 + 24 + 76$ d) $71 - 721 - 79$

17 Stelle den Term auf und berechne seinen Wert.
a) Von der Differenz aus 195 und 60 wird 75 subtrahiert.
b) Von 10 000 wird die Summe aus 999 und 9001 subtrahiert.
c) Die Differenz aus 499 und 372 wird zur Summe dieser Zahlen addiert.
d) Von der Summe aus 8720 und 5365 wird die Differenz dieser Zahlen subtrahiert.

18 Formuliere den Term mit Fachbegriffen in Worten. Zeichne einen passenden Rechenbaum.
a) $8700 - (450 + 280)$ b) $(184 - 77) + 23$
c) $(334 - 76) - (154 + 12)$ d) $(125 - 77) + (660 + 440)$

Wo stehe ich?

	Ich kann ...	Aufgabe	Schlag nach
2.1	... mit Überschlagsrechnungen Ergebnisse von Rechnungen abschätzen.	1, 2, 3	S. 30 Beispiel 1
2.2	... schriftlich addieren und subtrahieren. ... einfache Gleichungen lösen.	2, 3, 6, 11, 12, 13	S. 32 Beispiel 1, S. 33 Beispiel 2, S. 35 Wissen
2.3	... ganze Zahlen addieren und subtrahieren.	4, 5, 6, 7, 8, 9, 10, 11, 12, 13	S. 36 Beispiel 1, S. 37 Beispiel 2, S. 38 Beispiel 3, S. 39 Wissen
2.4	... Terme strukturieren und Termwerte berechnen. ... Rechengesetze der Addition anwenden, um vorteilhaft zu rechnen.	14, 15, 16, 17, 18	S. 44 Beispiel 1, S. 45 Beispiel 2, S. 47 Beispiel 3

Überschlagsrechnung

Das Ergebnis einer Rechnung kann man mit einer Überschlagsrechnung schätzen. Dabei rechnet man mit einfachen Zahlen. Man ändert die Zahlen so, dass man die Rechnung einfach im Kopf lösen kann. Dazu kann man von der Rundungsregel abweichen. Das gegensinnige Runden ist bei Addition und Multiplikation sinnvoll, das gleichsinnige Runden bei Subtraktion und Division.

$7219 + 2910 \approx 7000 + 3000 = 10\,000$
$5412 - 2957 \approx 5500 - 3000 = 2500$
$111 \cdot 18 \approx 100 \cdot 20 = 2000$
$13\,496 : 64 \approx 14\,000 : 70 = 200$

Addition und Subtraktion

Summe:

8	+	7	=	15
1. Summand		**2. Summand**		**Wert der Summe**

Differenz:

15	−	7	=	8
Minuend		**Subtrahend**		**Wert der Differenz**

	1	3	6	7
+		6	8	1
	1	1		
	2	0	4	8

	2	3	4	5
−		5	3	6
	1	8	0	9

Einfache Gleichungen lösen

Fehlende Zahlen in Gleichungen kann man bestimmen, indem man die Umkehraufgabe bildet oder systematisch Zahlen ausprobiert.

Aufgabe: ■ + 42 = 65
Umkehraufgabe: 65 − 42 = ■
65 − 42 = 23

Ganze Zahlen addieren und subtrahieren

Zwei ganze Zahlen mit dem **gleichen Vorzeichen** werden **addiert**, indem man ihre Beträge addiert und dem Ergebnis das gemeinsame Vorzeichen der Zahlen gibt.

$(-5) + (-7) = -(5 + 7) = -12$

Zwei ganze Zahlen mit **unterschiedlichen Vorzeichen** werden **addiert**, indem man die Beträge der Summanden bildet, vom größeren Betrag den kleineren subtrahiert und dem Ergebnis das Vorzeichen des Summanden mit dem größeren Betrag gibt.

$(-9) + 2 = -(9 - 2) = -7$
$8 + (-3) = +(8 - 3) = +5 = 5$

Man **subtrahiert** eine ganze Zahl, indem man ihre Gegenzahl addiert.

$17 - (-23) = 17 + 23 = 40$
$-10 - 19 = -10 + (-19) = -29$

Vereinfachte Schreibweise

Zwei – hintereinander können durch + ersetzt werden. Ein + und ein – hintereinander können durch – ersetzt werden.

$7 - (-5) = 7 + 5$
$6 + (-2) = 6 - 2$
$9 - (+3) = 9 - 3$

Rechengesetze der Addition

Kommutativgesetz: $a + b = b + a$
Assoziativgesetz: $(a + b) + c = a + (b + c)$

$3 + 4 = 4 + 3 = 7$
$(4 + 7) + 3 = 4 + (7 + 3) = 14$

Terme strukturieren

Ein **Term** ist ein Rechenausdruck, der Zahlen, Platzhalter, Klammern und Rechenzeichen enthalten kann. Der **Wert des Terms** ist das Ergebnis dieser Rechnung.

Terme: $18 + 7$; $39 - (-24)$; $2 \cdot 5 + 13 - 14 : 7$
Der Wert des Terms 18 + 7 ist 25.

Terme kann man auch in Worten formulieren und in einem Rechen- oder Gliederungsbaum darstellen.

(6 + 2) − 3: Von der Summe aus 6 und 2 wird 3 subtrahiert.

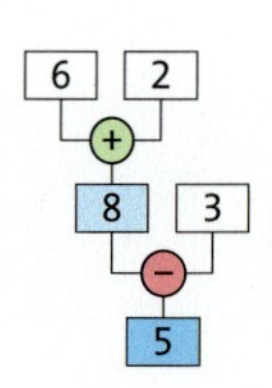

3

Grundbegriffe der Geometrie

Nach diesem Kapitel kannst du

→ Punkte, Strecken, Geraden und Kreise im Koordinatensystem darstellen,
→ Lagebeziehungen zwischen geometrischen Objekten beschreiben,
→ Winkelgrößen messen und Winkel mit einer bestimmten Größe zeichnen,
→ besondere Vierecke erkennen und anhand ihrer Eigenschaften charakterisieren.

Lösungen
→ S. 214

Gerade Linien messen und zeichnen

1 Bestimme die Länge der geraden Linie von
a) 0 bis A, b) 0 bis C, c) A bis D, d) B bis C.

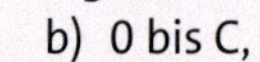

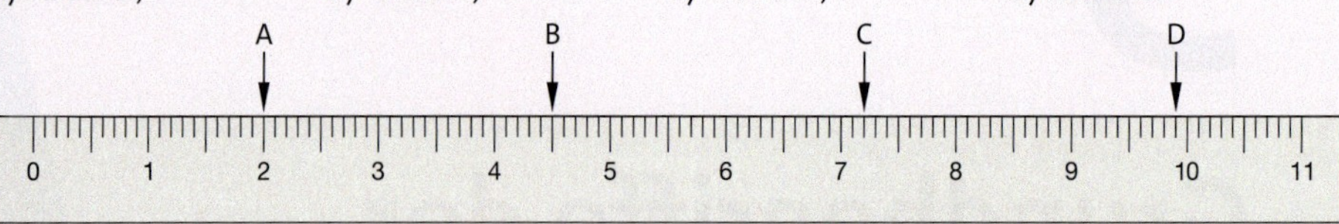

2 Miss die Länge der Strecke.
a) b) c)

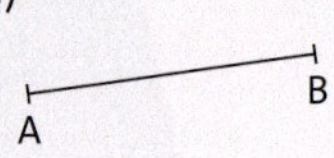

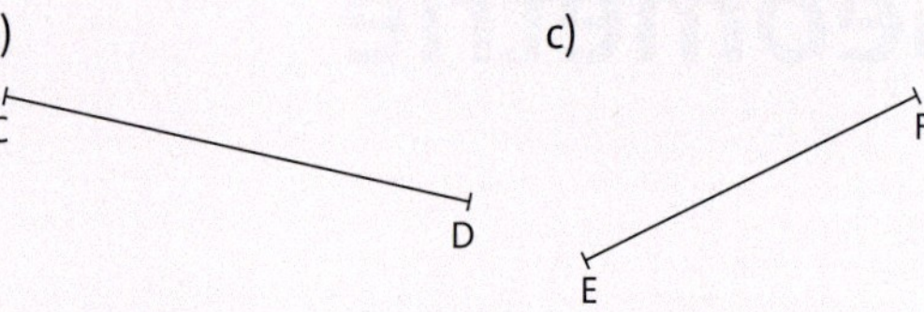

3 Zeichne eine gerade Linie mit den Endpunkten A und B und einer Länge von
a) 3 cm, b) 25 mm, c) 5,7 cm.

4 Zeichne zwei gerade Linien mit einer Länge von jeweils 3 cm,
a) die sich in einem Punkt schneiden, b) die keinen Punkt gemeinsam haben.

5 Gib an, welche der beiden geraden Linien augenscheinlich länger ist. Miss nach.

6 Übertrage die Punkte in dein Heft und zeichne alle möglichen geraden Verbindungslinien ein.

a)
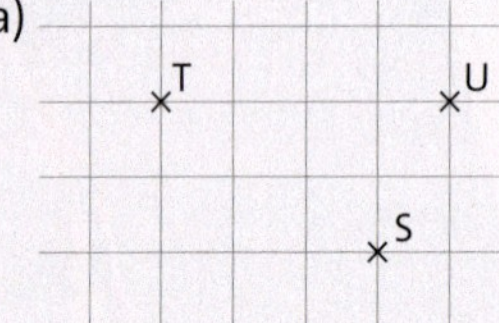

b)
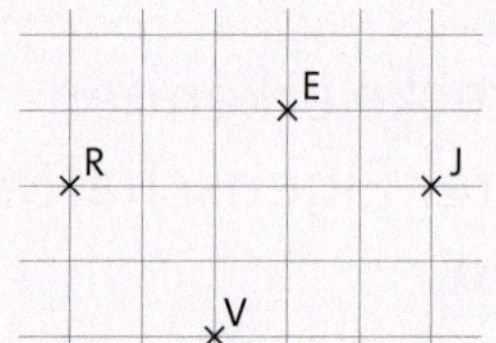

c)
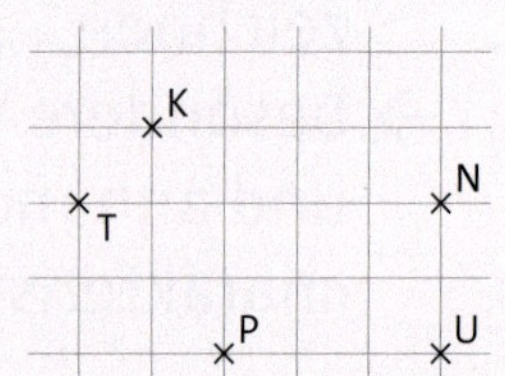

Figuren erkennen und zeichnen

7 Entscheide, ob die Figur ein Dreieck (Viereck; Quadrat; Rechteck) ist.

a)
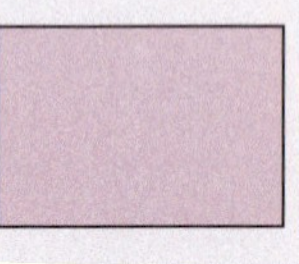

b)
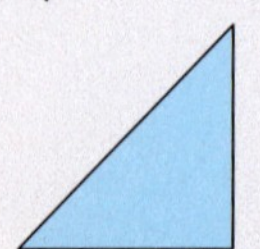

c)

d)
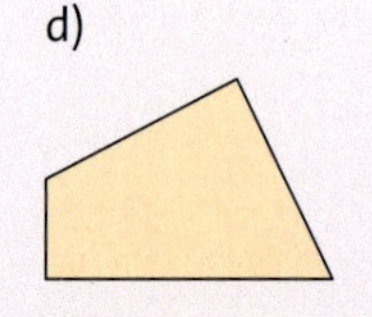

e)

f)

g)

h)

i)
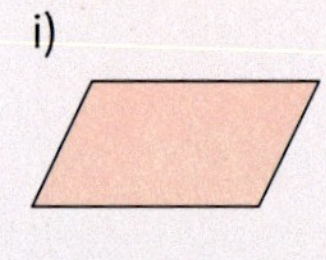

j)
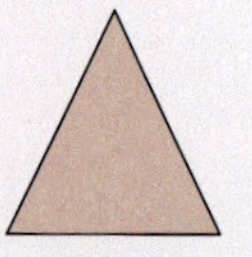

8 Zeichne ein Dreieck und ein Viereck in dein Heft.

Lösungen → S. 214

Figuren mit rechten Winkeln

9 Bestimme die Anzahl der rechten Winkel in der Figur.

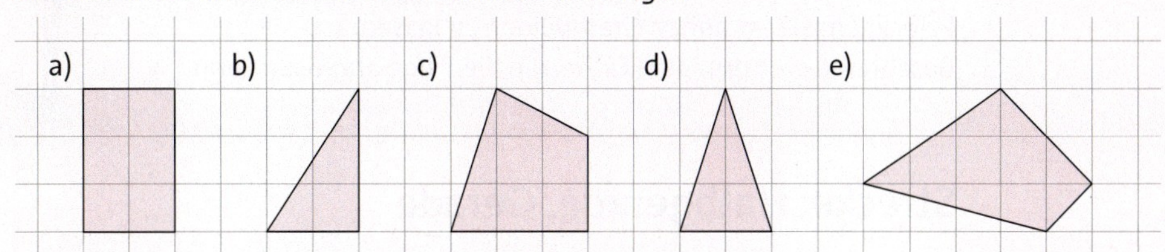

10 Zeichne ein Viereck mit genau zwei rechten Winkeln.

Zahlen an einer Zahlengerade ablesen und markieren

11 Gib an, welche Zahlen durch die Buchstaben gekennzeichnet sind.

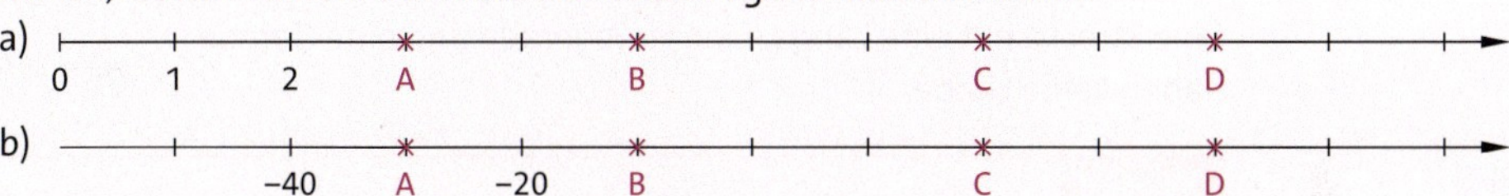

12 Gib an, welche Zahlen durch die Buchstaben gekennzeichnet sind.

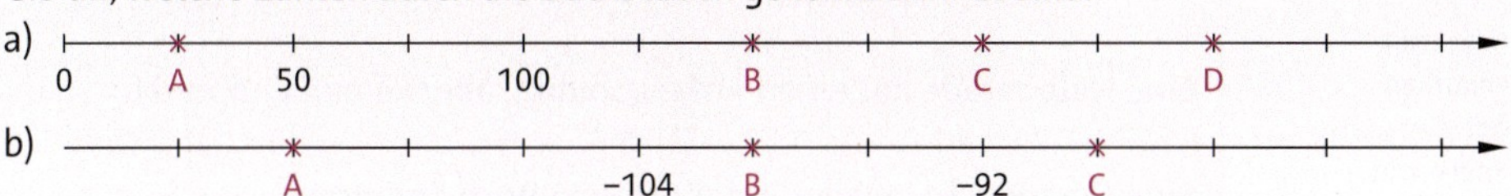

13 a) Zeichne einen Zahlenstrahl mit der Einheit 2 Kästchen. Markiere die Zahlen 3, 4, 8, 10 und 12.
b) Zeichne eine Zahlengerade mit einer geeigneten Einheit. Markiere die Zahlen 10, −15, −25, −40 und −50.

14 Markiere die Zahlen auf einer Zahlengerade.
a) 12; 36; 54; 72
b) −120; −80; 40; 160
c) −150; 200; −250; 100

Vermischtes

15 Gib an, welche der Zahlen 0, 35, 89, 90, 99, 101, 180, 200, 233, 271 und 400
a) größer als 0, aber kleiner als 90,
b) größer als 90, aber kleiner als 180,
c) größer als 180, aber kleiner als 360 sind.

16 Es ist jetzt 8 Uhr. Nach 60 Minuten hat der große Zeiger der Uhr eine volle Drehung gemacht. Vervollständige zu einer wahren Aussage.
a) Nach ... Minuten hat der große Zeiger der Uhr eine halbe Drehung gemacht.
b) Nach 45 Minuten hat der große Zeiger der Uhr ... Drehung gemacht.
c) Nach 90 Minuten hat der große Zeiger der Uhr ... Drehungen gemacht.

3.1 Geometrische Objekte

Ein Bauer bindet seine Ziege mit einer langen Leine an einen Pflock, um sie im hohen Gras weiden zu lassen.
Beschreibe die Form der Fläche, die die Ziege abgrasen kann.

Strecke, Halbgerade, Gerade

Mit einem Lineal kann man eine gerade Linie von A nach B auf Papier zeichnen. Eine solche Linie zwischen zwei Punkten nennt man **Strecke**.
Verlängert man die Strecke beliebig weit über einen der Punkte hinaus, so entsteht eine **Halbgerade** (auch: Strahl).
Verlängert man die Linie in beide Richtungen beliebig weiter, so entsteht ein **Gerade**.
Eine Strecke hat eine Länge. Eine Halbgerade und eine Gerade haben keine Länge.

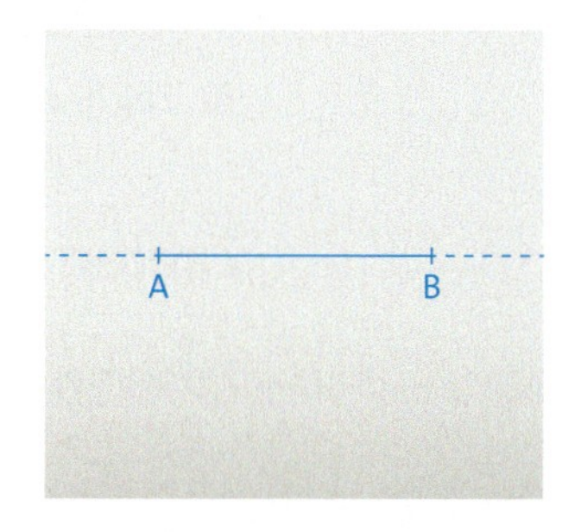

Hinweis

Punkte werden oft mit Kreuzen gekennzeichnet und mit Großbuchstaben bezeichnet. Geraden werden meist mit Kleinbuchstaben bezeichnet. Die Länge einer Strecke kannst du mit dem Geodreieck messen.

Wissen

Eine **Strecke** $\overline{AB}$ ist die kürzeste geradlinige Verbindung zwischen zwei Punkten A und B. Für die **Länge der Strecke** schreibt man $|\overline{AB}|$.

Eine **Halbgerade** hat einen Anfangspunkt, aber keinen Endpunkt.

Eine **Gerade** g hat weder Anfangspunkt noch Endpunkt.

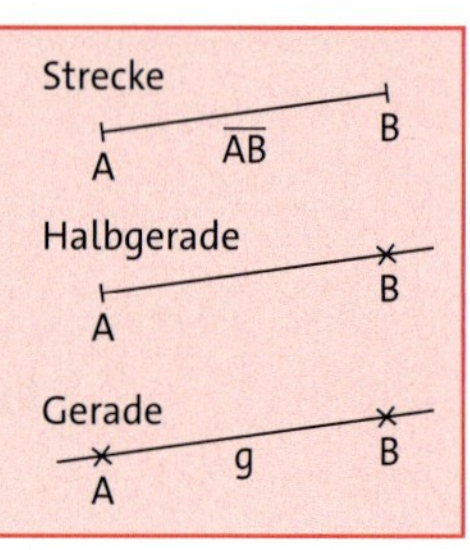

Basisaufgaben

1 a) Schätze zuerst die Länge der Strecken. Miss dann mit dem Geodreieck.

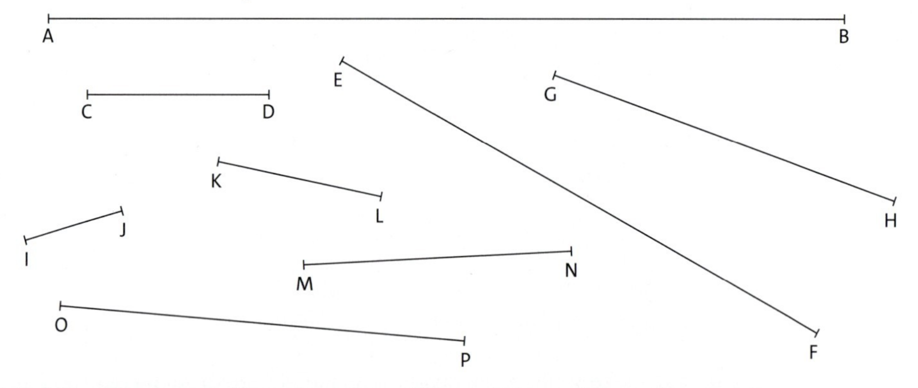

b) Zeichne Strecken der Länge 2 cm, 5 cm, 35 mm, 11,7 cm, 1,5 cm, 63 mm, 0,7 cm.

Erinnere dich

10 mm = 1 cm

2 a) Zeichne drei Punkte in dein Heft. Zeichne drei Geraden g, h und i, die durch je zwei dieser Punkte verlaufen.

b) Zeichne vier Punkte in dein Heft. Zeichne alle Geraden, die je zwei Punkte verbinden.

c) Ermittle, wie viele Geraden sich bei fünf Punkten ergeben.

3 Zeichne ausgehend von einem Punkt Z acht Halbgeraden, sodass ein Stern entsteht.

Kreis

Hinweis

Die Mehrzahl des Worts Radius heißt Radien.

Wissen

Ein **Kreis k** besteht aus allen Punkten, die vom **Mittelpunkt M** den gleichen Abstand haben. Diesen Abstand nennt man den **Radius r** des Kreises. Auch eine Strecke vom Mittelpunkt zu einem Punkt des Kreises heißt Radius. Einen Kreis mit dem Mittelpunkt M und dem Radius r schreibt man als k(M; r). Der **Durchmesser d** ist der doppelte Radius eines Kreises. Auch eine Strecke von einem Kreispunkt zu einem anderen, die durch den Mittelpunkt verläuft, heißt Durchmesser.

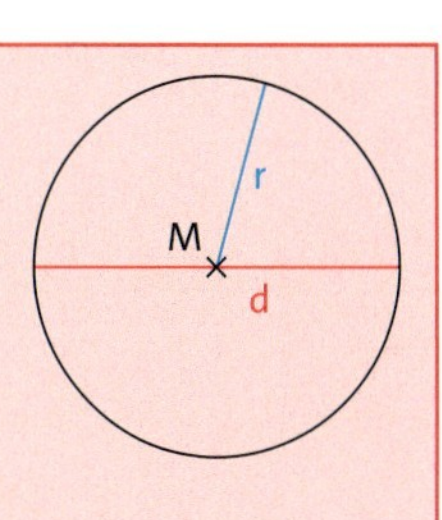

Es gibt verschiedene Möglichkeiten, einen Kreis zu zeichnen: Mit einem Zirkel, mit einer Schablone, mit einem kreisförmigen Gegenstand oder mit einer Reißzwecke und einem Faden.

Beispiel 1 Zeichne einen Kreis mit dem Radius r = 5 cm um einen Mittelpunkt M. Zeichne einen Radius im Kreis ein und beschrifte ihn mit r.

Lösung:

5 cm

Stelle den Zirkel auf den Radius r = 5 cm ein.

Markiere den Mittelpunkt M. Zeichne mit dem Zirkel den Kreis um M.

Diese Strecke von M bis zur Kreislinie ist ein Radius r. Zeichne ihn ein.

M r

Basisaufgaben

4 Zeichne einen Kreis mit dem Radius r = 6 cm um einen Mittelpunkt M. Zeichne einen Radius im Kreis ein und beschrifte ihn mit r.

5 Zeichne einen Kreis mit dem Durchmesser d = 8 cm um einen Mittelpunkt A. Zeichne einen Radius im Kreis ein und beschrifte ihn mit r. Gib auch die Länge des Radius an.

6 Zeichne einen Kreis mit der angegebenen Größe. Zeichne auch einen Radius r und einen Durchmesser d ein. Miss beide Größen nach, um zu prüfen, ob du richtig gezeichnet hast.

a) r = 2 cm   b) r = 6,5 cm   c) d = 6 cm   d) d = 7 cm

7 Zeichne wie im Bild drei Punkte A, B und C in dein Heft.

a) Zeichne die drei Kreise k_1(A; 1 cm), k_2(B; 2 cm) und k_3(C; 4 cm).

b) Beschreibe den Zusammenhang zwischen den Radien und den Durchmessern der Kreise aus a).

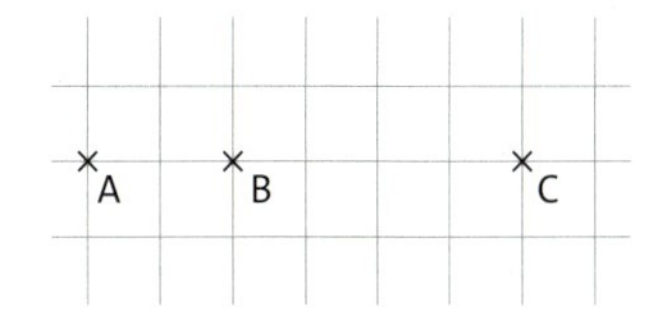

8 a) Bestimme aus der Zeichnung den Radius und den Durchmesser von Kreis 1 und Kreis 2.

b) Zeichne zwei Kreise, die einen gemeinsamen Mittelpunkt haben. Der eine Kreis soll den Radius r = 4 cm und der andere den Durchmesser d = 4 cm haben.

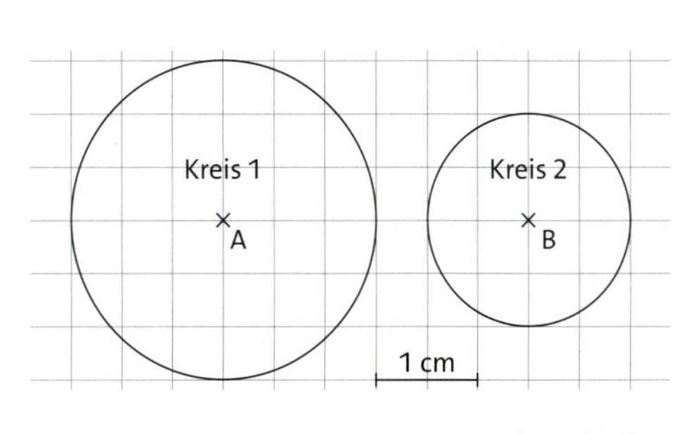

Weiterführende Aufgaben

Zwischentest

Hilfe

9 Die Schreibweise $A \in g$ bedeutet, dass der Punkt A auf der Gerade g liegt. Gib an, ob die Aussage stimmt.

a) $B \in g$ b) $C \in g$ c) $D \notin \overline{AB}$
d) $C \notin \overline{AD}$ e) $B \in k(A; |\overline{AB}|)$ f) $A \in k(A; |\overline{AB}|)$
g) $C \notin k(A; |\overline{AB}|)$ h) $|\overline{AD}| > |\overline{AC}|$ i) $|\overline{BC}| < |\overline{BD}|$

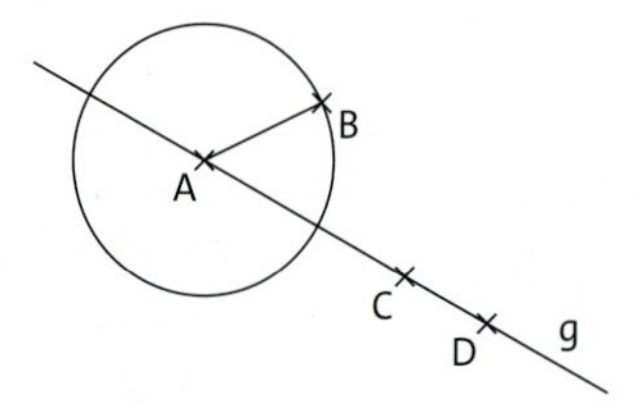

10 Zeichne drei Punkte P, Q und R, die nicht auf einer Gerade liegen.

a) Zeichne die Gerade durch P und Q.
b) Zeichne die Halbgerade, die in P beginnt und durch R verläuft.
c) Zeichne die Strecke $\overline{QR}$.
d) Zeichne den Kreis mit dem Mittelpunkt P, der durch Q verläuft.

11 a) Zeichne mit dem Zirkel einen Kreis mit dem Durchmesser d = 10 cm. Beschreibe, wie du dabei vorgehst.

b) Zeichne einen Kreis mit dem Radius r = 5 cm, dessen Mittelpunkt auf der Kreislinie des Kreises aus a) liegt. Erkläre, warum der zweite Kreis durch den Mittelpunkt des ersten Kreises verläuft.

12 Stolperstelle:
Azra betrachtet den Kreis $k(M; 2\,cm)$ und einen Punkt A mit $|\overline{AM}| = 1\,cm$.
Sie meint: *„Es gilt $|\overline{AM}| < 2\,cm$, also liegt A im Kreis, also gilt $A \in k(M; 2\,cm)$."*
Überprüfe Azras Aussage. Erläutere ihren Denkfehler.

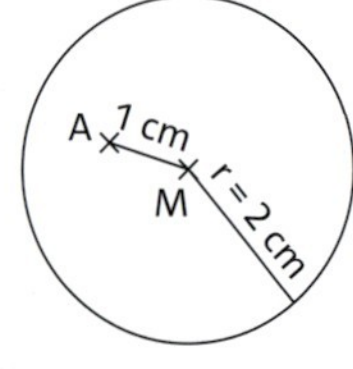

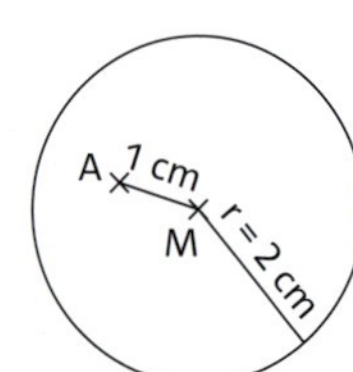

13 Zeichne die Figur in deinem Heft nach und male sie bunt aus.
Erfinde weitere Figuren.

Info zu 13b

Diese Figur heißt Yin und Yang und stammt aus China.

a)

b)

c)

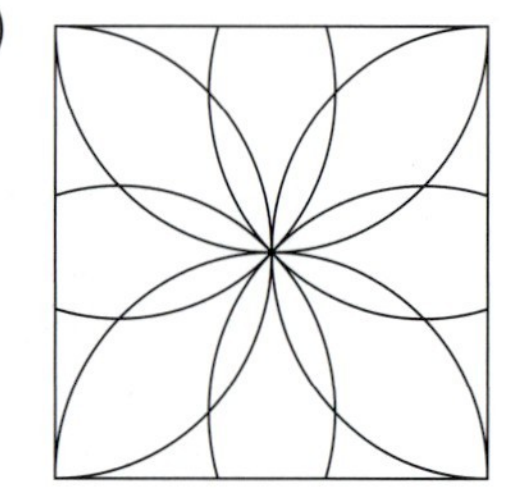

14 Zeichne mit einem kreisrunden Gegenstand – beispielsweise einem Klebestift – einen Kreis auf ein weißes Blatt Papier.

a) Zeichne den Mittelpunkt des Kreises ein. Beschreibe dein Vorgehen.
b) Miss den Radius und den Durchmesser des Kreises.

Hilfe

15 Ein Kreis hat den Radius 4 cm. Beurteile, ob eine 10 cm lange Strecke innerhalb des Kreises liegen kann.

16 Ausblick:
Zeichne ein regelmäßiges Sechseck. Erstelle dafür einen Kreis mit dem Radius r = 5 cm. Wähle einen beliebigen Punkt auf dem Kreis und trage von dort mit dem Zirkel den Radius des Kreises auf der Kreislinie ab. Verbinde die beiden Punkte durch eine Strecke. Fahre auf die gleiche Weise fort, bis ein Sechseck entstanden ist.

3.2 Koordinatensystem

Die roten Kreuze auf der Karte markieren Orte, an denen Schätze versteckt sind. Max möchte die Positionen der Schätze einem Freund mitteilen. Erläutere, wie er das tun kann.

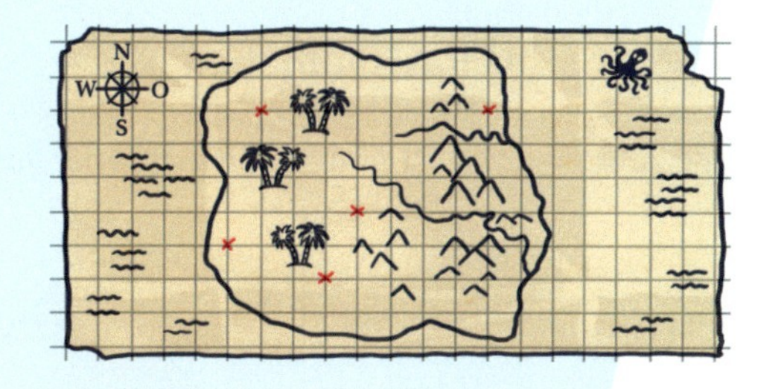

In einem **Koordinatensystem** kann man die Lage eines Punktes durch zwei Zahlen eindeutig beschreiben. Die beiden Zahlen sind die **Koordinaten** des Punktes.

Merke

Der 1. Quadrant ist oben rechts. Die übrigen Quadranten werden von dort entgegen dem Uhrzeigersinn nummeriert.

Wissen

Ein **Koordinatensystem** besteht aus zwei Zahlengeraden, die im rechten Winkel aufeinander stehen. Sie heißen **x-Achse** und **y-Achse** und schneiden sich im **Ursprung**. Die beiden Achsen teilen das Koordinatensystem in vier **Quadranten**.
Die **Koordinaten** eines Punktes beschreiben seine Lage im Koordinatensystem: Gehe vom Ursprung aus 5 Schritte nach links und 1 Schritt nach oben zum Punkt P(−5 | 1).

x-Koordinate y-Koordinate

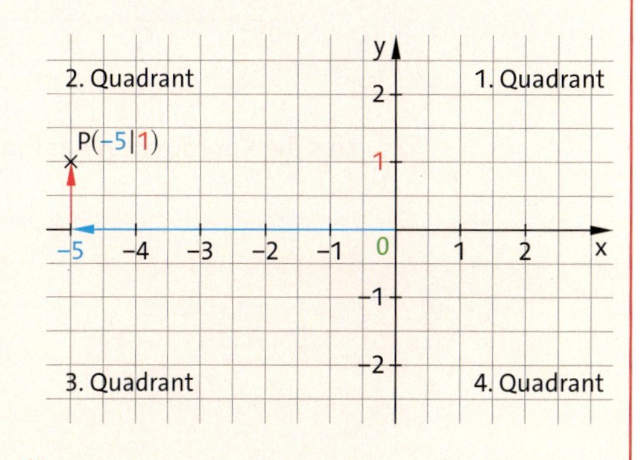

Beispiel 1

a) Lies die Koordinaten der Punkte A und B ab. Gib an, in welchen Quadranten die Punkte liegen.
b) Trage den Punkt C(2 | −3) ein.
c) Trage einen Punkt D ein, der im 1. Quadranten liegt und die gleiche x-Koordinate hat wie C.

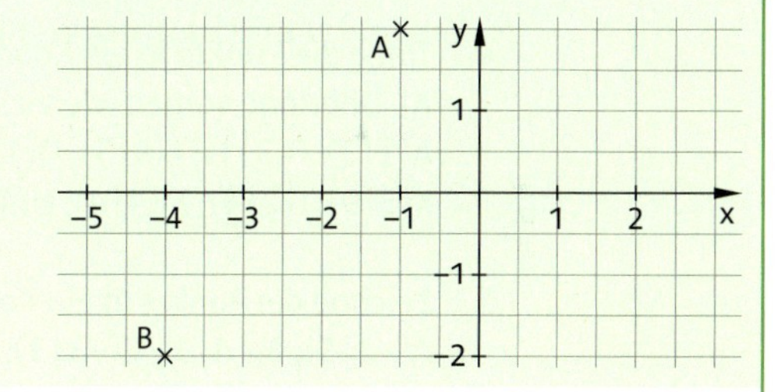

Lösung:

a) Gehe vom Ursprung zum Punkt A:
Du gehst 1 Einheit nach links und 2 Einheiten nach oben. Also erhältst du A(−1 | 2). A liegt im 2. Quadranten.
Gehe für B genauso vor. Diesmal gehst du nach unten statt nach oben, deshalb ist die y-Koordinate negativ: B(−4 | −2).
B liegt im 3. Quadranten.

b) Gehe zuerst vom Ursprung 2 Einheiten nach rechts. Gehe dann 3 Einheiten nach unten. Trage dort den Punkt C ein.

c) Wähle die x-Koordinate 2. Wähle dann eine beliebige positive y-Koordinate, zum Beispiel 3. Trage den Punkt D(2 | 3) ein.

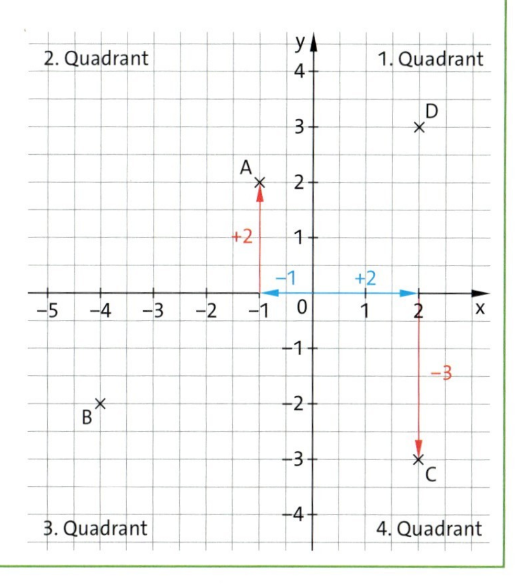

Basisaufgaben

Lösungen zu 1a

(5 | 3) (1 | 0) (3 | 5) (1 | 3) (5 | 0)

1 Lies die Koordinaten der Punkte ab.

a)

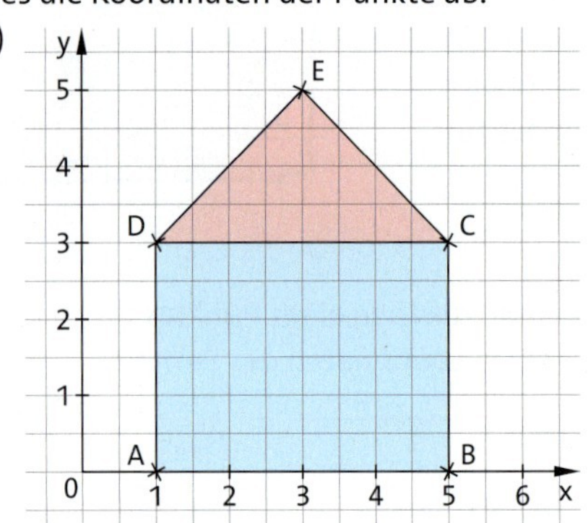

b)

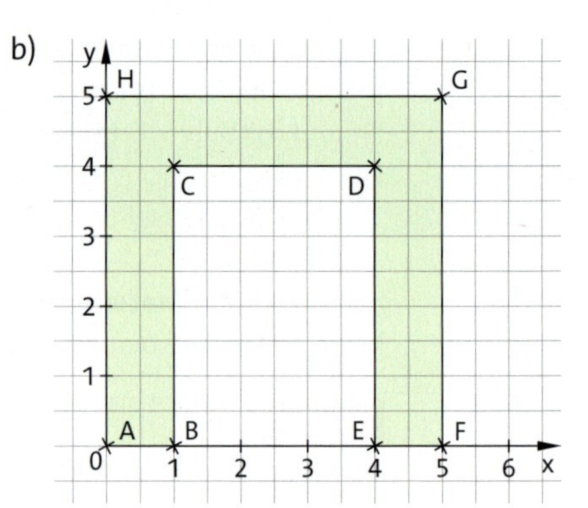

2 Lies die Koordinaten der Punkte A bis I ab.

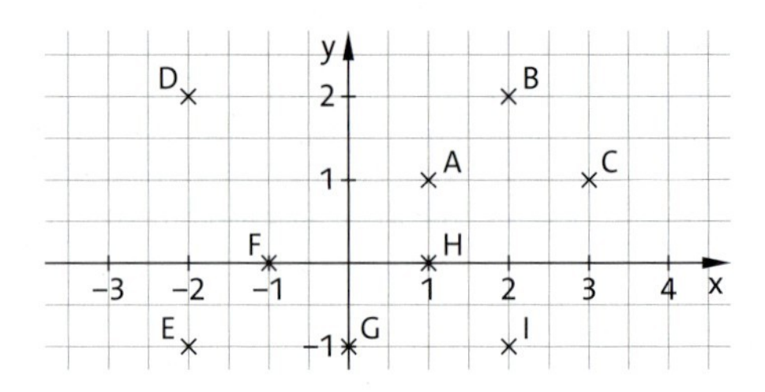

3 Zeichne ein Koordinatensystem. Trage die Punkte ein.
A(2 | 0); B(4 | 0); C(6 | 3); D(6 | 0); E(3 | 3); F(1 | 3); G(0 | 2)

4 Trage die Punkte in ein Koordinatensystem ein und verbinde sie der Reihe nach (und N mit A). Überlege vorher, wie viel Platz du für das Koordinatensystem mindestens benötigst.
A(1 | 3); B(3 | 1); C(9 | 1); D(13 | 3); E(7 | 3); F(7 | 4); G(11 | 4); H(6 | 10); I(6 | 3); J(5 | 3); K(5 | 9); L(2 | 4); M(4 | 4); N(4 | 3)

5 Zeichne die Punkte in ein Koordinatensystem und verbinde sie der Reihe nach (und P mit A):
A(−2 | 5); B(−4 | 3); C(−3 | 3); D(−5 | 1); E(−3 | 1); F(−6 | −2); G(−3 | −2); H(−3 | −3); I(−1 | −3); K(−1 | −2); L(2 | −2); M(−1 | 1); N(1 | 1); O(−1 | 3); P(0 | 3)

6 Gib an, in welchem Quadranten der Punkt liegt.

a) A(−5 | 3) b) P(4 | 20) c) Z(−18 | −29) d) S(511 | −317)

7 a) Zeichne ein Koordinatensystem mit vier Quadranten. Trage einen Punkt mit der y-Koordinate −4 im 3. Quadranten ein.

b) Vergleicht eure Lösungen aus a) untereinander. Nennt eine Gemeinsamkeit aller Lösungen.

8 Beschreibe, wo du im Koordinatensystem die Punkte findest, die
a) nur positive Zahlen als Koordinaten haben,
b) eine negative x-Koordinate haben,
c) nur negative Zahlen als Koordinaten haben,
d) eine positive y-Koordinate haben.

9 Zeichne ein Koordinatensystem. Zeichne die Strecke $\overline{AB}$ mit A(−2 | 4) und B(3 | −1) ein. Gib an, durch welche Quadranten die Strecke verläuft.

Weiterführende Aufgaben

Zwischentest

10 Bilder zeichnen mit Koordinaten:
a) Gib die Koordinaten der Punkte an.
b) Übertrage das Koordinatensystem mit der Figur in dein Heft.
c) Ergänze eine Scheune mit einem Dach. Gib die Koordinaten der Eckpunkte an.
d) Zeichne ein eigenes Bild in ein Koordinatensystem und gib die Koordinaten der Punkte an. Überprüft eure Koordinaten zu zweit.

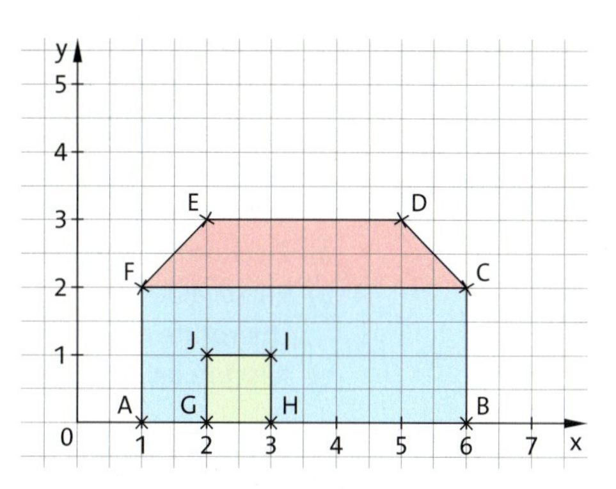

11 Stolperstelle: Lars hat Punkte in ein Koordinatensystem eingetragen. Bei einigen Punkten sind ihm Fehler unterlaufen. Beschreibe sie.

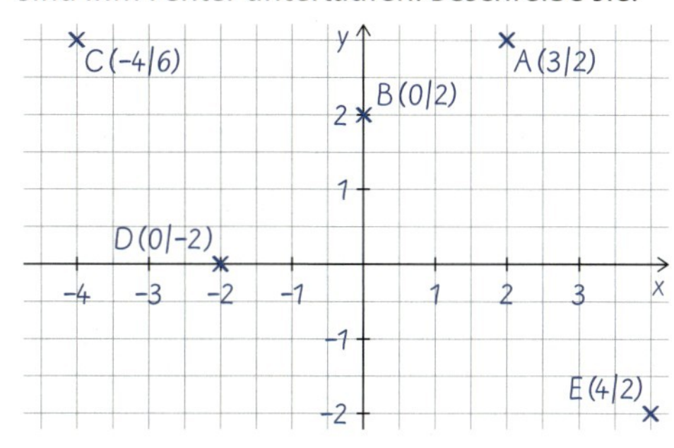

Hilfe

12 Ein Punkt P(x | y) liegt im 1. Quadranten des Koordinatensystems, falls $x > 0$ und $y > 0$ gilt. Stelle auf die gleiche Weise Bedingungen für die Koordinaten von Punkten in den anderen Quadranten auf.

13 a) Zeichne das Viereck mit den Eckpunkten A(1 | 2), B(2 | 1), C(4 | 2) und D(2 | 3) in den 1. Quadranten eines Koordinatensystems (Längeneinheit 1 cm, Platzbedarf: 10 Einheiten nach oben und nach rechts). Verändere das Viereck jeweils:
① Erhöhe alle x-Koordinaten der Punkte A, B, C und D um 4. Zeichne das neue Viereck.
② Erhöhe alle y-Koordinaten der Punkte A, B, C und D um 3. Zeichne das neue Viereck.
③ Erhöhe die x- und y-Koordinaten von A, B, C und D um 5. Zeichne das neue Viereck.
b) Beschreibe, wie sich jeweils die Lage des Vierecks im Koordinatensystem verändert.
c) Die Punkte A und B des Vierecks sollen jeweils auf einer Koordinatenachse liegen. Erläutere, wie du die Koordinaten der Punkte verändern musst.

14 a) Beschreibe die besondere Lage der Punkte: K(−3 | 0); L(0 | 2); M(3 | 0); N(0 | −1); O(0 | 0)
b) Vervollständige die Sätze:
Wenn beide Koordinaten eines Punktes 0 sind, dann liegt er ...
Wenn die x-Koordinate eines Punktes 0 ist, dann liegt er ...
Wenn die y-Koordinate eines Punktes 0 ist, dann liegt er ...
c) Gib alle Punkte an, deren x-Koordinate und y-Koordinate den Betrag 5 haben. Begründe, was für eine Figur entsteht, wenn man diese Punkte in einem Koordinatensystem verbindet.

15 Markiere in einem Koordinatensystem alle Punkte, die vom Ursprung den Abstand 2 cm haben. Gib an, welche Figur dabei entsteht.

16 a) Zeichne den Punkt A(−3 | 1) und den Kreis k(A; 2) in ein Koordinatensystem. Gib an, durch welche Quadranten der Kreis verläuft.

b) Trage den Punkt B(−4 | −4) in ein Koordinatensystem ein. Zeichne einen Kreis mit dem Mittelpunkt B, der vollständig im 3. Quadranten liegt. Gib an, welche Bedingung der Radius dieses Kreises erfüllen muss.

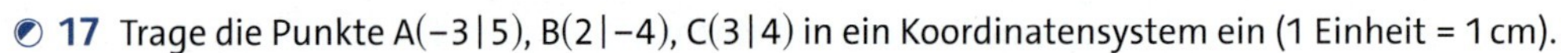

Hilfe

17 Trage die Punkte A(−3 | 5), B(2 | −4), C(3 | 4) in ein Koordinatensystem ein (1 Einheit = 1 cm).

a) Zeichne die Strecke $\overline{AB}$ und die Halbgerade, die vom Ursprung aus durch A verläuft.

b) Entscheide begründet, ob der Ursprung in einem Kreis mit dem Radius 3 cm um C liegt. Überprüfe deine Entscheidung mit einer Zeichnung.

c) Beschreibe die Lage der Punkte, die von B mindestens den Abstand 1 cm haben.

18 Gitternetze werden auch in anderen Zusammenhängen verwendet.

a) Beschreibe, was C2 in der Stadtkarte von Düsseldorf bedeutet.

b) Vergleiche den Stadtplan mit einem Koordinatensystem und nenne die Unterschiede.

c) Nenne Vor- und Nachteile der Verwendung von Buchstaben. Suche gut auffindbare Orte wie den Hauptbahnhof in der Karte und gib die Koordinaten an. Tauscht untereinander und sucht gegenseitig eure Orte.

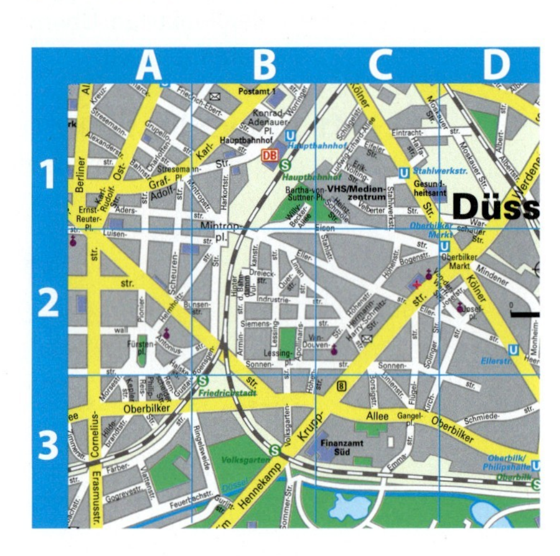

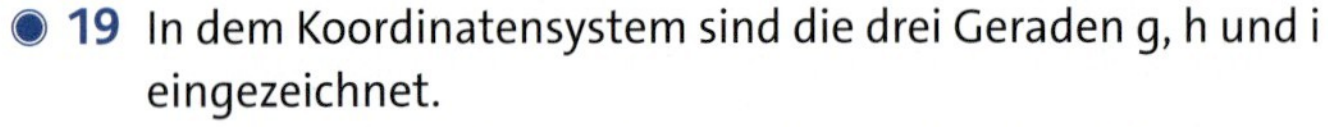

19 In dem Koordinatensystem sind die drei Geraden g, h und i eingezeichnet.

a) Gib an, was alle Punkte auf der x-Achse beziehungsweise y-Achse gemeinsam haben. Begründe.

b) Gib an, was alle Punkte der Gerade g beziehungsweise der Gerade h gemeinsam haben. Begründe.

c) Erkläre, welche besondere Eigenschaft alle Punkte der Gerade i haben.

d) Erläutere, wo alle Punkte liegen, bei denen die Summe von x- und y-Koordinate 10 ergibt.

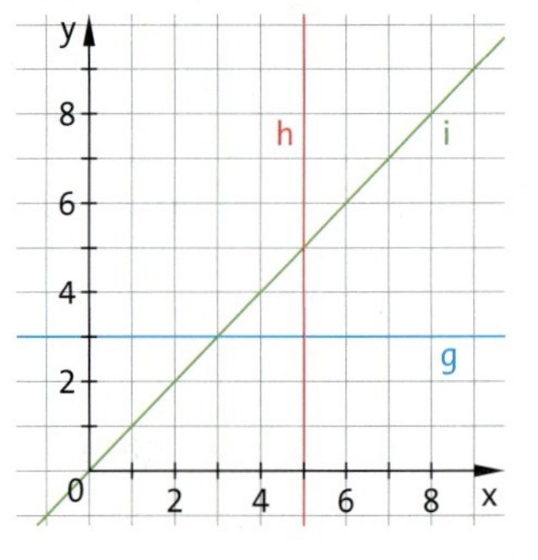

20 Eine Ursprungsgerade ist eine Gerade, die durch den Koordinatenursprung verläuft. Prüfe mit einer Zeichnung, ob die Gerade durch A und B eine Ursprungsgerade ist.

a) A(2 | 4); B(−1 | −2)

b) A(−3 | 2); B(2 | −1)

21 **Ausblick:** Rechts siehst du ein dreidimensionales Koordinatensystem.

a) Erkläre, wie man einen Punkt in dieses Koordinatensystem einträgt.

b) Zeichne in dein Heft ein Koordinatensystem und trage die Punkte ein: A(1 | 2 | 3); B(0 | 2 | 4); C(5 | 0 | 6)

c) Anna hat für den Punkt P im Bild die Koordinaten P(0 | 1 | 3) abgelesen. Erläutere, zu welchem Problem es beim Ablesen im dreidimensionalen Koordinatensystem kommen kann.

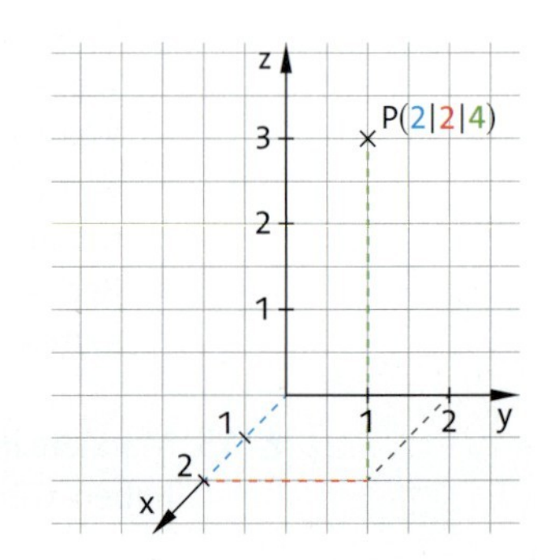

3.3 Lagebeziehungen von Geraden und Kreisen

Ein rundes Papier wurde mehrmals gefaltet.
Beschreibe, wie die Faltlinien zueinander liegen.
Wie kann man die Linien durch Falten erzeugen?
Beschreibe die einzelnen Schritte.

Senkrecht und parallel

Zwei Geraden können unterschiedlich zueinander liegen. Es gibt zwei besondere Lagebeziehungen.

Wissen

Zwei Geraden f und g sind **senkrecht** zueinander, wenn sie in ihrem Schnittpunkt einen rechten Winkel bilden. Dann heißt f das **Lot** auf g. Man schreibt: $f \perp g$

Zwei Geraden h und k sind **parallel** zueinander, wenn sie keinen Schnittpunkt haben oder identisch sind. Man schreibt: $h \parallel k$

Der **Abstand von Parallelen** ist die Länge der kürzesten Verbindung, also der senkrechten Verbindung, zwischen den Geraden. Dies gilt ebenso für den Abstand eines Punktes von einer Gerade.

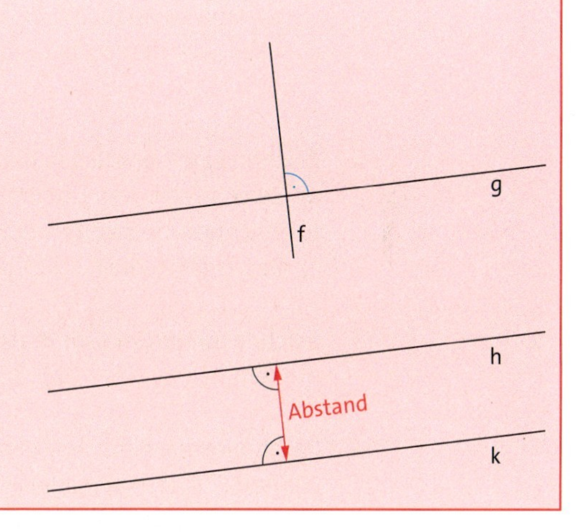

Beispiel 1 **Senkrechte Geraden**

Zeichne mit deinem Geodreieck zwei Geraden, die senkrecht zueinander stehen.

Lösung:
Zeichne eine beliebige Gerade g. Lege das Geodreieck so an, dass die mittlere Hilfslinie genau auf der Gerade liegt. Zeichne nun die Gerade f am Rand des Geodreiecks entlang.

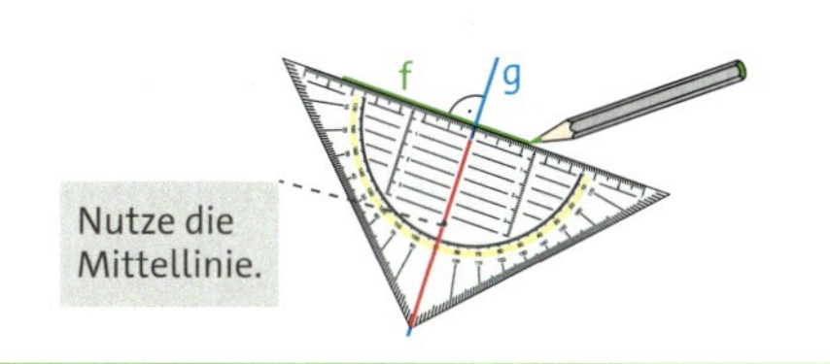

Beispiel 2 **Parallele Geraden**

Zeichne mit deinem Geodreieck zwei parallele Geraden mit dem gegebenen Abstand.
a) 3 cm b) 6 cm

Lösung:
a) Nutze die parallelen Linien auf dem Geodreieck. Den Abstand 3 cm erhältst du, indem du die sechste parallele Linie auf die Gerade g legst. Zeichne dann am Rand des Geodreiecks entlang die Gerade f.

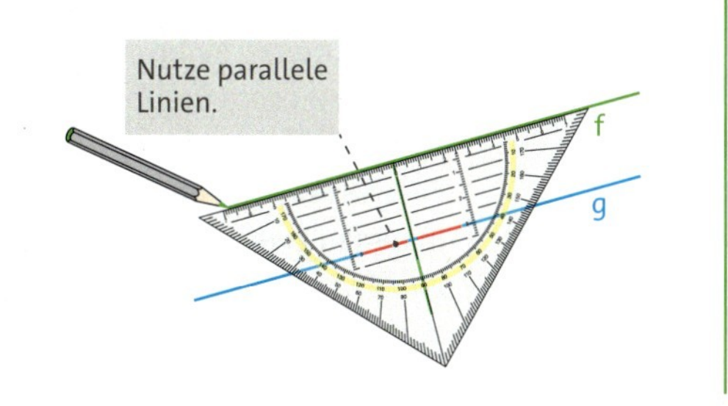

Hinweis

Zwei benachbarte parallele Linien auf dem Geodreieck haben einen Abstand von 0,5 cm.

b) Für einen Abstand von 6 cm gibt es nicht genug Parallelen auf dem Geodreieck. Zeichne deshalb zuerst eine zu g senkrechte Gerade h als Hilfslinie. Markiere auf h den Punkt P, der von g den Abstand 6 cm hat. Zeichne dann eine senkrechte Gerade zu h durch den Punkt P.

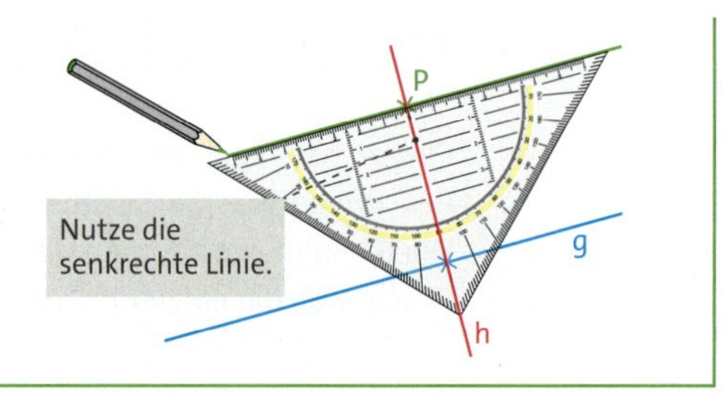

Basisaufgaben

1 a) Gib alle Paare von Geraden an, die senkrecht zueinander stehen.
b) Gib alle Paare von Geraden an, die parallel zueinander verlaufen. Miss auch deren Abstand.

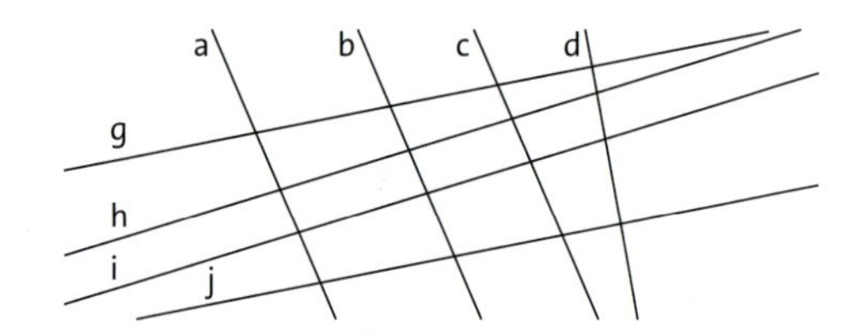

2 Zeichne eine Gerade g in dein Heft.
a) Zeichne mit dem Geodreieck eine Gerade h, die ein Lot auf g ist.
b) Zeichne eine zweite Gerade k, die senkrecht auf g steht.
c) Beschreibe, wie h und k zueinander liegen.

3 Zeichne auf ein weißes Blatt Papier zwei parallele Geraden mit einem Abstand von
a) 2 cm, b) 3,5 cm, c) 5,5 cm, d) 7 cm.

4 Beschreibe die Figur. Verwende das Wort „parallel“. Untersuche die Figur mit einem Geodreieck und beschreibe, worin die optische Täuschung besteht.

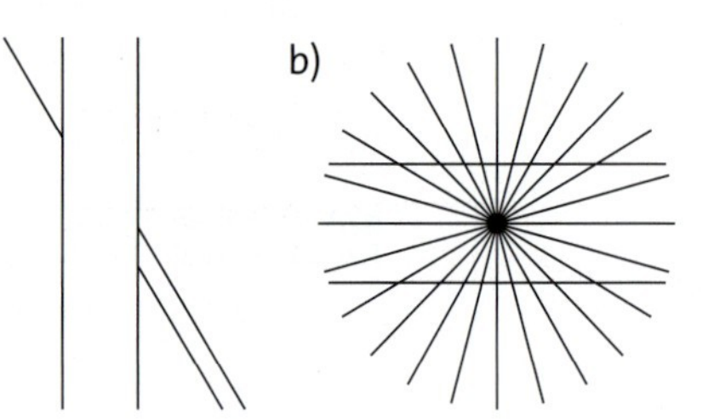

Lage von Gerade und Kreis

Ein Durchmesser eines Kreises verbindet zwei Punkte des Kreises und verläuft durch den Mittelpunkt. Allgemein kann eine Strecke keinen, einen oder zwei gemeinsame Punkte mit einem Kreis haben. Das gilt auch für eine Gerade und einen Kreis.

Hinweis

Die Begriffe kommen aus dem Lateinischen.
tangere: berühren
secare: schneiden

Wissen

Eine **Sehne** ist eine Strecke $\overline{AB}$, deren Endpunkte beide auf dem Kreis liegen. Die längste Sehne ist der Durchmesser d.
Eine **Tangente** ist eine Gerade **t**, die den Kreis in genau einem Punkt berührt. Sie steht in diesem Berührpunkt senkrecht zum Radius.
Eine **Sekante** ist eine Gerade **s**, die den Kreis in genau zwei Punkten schneidet.
Eine **Passante** ist eine Gerade **p**, die keinen gemeinsamen Punkt mit dem Kreis hat.

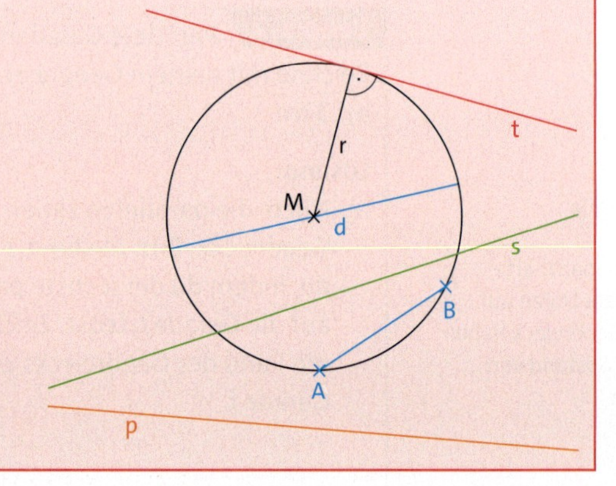

Beispiel 3

Zeichne eine Tangente in einem beliebigen Punkt eines Kreises.

Lösung:

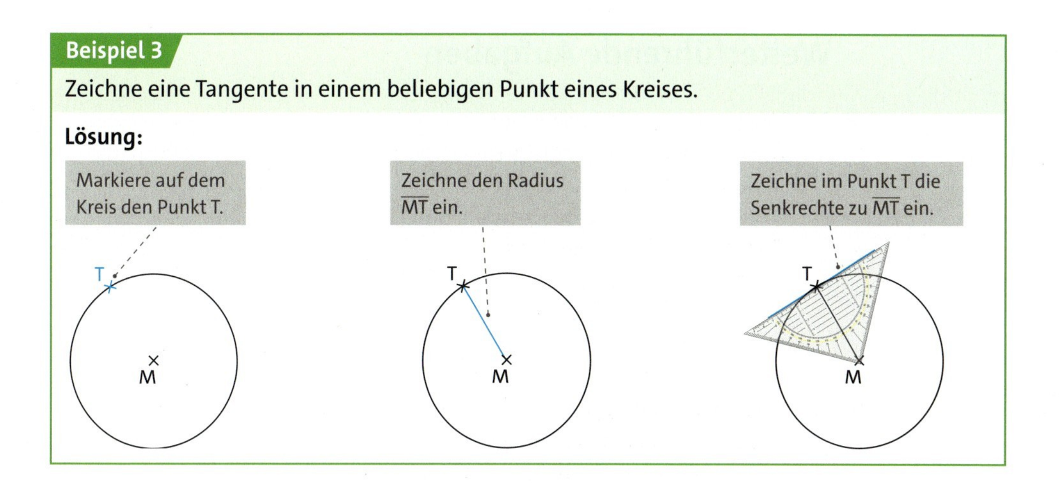

Basisaufgaben

5 Zeichne einen Kreis mit dem Radius r = 4 cm. Zeichne eine Sehne, einen Durchmesser, eine Sekante und eine Passante ein.

6 Zeichne einen Kreis mit dem Mittelpunkt M(5 | 5) und dem Radius r = 3 in ein Koordinatensystem. Zeichne eine Sekante durch M und E(8 | 8). Erkläre deine Beobachtung.

7 Zeichne den Punkt M(3 | 3) und den Kreis k(M; 2) in ein Koordinatensystem. Zeichne dann die Gerade g durch A(1 | 4) und B(6 | 1) sowie die Gerade h durch C(1 | 5) und D(6 | 5). Gib an, was für besondere Linien g und h sind.

8 Zeichne einen Kreis mit dem Mittelpunkt M(5 | 5) und dem Radius r = 3 cm in ein Koordinatensystem mit der Einheit 1 cm. Zeichne zwei gleich lange Sehnen $\overline{AB}$ und $\overline{CD}$ ein. Miss den Abstand des Punktes M zu beiden Sehnen. Beschreibe deine Beobachtung.

9 a) Zeichne einen Kreis mit dem 5 cm langen Durchmesser $\overline{AB}$.
b) Zeichne in den Punkten A und B die Tangenten t_1 und t_2 an den Kreis.
c) Beschreibe, wie t_1 und t_2 zueinander liegen.

10 a) Zeichne einen Kreis um den Mittelpunkt M mit einem Radius von $|\overline{MC}|$ = 4,5 cm.
b) Zeichne eine 3 cm lange Sehne $\overline{AB}$ des Kreises.
c) Zeichne in den Punkten A, B und C die Tangenten t_1, t_2 und t_3 an den Kreis.

11 Zeichne zwei gleich große Kreise mit einer gemeinsamen Tangente.

12 **Lage zweier Kreise zueinander:** Zwei Kreise mit ungleichen Radien können keinen, einen oder zwei gemeinsame Punkte haben.
a) Gib zu jeder Abbildung die Anzahl der gemeinsamen Punkte der Kreise an. Beschreibe jeweils, wie die Kreise zueinander liegen.

① 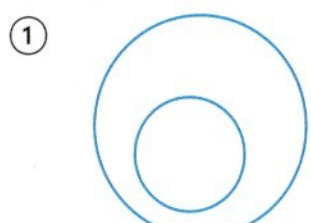
② 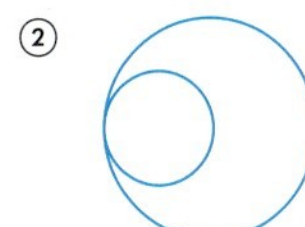
③ 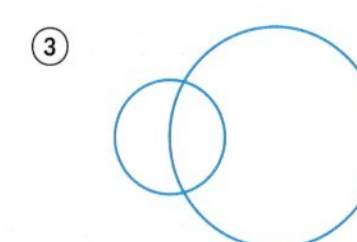

b) Für die Fälle „kein gemeinsamer Punkt“ und „genau ein gemeinsamer Punkt“ gibt es jeweils noch eine andere Möglichkeit, wie die Kreise zueinander liegen können. Skizziere zu jedem Fall zwei passende Kreise und beschreibe ihre Lage zueinander.

Weiterführende Aufgaben

Zwischentest 

13 Übertrage das Bild in dein Heft.
a) Zeichne die Senkrechte h zur Gerade g durch den Punkt A.
b) Zeichne das Lot k zur Gerade g durch den Punkt B.
c) Zeichne die Parallele f zur Gerade g durch den Punkt C.
d) Beurteile die gegenseitige Lage von h und k.

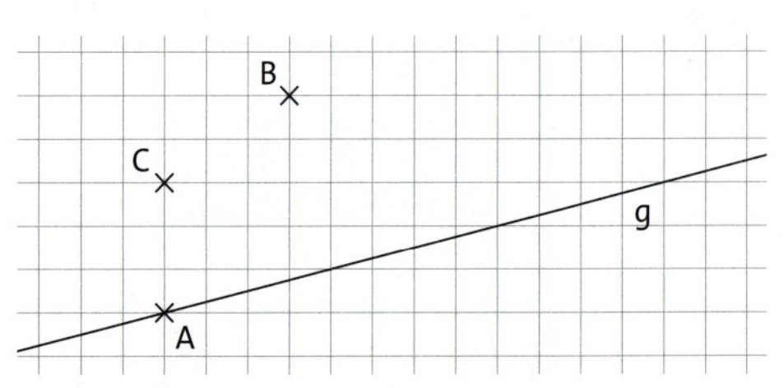

14 Zeichne die Punkte ab.
a) Zeichne einen Kreis mit dem Mittelpunkt M durch die beiden Punkte A und C.
b) Zeichne in A und C die Tangenten an den Kreis.

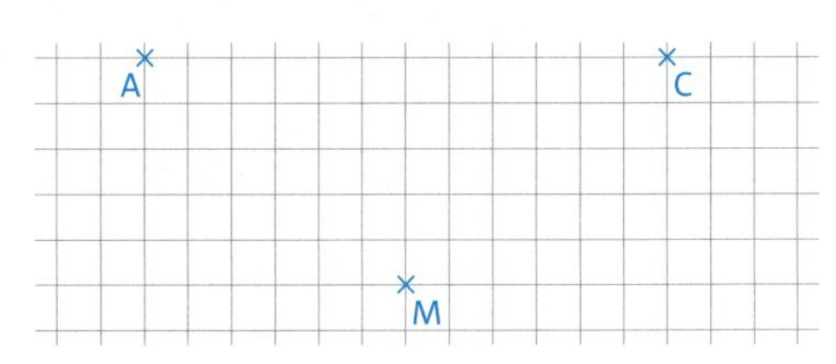

15 **Stolperstelle:** Theo meint:

„g liegt parallel zu h, da sich die Geraden nicht schneiden."
Beurteile Theos Aussage.

16 a) Zeichne die Dreiecke in dein Heft. Beginne mit dem inneren Dreieck. Zeichne dann zu jeder Dreiecksseite eine Parallele, die durch den gegenüberliegenden Eckpunkt geht.
b) Miss parallele Seiten und vergleiche ihre Längen.

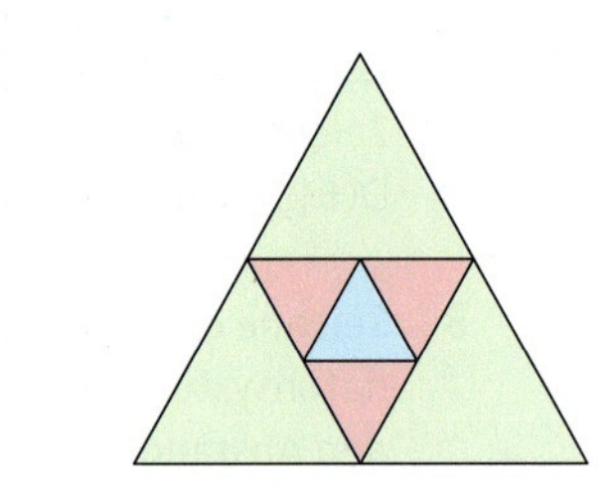

Hilfe

17 **Abstand eines Punktes von einer Gerade:**
a) Erläutere, wie man mit dem Geodreieck den Abstand eines Punktes von einer Gerade bestimmen kann.
b) Miss die Abstände der Punkte A, B, C und D zur Gerade g.

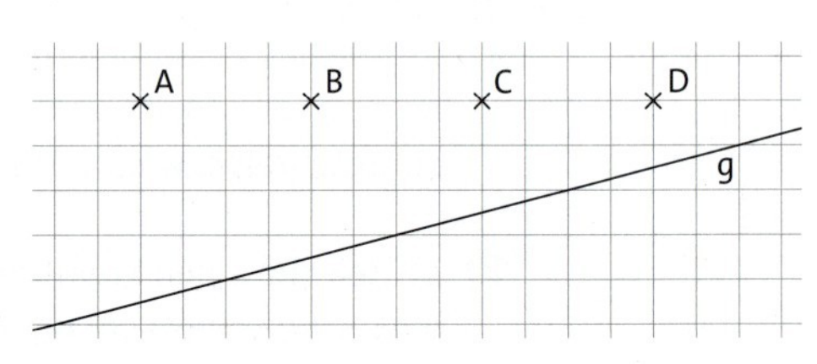

18 Zeichne eine Gerade g auf ein weißes Blatt Papier. Markiere mit einer anderen Farbe alle Punkte, die zur Gerade g den Abstand 2 cm haben.

19 Zeichne einen Kreis k(M; 4 cm) und benenne einen Punkt dieses Kreises mit P.
a) Zeichne drei verschiedene Sehnen, die den Punkt P gemeinsam haben.
b) Prüfe, ob es eine kürzeste Sehne durch den Punkt P gibt.
c) Zeichne eine Sehne, die halb so lang wie der Durchmesser des Kreises ist.

Hinweis

Die Verbindungsstrecke von zwei gegenüberliegenden Ecken eines Vierecks heißt **Diagonale**.

20 a) Zeichne einen Kreis mit dem Mittelpunkt M(4 | 6) und dem Radius r = 3 cm in ein Koordinatensystem (1 Einheit = 1 cm). Markiere auf dem Kreis einen Punkt P.
b) Zeichne im Punkt P die Tangente t an den Kreis. Zeichne alle zu t parallelen und senkrechten Tangenten ein. Die Tangenten bilden ein Viereck.
c) Zeichne alle Diagonalen des „Tangentenvierecks" ein. Markiere die Schnittpunkte der Diagonalen mit dem Kreis. Zeichne dann die Tangenten in diesen Schnittpunkten.

21 Zeichne einen Kreis mit dem Mittelpunkt M(2 | 2) und dem Radius r_1 = 2 cm in ein Koordinatensystem (1 Einheit = 1 cm). Zeichne einen zweiten Kreis mit dem Radius r_2 = 1 cm, sodass die Kreise
a) keinen gemeinsamen Punkt,
b) genau einen gemeinsamen Punkt,
c) zwei gemeinsame Punkte haben.
Gib an, wo der Mittelpunkt des zweiten Kreises liegen muss, damit die Bedingung erfüllt ist.

22 Ein Funkmast hat eine Reichweite von 4,5 km. Prüfe mithilfe einer Zeichnung, ob es eine gerade Bahnstrecke geben kann, auf der die Fahrgäste für eine Strecke von 10 km (9 km; 8 km; 7 km) ihr Handysignal von diesem Funkmast erhalten können. (Beachte: Die Bahnstrecke kann nicht durch den Funkmast verlaufen.)

Hilfe 

23 Trage die Punkte A(1 | 4), B(−1 | 2) und C(0 | −3) in ein Koordinatensystem mit der Einheit 1 cm ein. Markiere alle Punkte, die
a) weniger als 1 cm von A und mehr als 2 cm von B entfernt sind,
b) von jedem der Punkte A, B und C höchstens 4 cm entfernt sind,
c) höchstens 1 cm von der Gerade AB und höchstens 2 cm von der Gerade BC entfernt sind,
d) höchstens 2 cm von der Gerade AB und höchstens 3 cm von C entfernt sind.

24 Erläutere, dass zwei Strecken senkrecht zueinander sein können, ohne sich zu schneiden.

25 Begründe, welche der drei Aussagen richtig ist.
a) (A) Parallele Geraden, die nicht identisch sind, haben keinen Schnittpunkt.
(B) Parallele Geraden müssen waagerecht sein.
(C) Parallele Geraden dürfen nicht schräg verlaufen.
b) (A) Zwei Geraden sind immer entweder senkrecht oder parallel zueinander.
(B) Es gibt eine Gerade, die zu zwei parallelen Geraden senkrecht ist.
(C) Senkrechte Geraden müssen keinen Schnittpunkt haben.

Hinweis zu 26

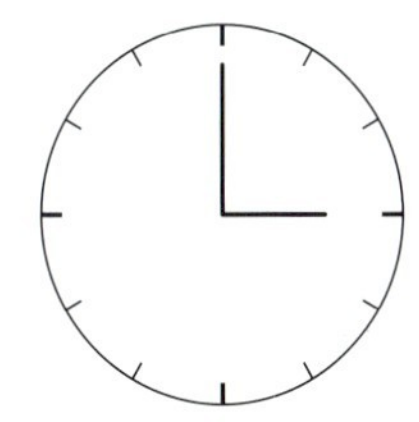

26 Auf einer Uhr stehen der Stunden- und der Minutenzeiger zu bestimmten Uhrzeiten senkrecht zueinander.
a) Gib einige Beispiele an, zu welchen Uhrzeiten die Zeiger senkrecht zueinander stehen.
b) Avalon behauptet: *„Das ist jede Stunde genau einmal der Fall."* Beurteile die Aussage.

27 In einem Park soll ein neuer Baum gepflanzt werden. Er soll einen Abstand von mindestens 50 m zu jedem Weg sowie einen Abstand von mindestens 100 m zum Springbrunnen haben und innerhalb der Wege stehen. Übertrage die Zeichnung in dein Heft und markiere die möglichen Standorte des Baums.

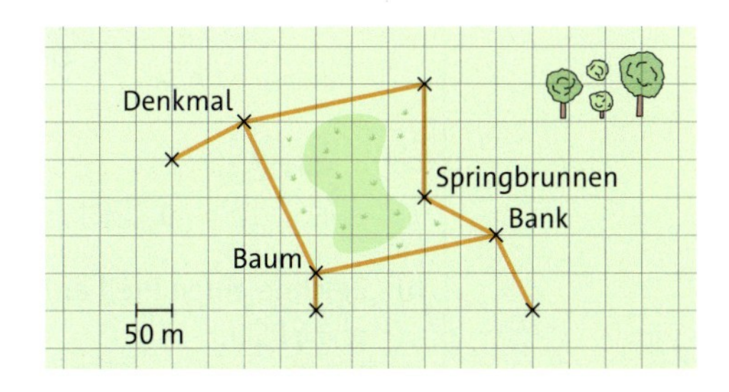

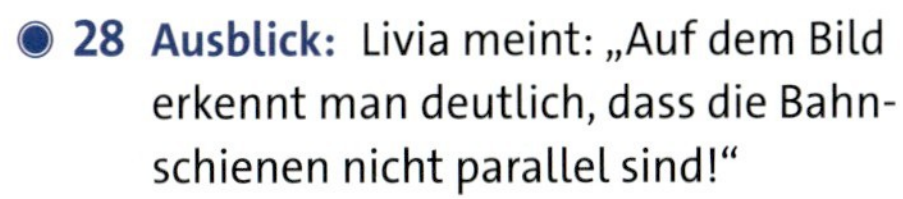

28 **Ausblick:** Livia meint: „Auf dem Bild erkennt man deutlich, dass die Bahnschienen nicht parallel sind!"
a) Beurteile, ob Livia recht hat.
b) Gib weitere Beispiele für dieses Phänomen an.

3.4 Winkel

Auf einem Schiff ruft ein Matrose: „Segelschiff auf zwei Uhr!“
Erläutere, was damit gemeint ist. Fertige eine Skizze an.

Wissen

Ein Winkel wird durch zwei **Halbgeraden** begrenzt, die vom gleichen Anfangspunkt ausgehen. Die Halbgeraden heißen **Schenkel**. Der Anfangspunkt ist der **Scheitelpunkt** (auch: Scheitel) des Winkels.

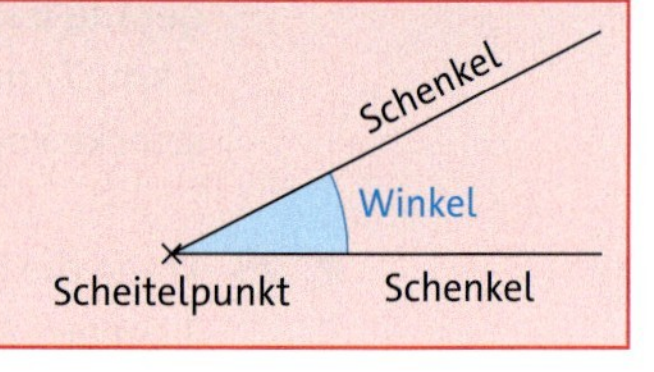

Zwei Halbgeraden mit einem gemeinsamen Anfangspunkt legen sogar zwei Winkel fest (siehe Beispiel 1). Deshalb gibt es genaue Regeln für die Bezeichnung von Winkeln. Man kann sie zum Beispiel mit griechischen Buchstaben (hier: α) bezeichnen.
Eine andere Möglichkeit ist es, drei Punkte anzugeben. Dabei wählt man die Reihenfolge immer so, als dreht man einen Schenkel des Winkels entgegen dem Uhrzeigersinn auf den anderen. Man gibt dabei zuerst den Punkt auf dem gedrehten Schenkel, dann den Scheitelpunkt und dann den Punkt auf dem zweiten Schenkel an (hier: ∢ASB).

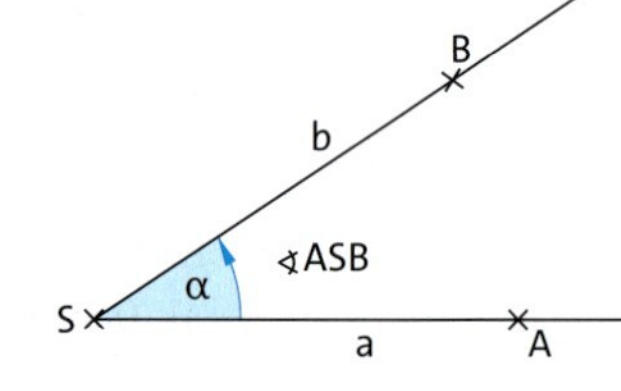

Hinweis

Die ersten griechischen Buchstaben sind:
α Alpha
β Beta
γ Gamma
δ Delta
ε Epsilon

Beispiel 1

a) Übertrage die Zeichnung und zeichne Winkel ein, die durch die Schenkel g und h begrenzt werden. Benenne die Winkel mit griechischen Buchstaben.
b) Gib die Winkel aus a) auch in der Schreibweise mit Punkten an.

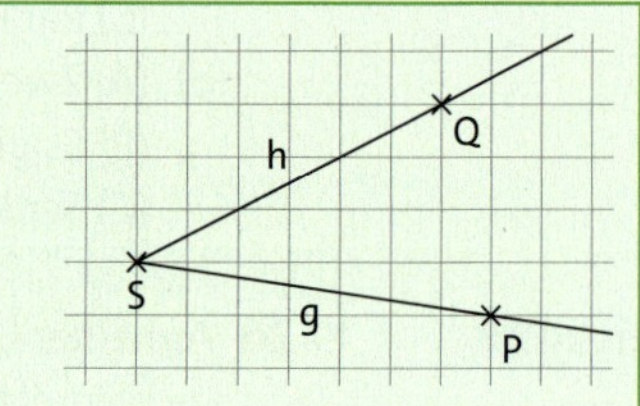

Lösung:
a) Es gibt zwei Winkel, die durch die Schenkel begrenzt werden.

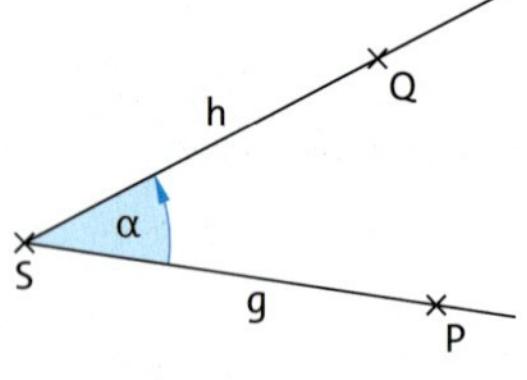

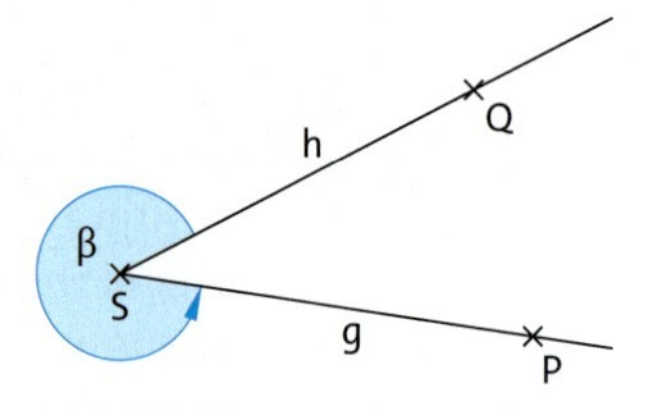

b) Zeichne einen Pfeil entgegen dem Uhrzeigersinn ein und lies dann ab.
α = ∢PSQ   β = ∢QSP

Basisaufgaben

1 Durch die Schenkel a und b werden zwei Winkel begrenzt. Übertrage die Abbildung in dein Heft und benenne die Winkel mit griechischen Buchstaben. Gib sie dann in der Schreibweise mit drei Punkten an.

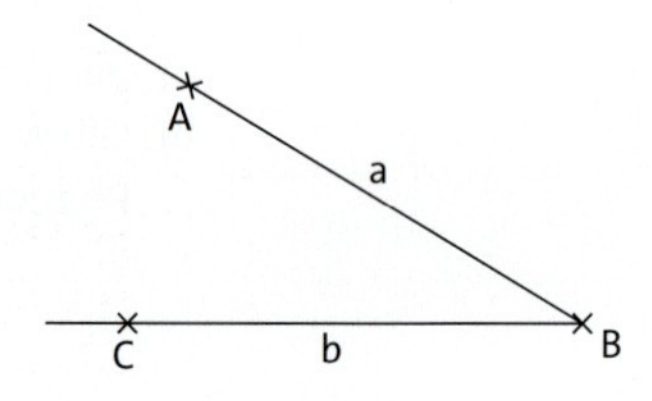

2 Gib die eingezeichneten Winkel in der Schreibweise mit drei Punkten an.

a)

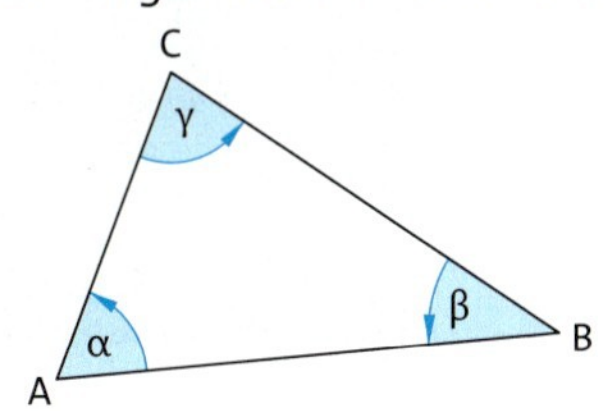

b)

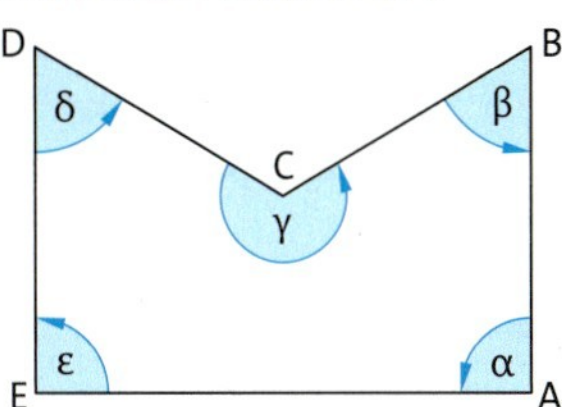

Weiterführende Aufgaben

Zwischentest 

3 Bestimme näherungsweise, wie viele Minuten vergehen, wenn der Minutenzeiger einer Uhr den gefärbten Winkel überstreicht.

a) 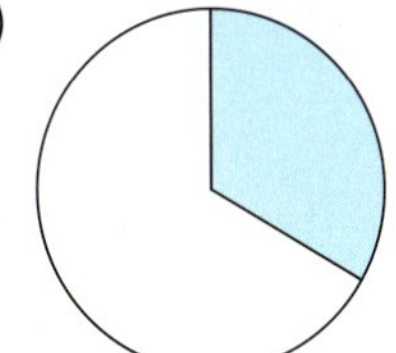

b) 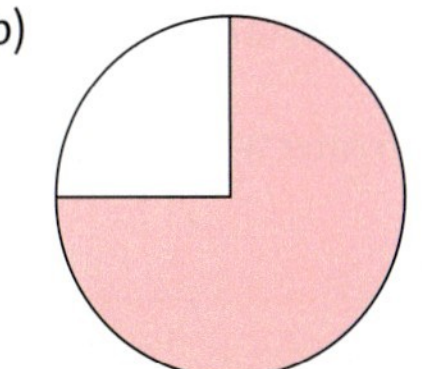

c) 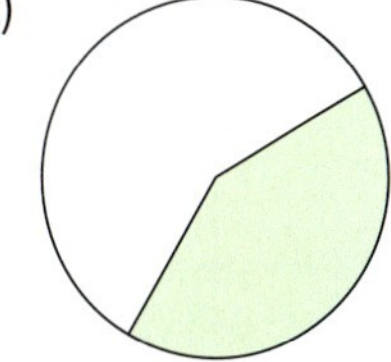

4 **Stolperstelle:** Tim beschreibt den Winkel α:
α = ∢CBA
Erkläre und korrigiere seinen Fehler.

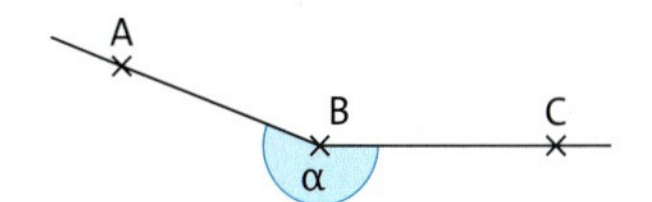

Hilfe 

5 Kapitän Hansson ist an Bord seines Fischkutters auf dem Meer. Jule ist am Strand. Das Bild zeigt die Blickwinkel, unter denen die beiden den Leuchtturm sehen.

a) Beschreibe den Unterschied zwischen den Blickwinkeln von Kapitän Hansson und Jule.
b) Beschreibe, wie sich der Blickwinkel des Kapitäns verändert, wenn er zurück zum Strand fährt. Gib an, wann der Blickwinkel des Kapitäns am größten und wann am kleinsten ist.

6 Alara sagt: *„Zeichne ich ein Dreieck, entstehen insgesamt 6 Winkel."* Beurteile, ob sie recht hat.

7 **Ausblick:** Im Bild ist der Schusswinkel beim Elfmeter markiert, dazu ein Halbkreis mit dem Radius r = 11 m.

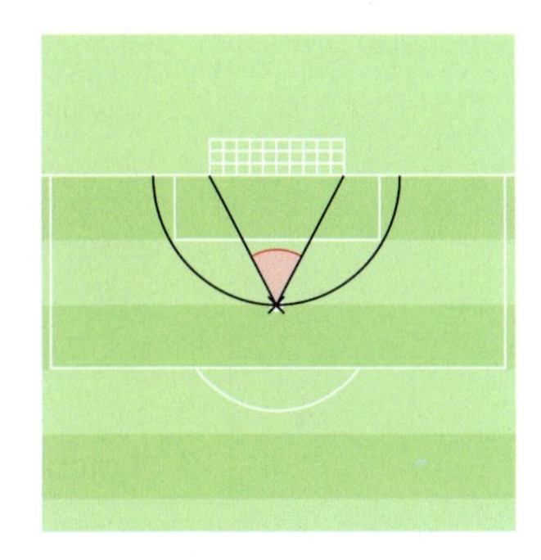

a) Beschreibe, wie sich der Schusswinkel verändert, wenn der Schütze von einem anderen Punkt des Halbkreises schießt.
b) Beim Freistoß sieht man häufig, dass die Schützen heimlich den Ball etwas weiter nach vorne legen. Entscheide, ob das ihre Torchance verbessert. Erkläre, wie sich die Torchance verändert, wenn sie den Ball nach links oder rechts legen.

3.5 Winkel messen

„Aus spitzem Winkel fiel das Tor!" Erläutere, was der Reporter damit meint.

Hinweis

Der Winkel der Größe 0° heißt Nullwinkel.

Wissen **Winkelmaß und Winkelarten**

Die Größe eines Winkels wird in **Grad (°)** angegeben. Liegen beide Schenkel aufeinander, so bilden sie einen **Vollwinkel** von **360°**. Teilt man ihn in 360 gleich große Teile, so hat ein Teil davon die Winkelgröße **1°**.

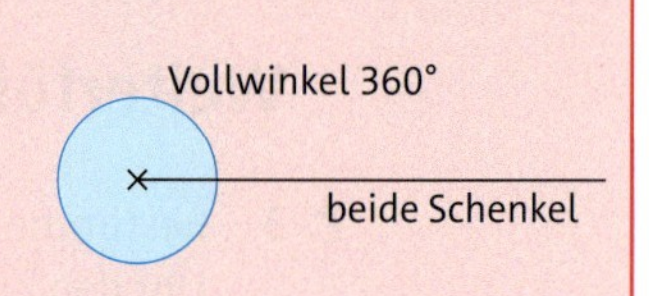

Es gibt verschiedene **Winkelarten** je nach Größe des Winkels:

spitzer Winkel	rechter Winkel	stumpfer Winkel	gestreckter Winkel	überstumpfer Winkel
zwischen 0° und 90°	90°	zwischen 90° und 180°	180°	zwischen 180° und 360°

Die Größen von spitzen, rechten und stumpfen Winkeln kann man direkt mit dem Geodreieck messen. Dazu verwendet man den Halbkreis auf dem Geodreieck, von dem aus die Winkel von 0° bis 180° eingezeichnet sind.

Beispiel 1

a) Gib die Art des Winkels α an und schätze seine Größe.

b) Miss die Winkelgröße mit dem Geodreieck.

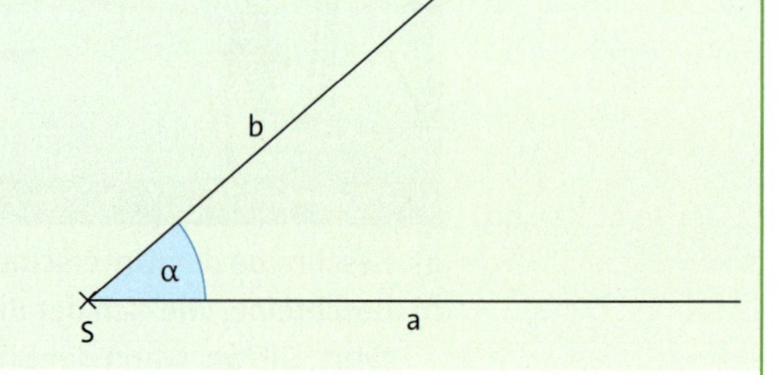

Lösung:

a) Der Winkel α ist etwa halb so groß wie ein rechter Winkel. Er ist also etwa 45° groß und damit ein spitzer Winkel.

b)

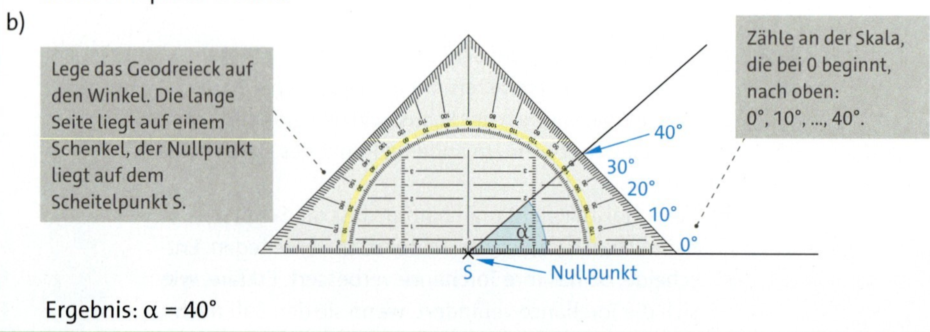

Lege das Geodreieck auf den Winkel. Die lange Seite liegt auf einem Schenkel, der Nullpunkt liegt auf dem Scheitelpunkt S.
Zähle an der Skala, die bei 0 beginnt, nach oben: 0°, 10°, ..., 40°.
40°
30°
20°
10°
0°
α
S
Nullpunkt

Ergebnis: $\alpha = 40°$

Basisaufgaben

1 Gib die Art des Winkels an und schätze seine Größe. Miss dann mit dem Geodreieck und vergleiche mit deiner Schätzung.

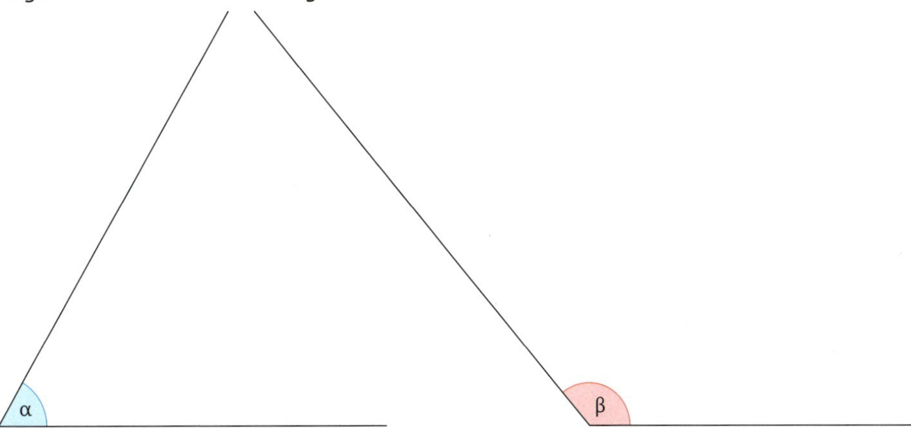

2 Gegeben sind die Winkel α, β, γ und δ.
a) Entscheide jeweils, um welche Winkelart es sich handelt.
b) Schätze die Größen der Winkel.
c) Miss die Größen der Winkel mit dem Geodreieck und vergleiche jeweils den Messwert mit dem geschätzten Wert.

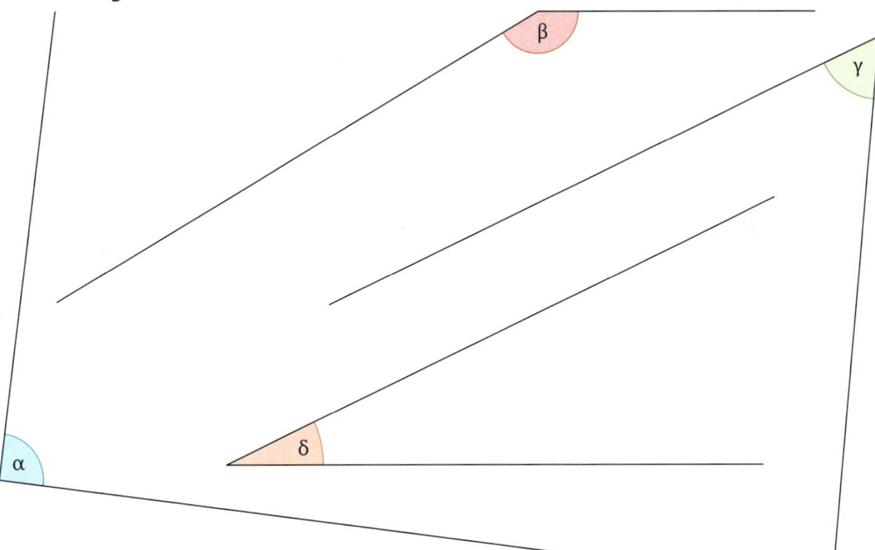

3 Die abgebildeten Winkel sind (A) 110°, (B) 18°, (C) 45° und (D) 154° groß. Ordne diese Winkelgrößen den Winkeln α, β, γ und δ zu, ohne zu messen. Begründe deine Zuordnung.

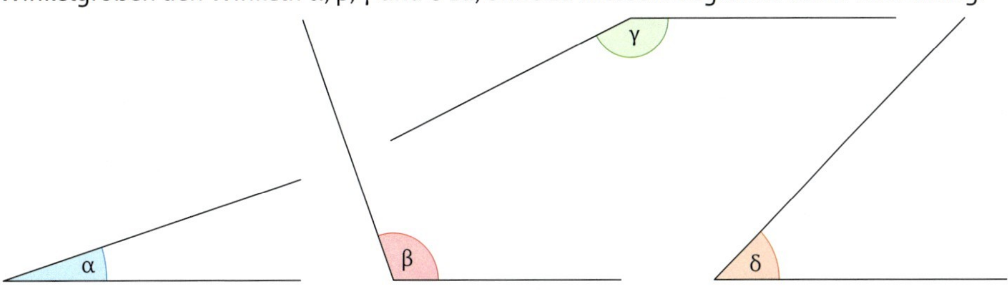

Weiterführende Aufgaben

Zwischentest

4 Zeichne die Punkte A(1 | 1), B(6 | 1) und C(9 | 6) in ein Koordinatensystem und verbinde sie zu einem Dreieck. Betrachte die Innenwinkel an den Eckpunkten A und B. Bestimme die Winkelart und schätze die Größe der Winkel. Miss dann mit dem Geodreieck.

5 **Winkel berechnen:**
Manchmal muss man Winkel nicht messen, sondern kann sie aus schon bekannten Winkeln berechnen.
Noam bestimmt die Größe des Winkels β so:
$120° + \beta = 360°$
$\beta = 360° - 120° = 240°$
Erkläre Noams Rechnung.

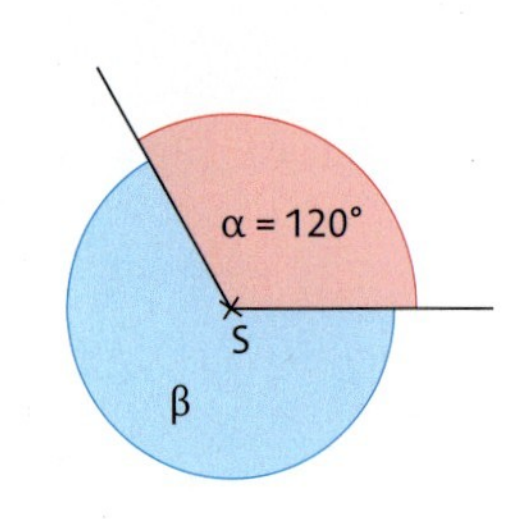

Hilfe

6 Berechne die Größe von β.
a)

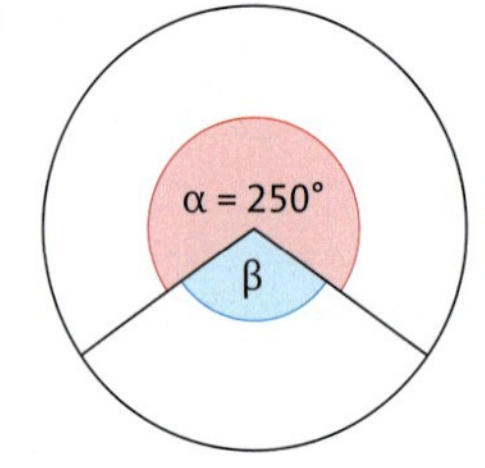

b)

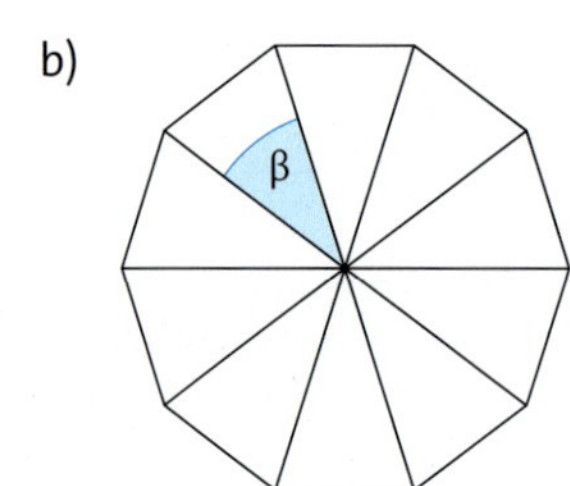

7 Die Winkel α und β bilden zusammen einen gestreckten Winkel, und es gilt $\alpha = 45°$.
Berechne die Größe von β.

8 **Überstumpfe Winkel messen:** Der Winkel β ist ein überstumpfer Winkel.

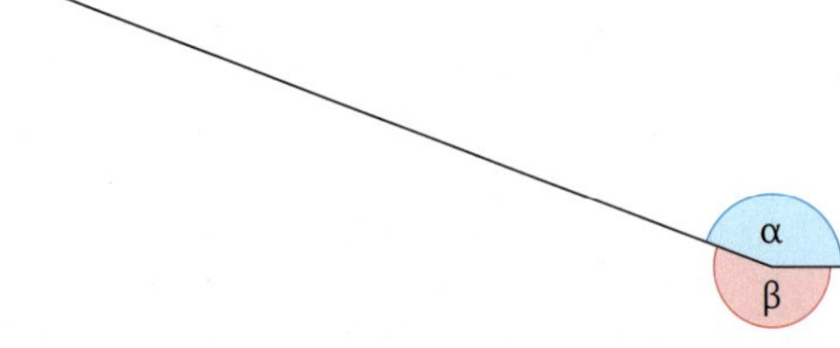

a) Erkläre, warum sich die Größe von β nicht direkt auf dem Geodreieck ablesen lässt.
b) Jan behauptet: „Ich kann die Größe eines überstumpfen Winkels berechnen, indem ich den zweiten Winkel α am Scheitelpunkt messe."
Erkläre Jans Verfahren.
Miss die Größe des Winkels α. Berechne anschließend die Größe des Winkels β.
c) Die drei Punkte A(1 | 1), B(9 | 1) und C(2 | 8) bilden den überstumpfen Winkel ∢ABC.
Zeichne die Punkte in ein Koordinatensystem und bestimme mit dem Verfahren aus b) die Größe des Winkels ∢ABC.

9 Bestimme die Größe des Winkels α.

10 Stolperstelle:

a) Beim Winkel α misst Lara 75°, Luca misst 105°. Erkläre, wer recht hat und welchen Fehler der andere gemacht hat.

b) Lara behauptet, dass der Winkel β ein stumpfer Winkel ist. Nimm Stellung.

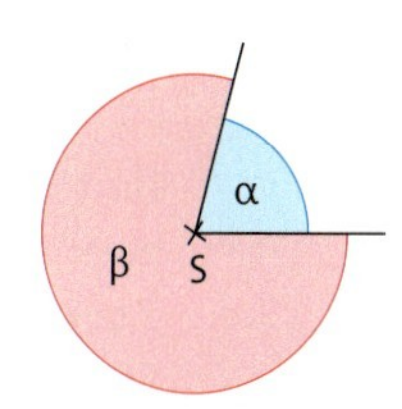

11 a) Ordne dem Winkel α eine Winkelart zu. Begründe.

b) Ordne dem Winkel β eine Winkelart zu und bestimme seine Größe.

c) Beurteile, ob die Aussage richtig oder falsch ist: Zwei Halbgeraden, die von einem Scheitelpunkt ausgehen, bilden immer zwei Winkel, von denen einer ein überstumpfer Winkel ist.

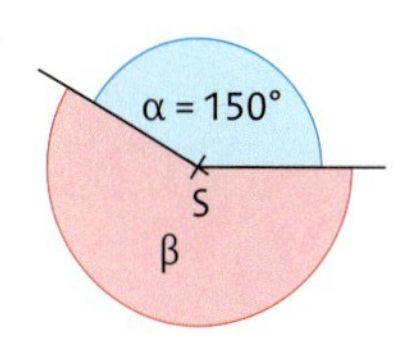

12 Eine Windrose zeigt die Anordnung der Himmelsrichtungen. Oft wird dabei eine Einteilung mit 16 Himmelsrichtungen verwendet.

a) Berechne die Größe des Winkels zwischen den Himmelsrichtungen N und NO.

b) Berechne die Größe des Winkels zwischen den Himmelsrichtungen NNO und SSO.

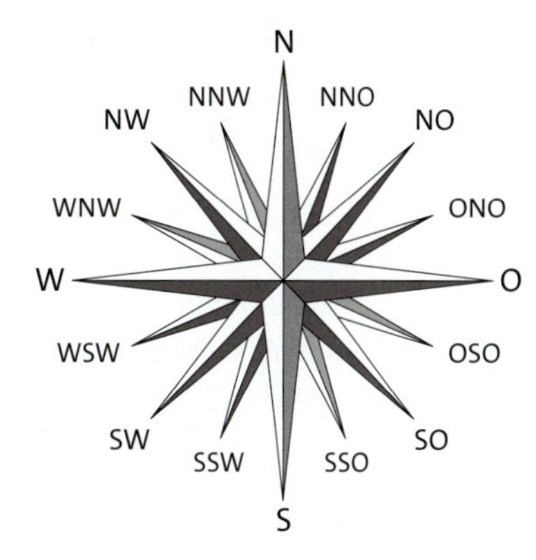

Hinweis zu 13

Beachte die Bewegungen des Stundenzeigers.

13 a) Die Winkel zwischen Minuten- und Stundenzeiger sind um 4 Uhr und 8 Uhr 20 nicht genau gleich groß. Erkläre, warum das so ist.

b) Bestimme die Winkel zwischen Minuten- und Stundenzeiger um 8 Uhr 20, ohne zu messen. Erkläre deinen Lösungsweg und zeichne die Uhr.

c) Zeichne eine Uhrzeit, bei der die Zeiger einen Winkel von 60° bilden.

d) Erkläre, warum zu fast jeder vollen Stunde ein überstumpfer Winkel entsteht. Nenne auch die Ausnahmen.

e) Erkläre, warum die Zeiger zu keiner vollen Stunde einen Winkel von 75° bilden können.

f) Finde eine Uhrzeit, zu der die Zeiger einen Winkel von 75° bilden.

Hilfe

14 Der Vollkreis wird in drei Winkel α, β und γ geteilt. Dabei ist α doppelt so groß wie β und sechsmal so groß wie γ. Berechne die drei Winkelgrößen.

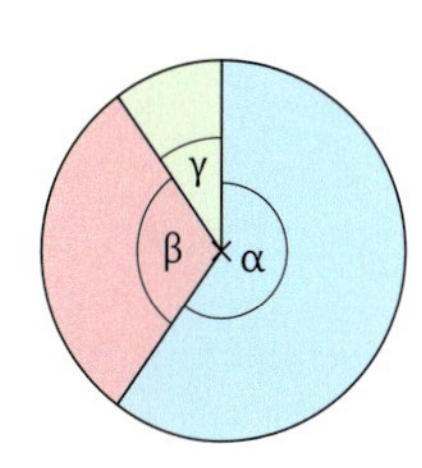

15 Ausblick:

a) Zeichne zwei verschiedene Dreiecke. Miss jeweils die Größen der drei Winkel im Dreieck und addiere sie. Stelle eine Vermutung auf.

b) Überprüfe deine Vermutung aus a) mithilfe einer dynamischen Geometrie-Software.

3.6 Winkel zeichnen

Bastle eine Winkelscheibe. Schneide dafür zwei Kreisscheiben mit einem Radius von 7 cm in unterschiedlichen Farben aus. Schneide die Scheiben entlang des Radius ein und schiebe sie ineinander. Erzeuge Winkel, indem du die Scheiben drehst.

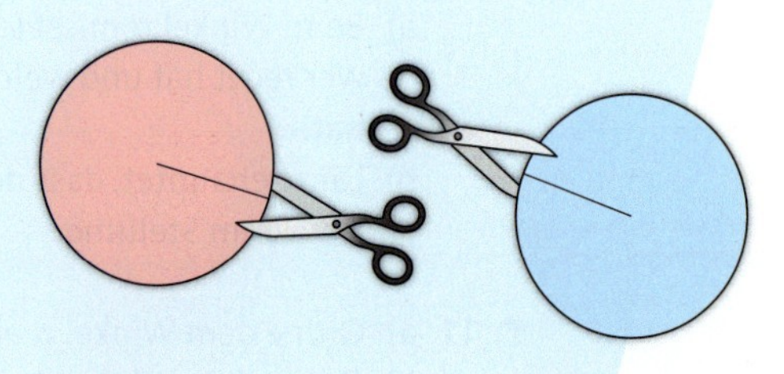

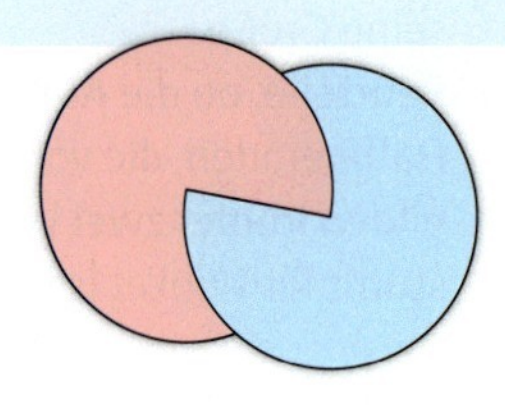

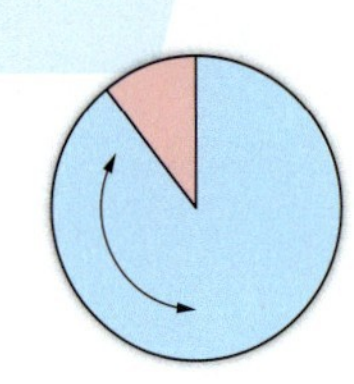

Beispiel 1

Zeichne den Winkel $\alpha = 140°$.

Lösung:

Zeichne den ersten Schenkel mit dem Scheitelpunkt S am Nullpunkt des Geodreiecks. Markiere dann bei 140° einen weiteren Punkt A.

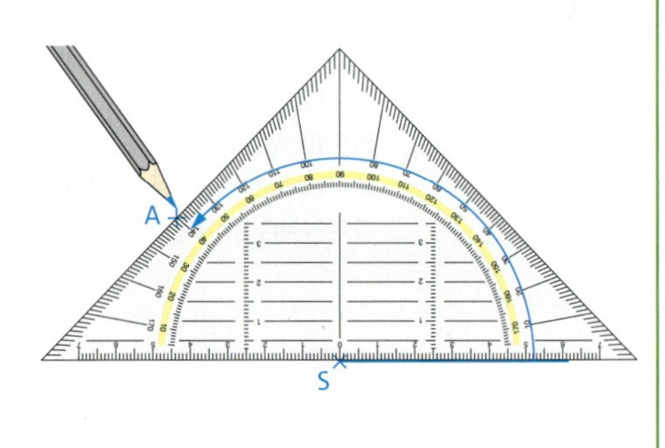

Verbinde anschließend A mit S. So erhältst du den zweiten Schenkel. Bezeichne den Winkel mit α.

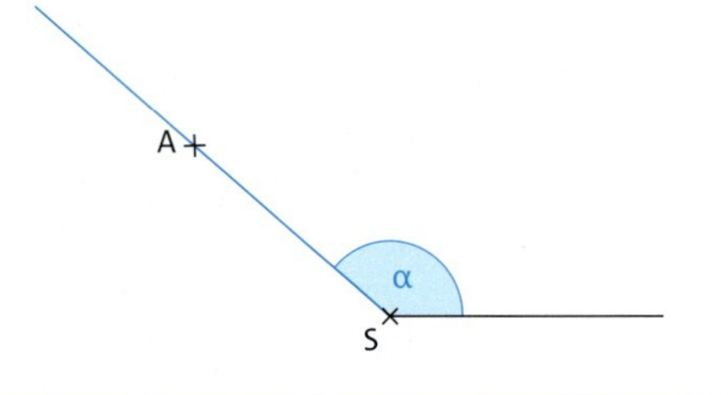

Basisaufgaben

1 Zeichne die Winkel $\alpha = 110°$ und $\beta = 80°$.

2 Zeichne die Winkel.
a) $\alpha = 20°$; $\beta = 30°$; $\gamma = 90°$; $\delta = 130°$
b) $\alpha = 35°$; $\beta = 47°$; $\gamma = 96°$; $\delta = 123°$; $\varepsilon = 161°$
c) $\delta = 14°$; $\varepsilon = 118°$; $\varphi = 172°$

3 Gib die Winkelart an und überlege, wie groß die Winkelöffnung ungefähr sein muss. Zeichne anschließend den Winkel.
a) 70° b) 150° c) 15° d) 180°

Hinweis zu 4c

Bei der Figur handelt es sich um einen regelmäßigen Stern, das heißt, alle Strecken sind gleich lang und die Winkel sind gleich groß.

4 Zeichne die Figur ab. Übertrage dazu schrittweise die Längen und Winkel in dein Heft.

a)
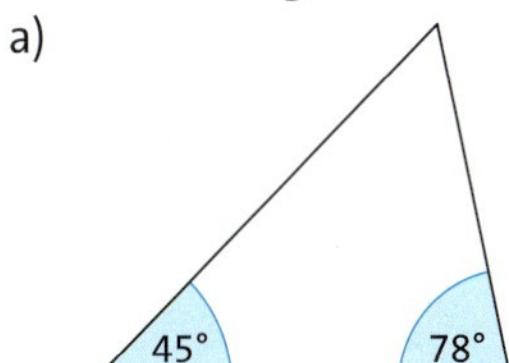

b)
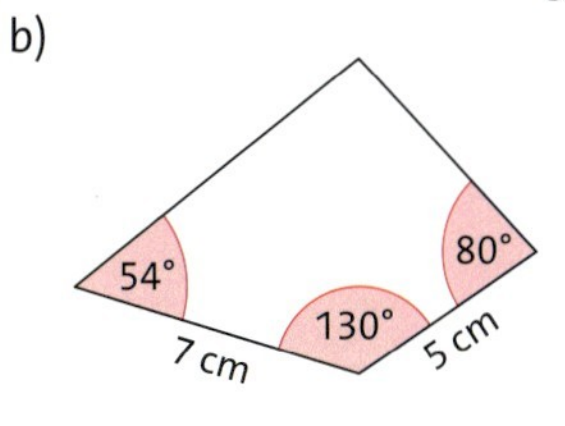

c)
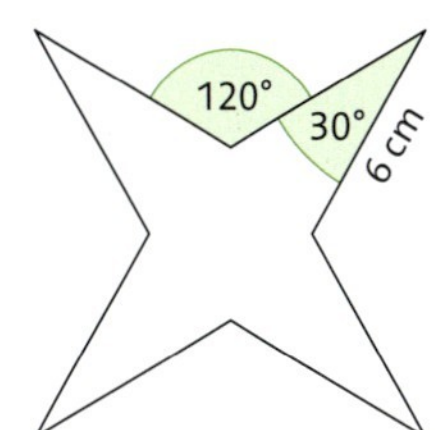

Weiterführende Aufgaben

Zwischentest

5 **Drehen des Geodreiecks:**
Nadir hat den Winkel $\alpha = 50°$ gezeichnet, indem er sein Geodreieck wie in der Abbildung gedreht hat.

a) Beschreibe sein Vorgehen.
b) Zeichne auf die gleiche Weise den Winkel $\beta = 75°$.

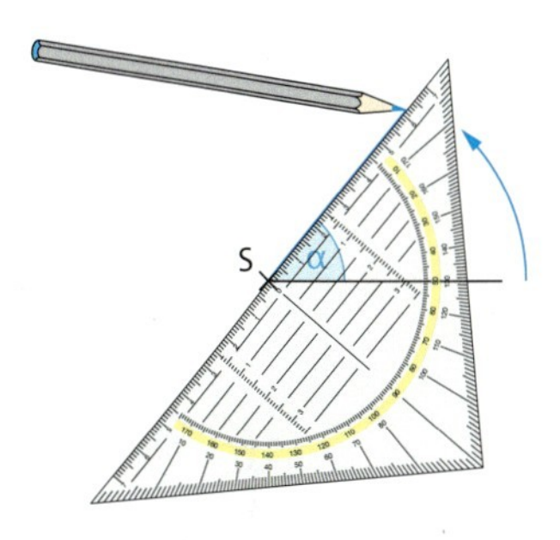

6 Zeichne die Winkel der Größe 65° und 120° einmal durch Drehen des Geodreiecks und einmal durch Markieren am Geodreieck. Erläutere, bei welchem Verfahren dir die Auswahl der Skala und das Zeichnen leichter fallen.

Hilfe 

7 **Überstumpfe Winkel zeichnen:** Miguel behauptet: „Ich kann einen Winkel der Größe 250° zeichnen, indem ich einfach einen Winkel der Größe 110° zeichne."

a) Zeichne einen Winkel der Größe 110°. Erkläre, warum Miguel recht hat.
b) Zeichne die überstumpfen Winkel wie Miguel: $\alpha = 200°$; $\beta = 300°$; $\gamma = 225°$; $\delta = 270°$

8 **Stolperstelle:** Raphael und Marie sollten Winkel zeichnen. Erkläre die Fehler, die die beiden gemacht haben, und zeichne die Winkel richtig ins Heft.

Raphael: $\alpha = 110°$ Marie: $\beta = 210°$

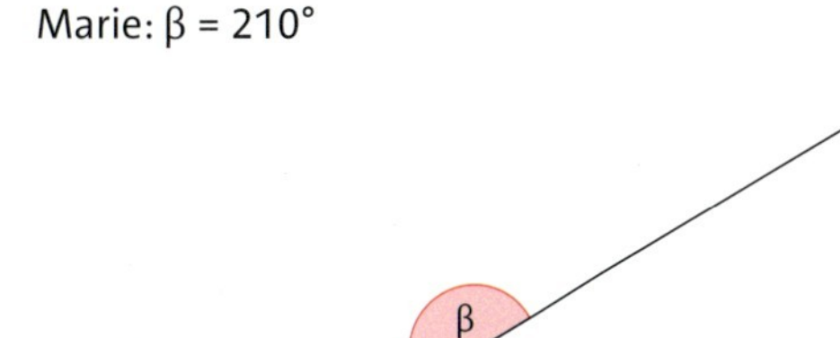

9 **Besondere Dreiecke:**
Ein **gleichschenkliges Dreieck** ist ein Dreieck, bei dem zwei Seiten gleich lang sind. Bei einem **gleichseitigen Dreieck** sind alle drei Seiten gleich lang.

a) Zeichne ein gleichschenkliges Dreieck, bei dem die beiden gleich langen Seiten je 4 cm lang sind. Zeichne noch eine zweite Möglichkeit. Miss die Winkel der beiden Dreiecke und beschreibe, was dir auffällt.
b) Zeichne eine 5 cm lange Strecke. Zeichne dann ein Dreieck, das an den Endpunkten dieser Strecke zwei 60° große Winkel hat. Miss den dritten Winkel und die anderen Seitenlängen. Beschreibe, was dir auffällt.

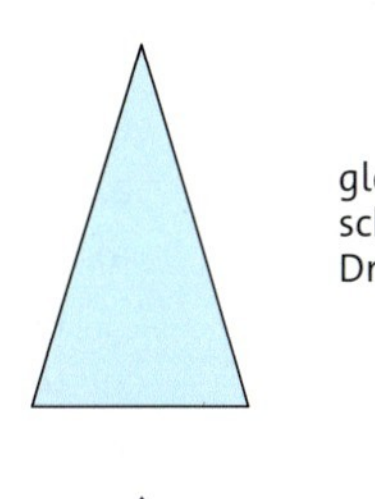

gleichschenkliges Dreieck

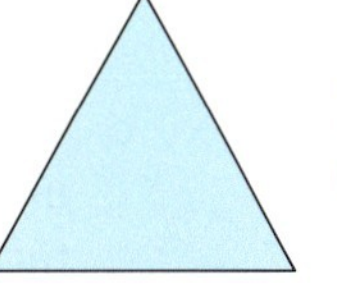

gleichseitiges Dreieck

10 In den fünf Kreisen sind die Winkel α, β, γ, δ und ε eingefärbt.

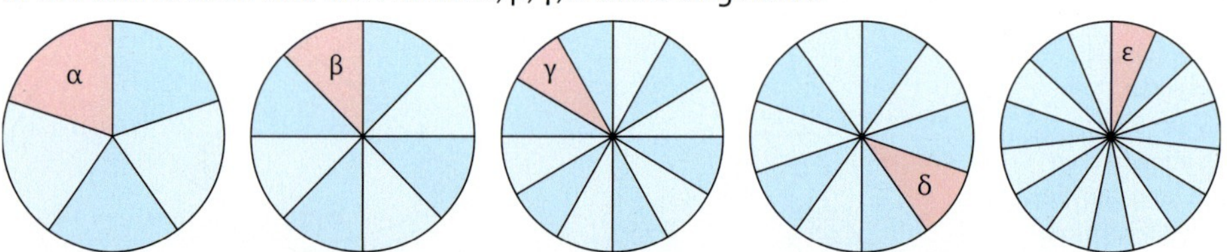

a) Ordne die Winkel der Größe nach. Gib jeweils ihre Größe an.
b) Zeichne den Winkel β zweimal so nebeneinander, dass der Scheitelpunkt und ein Schenkel übereinstimmen. Gib an, welchen besonderen Winkel du erhältst.
c) Finde eine Kombination, drei Winkel mit gemeinsamem Scheitelpunkt so aneinanderzulegen, dass sie einen rechten Winkel ergeben. Überprüfe durch eine Zeichnung.
d) Zeichne die fünf Winkel ausgehend vom gleichen Scheitelpunkt nebeneinander. Bestimme die Größe des Winkels, der dadurch entsteht.

11 Das Gesichtsfeld ist der Bereich, den wir beim Geradeausschauen überblicken können, ohne den Kopf zu bewegen. Das Gesichtsfeld wird durch den Sehwinkel beschrieben.

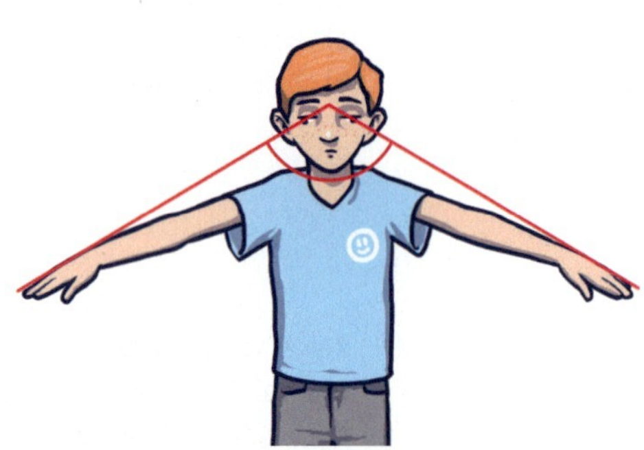

a) Arbeitet zu zweit. Öffnet nacheinander eure gestreckten Arme so weit, dass ihr sie gerade noch sehen könnt. Messt gegenseitig, wie groß eure Sehwinkel sind.
b) Das Gesichtsfeld anderer Lebewesen unterscheidet sich von dem des Menschen teilweise recht deutlich. Recherchiert im Internet und zeichnet die Gesichtsfelder einiger Tiere auf.

12 Im Straßenverkehr sind Kinder benachteiligt. Im Alter von 6 Jahren beträgt ihr Sehwinkel nur 120°, der von Erwachsenen dagegen 180°. Erkläre anhand einer Zeichnung die besondere Gefährdung der Kinder.

13 **Ausblick:** Punkte im Koordinatensystem kann man auch durch einen Winkel α und den Abstand d zum Ursprung angeben.

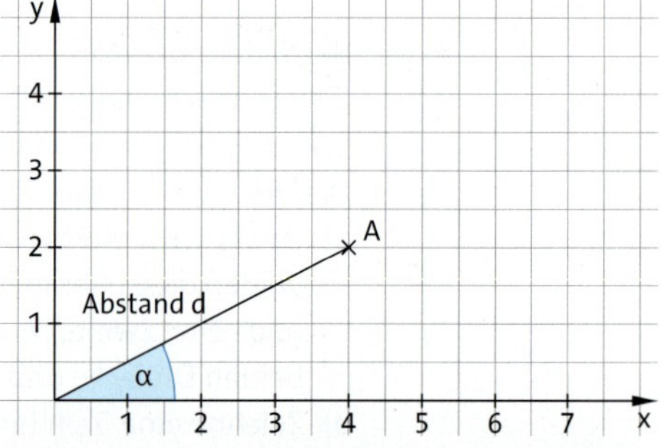

a) Zeichne den Punkt A(4|2) ein (1 Einheit = 1 cm). Miss den Winkel α und den Abstand d.
b) Zeichne: B: α = 30°, d = 5 cm; C: α = 60°, d = 7 cm; D: α = 15°, d = 5 cm
c) Zeichne die Punkte P(6|8) und Q(8|6) ein. Melek behauptet: „Die Winkel der Punkte P und Q ergeben zusammen 90°.“ Hat Melek recht? Prüfe diesen Zusammenhang auch für R(2|7) und S(7|2). Beschreibe deine Beobachtung.

3.7 Vierecke

Entscheide begründet, welches der drei Vierecke nicht zu den anderen passt.

Vielecke sind Figuren, die von Strecken (**Seiten**) begrenzt werden. Wo sich zwei Seiten treffen, hat die Figur eine **Ecke**.
Man unterscheidet Vielecke nach der Anzahl der Ecken: Dreiecke, Vierecke, Fünfecke ...
Vierecke kann man nach weiteren Eigenschaften unterscheiden.

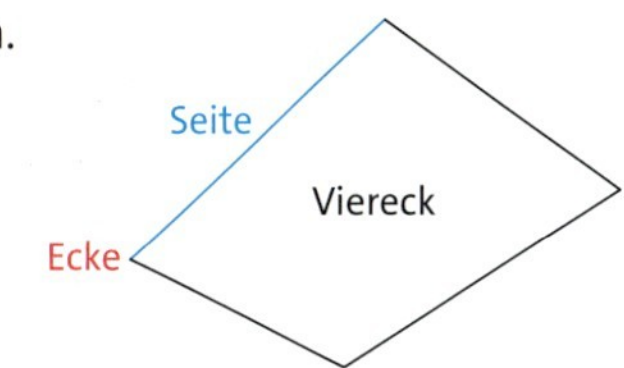

Hinweis

Seiten, die mit demselben Buchstaben bezeichnet sind, sind gleich lang.

Wissen **Besondere Vierecke**

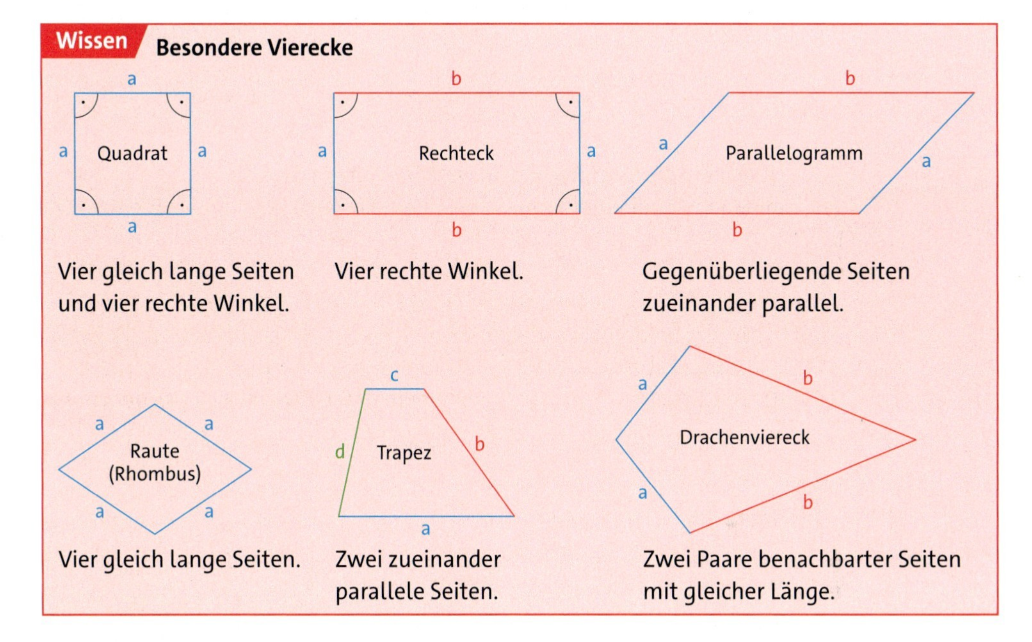

Quadrat: Vier gleich lange Seiten und vier rechte Winkel.

Rechteck: Vier rechte Winkel.

Parallelogramm: Gegenüberliegende Seiten zueinander parallel.

Raute (Rhombus): Vier gleich lange Seiten.

Trapez: Zwei zueinander parallele Seiten.

Drachenviereck: Zwei Paare benachbarter Seiten mit gleicher Länge.

Beispiel 1 Entscheide begründet, ob die Aussage wahr oder falsch ist.

a) Jedes Quadrat ist ein Drachenviereck.
b) Jedes Parallelogramm ist eine Raute.

Lösung:

a) Prüfe, ob jedes Quadrat die Eigenschaften eines Drachenvierecks erfüllt. Begründe damit, dass die Aussage wahr ist.

In jedem Quadrat sind alle vier Seiten gleich lang. Also sind auch jeweils zwei benachbarte Seiten gleich lang. Deshalb ist jedes Quadrat ein Drachenviereck, die Aussage ist wahr.

b) Zeichne ein Parallelogramm, in dem nicht alle Seiten gleich lang sind. Damit hast du ein Gegenbeispiel zu der Aussage gefunden, also muss die Aussage falsch sein.

Die Aussage ist falsch. Gegenbeispiel:

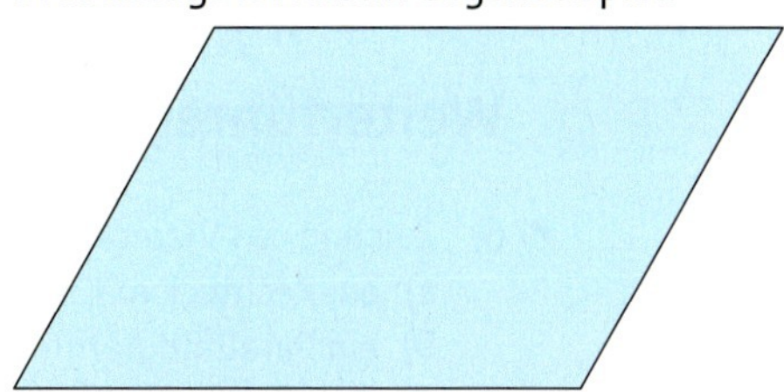

Basisaufgaben

1 Entscheide begründet, ob die Aussage richtig oder falsch ist.
a) Jedes Rechteck ist ein Parallelogramm.
b) Jedes Parallelogramm ist ein Rechteck.
c) Jedes Rechteck ist ein Drachenviereck.
d) Jedes Quadrat ist ein Trapez.
e) Jede Raute ist ein Rechteck.
f) Jedes Rechteck ist eine Raute.
g) Jedes Parallelogramm ist ein Trapez.
h) Jede Raute ist ein Drachenviereck.

2 a) Entscheide, welche Aussage richtig ist. Begründe deine Entscheidung.

„Jedes Quadrat ist ein Rechteck." „Jedes Rechteck ist ein Quadrat."

b) Entscheide, ob einer der Begriffe allgemeiner als die anderen ist.
Beschreibe, was das mit Vierecksarten zu tun hat.

Hund – Tier | Obst – Apfel | Hund – Katze | Fisch – Forelle | Tier – Vogel – Wellensittich | Kleidung – Hose – Socken

3 Übertrage die Strecken in dein Heft. Vervollständige zu
a) einem Parallelogramm, b) einem Rechteck, c) einem Quadrat,

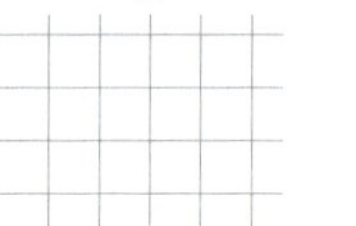
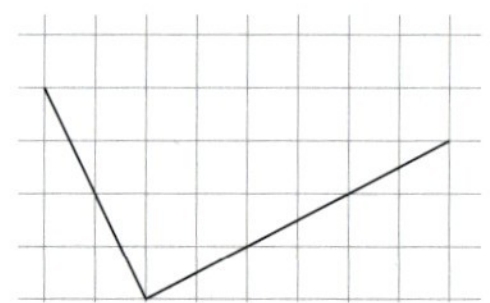
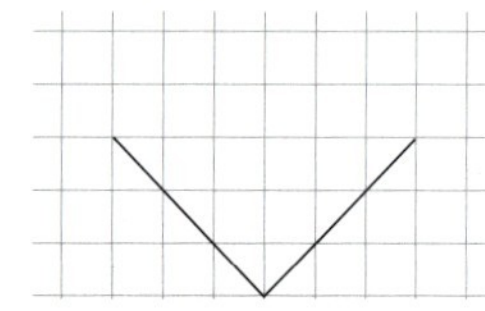

d) einer Raute, e) einem Drachenviereck, f) einem Trapez.

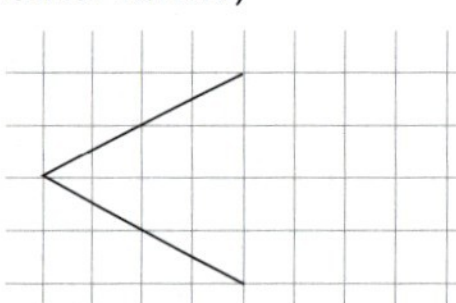
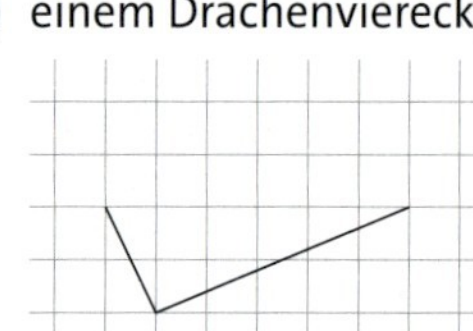
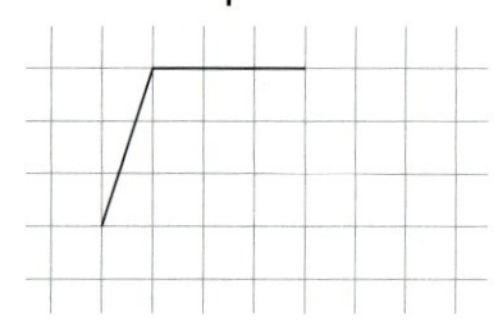

4 Zeichne die Figur mit einem Geodreieck auf weißes Papier.
Erkläre, was dabei zu beachten ist.
a) ein Quadrat b) ein Rechteck c) ein Parallelogramm d) eine Raute

5 Fachwerkhäuser bestehen aus einem hölzernen Gerüst. Die Zwischenräume sind mit Stein und Lehm gefüllt.
Das Holzgerüst nennt man Fachwerk.

a) Nenne Vierecksarten, die in dem Fachwerkhaus zu sehen sind.

b) Erfinde selbst ein kleines Fachwerkhaus mit verschiedenen Vierecken und zeichne es in dein Heft. Tauscht untereinander und benennt gegenseitig eure Vierecke.

Weiterführende Aufgaben

Zwischentest 

6 Zeichne das Viereck.
a) ein Rechteck mit den Seitenlängen 3 cm und 5 cm
b) ein Parallelogramm mit den Seitenlängen 3 cm und 5 cm
c) eine Raute mit einer Seitenlänge von 4 cm

7 **Stolperstelle:** Max hat ein Trapez gezeichnet. Fabian meint: *„Das ist kein Trapez, denn es gibt zwei Paare paralleler Seiten!"* Entscheide begründet, ob Fabian recht hat.

8 Ordne der Figur alle passenden Begriffe zu. Begründe deine Entscheidung.

Rechteck | Quadrat | Parallelogramm | Drachenviereck | Trapez | Raute

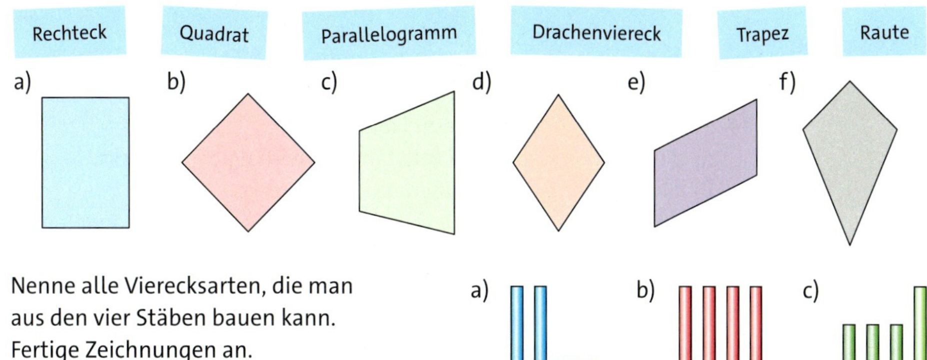

9 Nenne alle Vierecksarten, die man aus den vier Stäben bauen kann. Fertige Zeichnungen an.

a) b) c)

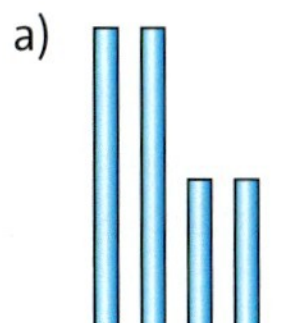

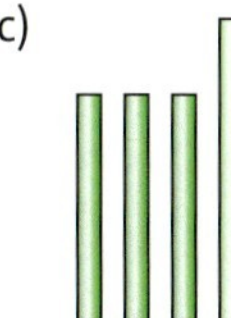

Hilfe

10 Erläutere, welche besonderen Vierecke hier abgedeckt sein könnten. Finde möglichst viele Lösungen. (Das Blatt geht noch beliebig weit nach unten.)

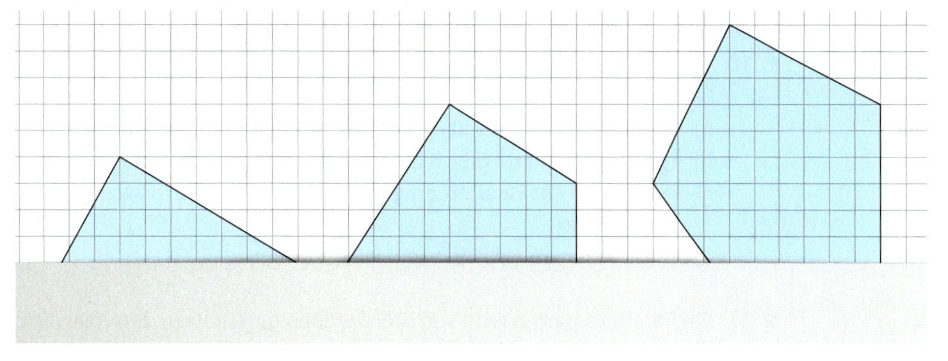

11 a) Zeichne verschiedene Vierecke (Quadrat, Rechteck, Trapez, Drachenviereck ...) in dein Heft. Markiere die Mittelpunkte der Seiten und verbinde sie zu einem neuen Viereck.
b) Vergleiche die so entstandenen neuen Vierecke miteinander und gib an, was alle gemeinsam haben.
c) Recherchiere, was Pierre de Varignon mit dieser Aufgabe zu tun hat, und bereite eine kurze Präsentation dazu vor.

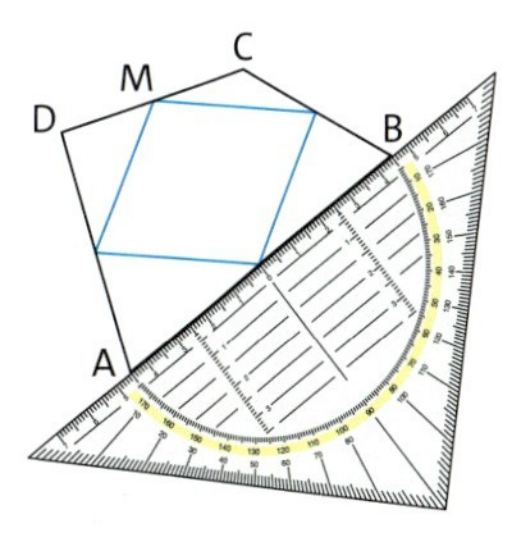

12 Trage die Punkte A, B und C in ein Koordinatensystem ein. Ergänze einen möglichen Punkt D, sodass das angegebene Viereck entsteht. Gib die Koordinaten von D an.

a) A(3|1), B(1|5), C(5|7) Das Viereck ist ein Quadrat.
b) A(1|0), B(2|4), C(6|5) Das Viereck ist eine Raute.
c) A(2|1), B(3|4), C(7|3) Das Viereck ist ein Parallelogramm.
d) A(6|1), B(2|0), C(0|3) Das Viereck ist ein Trapez.
e) A(8|7), B(9|3), C(2|1) Das Viereck ist ein Drachenviereck.

Hinweis

Die Verbindungsstrecke von zwei gegenüberliegenden Ecken eines Vierecks heißt **Diagonale**.

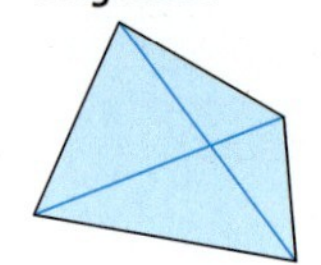

13 Diagonalen in besonderen Vierecken:

a) Zeichne alle besonderen Vierecke (Quadrat, Rechteck, Parallelogramm, Raute, Trapez und Drachenviereck). Zeichne jeweils die beiden Diagonalen ein.

b) Untersuche, auf welche der Vierecke die Aussagen zutreffen:

Die Diagonalen stehen senkrecht zueinander.	Die Diagonalen sind gleich lang.	Die Diagonalen halbieren sich. Der Schnittpunkt der beiden Diagonalen ist also die Mitte der Diagonalen.

c) Präsentiere die Ergebnisse deiner Klasse.

Hilfe

14 Zeichne ein Viereck mit dieser Eigenschaft.

a) Alle Diagonalen liegen vollständig innerhalb des Vierecks.

b) Eine Diagonale liegt außerhalb des Vierecks.

c) Überlege, ob es auch Vierecke gibt, bei denen beide Diagonalen außerhalb liegen. Begründe deine Antwort.

15 Diagonalen sind Verbindungsstrecken zwischen nicht benachbarten Eckpunkten in Vielecken. Ein Dreieck hat keine Diagonalen, ein Viereck hat zwei, ein Fünfeck hat fünf.

a) Übertrage die Tabelle in dein Heft und fülle sie aus.

b) Gib an, wie viele Diagonalen ein 10-Eck und ein 20-Eck haben. Beschreibe, wie du beim Ermitteln der Anzahl der Diagonalen vorgegangen bist.

Anzahl Ecken	Anzahl Diagonalen
3	0
4	2
5	5
6	
7	

16 Entscheide, ob die Aussage wahr oder falsch ist. Begründe die Aussage, falls sie wahr ist. Gib ein Gegenbeispiel an, falls sie falsch ist.

a) Ein Drachenviereck mit drei gleich langen Seiten ist eine Raute.

b) Ein Trapez mit drei gleich langen Seiten ist ein Parallelogramm.

c) Wenn man ein Parallelogramm durch eine Gerade in zwei Vierecke zerlegt, entstehen zwei Trapeze.

d) Ein Drachenviereck kann kein Rechteck sein.

17 Ein Parallelogramm wird von drei Geraden geschnitten. Ermittle die größte Anzahl von Parallelogrammen, die dabei insgesamt entstehen können. Fertige dazu eine Skizze an.

18 Sucht in eurem Klassenraum oder auf dem Schulhof möglichst viele viereckige Flächen. Benennt die Art der Vierecke. Welche Gruppe findet die meisten Vierecksarten?

19 Ausblick: Zeichne die Lösung in dein Heft.

a) Lege drei Streichhölzer um, sodass du drei Quadrate erhältst.

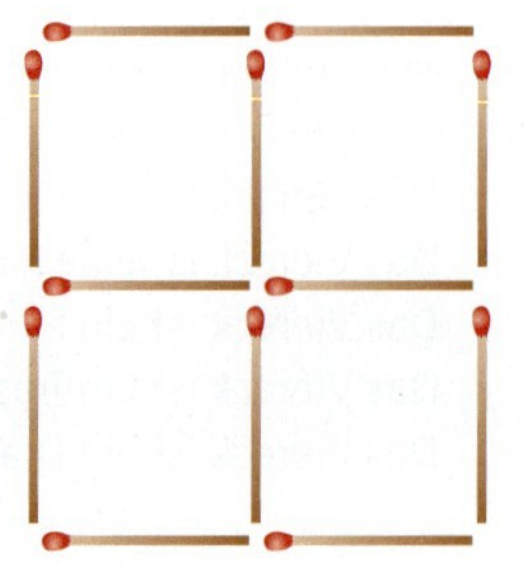

b) Lege ein Streichholz um, sodass du ein Dreieck und drei Vierecke erhältst.

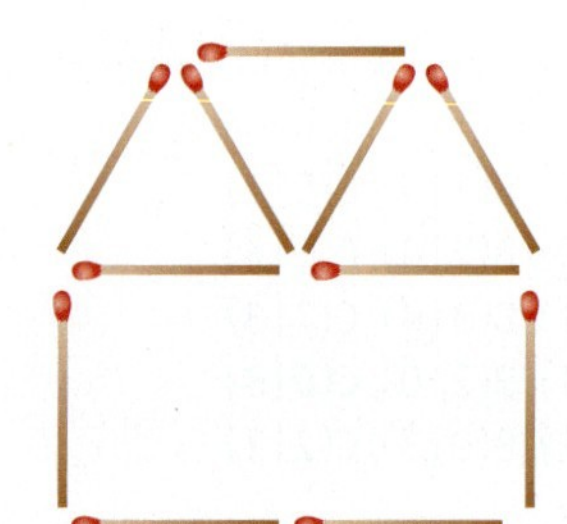

c) Lege drei Streichhölzer um, sodass du drei Rauten erhältst.

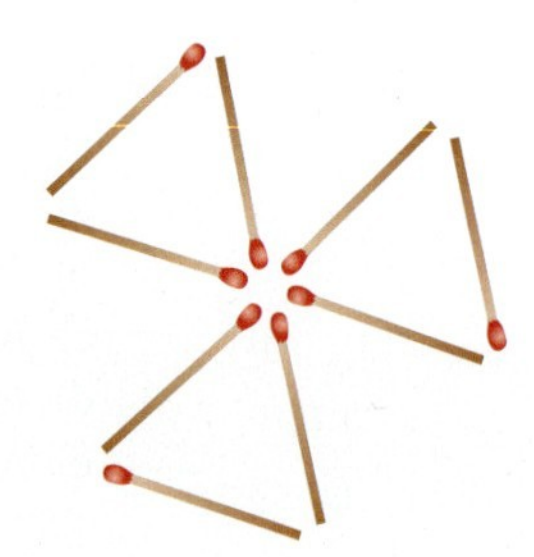

Dynamische Geometrie-Software

Mit einer dynamischen Geometrie-Software kann man am Computer geometrische Figuren erstellen. Über Buttons lassen sich einzelne Konstruktionsschritte ausführen. Häufig wird eine Beschreibung zu dem Button eingeblendet, wenn man mit dem Zeiger darüberfährt. Beachte, dass bei manchen Programmen ähnliche Funktionen unter einem Button zusammengefasst werden.

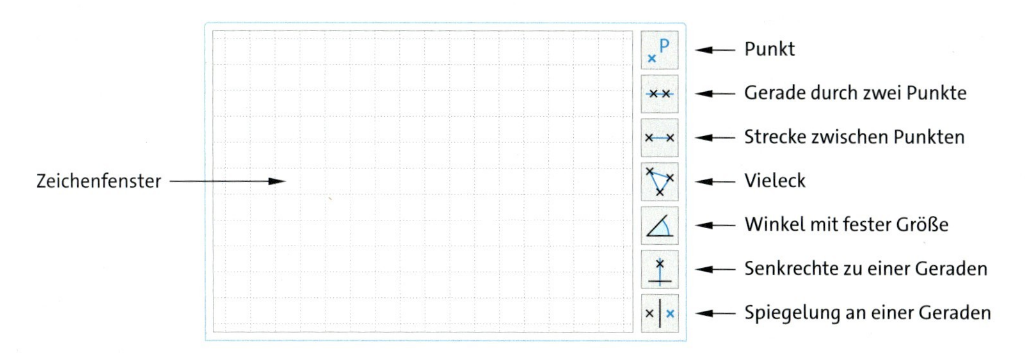

Beispiel 1

Zeichne ein Rechteck mit den Eckpunkten A(4 | 0), B(6 | 2) und C(2 | 6) und gib die Koordinaten des Eckpunktes D an.

Lösung:

① Blende in deiner Geometrie-Software das Koordinatensystem ein, zum Beispiel über einen Rechtsklick.
Wähle nun den Button aus und zeichne die Punkte A(4 | 0), B(6 | 2) und C(2 | 6) in das Koordinatensystem ein.

② Zeichne dann zwei Strecken zwischen A und B sowie B und C. Wähle dafür aus und klicke die beiden Endpunkte der Strecke an.

③ Die noch fehlenden Seiten stehen senkrecht auf $\overline{AB}$ und $\overline{BC}$.
Zeichne mit zwei Senkrechten ein. Klicke zuerst die Strecke $\overline{AB}$ und dann den Punkt A an. So ergibt sich eine Gerade, die senkrecht zu $\overline{AB}$ steht und durch A geht. Wiederhole die Konstruktion für die Senkrechte zu $\overline{BC}$.

Der Schnittpunkt dieser Senkrechten ist der gesuchte Punkt D.
Wähle und klicke den Schnittpunkt an. Jetzt kannst du die Koordinaten von D ablesen.

①
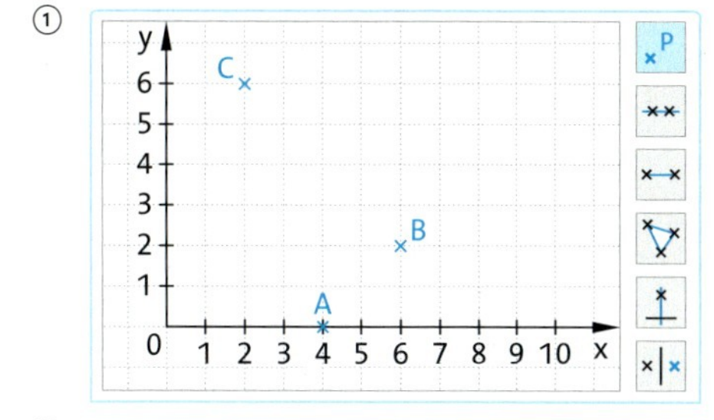

②
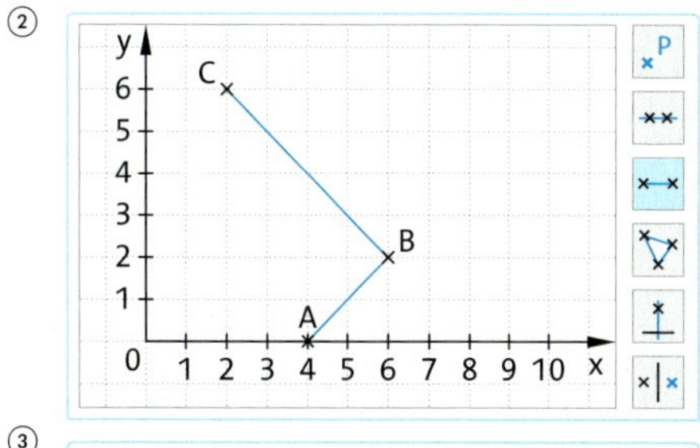

③
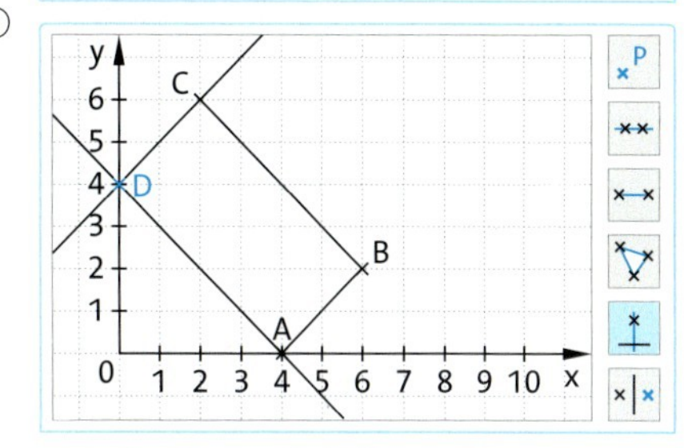

Koordinaten: D(0 | 4)

Aufgaben

1 Zeichne ein Viereck mit den gegebenen Eckpunkten in ein Koordinatensystem. Gib die Koordinaten der fehlenden Eckpunkte an.
a) Rechteck: A(2 | 1), B(6 | 1) und C(6 | 6)
b) Quadrat: A(2 | 1) und B(6 | 1)
c) Parallelogramm: A(4 | 4), B(9 | 4) und C(11 | 7)

2 Zeichne das Viereck mit den Eckpunkten A(−5 | −3), B(2 | −3), C(−1 | 1) und D(−3 | 1). Gib an, was für ein Viereck die Figur ist, und bestimme die Größen der Winkel.

3 Zeichne das Viereck mit einer dynamischen Geometrie-Software.
a) Ein Quadrat mit den Eckpunkten A(2 | 1) und B(5 | 3).
b) Ein Rechteck mit dem Eckpunkt A(9 | 4), dem Schnittpunkt der Diagonalen M(7 | 6) und dem Winkel ∢ BMA = 45°.

4 a) Zeichne zwei Punkte A und B sowie eine Gerade g durch die beiden Punkte.
b) Zeichne einen Punkt C, der nicht auf der Gerade g liegt.
c) Zeichne eine Gerade h, die senkrecht zu g ist und durch den Punkt C verläuft.
d) Zeichne eine Gerade i, die parallel zu g ist und durch den Punkt C verläuft.
e) Verschiebe den Punkt C mithilfe des Buttons und beschreibe, was passiert.

5 Zeichne den abgebildeten „Tannenbaum" mit einer dynamischen Geometrie-Software. Zeichne dazu zuerst alle Punkte mit der Funktion. Verbinde dann die Punkte mit der Funktion Strecke. Färbe die Figur ein. Suche in deiner dynamischen Geometrie-Software auch nach anderen Möglichkeiten, um die Figur zu zeichnen.

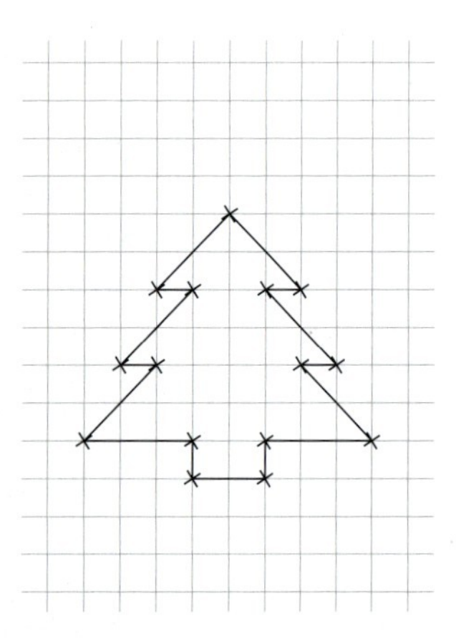

6 a) Zeichne folgende Punkte in ein Koordinatensystem ein: A(3 | 3); B(5 | 5); C(1 | 5); D(2 | 2); E(4 | 2); F(3 | 4); G(1 | 0); H(3 | −1); I(5 | 0); J(3 | 8); K(2 | 10); L(3 | 11); M(5 | 10)
b) Suche in deiner Software einen Button, mit dem man Kreise erzeugen kann. Zeichne dann folgende Objekte: $k_1(A; 5)$; $k_2(B; 1)$; $k_3(C; 1)$; $\overline{JK}$; $\overline{JL}$; $\overline{JM}$
c) Verbinde die Punkte D, E und F sowie G, H und I jeweils zu einem Dreieck. Färbe die insgesamt entstandene Figur passend ein.

7 Zeichne die Punkte A(4 | 4), B(3 | 5), C(2 | 5), D(1 | 4), E(1 | 3) und F(4 | 1) in ein Koordinatensystem ein und verbinde sie miteinander. Spiegle alle Punkte an der Gerade, die durch die Punkte A und F geht. Nutze dafür das Werkzeug.

8 **Forschungsauftrag:**
a) Zeichne ein beliebiges Viereck mit einer dynamischen Geometrie-Software. Miss die Größen aller Winkel im Viereck und addiere sie.

b) Vergleicht eure Ergebnisse aus a) und stellt eine Vermutung auf.

3.8 Vermischte Aufgaben

1 a) Entscheide, ohne zu messen, welche der Linien zueinander parallel und welche zueinander senkrecht sind.

b) Prüfe nun mit dem Geodreieck, welche Linien tatsächlich zueinander parallel oder zueinander senkrecht sind. Achte besonders auf die Lage der kurzen Linien.

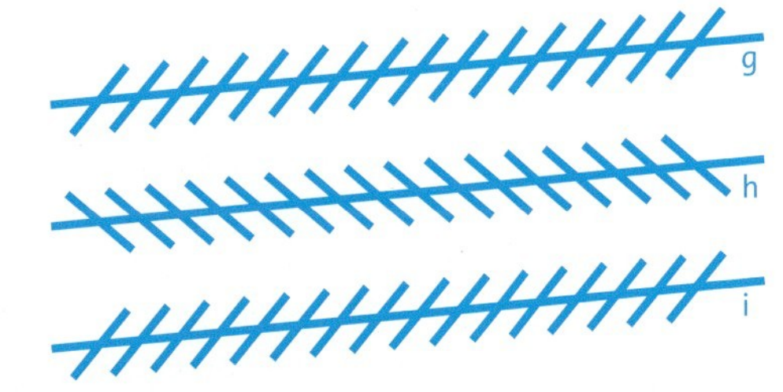

c) Zeichne zwei parallele Geraden, die beim Beobachten aber nicht als parallel zueinander erscheinen. Es soll also eine optische Täuschung vorliegen.

d) Suche in Büchern oder im Internet weitere optische Täuschungen und stelle diese deiner Klasse vor.

Hinweis

Der Begriff „horizontal" bedeutet „parallel zum Horizont", „lotrecht" bedeutet „senkrecht zum Horizont".

2 Beim Bau eines Hauses werden die Böden und Zwischendecken parallel zueinander (üblicherweise waagerecht bzw. horizontal) ausgerichtet.
Als Hilfsmittel dazu dienen Wasserwaagen. Die Wände sind dann senkrecht zu den Böden und den Zwischendecken (üblicherweise lotrecht bzw. vertikal).
Prüfe am Bild des Berliner Hauses.

a) Gib an, welche Linien lotrecht und welche waagerecht verlaufen.

b) Gib an, welche Linien senkrecht zueinander, aber weder waagerecht noch lotrecht sind.

c) Überlege, wie die Böden und die Wände der Zimmer hinter der roten Fassade ausgerichtet sind, und begründe deine Vermutung.

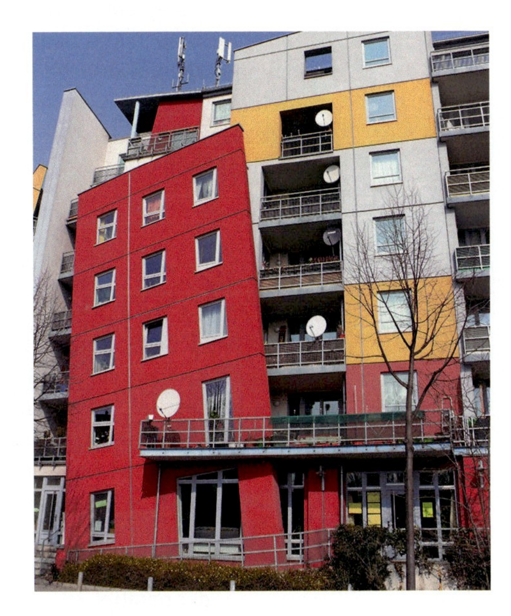

3 In der Abbildung sind zwei Quadrate in verschiedene Einzelfiguren unterteilt.

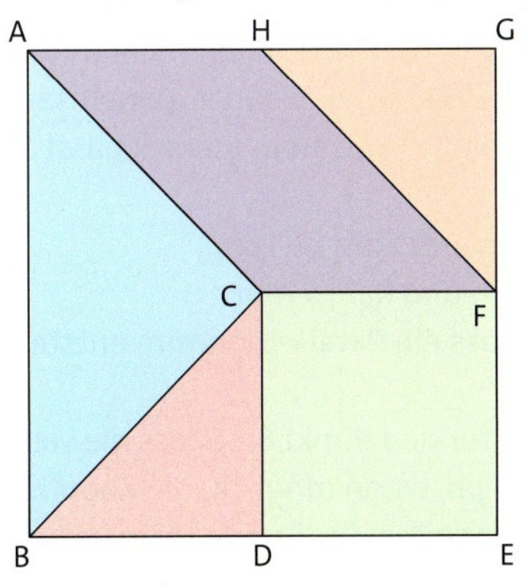

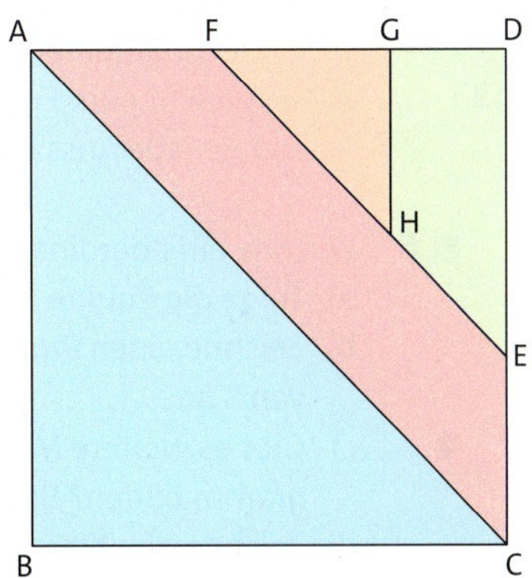

a) Zeichne zwei Quadrate mit 8 cm Seitenlänge. Übertrage die Einteilungen aus der Abbildung möglichst genau in dein Heft und miss alle Winkel in den Figuren.

b) Benenne die einzelnen Figuren, aus denen die beiden Quadrate zusammengesetzt sind.

c) Zeichne ein Quadrat mit 8 cm Seitenlänge und denke dir eine eigene Unterteilung aus, in der du möglichst viele verschiedene geometrische Formen unterbringst.

4 Blütenaufgabe: Caroline und Julian bauen Figuren aus den abgebildeten Magnetstäbchen. Dabei werden zwei Stäbchen mit einer Stahlkugel verbunden. Die blauen Stäbchen sind 6 cm lang, die orangefarbenen Stäbchen sind 5 cm lang.

Gib an, welche Arten von Vierecken die zwei Geschwister nicht aus zwei blauen und zwei orangefarbene Stäbchen bauen können. Begründe deine Aussage.

Caroline hat ein Trapez und eine Raute gebaut. Bestimme, wie viele Stäbchen welcher Art sie mindestens dafür braucht.

Julian und Caroline haben beide ein Drachenviereck aus zwei blauen und zwei orangefarbenen Stäbchen gelegt. Begründe mithilfe einer Skizze, ob die beiden Vierecke gleich sein müssen.

Caroline hat ein Parallelogramm aus zwei orangefarbenen und zwei blauen Stäbchen in ein Koordinatensystem gelegt (1 Einheit entspricht 1 cm). Zwei der vier Eckpunkte haben die Koordinaten A(2 | 2) und C(11 | 6). Gib die anderen Koordinaten an.

5 a) Wer bin ich? Nenne alle möglichen Vierecksarten, auf die die Beschreibung zutrifft.

① Ich habe vier rechte Winkel. Meine gegenüberliegenden Seiten sind zueinander parallel. Je zwei gegenüberliegende Seiten sind gleich lang.

② Meine gegenüberliegenden Seiten sind zueinander parallel. Je zwei gegenüberliegende Seiten sind gleich lang. Ich habe keinen rechten Winkel.

③ Ich habe keinen rechten Winkel. Zwei gegenüberliegende Seiten sind zueinander parallel, aber nicht gleich lang.

④ Meine Seiten sind alle gleich lang. Je zwei gegenüberliegende Seiten sind zueinander parallel. Ich habe keinen rechten Winkel.

⑤ Ich habe vier rechte Winkel. Meine Seiten sind alle gleich lang.

⑥ Ich habe jeweils zwei Seiten, die gleich lang sind. Meine Diagonalen stehen senkrecht aufeinander. Der Schnittpunkt von ihnen halbiert die Strecke einer Diagonale.

b) Vergleicht eure Ergebnisse untereinander. Ergänzt gemeinsam die Beschreibungen, sodass jede Aussage nur noch zu genau einem Viereck passt.

6 Zeichne ein Koordinatensystem mit der Einheit 1 cm.

a) Trage die Punkte P(3 | 3), Q(9 | 3) und R(7 | 6) ein.

b) Zeichne einen Punkt S ein, sodass ein Parallelogramm entsteht. Gib die Koordinaten von S an.

c) Gibt es weitere Möglichkeiten für den Punkt S, sodass die vier Punkte ein Parallelogramm bilden? Begründe und gib, wenn möglich, die Koordinaten von S an.

d) Zeichne den Kreis k(Q; 3 cm). Benenne die Gerade PR in Bezug auf diesen Kreis.

e) Markiere alle Punkte, die höchstens 4 cm von P und höchstens 3 cm von der Gerade QR entfernt liegen.

7 Zeichne drei Kreise mit Radien von 3 cm, sodass insgesamt genau vier Schnittpunkte entstehen. Untersuche, wie viele Schnittpunkte die drei Kreise höchstens haben können. Fertige dazu eine Skizze an.

8 Der abgebildete Kreis ist in sechs gleich große Teile geteilt.

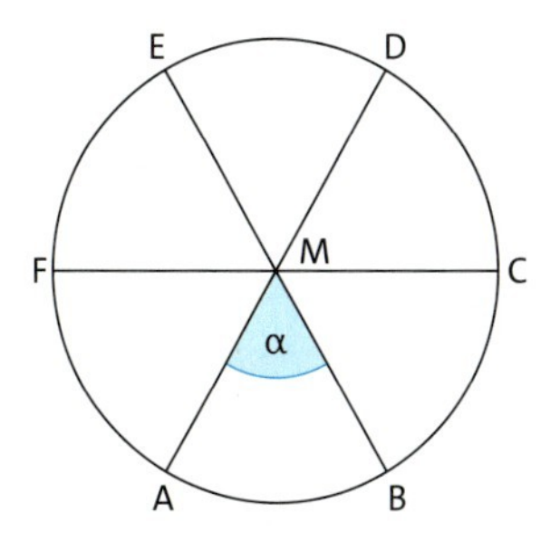

a) Bestimme den Radius und den Durchmesser des Kreises.
b) Gib mithilfe der Punkte einen spitzen, einen stumpfen, einen überstumpfen und einen gestreckten Winkel an.
c) Berechne die Größe des Winkels α. Entscheide begründet, ob die Figur Winkel der Größe 300° und 270° enthält.

9 a) Zeichne eine 7 cm lange Strecke $\overline{AB}$. Zeichne dann mit dem Punkt B als Scheitelpunkt und der Strecke $\overline{AB}$ als Schenkel je einen Winkel der Größe 35° im und gegen den Uhrzeigersinn. Markiere auf den beiden anderen Schenkeln jeweils einen Punkt, der 3 cm von B entfernt ist. Verbinde diese beiden Punkte mit dem Punkt A.
Benenne die geometrische Figur, die nun entstanden ist.
b) Zeichne eine Raute. Die Winkel im Inneren der Raute sollen 30° und 150° groß sein.
c) Zeichne ein Parallelogramm mit den Seitenlängen 4 cm und 3 cm und einem Innenwinkel von 40°. Prüfe, ob es dafür mehrere Möglichkeiten gibt.

10 Stelle dir die Punkte A(1 | 1), B(6 | 1) und C(6 | 5) in einem Koordinatensystem vor. Gib die Koordinaten eines Punktes P an, sodass
a) die vier Punkte ein Rechteck bilden,
b) die vier Punkte ein Trapez bilden, das kein Rechteck ist,
c) die vier Punkte ein Parallelogramm bilden, das kein Rechteck ist,
d) die Gerade CP parallel zur Gerade AB ist,
e) die Gerade BC senkrecht zur Gerade AP ist,
f) der Kreis um A durch P die Gerade BC als Tangente hat,
g) der Kreis um C durch P die Gerade AB als Sekante hat.

11 Es gibt Zeichendreiecke, bei denen der Winkel α doppelt so groß ist wie der Winkel β und der Winkel γ dreimal so groß ist wie der Winkel β. Legt man die Winkel wie in der Abbildung so zusammen, dass sie einen gemeinsamen Scheitelpunkt haben, ergibt sich ein gestreckter Winkel. Ermittle rechnerisch die Größen der drei Winkel.

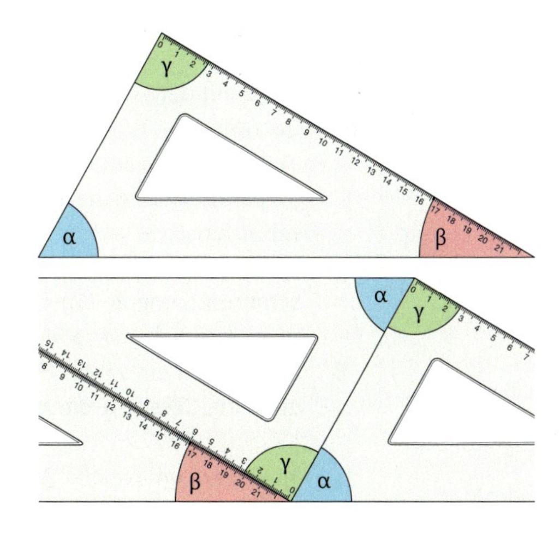

12 Das Bild zeigt, wie ein überstumpfer Winkel von 220° gezeichnet wurde.
a) Beschreibe das Verfahren.
b) Zeichne mit diesem Verfahren die überstumpfen Winkel.
α = 215°
β = 285°
γ = 330°

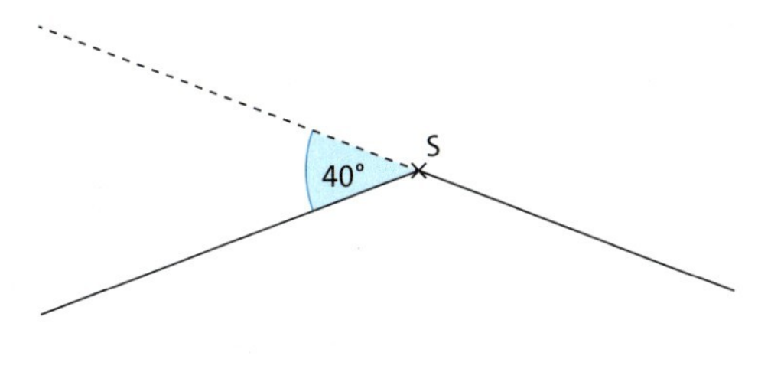

Lösungen → S. 214/215

1 Gib an, welches Objekt die Abbildung zeigt.

a) b) c)

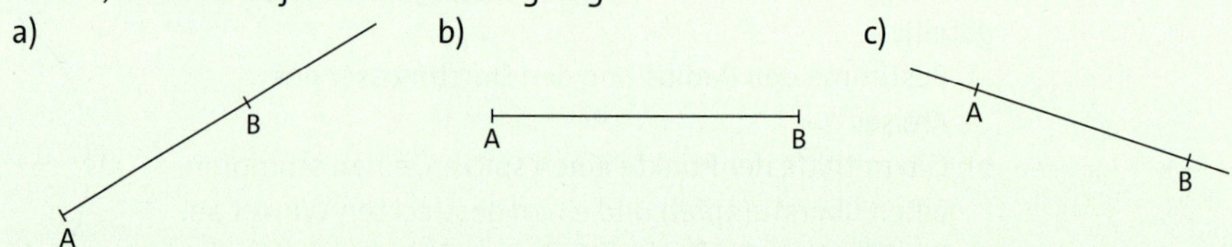

2 a) Zeichne Kreise mit den Radien 2 cm, 4 cm und 6 cm um denselben Mittelpunkt.
b) Zeichne einen Kreis mit dem Durchmesser 8 cm.

3 Lies die Koordinaten der eingetragenen Punkte ab. Gib an, in welchem Quadranten jeder Punkt liegt.

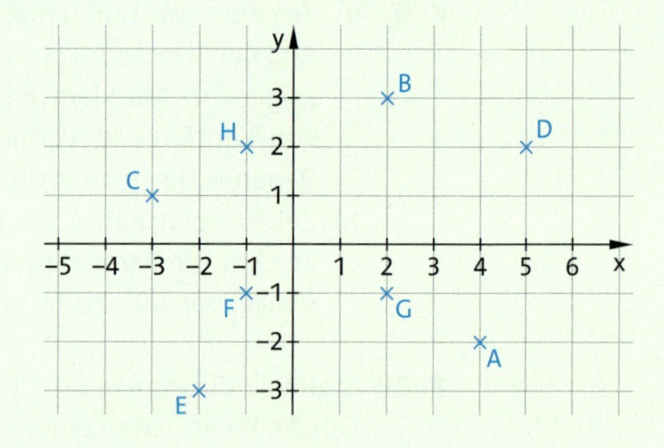

4 Zeichne ein Koordinatensystem mit der Einheit 1 cm.
a) Trage die Punkte A(1 | 1), B(4 | 1), C(3 | 2), D(3 | 4) in das Koordinatensystem ein.
b) Zeichne eine Halbgerade s mit dem Anfangspunkt A, die durch den Punkt C verläuft.
c) Zeichne die Strecke $\overline{AB}$ und gib die Länge der Strecke $\overline{AB}$ an.
d) Die Gerade g, die durch die Punkte C und D verläuft, schneidet die Strecke $\overline{AB}$ im Punkt E. Gib die Koordinaten des Punktes E an.
e) Zeichne die beiden Kreise k(A; 2 cm) und k(B; 1 cm) und benenne die Gerade CD in Bezug auf diese Kreise.

5 Prüfe mit dem Geodreieck, welche Geraden
a) senkrecht zueinander,
b) parallel zueinander
verlaufen.
Notiere deine Ergebnisse mithilfe der Symbole ⊥ und ∥.

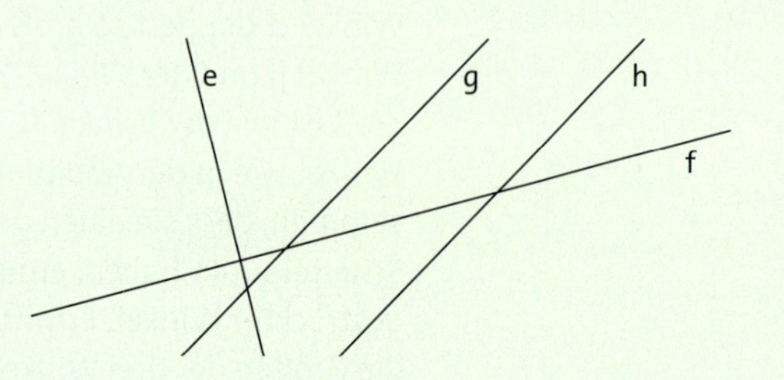

6 Zeichne auf ein weißes Blatt Papier zwei parallele Geraden e und f mit dem Abstand 1,5 cm und eine Gerade g, die zur Gerade f senkrecht verläuft.

7 a) Gib an, um welche Winkelart es sich handelt.

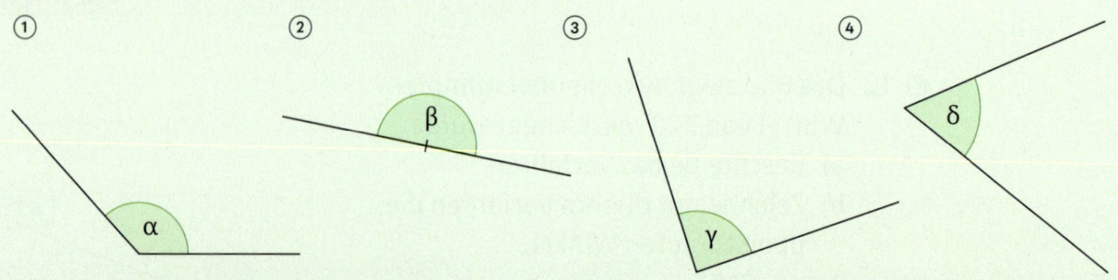

b) Ordne jedem Winkel in a) eine der Winkelgrößen zu. Zwei Winkelgrößen bleiben übrig.

30° 60° 90° 132° 180° 225°

Lösungen
→ S. 215

8 Schätze die Größen der Winkel. Miss dann nach und vergleiche.

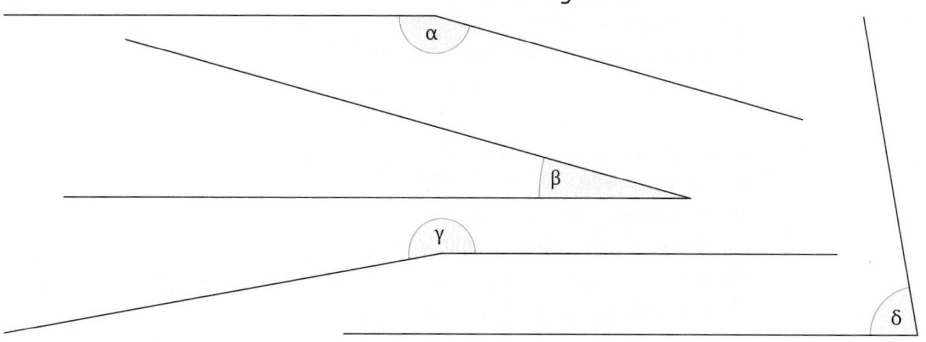

9 Zeichne den Winkel.
a) $\alpha = 20°$ b) $\beta = 85°$ c) $\gamma = 90°$ d) $\delta = 110°$ e) $\varepsilon = 210°$

10 Ergänze die Zeichnung im Heft zur angegebenen Figur.

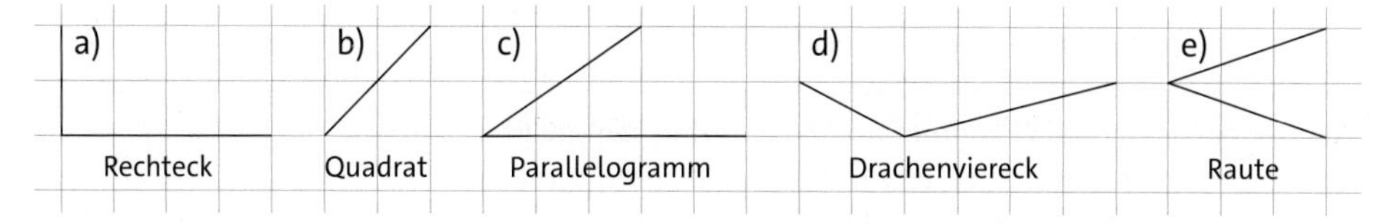

11 Entscheide, auf welche Vierecksarten die Eigenschaft zutrifft.
a) Alle benachbarten Seiten des Vierecks stehen senkrecht zueinander.
b) Alle Seiten des Vierecks sind gleich lang.
c) Alle benachbarten Seiten stehen senkrecht zueinander und sind gleich lang.
d) Nur ein Paar gegenüberliegender Seiten des Vierecks verläuft parallel zueinander.
e) Alle gegenüberliegenden Seiten des Vierecks verlaufen parallel zueinander.

12 Übertrage die Abbildung ins Heft. Überlege vorher, wie viel Platz du brauchen wirst. Gib die Koordinaten zweier weiterer Punkte C und D an, sodass das Viereck ABCD ein
a) Rechteck, aber kein Quadrat ist,
b) Trapez, aber kein Parallelogramm ist,
c) Drachenviereck ist.

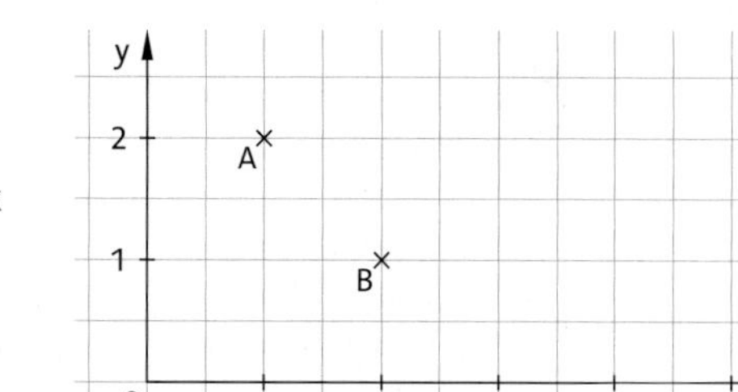

Wo stehe ich?

	Ich kann ...	Aufgabe	Nachschlagen
3.1	... Geraden, Halbgeraden und Strecken erkennen und zeichnen. ... Kreise mit vorgegebenem Radius bzw. Durchmesser zeichnen.	1, 2	S. 58 Wissen, S. 59 Beispiel 1
3.2	... Punkte ins Koordinatensystem eintragen und Koordinaten ablesen.	3, 4, 12	S. 61 Beispiel 1
3.3	... Lagebeziehungen zwischen geometrischen Objekten untersuchen.	5, 6	S. 65 Beispiel 1, S. 65 Beispiel 2, S. 67 Beispiel 3
3.4	... Winkel benennen.	7	S. 70 Beispiel 1
3.5	... verschiedene Winkelarten unterscheiden und Winkelgrößen messen.	7, 8	S. 72 Beispiel 1
3.6	... Winkel in vorgegebener Größe zeichnen.	9	S. 76 Beispiel 1
3.7	... Vierecke nach ihrer Art unterscheiden und zeichnen.	10, 11, 12	S. 79 Beispiel 1

Strecke, Gerade, Halbgerade, Kreis

Eine **Strecke** $\overline{AB}$ ist die kürzeste (und damit geradlinige) Verbindung zwischen zwei Punkten A und B. Sie hat die Länge $|\overline{AB}|$.
Eine **Gerade** CD ist eine gerade Linie durch die Punkte C und D, die weder einen Anfangs- noch einen Endpunkt hat.
Eine **Halbgerade** ist eine gerade Linie, die einen Anfangs-, aber keinen Endpunkt hat.
Ein **Kreis** mit dem **Mittelpunkt** M und dem **Radius** r ist die Menge aller Punkte, die zu M den gleichen Abstand r haben. Der doppelte Radius heißt **Durchmesser** d des Kreises.

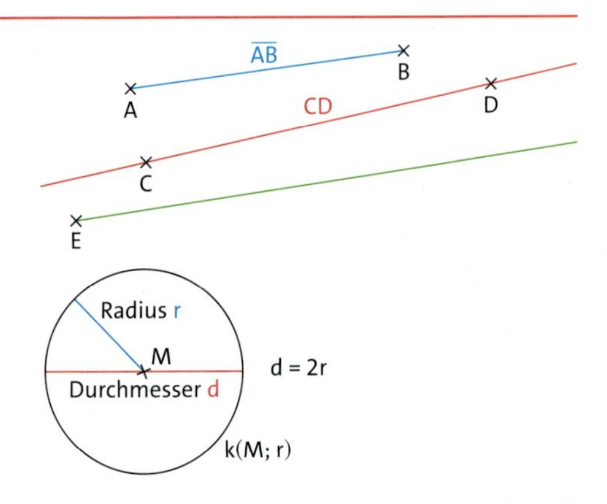

Koordinatensystem

Das Koordinatensystem besteht aus vier Quadranten.
Die Lage eines Punktes P im Koordinatensystem kann man mit zwei Zahlen (**Koordinaten**) eindeutig beschreiben: P(x | y)

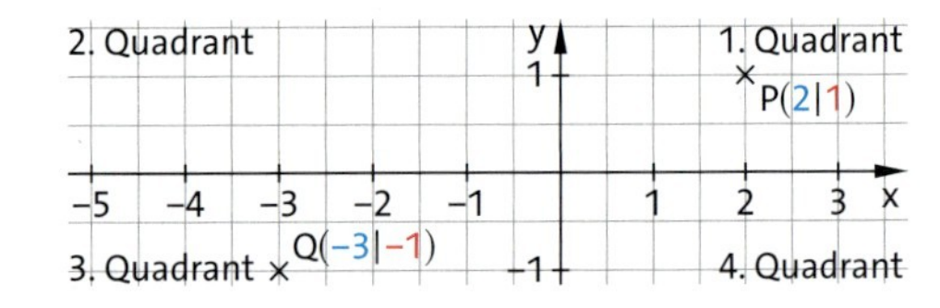

Lagebeziehungen

Zwei Geraden f und h verlaufen **senkrecht zueinander**, wenn sie einen rechten Winkel bilden. Man schreibt: $f \perp h$
Zwei Geraden g und h verlaufen **parallel zueinander**, wenn sie keinen Schnittpunkt haben oder identisch sind. Man schreibt: $g \parallel h$

Geraden am Kreis: Eine **Tangente t** berührt den Kreis in genau einem Punkt. Sie steht im Berührpunkt senkrecht zum Radius. Eine **Sekante s** schneidet den Kreis in genau zwei Punkten. Eine **Passante p** hat mit dem Kreis keinen gemeinsamen Schnittpunkt.

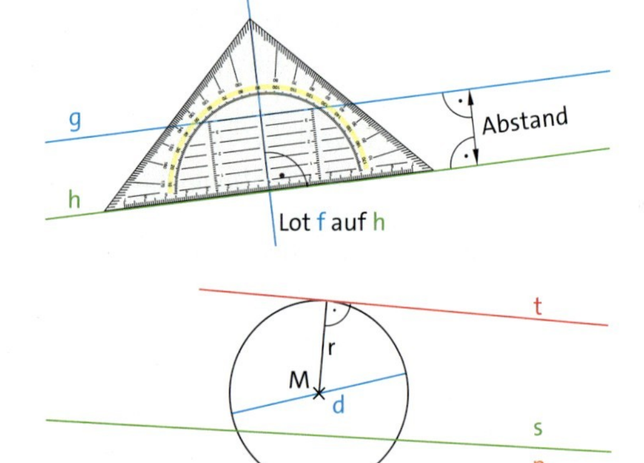

Winkel

Ein **Winkel** wird durch zwei Halbgeraden (**Schenkel**) begrenzt, die von demselben Punkt S (**Scheitelpunkt**) ausgehen. Die Größe eines Winkels wird in Grad (°) gemessen.

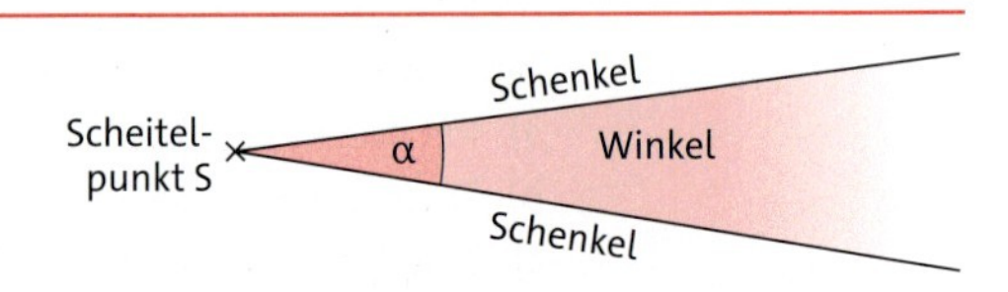

Winkelarten

spitzer Winkel	rechter Winkel	stumpfer Winkel	gestreckter Winkel	überstumpfer Winkel	Vollwinkel
größer als 0°, kleiner als 90°	genau 90°	größer als 90°, kleiner als 180°	genau 180°	größer als 180°, kleiner als 360°	genau 360°

Vierecke

Quadrat	Rechteck	Parallelogramm	Raute	Trapez	Drachenviereck
a, a, a, a	b, a, a, b	b, a, a, b	a, a, a, a	c, d, b, a	a, b, a, b

4

Multiplikation und Division

Nach diesem Kapitel kannst du

→ große Zahlen schriftlich multiplizieren und dividieren,
→ ganze Zahlen multiplizieren und dividieren,
→ Potenzen berechnen,
→ Zahlen mit der Primfaktorzerlegung faktorisieren,
→ Teilbarkeitsregeln anwenden,
→ Anzahlen mit dem Zählprinzip bestimmen,
→ einfache Gleichungen lösen,
→ Rechengesetze anwenden, um Rechenvorteile zu nutzen.

Lösungen
→ S. 215/216

Multiplizieren und Dividieren natürlicher Zahlen

1 Rechne im Kopf.
a) $9 \cdot 8$ b) $6 \cdot 9$ c) $8 \cdot 8$ d) $8 \cdot 7$
e) $7 \cdot 60$ f) $6 \cdot 80$ g) $5 \cdot 11$ h) $100 \cdot 4$

2 Rechne im Kopf.
a) $32:8$ b) $36:4$ c) $72:9$ d) $56:7$
e) $640:8$ f) $840:10$ g) $600:20$ h) $100:4$

3 Rechne im Kopf.
a) $7 \cdot 9$ b) $12 \cdot 8$ c) $11 \cdot 13$ d) $19 \cdot 5$
e) $56:8$ f) $130:13$ g) $99:3$ h) $125:5$

4 Ersetze den Platzhalter ■ im Heft durch eine passende Zahl, sodass die Gleichung stimmt.
a) $7 \cdot$ ■ $= 63$ b) ■ $:6 = 7$ c) $9 \cdot$ ■ $= 54$ d) $4:$ ■ $= 1$
e) $9 \cdot$ ■ $= 81$ f) ■ $:11 = 8$ g) $12 \cdot$ ■ $= 120$ h) $18:$ ■ $= 6$

5 Schreibe die Rechnung als Multiplikation. Gib das Ergebnis an.
a) $5 + 5 + 5 + 5 + 5 + 5 + 5$ b) $12 + 12 + 12 + 12 + 12 + 12 + 12 + 12 + 12$

6 Gib drei Multiplikationsaufgaben an, deren Ergebnis 60 ist.

7 Gib drei Divisionsaufgaben an, deren Ergebnis 5 ist.

8 Verdopple die Zahl. Verdopple dann das Ergebnis immer weiter, bis du insgesamt viermal verdoppelt hast.
a) 100 b) 3000 c) 25 d) 40 000

9 Halbiere die Zahl. Halbiere dann das Ergebnis immer weiter, bis du insgesamt viermal halbiert hast.
a) 1600 b) 80 000 c) 400 d) 480 000

10 Berechne. Beschreibe, was dir auffällt.
a) ① $2 \cdot 5$ ② $2 \cdot 50$ ③ $2 \cdot 500$ ④ $2 \cdot 5000$
b) ① $2 \cdot 25$ ② $4 \cdot 25$ ③ $8 \cdot 25$ ④ $16 \cdot 25$
c) ① $6:2$ ② $60:2$ ③ $600:2$ ④ $6000:2$

11 Berechne schriftlich.
a) $12 \cdot 18$ b) $17 \cdot 13$ c) $19 \cdot 21$ d) $24 \cdot 83$
e) $33 \cdot 26$ f) $42 \cdot 51$ g) $296:8$ h) $364:7$
i) $1304:4$ j) $474:6$ k) $7095:3$ l) $8883:9$

12 Kolja kommt an einer Baustelle vorbei. Ein Blick genügt, um zu wissen, dass dort nicht mehr als 35 Bauarbeiter arbeiten können, obwohl scheinbar noch nicht alle da sind.
Erkläre, wie Kolja die Anzahl der Arbeiter berechnet hat, ohne jeden einzelnen zu zählen.

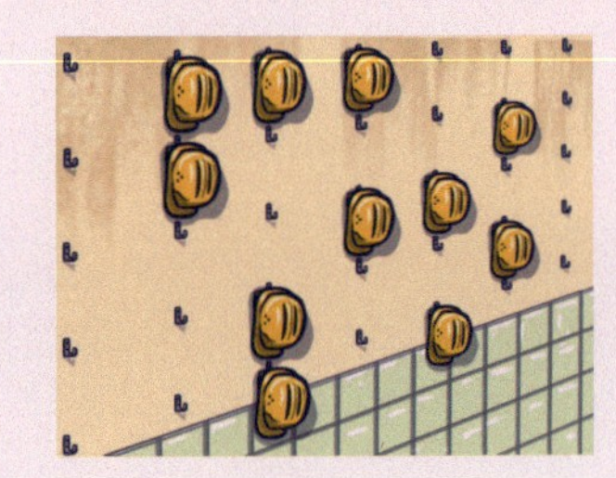

Lösungen → S. 216

Ganze Zahlen

13 Gib eine negative Zahl an, die
a) kleiner als −10 ist,
b) größer als −92 ist.

14 Gib alle ganzen Zahlen an, deren Betrag zwischen 12 und 15 liegt.

15 Berechne.
a) $|-7| \cdot |-3|$
b) $|19| \cdot |-2|$
c) $|-5| \cdot |8|$
d) $|-25| \cdot |-4|$

16 Berechne.
a) $(-2) + (-2) + (-2)$
b) $(-5) + (-5) + (-5) + (-5)$
c) $(-8) + (-8) + (-8) + (-8) + (-8) + (-8) + (-8) + (-8) + (-8) + (-8)$

17 Ein Unternehmen hatte vor einem Monat 1350 € Schulden. Inzwischen haben sich die Schulden verdreifacht. Berechne die aktuellen Schulden des Unternehmens und gib sie mithilfe einer ganzen Zahl an.

Vermischtes

18 Ermittle, wie viele passende Zahlen es gibt.
a) Die Zahl ist vierstellig. Der Einer ist nicht null. Der Zehner ist doppelt so groß wie der Einer. Der Hunderter ist doppelt so groß wie der Zehner.
b) Die Zahl ist dreistellig und durch 5 teilbar.
c) Die Zahl ist fünfstellig. Der Tausender ist 4, der Hunderter ist 8.

19 Philipp will seinen besten Freunden Luk, Ali und Julia Postkarten schreiben. Er kauft drei Postkarten: eine mit einem Leuchtturm, eine mit einer Möwe und eine mit einem Strandkorb. Finde alle Möglichkeiten, wem Philipp welche Karte schicken kann. Gib die Anzahl aller Möglichkeiten an.

20 Elisa, Chelsea, Aron und Bastian haben zu Halloween 24 Schokoriegel, 18 kleine Tüten Gummibärchen, 31 Bonbons und 12 Marzipankürbisse bekommen.
a) Prüfe, welche der Süßigkeiten die vier gerecht untereinander aufteilen können. Gib jeweils an, wie viele Teile jeder bekommt und wie viele Teile übrig bleiben.
b) Aron mag kein Marzipan. Prüfe, ob die anderen drei die Marzipankürbisse gerecht untereinander aufteilen können.

21 Am Wandertag wollen die 25 Kinder der 5b an einem Bootsausflug teilnehmen. Sie werden von 6 Erwachsenen begleitet. In jedem Boot haben 8 Personen Platz.
a) Berechne, wie viele Boote sie ausleihen müssen, damit alle gleichzeitig Boot fahren können.
b) Hannah meint: „Am besten wäre es, wenn in jedem Boot gleich viele Personen sitzen. Wir könnten dafür auch mehr Boote ausleihen.“ Prüfe, ob das möglich ist.

22 Anna hat eine 2 cm dicke Kuscheldecke viermal gefaltet. Ermittle, wie dick die gefaltete Decke ist. Beschreibe dein Vorgehen.

4.1 Schriftliches Multiplizieren und Dividieren

Für das Sommerfest der Kastanienschule sollen Getränke gekauft werden. Die Schule sammelt deshalb von jedem der 432 Jugendlichen 6 € ein. Berechne, wie viel Geld eingesammelt wird. Ermittle, wie viele Kisten Limonade zum Preis von je 8 € dafür gekauft werden können.

Wenn man mehrfach den gleichen Summanden addieren möchte, kann man stattdessen die **Multiplikation** nutzen: 4 + 4 + 4 enthält 3-mal den Summanden 4. Man rechnet deshalb 3 · 4. Die Umkehrung der Multiplikation ist die **Division**.

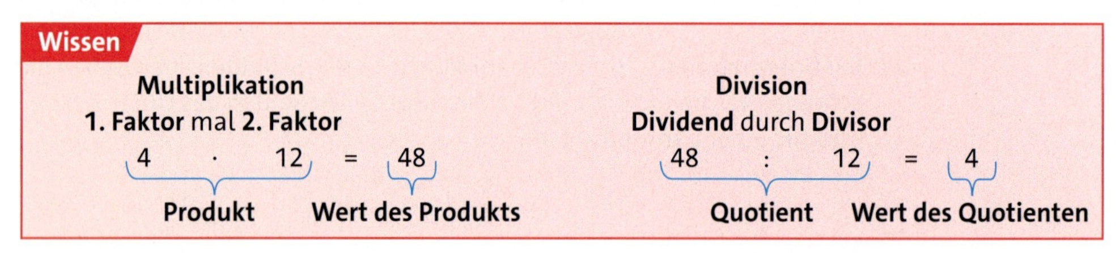

Wissen

Multiplikation
1. Faktor mal **2. Faktor**
$\underbrace{4 \cdot 12}_{\text{Produkt}} = \underbrace{48}_{\text{Wert des Produkts}}$

Division
Dividend durch **Divisor**
$\underbrace{48 : 12}_{\text{Quotient}} = \underbrace{4}_{\text{Wert des Quotienten}}$

Schriftliches Multiplizieren

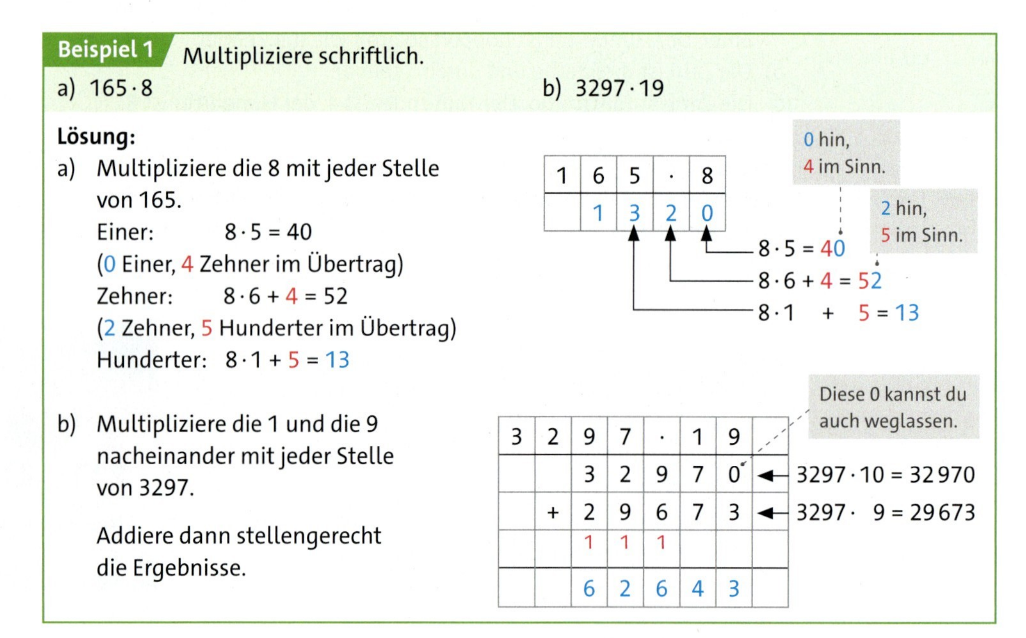

Beispiel 1 Multipliziere schriftlich.

a) 165 · 8 b) 3297 · 19

Lösung:

a) Multipliziere die 8 mit jeder Stelle von 165.
Einer: 8 · 5 = 40
(0 Einer, 4 Zehner im Übertrag)
Zehner: 8 · 6 + 4 = 52
(2 Zehner, 5 Hunderter im Übertrag)
Hunderter: 8 · 1 + 5 = 13

1	6	5	·	8
	1	3	2	0

b) Multipliziere die 1 und die 9 nacheinander mit jeder Stelle von 3297.

Addiere dann stellengerecht die Ergebnisse.

3	2	9	7	·	1	9	
		3	2	9	7	0	← 3297 · 10 = 32 970
	+	2	9	6	7	3	← 3297 · 9 = 29 673
		1	1	1			
		6	2	6	4	3	

Hinweis

Du kannst auch schreiben:

3	2	9	7	·	1	9
		2	9	6	7	3
	+	3	2	9	7	
		1	1	1		
		6	2	6	4	3

Basisaufgaben

1 Multipliziere schriftlich. Überprüfe mit einer Überschlagsrechnung, ob dein Ergebnis stimmen kann.

a) 122 · 4 b) 76 · 7 c) 301 · 8 d) 624 · 6 e) 8132 · 9

2 Schreibe als Produkt und berechne.

a) 7 + 7 + 7 + 7 + 7 + 7 b) 9 + 9 + 9 + 9 + 9 + 9 + 9 + 9
c) 12 + 12 + 12 + 12 + 12 d) 25 + 25 + 25 + 25 + 25 + 25

Lösungen zu 3

81270 402400
5714592 7990
9250 1368
24320 116600
713 7157

3 Multipliziere schriftlich. Mache vorher eine Überschlagsrechnung.

a) 23 · 31 b) 19 · 72 c) 85 · 94 d) 421 · 17 e) 37 · 250
f) 608 · 40 g) 530 · 220 h) 80 · 5030 i) 258 · 315 j) 624 · 9158

4 Berechne den Wert des Produkts.

a) 855 · 2 b) 74 · 59 c) 50 · 500 d) 9 · 77 e) 3333 · 3 f) 33 · 333

5 In einem Kino gibt es 26 Sitzreihen. Jede Sitzreihe hat 18 Sitzplätze.

a) Berechne die Anzahl der Sitzplätze im Kino.
b) Am Sonntag waren alle vier Vorstellungen ausverkauft. Berechne die Anzahl der Gäste im Kino am Sonntag.
c) Im Sommer gibt es zusätzlich ein Freiluftkino mit 228 Plätzen. Dort gibt es 19 Vorstellungen. Berechne, wie viele Gäste das Freiluftkino höchstens besuchen können.

6 Übertrage die Rechenschlange in dein Heft und ergänze die fehlenden Zahlen.

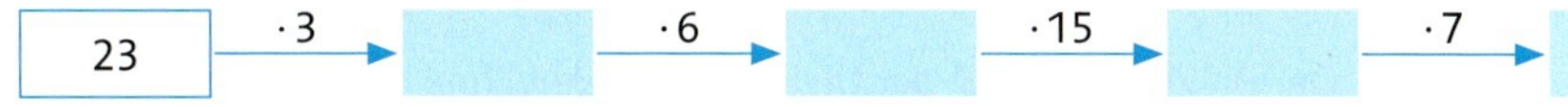

7 Bestimme den Wert des Produkts aus den Faktoren 123 und 37. Rechne schriftlich.

Schriftliches Dividieren

Beispiel 2 Dividiere schriftlich.

a) 1584 : 6 b) 3774 : 12

Lösung:

a) Dividiere die Stellen von 1584 nacheinander durch 6. Beginne mit der Tausenderstelle.

	T	H	Z	E							
	1	5	8	4	:	6	=		2	6	4
–	1	2	←			· 6					
		3	8								
	–	3	6	←		· 6					
			2	4							
		–	2	4	←	· 6					
				0							

Tausender: 1 : 6 ist 0 Rest 1. Zähle den Tausender zu den Hundertern, also 15 Hunderter.
Hunderter: In 15 steckt 2 · 6 = 12. Den Rest 3 schreibe darunter, die 8 Zehner ziehe herunter.
Zehner: In 38 steckt 6 · 6 = 36. Den Rest 2 schreibe darunter, die 4 Einer ziehe herunter.
Einer: In 24 steckt 4 · 6 = 24. Es bleibt kein Rest. Die Division geht auf.

b) Hier bleibt am Ende der Rechnung eine 6 stehen, da in 54 nur 4 · 12 = 48 steckt. Diesen Rest kannst du nicht mehr durch 12 teilen.

Schreibe als Ergebnis 314 Rest 6 auf.

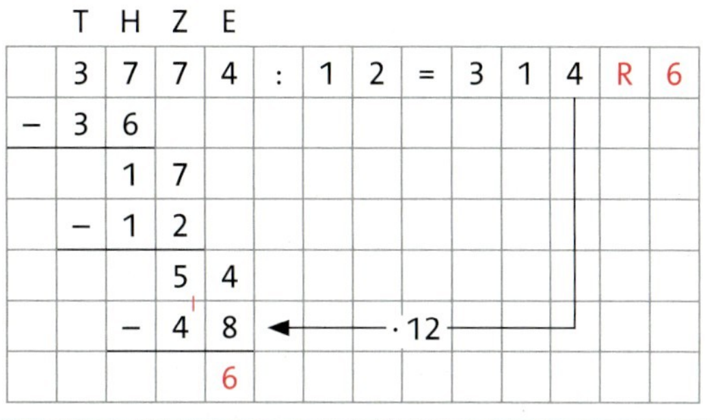

Basisaufgaben

8 Dividiere schriftlich. Überprüfe mit einer Überschlagsrechnung, ob dein Ergebnis stimmen kann.

a) 682 : 2 b) 287 : 7 c) 1648 : 4 d) 1088 : 8
e) 2109 : 3 f) 6105 : 3 g) 14 778 : 9 h) 35 815 : 5
i) 374 : 11 j) 896 : 16 k) 3978 : 13 l) 10 557 : 17
m) 7925 : 25 n) 6232 : 41 o) 16 146 : 69 p) 5375 : 125

9 Dividiere schriftlich und bestimme den Rest. Mache vorher eine Überschlagsrechnung.

a) 665 : 3 b) 2371 : 5 c) 10 000 : 9 d) 5500 : 60
e) 8306 : 20 f) 9453 : 47 g) 920 : 75 h) 25 319 : 15

10 Am Abend hat ein Zirkus 6828 € für vier Vorstellungen eingenommen. Jede Karte kostet 12 €. Berechne die Anzahl der Zirkusgäste an diesem Tag.

11 Der Dividend ist 608, der Divisor ist 16. Berechne den Wert des Quotienten.

Weiterführende Aufgaben

Zwischentest 

12 **Stolperstelle:** Finde und beschreibe die Fehler. Führe die Rechnung dann richtig durch.

a)

1	5	·	2	3
		2	0	
	+		3	5
		2	3	5

b)

5	1	·	2	7
		1	0	2
	+	3	5	7
		4	5	9

c)

	9	1	0	:	7	=	1	3
−	7							
	2	1						
−	2	1						
		0						

13 Terme mit Multiplikationen und Divisionen kann man in Rechenbäumen und Gliederungsbäumen darstellen. Gib den passenden Term an und berechne seinen Wert.

a)

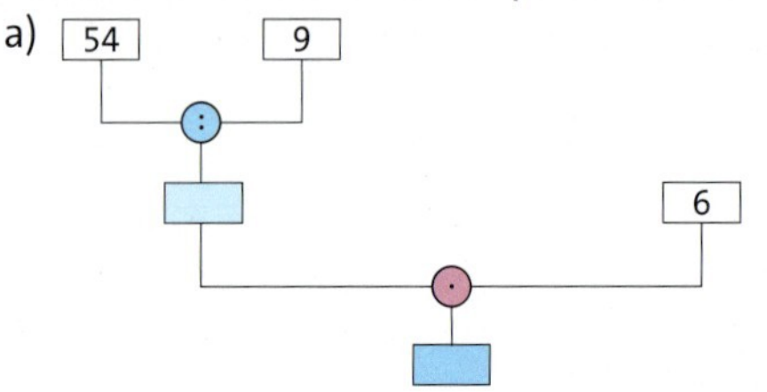

b)

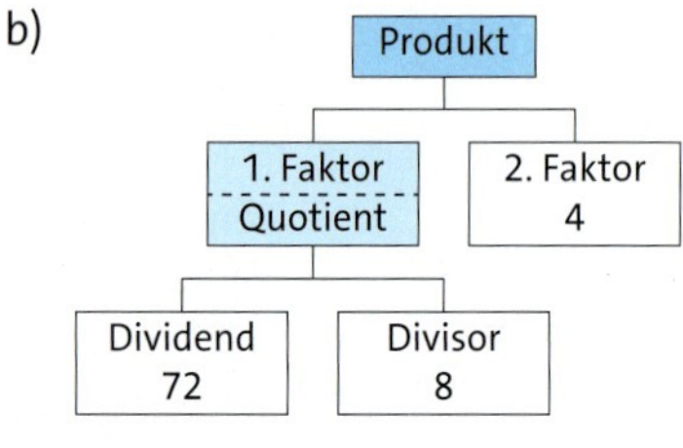

14 **Multiplizieren und dividieren mit null:** Wenn ein Faktor null ist, ist auch der Wert des Produkts null. Wenn der Dividend null ist, ist auch der Wert des Quotienten null. Durch null kann man nicht dividieren. Berechne, falls möglich.

a) 16 · 0 b) 0 · 126 c) 0 : 18 d) 189 : 0

15 Berechne, falls möglich.

a) 17 · 0 b) 17 · 1 c) 17 · 2 d) 17 · 5 e) 17 · 10
f) 17 · 11 g) 11 · 17 h) 20 · 17 i) 20 · 20 j) 20 : 20
k) 40 : 20 l) 80 : 20 m) 800 : 40 n) 0 : 40 o) 40 : 0
p) 40 · 0 q) 0 · 40 r) 10 · 40 s) 11 · 41 t) 9 · 39

Hilfe 

16 Erkläre, wie sich der Wert eines Quotienten ändert, wenn man den Dividenden (den Divisor) verdoppelt. Gib drei Beispiele an.

17 Systematisches Probieren: Ermittle durch Probieren im Heft die richtige Zahl für den Platzhalter ■, sodass die Gleichung stimmt.

a) 14 · ■ = 154 b) ■ · 23 = 437 c) 128 : ■ = 16 d) ■ : 20 = 53

18 Rechnungen umkehren: Ersetze den Platzhalter ■ im Heft so durch eine Zahl, dass die Gleichung stimmt. Arbeite mit der Umkehraufgabe.

a) 8 · ■ = 64 b) 7 · ■ = 84 c) ■ · 23 = 230 d) ■ · 1 = 2800
e) ■ : 10 = 7 f) ■ : 6 = 12 g) 60 : ■ = 5 h) 110 : ■ = 10
i) ■ : 7 = 17 j) 200 : ■ = 1 k) ■ : 8 = 43 l) 408 : ■ = 8
m) ■ · 8 = 792 n) 20 · ■ = 300 o) 918 : ■ = 102 p) ■ : 13 = 31

Hilfe

19 Schreibe eine Gleichung mit einem Platzhalter zu dem Zahlenrätsel. Berechne dann die gesuchte Zahl.

a) Der Dividend ist 42 und der Wert des Quotienten ist 6.
b) Ein Faktor ist 7 und der Wert des Produkts ist 91.
c) Der Divisor ist 8 und der Wert des Quotienten ist 88.
d) Der Wert des Produkts ist 72 und der zweite Faktor ist 8.

20 Bei einem Spendenlauf kann man sich für zwei verschiedene Strecken anmelden. Die Tabelle zeigt die Anmeldegebühren.
Auf der 20-km-Strecke gab es dieses Jahr 444 Teilnehmende, davon waren 156 jünger als 18 Jahre. Auf der 10-km-Strecke traten diesmal 879 Personen an.
Berechne, auf welcher Strecke dieses Jahr mehr Geld eingenommen wurde.

Strecke	bis 17 Jahre	ab 18 Jahre
20 km	19 €	25 €
10 km	12 €	

21 a) Ein Puzzle hat 828 Teile. Alle Puzzleteile sind ungefähr gleich groß. In jeder Reihe liegen 36 Puzzleteile. Berechne, wie viele Reihen das Puzzle hat.
b) Bei einem Puzzle mit 6708 Teilen ist die Anzahl der Teile in jeder Reihe größer als 40 und kleiner als 50. Bestimme, wie viele Teile in einer Reihe liegen.

22 Der Wert des Produkts zweier benachbarter Steine steht im Stein über ihnen.
a) Übertrage die Multiplikationsmauern in dein Heft und ergänze die fehlenden Zahlen.
b) Erläutere, wie sich das Ergebnis an der Spitze der Mauer verändert, wenn alle Zahlen in der untersten Reihe verdoppelt (verzehnfacht) werden.

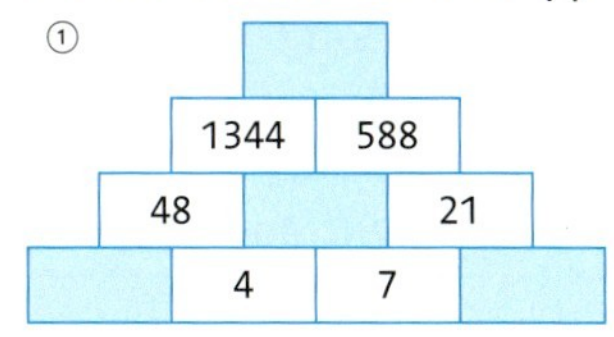

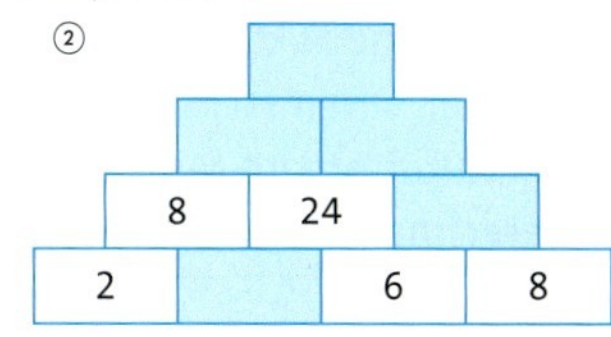

23 Ausblick: Die Abbildung zeigt die Gittermethode von John Napier, mit der man das Produkt zweier Zahlen berechnen kann. Dargestellt ist die Rechnung 321 · 564 = 181 044.
a) Beschreibe, wie die Methode funktioniert. Überprüfe das Ergebnis mit einer schriftlichen Multiplikation.
b) Wende die Methode an, um 979 · 446 zu berechnen. Überprüfe mit einer schriftlichen Multiplikation.

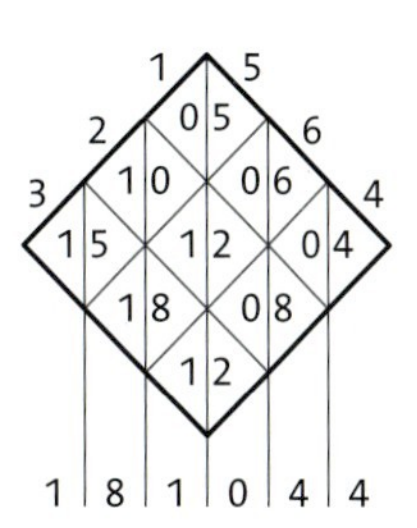

4.2 Rechengesetze der Multiplikation

Ein Spiel am Flipper kostet 1 €.
Eddi bezahlt mit 20-ct-Stücken, Carolin wirft nur 5-ct-Stücke ein. Berechne, wie viele Münzen jeder der beiden benötigt. Schreibe jeweils eine passende Rechnung auf und erläutere, was dir auffällt.

Die Anzahl der Würfel kann unterschiedlich berechnet werden.

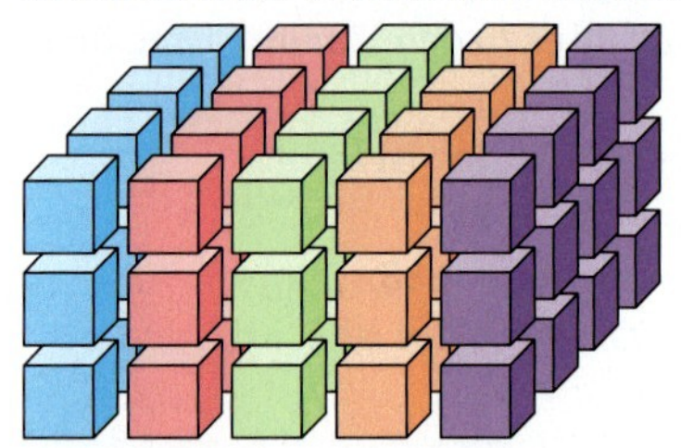

Es sind 5 Würfel-Schichten zu sehen, die **nebeneinander** angeordnet sind. In jeder Schicht sind $3 \cdot 4 = 12$ Würfel. Es sind also insgesamt $5 \cdot (3 \cdot 4) = 5 \cdot 12 = 60$ Würfel.

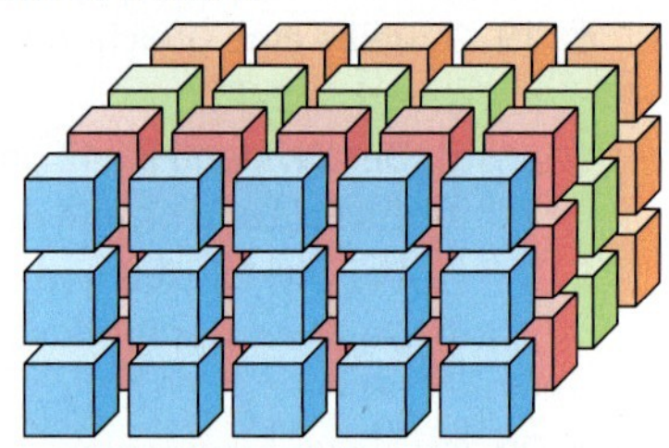

Es sind 4 Würfelschichten zu sehen, die **hintereinander** angeordnet sind. In jeder Schicht sind $5 \cdot 3 = 15$ Würfel. Es sind also insgesamt $(5 \cdot 3) \cdot 4 = 15 \cdot 4 = 60$ Würfel.

Hinweis

Diese Rechengesetze gelten **nur** für die Multiplikation, **nicht** für die Division!

Wissen

Kommutativgesetz
Beim Multiplizieren dürfen Faktoren beliebig vertauscht werden.
Für natürliche Zahlen a und b gilt immer: $\mathbf{a \cdot b = b \cdot a}$
$12 \cdot 3 = 3 \cdot 12$

Assoziativgesetz
Beim Multiplizieren dürfen Klammern beliebig gesetzt oder weggelassen werden.
Für natürliche Zahlen a, b und c gilt immer: $\mathbf{(a \cdot b) \cdot c = a \cdot (b \cdot c) = a \cdot b \cdot c}$
$(7 \cdot 4) \cdot 5 = 7 \cdot (4 \cdot 5) = 7 \cdot 4 \cdot 5$

Beispiel 1

Berechne $25 \cdot 12 \cdot 4 \cdot 3$ geschickt.

Lösung:

Vertausche Faktoren so, dass sich Rechnungen vereinfachen (Kommutativgesetz).
Setze Klammern (Assoziativgesetz) und berechne sie. Multipliziere zum Schluss.

$25 \cdot 12 \cdot 4 \cdot 3$
$= 25 \cdot 4 \cdot 12 \cdot 3$
$= (25 \cdot 4) \cdot (12 \cdot 3)$
$= 100 \cdot 36 = 3600$

Basisaufgaben

1 Berechne geschickt.

a) $17 \cdot 5 \cdot 2$ b) $2 \cdot 50 \cdot 14$ c) $11 \cdot 12 \cdot 5$
d) $25 \cdot 11 \cdot 4 \cdot 5$ e) $3 \cdot 5 \cdot 20 \cdot 7$ f) $15 \cdot 12 \cdot 4$

2 Berechne geschickt.

a) $2 \cdot 16 \cdot 50$ b) $20 \cdot 9 \cdot 5 \cdot 3$ c) $37 \cdot 25 \cdot 4$ d) $8 \cdot 2 \cdot 5 \cdot 125$

3 Berechne geschickt mit dem Assoziativgesetz.
a) $2 \cdot (17 \cdot 50)$ b) $(25 \cdot 7) \cdot (8 \cdot 4)$ c) $(17 \cdot 16) \cdot (5 \cdot 125)$ d) $(24 \cdot 4) \cdot (5 \cdot 3)$

4 **Multiplizieren großer Zahlen:** Schreibe zuerst als Produkt mit Stufenzahlen. Wende dann die Rechengesetze der Multiplikation an und berechne.
Beispiel: $6 \cdot 400 = 6 \cdot (4 \cdot 100) = (6 \cdot 4) \cdot 100 = 24 \cdot 100 = 2400$
$70 \cdot 30 = (7 \cdot 10) \cdot (3 \cdot 10) = (7 \cdot 3) \cdot (10 \cdot 10) = 21 \cdot 100 = 2100$
a) $3 \cdot 400$ b) $5000 \cdot 7$ c) $20 \cdot 80$ d) $180 \cdot 700$

5 Berechne 6 + 6 + 6 + 6 und 4 + 4 + 4 + 4 + 4 + 4 und vergleiche die Ergebnisse. Erkläre deine Beobachtung mithilfe der Rechengesetze der Multiplikation. Finde weitere Beispiele.

Weiterführende Aufgaben

6 Multipliziere geschickt. Nenne die Rechengesetze, die du angewendet hast.
a) $25 \cdot 7 \cdot 4$ b) $40 \cdot 9 \cdot 25$ c) $8 \cdot 125 \cdot 18$
d) $200 \cdot 89 \cdot 5$ e) $2 \cdot 20 \cdot 5 \cdot 50$ f) $75 \cdot 11 \cdot 20$

7 **Stolperstelle:** Beschreibe den Fehler. Rechne anschließend richtig.
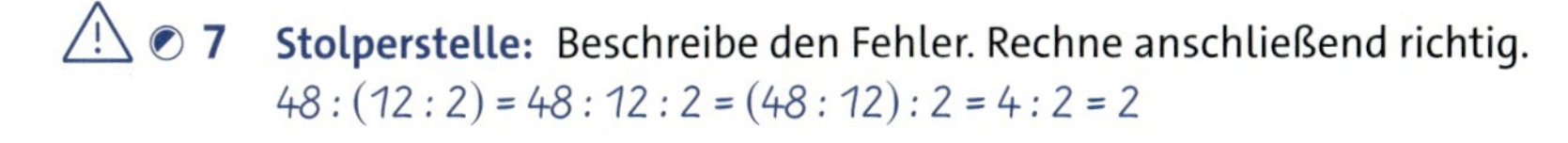

48 : (12 : 2) = 48 : 12 : 2 = (48 : 12) : 2 = 4 : 2 = 2

8 Gib einen passenden Term an und berechne seinen Wert.
a) Das Produkt aus 14 und 250 wird mit 4 multipliziert.
b) Es wird das Produkt aus den Zahlen 40, 23, 50 und 15 gebildet.
c) Die Zahlen 2, 4, 5, 8, 20, 25, 50 und 125 werden miteinander multipliziert.
d) Das Produkt aus 12 und 7 wird mit dem Produkt aus 5, 11 und 4 multipliziert.

9 Untersuche, wie sich der Wert des Produkts ändert.
a) Der erste Faktor wird verdoppelt, der zweite Faktor bleibt gleich.
b) Der erste Faktor wird verdreifacht, der zweite Faktor wird vervierfacht.
c) Der erste Faktor wird verdoppelt, der zweite Faktor wird halbiert.

Hilfe

10 Zerlege einen Faktor geschickt in ein Produkt und berechne.
Beispiel: $175 \cdot 4 = (7 \cdot 25) \cdot 4 = 7 \cdot (25 \cdot 4) = 7 \cdot 100 = 700$
a) $18 \cdot 50$ b) $24 \cdot 25$ c) $40 \cdot 75$ d) $375 \cdot 8$

11 Die fünften Klassen der Albert-Einstein-Schule nehmen an einem Umweltprojekt teil. In jede der 5 Klassen gehen jeweils 24 Kinder. Jedes Kind hilft für 3 Stunden beim Sammeln von Müll im Wald. Für jede Stunde, die ein Kind geholfen hat, werden 2 neue Bäume im Regenwald gepflanzt. Berechne die Anzahl der Bäume, die durch das Projekt gepflanzt werden.

Hinweis

Zu Zehnerpotenzen siehe Aufgabe 4 auf Seite 9.

12 **Ausblick:**
a) Schreibe die Rechnungen ohne Zehnerpotenzen und berechne mithilfe der Rechengesetze der Multiplikation.
① $8 \cdot 10^3 \cdot 4 \cdot 10^4$ ② $2 \cdot 10^4 \cdot 7 \cdot 10^6$ ③ $3 \cdot 10^5 \cdot 5 \cdot 10^2$
b) Schreibe die Ergebnisse aus a) als Produkte mit einer Zehnerpotenz. Untersuche den Zusammenhang zwischen den Hochzahlen. Formuliere eine Regel zum Multiplizieren von Zahlen mit Zehnerpotenzen. Teste die Regel an einem eigenen Beispiel.

4.3 Potenzen

Berechne die Ergebnisse der Aufgaben, die auf dem Zettel stehen. Gib, wenn möglich, kürzere Schreibweisen für die Aufgaben an.

Produkte als Potenzen schreiben

Beim mehrfachen Falten von Papier entstehen mehrere Lagen.

1 Lage Papier → (·2) → $1 \cdot 2 = 2$ Lagen Papier → (·2) → $2 \cdot 2 = 4$ Lagen Papier → (·2) → $2 \cdot 2 \cdot 2 = 8$ Lagen Papier

Ein Produkt, bei dem alle Faktoren gleich sind, kann man auch kürzer als **Potenz** schreiben.

Wissen

Eine **Potenz** a^n ist ein Produkt, bei dem alle Faktoren gleich sind. Die **Basis** a gibt den Faktor an. Der **Exponent** n gibt die Anzahl der Faktoren an.

$2 \cdot 2 \cdot 2 = 2^3$ (sprich: „2 hoch 3")

3 Faktoren — Potenz — Basis — Exponent (auch: Hochzahl)

Für jede natürliche Zahl a gilt: $\mathbf{a^1 = a}$

$5^1 = 5$

Eine **Quadratzahl** ist eine Zahl, die sich als Potenz mit dem Exponenten 2 schreiben lässt.

Hinweis

Für jede natürliche Zahl a außer 0 gilt $a^0 = 1$.
Das mehrfache Multiplizieren eines Faktors mit sich selbst heißt **Potenzieren**.

Beispiel 1

a) Schreibe $4 \cdot 4 \cdot 4$ als Potenz.
b) Schreibe 3^5 als Produkt und berechne dann den Wert der Potenz.

Lösung:

a) Der Faktor 4 (Basis) tritt 3-mal (Exponent) auf. $4 \cdot 4 \cdot 4 = 4^3$

b) Der Exponent 5 gibt an, wie oft die Basis 3 als Faktor auftritt. Schreibe damit das Produkt. Berechne dann seinen Wert schrittweise von links nach rechts.

$3^5 = 3 \cdot 3 \cdot 3 \cdot 3 \cdot 3$
$= 9 \cdot 3 \cdot 3 \cdot 3$
$= 27 \cdot 3 \cdot 3$
$= 81 \cdot 3 = 243$

Basisaufgaben

1 Schreibe als Potenz. Gib die Basis und den Exponenten an.
a) $9 \cdot 9 \cdot 9$ b) $10 \cdot 10 \cdot 10 \cdot 10$ c) $2 \cdot 2 \cdot 2 \cdot 2 \cdot 2$ d) $5 \cdot 5 \cdot 5 \cdot 5$

2 Schreibe als Produkt und berechne dann den Wert der Potenz.
a) 4^3 b) 8^2 c) 5^3 d) 10^2 e) 7^3 f) 3^3 g) 10^5 h) 6^4
i) 2^{10} j) 25^2 k) 11^2 l) 50^4 m) 9^3 n) 20^2 o) 30^3 p) 12^2

Zehnerpotenzen

Erinnere dich

Die Zahlen 10, 100, 1000 ... werden **Stufenzahlen** genannt. Mit Zehnerpotenzen kann man Stufenzahlen kürzer schreiben.

Die Zahlen 10, 100, 1000 ... kann man besonders einfach als Potenzen schreiben. Die Basis ist 10, der Exponent entspricht der Anzahl der Nullen: $10 = 10^1$, $100 = 10^2$, $1000 = 10^3$ ...

Wissen

Eine Potenz mit der Basis 10 heißt **Zehnerpotenz**.

Beispiel 2

a) Schreibe 50 000 mithilfe einer Zehnerpotenz.
b) Schreibe $8 \cdot 10^3$ ohne Zehnerpotenz und berechne.

Lösung:

a) Schreibe als Produkt mit einer Stufenzahl.
Schreibe die Stufenzahl als Zehnerpotenz, indem du als Basis 10 verwendest und als Exponent die Anzahl der Nullen.

$50\,000 = 5 \cdot 10\,000 = 5 \cdot 10^4$ (4 Nullen)

b) Schreibe die Zehnerpotenz 10^3 um, indem du eine 1 mit 3 Nullen schreibst.
Berechne dann den Wert des Produkts.

$8 \cdot 10^3 = 8 \cdot 1000 = 8000$ (3 Nullen)

Basisaufgaben

3 Schreibe als Zehnerpotenz.
a) 1000 b) 100 000 c) 1 000 000 000 d) 10
e) zehntausend f) 10 Millionen g) 100 Millionen h) 10 Milliarden

4 Schreibe mithilfe einer Zehnerpotenz.
a) 500 b) 300 c) 70 000 d) 200 000
e) 3 Millionen f) neunzigtausend g) zwölftausend h) hundertfünfzigtausend

5 Schreibe ohne Zehnerpotenz und berechne.
a) 10^6 b) 10^3 c) 10^0 d) 10^9 e) 10^{12} f) 10^1
g) $8 \cdot 10^2$ h) $4 \cdot 10^3$ i) $7 \cdot 10^5$ j) $9 \cdot 10^2$ k) $16 \cdot 10^2$ l) $37 \cdot 10^4$

Weiterführende Aufgaben

Zwischentest 

Hinweis

Potenzieren mit dem Exponenten 2 nennt man auch **Quadrieren**.

6 **Quadratzahlen:** Durch das Potenzieren mit dem Exponenten 2 erhält man Quadratzahlen. Erkläre mithilfe der Abbildung, warum diese Zahlen so heißen.

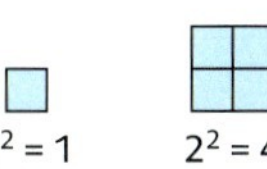
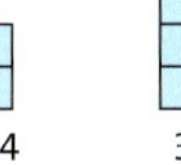
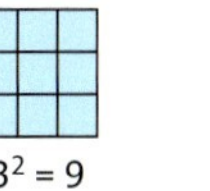

$1^2 = 1$ $2^2 = 4$ $3^2 = 9$ $4^2 = 16$

7 Berechne alle Quadratzahlen von 1^2 bis 20^2. Schreibe sie auf und lerne sie auswendig.

8 **Vorrang von Potenzen:** In Termen ohne Klammern werden Potenzen zuerst berechnet. In Termen mit Klammern werden zuerst die Klammern und dann die Potenzen berechnet. Erläutere den Unterschied zwischen den beiden Termen und gib ihre Werte an.
① $3 \cdot 2^4$ ② $(3 \cdot 2)^4$

9 Berechne.

a) 2^3 b) 19^2 c) 3^3 d) 4^3 e) 14^2 f) 2^4
g) 2^5 h) 5^2 i) 50^2 j) 500^2 k) 0^2 l) 2^0
m) 2^1 n) 13^2 o) $2^2 \cdot 2$ p) $2^3 : 2$ q) $2^4 : 2^2$ r) $5^2 \cdot 2^2$
s) 18^2 t) $10^2 \cdot 10^2$ u) 10^4 v) $10^4 \cdot 10^0$ w) $10^4 \cdot 10^1$ x) $10^4 \cdot 10^{10}$

10 Berechne. Achte auf die Klammern.

a) $3 \cdot 2^5$ b) $2^3 \cdot 5^2$ c) $(2 \cdot 4)^3$
d) $5 \cdot (3 \cdot 4)^2$ e) $4 \cdot (2 \cdot 3)^3 \cdot 2$ f) $2^3 \cdot (6 \cdot 2)^2 \cdot 5^2$

11 **Stolperstelle:** Anton meint: *„$2^4 = 4^2$, also kann ich 2^9 auch ganz einfach berechnen: $2^9 = 9^2 = 81$."*
Erkläre Antons Denkfehler und gib den Wert von 2^9 an.

12 a) Die Basis ist 6, der Exponent ist 3. Berechne den Wert der Potenz.
b) Die Basis ist 5, der Wert der Potenz ist 625. Bestimme den Exponenten.
c) Der Exponent ist 3, der Wert der Potenz ist 8000. Bestimme die Basis.

13 Gliedere den Term mithilfe eines Gliederungsbaums und berechne seinen Wert.

a) $3 \cdot 11^2$ b) $(7 \cdot 3)^2$ c) $9 \cdot 2^3 : 6$ d) $(3 \cdot 6)^2 \cdot 8 : 9$

14 Ein Blatt Papier wird mehrere Male nacheinander in der Mitte gefaltet.
a) Gib an, wie viele Lagen Papier bei jedem Falten hinzukommen. Begründe.
b) Falte ein DIN-A4-Blatt, so oft du kannst. Berechne die Anzahl der Lagen Papier, die dabei entstanden sind. Überprüfe dein Ergebnis, indem du die Lagen zählst.
c) Ein Bogen Bastelkarton mit der Stärke 0,2 cm wird fünfmal gefaltet. Bestimme, wie hoch der gefaltete Stapel ist.

15 Ein neues Musikalbum wird am ersten Tag von 400 Personen gestreamt. Die Zahl der Hörenden verdreifacht sich jeden Tag.
a) Berechne die Zahl der Hörenden nach 5 Tagen.
b) Stelle einen Term für die Zahl der Hörenden nach 2 Wochen auf. Berechne seinen Wert mit einem digitalen Hilfsmittel.

16 Felix hat einen Ast gefunden und ihn immer wieder in der Hälfte geteilt. Nach fünf Teilungen ist das Stück nur noch 5 cm lang und 2 cm dick. Berechne, wie lang der Ast ursprünglich war.

Hilfe

17 Ersetze den Platzhalter ■ im Heft durch eine Zahl, sodass die Gleichung stimmt.

a) $2^{■} = 64$ b) $16 \cdot ■ = 64$ c) $■^3 = 64$ d) $■^2 : 4 = 64$
e) $■^2 = 625$ f) $■^4 = 625$ g) $■^2 : 4 = 625$ h) $■^2 : 25 = 625$

18 **Ausblick:** Schreibe die Zahlen auf den Kärtchen als Potenzen mit dem Exponenten 2, 3 oder 4, wenn möglich. Beispiel: $36 = 6^2$

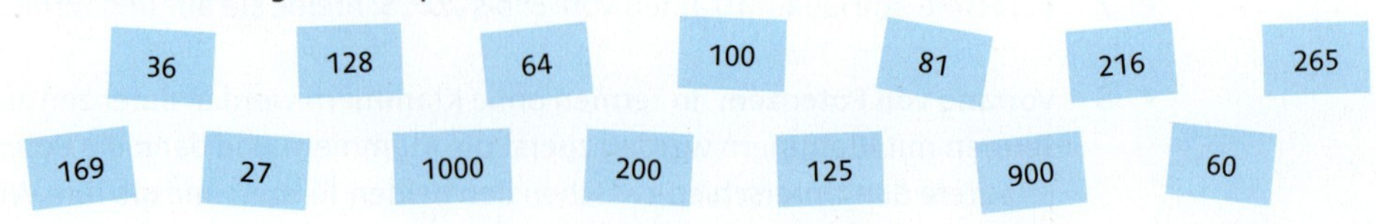

4.4 Teiler, Vielfache und Teilbarkeitsregeln

Leon hat von seiner Geburtstagsfeier noch 36 Kekse übrig. Diese möchte er gerecht an seine Freunde verteilen.
Erläutere, an wie viele Freunde er die Kekse gerecht verteilen kann und wie viele Kekse dann jeder bekommt. Finde alle Möglichkeiten.

Die Division durch eine natürliche Zahl kann entweder aufgehen oder es bleibt dabei ein Rest.

	Man sagt:
$30:2 = 15$ (ohne Rest)	„30 **ist teilbar** durch 2."
$30:3 = 10$ (ohne Rest)	„30 **ist teilbar** durch 3."
$30:4 = 7$ Rest 2	„30 **ist nicht teilbar** durch 4."

Dividieren und Multiplizieren sind entgegengesetzte Rechenarten. Deshalb gilt:
Dividieren: $30:5 = 6$ Man sagt: **„5 ist ein Teiler von 30."**
Multiplizieren: $30 = 6 \cdot 5$ Man sagt: **„30 ist ein Vielfaches von 5."**

Es gilt: Ist eine Zahl a ein Teiler einer Zahl b, dann ist b ein Vielfaches von a.

Wissen

Ein **Teiler** einer Zahl ist eine Zahl, die diese Zahl ohne Rest teilt: $30:\mathbf{3} = 10$ (3: Teiler)
Man schreibt kurz $3 \mid 30$ (lies „3 teilt 30") oder $4 \nmid 30$ (lies „4 teilt 30 nicht").

Multipliziert man eine Zahl mit 1, 2, 3, 4 ..., so erhält man ein **Vielfaches** der ersten Zahl.

Beispiel 1

a) Prüfe, ob 4 ein Teiler von 48 und 38 ist.
b) Bestimme die ersten drei Vielfachen von 7.

Lösung:

a) Dividiere die Zahl durch 4 und prüfe, ob dabei ein Rest bleibt oder nicht.
$48:4 = 12$ (ohne Rest) Also: $4 \mid 48$
$38:4 = 9$ Rest 2 Also: $4 \nmid 38$

b) Multipliziere 7 mit 1, 2 und 3.
$1 \cdot 7 = 7$; $2 \cdot 7 = 14$; $3 \cdot 7 = 21$
Die ersten Vielfachen von 7 sind 7, 14, 21.

Basisaufgaben

1 Entscheide, ob die erste Zahl ein Teiler der zweiten ist. Ersetze den Platzhalter ■ im Heft durch das richtige Zeichen | oder ∤.
a) 3 ■ 15 b) 7 ■ 24 c) 8 ■ 62 d) 2 ■ 36 e) 4 ■ 60 f) 12 ■ 60

2 Bestimme alle Teiler von 16 (von 14; von 18).

Lösungen zu 2

7 9 6 1 3 1 16 2 14 1 8 4 2 18 2

3 Bestimme die ersten fünf Vielfachen der Zahl.
a) 8 b) 12 c) 25 d) 34 e) 75 f) 220

4 Untersuche, ob
a) 82 ein Vielfaches von 24 ist,
b) 168 ein Vielfaches von 14 ist,
c) 96 ein Vielfaches von 12 ist,
d) 136 ein Vielfaches von 16 ist.

Teilbarkeit durch 2, 5 und 10

Die Vielfachen von 2 (5; 10) sind genau die Zahlen, die durch 2 (5; 10) teilbar sind.
Aus den Vielfachen von 2, 5 und 10 lassen sich Regeln für die Teilbarkeit erkennen.

- Alle Vielfachen von 2 sind die **geraden Zahlen**: 2; 4; 6; 8; 10; 12; 14; 16; 18; 20 ...
- Bei den Vielfachen von 5 sind die Endziffern immer 0 oder 5: 5; 10; 15; 20; 25 ...
- Bei den Vielfachen von 10 ist die Endziffer immer eine 0: 10; 20; 30; 40 ...

Wissen **Endziffernregeln**

Eine Zahl ist
- durch 2 teilbar, wenn sie auf 2, 4, 6, 8 oder 0 endet,
- durch 5 teilbar, wenn sie auf 5 oder 0 endet,
- durch 10 teilbar, wenn sie auf 0 endet.

Beispiel 2

a) Untersuche, ob die Zahlen 672, 150, 125 durch 2, 5, 10 teilbar sind.
b) Gib eine dreistellige Zahl an, die durch 2 und durch 5 teilbar ist.

Lösung:

a) Betrachte die Endziffern. Entscheide dann, welche Teilbarkeit vorliegt.

672 endet auf 2, ist also durch 2 teilbar.
150 endet auf 0, ist also durch 2, 5 und 10 teilbar.
125 endet auf 5, ist also durch 5 teilbar.

b) Gib die Endziffern für Teilbarkeit durch 2 und 5 an. Finde Zahlen mit der Endziffer, die bei 2 und 5 vorkommt.

teilbar durch 2: Endziffern 2, 4, 6, 8, 0
teilbar durch 5: Endziffern 5, 0
mögliche Zahlen: 120; 990; 870

Basisaufgaben

5 Untersuche, ob die Zahl durch 2, 5 oder 10 teilbar ist.
a) 265 b) 476 c) 1390 d) 457 e) 656 f) 675 g) 123 h) 12 438 i) 23 340

6 Ordne zu, welche der Zahlen teilbar sind
a) durch 2,
b) durch 5,
c) durch 2 und durch 5,
d) weder durch 2 noch durch 5.

224 635 207 1000 441 515 370 8484

7 Bestimme alle zweistelligen Zahlen, die sowohl durch 2 als auch durch 5 teilbar sind. Erkläre das Ergebnis.

Teilbarkeit durch 3 und durch 9

Ob eine Zahl durch 3 oder durch 9 teilbar ist, kann man anhand ihrer **Quersumme** erkennen. Die Quersumme ist die Summe aller Ziffern der Zahl: Die Zahl 9123 hat zum Beispiel die Quersumme 9 + 1 + 2 + 3 = 15.

Hinweis

Zum Beweis der Quersummenregeln siehe Seite 132.

Wissen **Quersummenregel**

Eine Zahl ist durch 3 (durch 9) teilbar, wenn ihre Quersumme durch 3 (durch 9) teilbar ist.

Beispiel 3 Prüfe, ob die Zahl durch 3 oder durch 9 teilbar ist.

a) 3177 b) 2931 c) 2806

Lösung:

a) Berechne die Quersumme von 3177. Die Quersumme ist durch 3 und durch 9 teilbar.
$3 + 1 + 7 + 7 = 18$ $3 \mid 18$ $9 \mid 18$
3177 ist durch 3 und durch 9 teilbar.

b) Die Quersumme ist nur durch 3 teilbar.
$2 + 9 + 3 + 1 = 15$ $3 \mid 15$ $9 \nmid 15$
2931 ist durch 3, aber nicht durch 9 teilbar.

c) Die Quersumme ist weder durch 3 noch durch 9 teilbar.
$2 + 8 + 0 + 6 = 16$ $3 \nmid 16$ $9 \nmid 16$
2806 ist weder durch 3 noch durch 9 teilbar.

Basisaufgaben

8 Prüfe, ob die Zahl durch 3 teilbar ist. Benutze die Quersummenregel.
a) 345 b) 78 c) 1347 d) 5556 e) 111111

9 Ersetze den Platzhalter ■ im Heft durch eine Ziffer, sodass die Zahl durch 9 teilbar ist.
a) 35■ b) 45■1 c) 42■7 d) 8■23 e) 3■96

Weiterführende Aufgaben

10 Bilde aus den Ziffern 0, 1, 2, 3, 4, 5 alle zweistelligen Zahlen, die teilbar sind
a) durch 2, b) durch 5, c) durch 10, d) durch 3.

11 Bilde aus den Ziffern möglichst viele
a) dreistellige Zahlen, die durch 3 teilbar sind,
b) vierstellige Zahlen, die durch 9 teilbar sind,
c) fünfstellige Zahlen, die durch 3 und 9 teilbar sind.

0 1 2 3 4 5 6 7 8 9

12 **Stolperstelle:** Erläutere den Fehler und korrigiere die Aussage.
a) *0 ist ein Teiler von 10, da bei 10 : 0 kein Rest bleibt.*
b) *Jeder Teiler einer Zahl ist kleiner als die Zahl selbst.*
c) *1234 ist durch 5 teilbar, da die Quersumme 10 und damit durch 5 teilbar ist.*

13 Gib drei Zahlen an, die gleichzeitig Vielfache aller angegebenen Zahlen sind.
a) 2 und 5 b) 5 und 10 c) 2, 4 und 6 d) 3, 6 und 9

Hilfe

14 **Teilbarkeit durch 6:**
a) Markiere auf einem Zahlenstrahl bis 30 alle geraden Zahlen blau und alle durch 3 teilbaren Zahlen grün. Kennzeichne dann alle Vielfachen von 6 rot.
b) Formuliere eine Regel, mit der man die Teilbarkeit durch 6 überprüfen kann.

15 Überprüfe, ob die Zahl durch 6 teilbar ist.
a) 33 b) 96 c) 462 d) 4561 e) 2736

16 Untersuche, welche der Zahlen teilbar sind
a) durch 5, b) durch 3, c) durch 6, d) durch 9.

234 9126 4218 324 255 1713 6228 1342 308 7107

17 Teilbarkeit durch 4 und durch 8:

a) Begründe, dass alle Vielfachen von 100 durch 4 teilbar sind.

b) Erkläre, warum man bei 116, 2028, 10 032, 400 084, 478 158 nur eine zweistellige Zahl auf Teilbarkeit durch 4 prüfen muss. Gib diese Zahl an und prüfe auf Teilbarkeit durch 4.

c) Formuliere eine Regel, mit der man die Teilbarkeit durch 4 überprüfen kann.

d) Stelle eine Vermutung auf, wann eine Zahl durch 8 teilbar ist. Überprüfe deine Idee an Beispielen.

18 Überprüfe, ob die Zahl durch 4 teilbar ist.

a) 32 b) 141 c) 184 d) 273 822 e) 1 028 304

19 Es sind drei aufeinanderfolgende Vielfache gegeben.

① 28, 35, 42 ② 64, 72, 80

③ 48, 60, 72 ④ 143, 156, 169

a) Gib an, welche Zahl vervielfacht wurde. Erkläre, wie du die Antwort gefunden hast.

b) Ergänze die nächsten drei Vielfachen.

20 Finde Zahlenpaare, die durch dieselbe Zahl teilbar sind, sodass keine Zahlen übrig bleiben.

40 81 51 32 48 39 55 54 58 70 75 96

21 Die Leonhard-Euler-Schule veranstaltet ein Volleyballturnier unter den fünften Klassen. In jeder Mannschaft spielen 6 Kinder.

a) In den fünften Klassen gibt es 96 Kinder. Entscheide begründet, ob sie ihre Mannschaften so zusammenstellen können, dass niemand übrig bleibt.

b) Am Tag des Turniers sind 16 Kinder krank. Prüfe, ob jetzt Mannschaften gebildet werden können, sodass niemand übrig bleibt.

c) Der Sportlehrer sagt: „Wir spielen einfach auf kleineren Feldern. Dann reichen 5 Kinder pro Mannschaft." Beurteile die Idee.

Hilfe

22 Die Mitglieder des Schulchors (maximal 50 Personen) sollen sich für ihren Auftritt in gleich langen Reihen aufstellen. Sie versuchen es in Reihen mit 2, 3, 4 und 6 Personen. Jedes Mal bleibt eine Person übrig.
Bestimme, wie viele Mitglieder der Schulchor hat. Finde alle Möglichkeiten.

Hinweis

Zum Begründen von Aussagen siehe auch Streifzug ab S. 111.

23 Überprüfe, ob die Aussage wahr ist. Begründe.

a) Wenn eine Zahl durch 10 teilbar ist, dann ist sie auch durch 5 teilbar.

b) Wenn eine Zahl durch 3 teilbar ist, dann ist sie auch durch 9 teilbar.

c) Wenn eine Zahl durch 2 und durch 6 teilbar ist, dann ist sie auch durch 12 teilbar.

d) Wenn die Anzahl der Teiler einer Zahl ungerade ist, dann ist die Zahl eine Quadratzahl.

24 Ausblick: Die Teiler einer Zahl außer der Zahl selbst heißen echte Teiler. Ist die Summe der echten Teiler einer Zahl gleich der Zahl selbst, so heißt die Zahl „vollkommene Zahl". Ist die Summe kleiner als die Zahl, so ist sie eine „arme Zahl". Ist die Summe größer als die Zahl, so wird sie eine „reiche Zahl" genannt.

a) Zeige, dass 6 eine vollkommene Zahl und 12 eine reiche Zahl ist.

b) Überprüfe, ob es sich bei 26, 28, 30 um arme, reiche oder vollkommene Zahlen handelt.

c) Die drittkleinste vollkommene Zahl ist 496. Weise rechnerisch nach, dass 496 eine vollkommene Zahl ist.

d) Gib drei weitere arme und drei weitere reiche Zahlen an.

4.5 Primzahlen

Die Kinder der Klasse 5a sollen sich in gleich große Gruppen aufteilen. Tom meint: „Aber das ist unmöglich, denn wir sind 29 Kinder ...“ Entscheide begründet, ob Tom recht hat.

Hinweis

1 ist keine Primzahl, da 1 nur einen Teiler hat.

Wissen

Jede Zahl ist durch 1 und durch sich selbst teilbar. Eine **Primzahl** ist eine natürliche Zahl, die genau zwei Teiler hat (1 und sich selbst). Die ersten Primzahlen sind 2, 3, 5, 7, 11, 13 ...

Beispiel 1 Prüfe, ob es sich um eine Primzahl handelt.

a) 27 b) 23

Lösung:

a) Prüfe, ob 27 mehr als zwei Teiler hat. — Es gilt $3 \mid 27$, also ist 27 keine Primzahl.

b) Prüfe zuerst, ob 23 durch 2, 3, 4 oder 5 teilbar ist. — $2 \nmid 23$ und $4 \nmid 23$ (23 nicht gerade)
$3 \nmid 23$ (Quersumme 5)
$5 \nmid 23$ (endet nicht auf 0 oder 5)

Begründe dann, dass 23 keine Teiler außer 1 und sich selbst hat. — Es gilt $5^2 = 25 > 23$, also hat 23 auch keine anderen Teiler. 23 ist eine Primzahl.

Hinweis

Zum Prüfen der Teiler siehe auch Aufgabe 9.

Basisaufgaben

1 Prüfe, welche Zahlen Primzahlen sind.

a)
1 3 6
9 4 7
2 8 5

b)
13 21 39
25 19 16
31 43 49

c)
83 29 63
61 48
77 71

d)
97 121
201 123 101
149 151

2 Gib alle Primzahlen an, die zwischen 20 und 30 (zwischen 30 und 50; zwischen 50 und 75; zwischen 75 und 100) liegen.

Primfaktorzerlegung

Wissen

Natürliche Zahlen größer 1, die keine Primzahlen sind, lassen sich eindeutig als Produkt von Primzahlen schreiben. Dieses Produkt heißt **Primfaktorzerlegung** der Zahl.

Beispiel 2 Zerlege die Zahl 120 in Primfaktoren.

Lösung:

Schreibe die 120 als Produkt. Zerlege die Faktoren dann immer weiter in Produkte, bis du nur noch Primfaktoren hast. Sortiere die Faktoren mithilfe des Kommutativgesetzes und fasse gleiche Faktoren zu Potenzen zusammen.

$120 = 10 \cdot 12$
$= 2 \cdot 5 \cdot 3 \cdot 4$
$= 2 \cdot 5 \cdot 3 \cdot 2 \cdot 2$
$= 2 \cdot 2 \cdot 2 \cdot 3 \cdot 5$
$= 2^3 \cdot 3 \cdot 5$

oder

$120 = 6 \cdot 20$
$= 2 \cdot 3 \cdot 2 \cdot 10$
$= 2 \cdot 3 \cdot 2 \cdot 2 \cdot 5$
$= 2 \cdot 2 \cdot 2 \cdot 3 \cdot 5$
$= 2^3 \cdot 3 \cdot 5$

Hinweis

Es spielt keine Rolle, mit welchen Faktoren man beim Zerlegen beginnt.

Basisaufgaben

3 Ersetze den Platzhalter ■ im Heft durch eine Zahl, sodass die Primfaktorzerlegung stimmt.
a) $22 = 2 \cdot$ ■ b) $50 = 2 \cdot$ ■ $\cdot 5$ c) $63 = 3^2 \cdot$ ■ d) $104 = 2^3 \cdot$ ■

4 Zerlege die Zahl in Primfaktoren.
a) 24 b) 57 c) 660 d) 348 e) 735
f) 72 g) 125 h) 360 i) 1024 j) 567

5 Schreibe die Zahl als Produkt von Primzahlen, wenn möglich.
a) 81 b) 93 c) 74 d) 29 e) 121

Weiterführende Aufgaben

6 Prüfe, ohne zu multiplizieren, ob die Produkte den selben Wert haben. Erkläre dein Vorgehen.
a) $2 \cdot 8 \cdot 25$ und $4 \cdot 5 \cdot 20$ b) $2 \cdot 4 \cdot 8$ und $2^2 \cdot 4^2$ c) $6 \cdot 8 \cdot 27$ und $3^3 \cdot 4 \cdot 24$
d) $7 \cdot 9 \cdot 15$ und $21 \cdot 45$ e) $6 \cdot 12 \cdot 16$ und $2^2 \cdot 144$ f) $4 \cdot 12 \cdot 35$ und $5 \cdot 14 \cdot 22$

⚠ **7** **Stolperstelle:** Johanna hat die Primfaktorzerlegung der 7 gebildet: *„7 ist nur durch 1 und sich selbst teilbar, also hat sie die Primfaktorzerlegung $7 = 1 \cdot 7$.“* Nimm Stellung.

Hilfe

8 Die Primfaktorzerlegung der Zahl 84 ist $84 = 2 \cdot 2 \cdot 3 \cdot 7$. Die Teiler von 84 sind 1, 2, 3, 4, 6, 7, 12, 14, 21, 28, 42 und 84.
a) Finde heraus, wie man die Teiler von 84 aus ihren Primfaktoren berechnen kann.
b) Bestimme die Primfaktorzerlegung und mit ihrer Hilfe alle Teiler der Zahl.
① 42 ② 130 ③ 44 ④ 54 ⑤ 210

9 Die Zahl 71 ist durch keine der Zahlen 2 bis 9 teilbar. Außerdem ist $9^2 = 81 > 71$. Erkläre, dass daraus bereits folgt, dass 71 eine Primzahl ist.

10 **Sieb des Eratosthenes:** Schreibe alle Zahlen von 1 bis 100 auf. Streiche zuerst die 1. Streiche dann alle Vielfachen von 2 außer der 2 selbst. Die nächste nicht durchgestrichene Zahl ist die 3. Streiche alle Vielfachen von 3 außer der 3 selbst. Fahre mit der nächsten nicht durchgestrichenen Zahl fort, bis du keine Vielfachen mehr streichen kannst. Welche Zahlen bleiben übrig? Erkläre, warum das so ist.

~~1~~	2	3	~~4~~	5	~~6~~	7	~~8~~	~~9~~	~~10~~
11	~~12~~	13	~~14~~	~~15~~	~~16~~	17	~~18~~	19	~~20~~
~~21~~	~~22~~	23	~~24~~	25	~~26~~	~~27~~	~~28~~	29	~~30~~
31	~~32~~	~~33~~	~~34~~	35	~~36~~	37	~~38~~	~~39~~	~~40~~
41	~~42~~	43	~~44~~	~~45~~	~~46~~	47	~~48~~	49	~~50~~
~~51~~	~~52~~	53	~~54~~	55	~~56~~	~~57~~	~~58~~	59	~~60~~
61	~~62~~	~~63~~	~~64~~	65	~~66~~	67	~~68~~	~~69~~	~~70~~
71	~~72~~	73	~~74~~	~~75~~	~~76~~	77	~~78~~	79	~~80~~
~~81~~	~~82~~	83	~~84~~	85	~~86~~	~~87~~	~~88~~	89	~~90~~
91	~~92~~	~~93~~	~~94~~	95	~~96~~	97	~~98~~	~~99~~	~~100~~

11 **Mirpzahlen:** Mirpzahlen sind Primzahlen, die rückwärts gelesen auch Primzahlen sind. „Mirp“ bedeutet rückwärts gelesen „prim“. Die Mirpzahl 13 ist rückwärts gelesen die Primzahl 31. Findet weitere Mirpzahlen und vergleicht untereinander.

12 **Ausblick:** Untersuche die Primfaktorzerlegung von Produkten und Quotienten.
a) Zerlege beide Zahlen in Primfaktoren.
① 20 und 4 ② 18 und 6 ③ 80 und 10 ④ 90 und 30 ⑤ 210 und 15
b) Bestimme jeweils die Primfaktorzerlegung des Produkts der beiden Zahlen.
c) Bestimme jeweils die Primfaktorzerlegung des Quotienten der beiden Zahlen.

4.6 Zählprinzip und Baumdiagramme

Ein Musikanbieter bietet Abos mit 3, 6 und 12 Monaten Laufzeit an. In jedem Abo gibt es die Optionen „Standard“ und „Premium“. Ermittle, zwischen wie vielen Möglichkeiten für ein Abo man insgesamt wählen kann.

Jonas, Maria und Tim wollen Elfmeterschießen üben. Sie wählen nacheinander aus, wer Schütze und wer Torwart ist. Diese Auswahlen lassen sich in einem **Baumdiagramm** darstellen.

Zuerst wird der Schütze bestimmt. Dafür gibt es drei Möglichkeiten. Dann gibt es nur noch zwei Möglichkeiten für einen Torwart, da der Schütze nicht gleichzeitig Torwart sein kann.

Jede Möglichkeit entspricht einem Pfad im Diagramm. Der markierte Pfad entspricht der Möglichkeit, dass Maria Schütze und Tim Torwart ist. Es gibt insgesamt sechs Pfade, also gibt es insgesamt sechs Möglichkeiten.

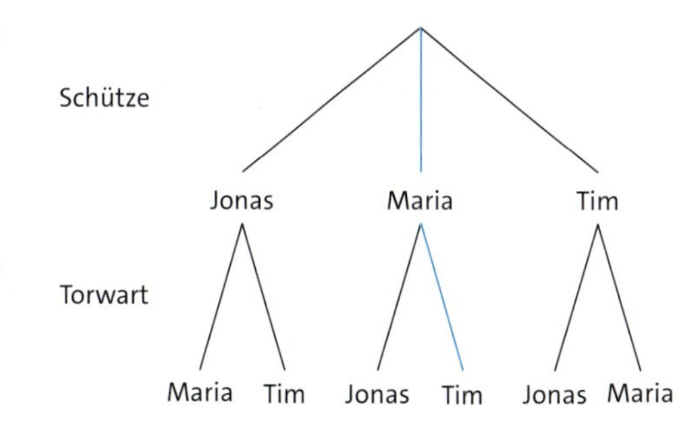

Wissen

Situationen mit verschiedenen Auswahlmöglichkeiten kann man in einem **Baumdiagramm** darstellen. Dabei entspricht jede Stufe im Diagramm einer Auswahl. Jede Möglichkeit entspricht dann einem Pfad von oben nach unten.
Mit dem **Zählprinzip** bestimmt man die **Gesamtzahl der Möglichkeiten** in Situationen mit verschiedenen Auswahlmöglichkeiten. Dazu multipliziert man die Anzahl der Wahlmöglichkeiten jeder einzelnen Auswahl.

Hinweis

Das Zählprinzip kann nur dann angewendet werden, wenn das Baumdiagramm regelmäßig ist, wenn die Anzahl der Möglichkeiten auf jeder Stufe also unabhängig von der Auswahl auf der darüberliegenden Stufe ist.

Beispiel 1 Ben hat vier T-Shirts (blau, rot, gelb, schwarz) und zwei Hosen (blau, weiß).

a) Ermittle die Anzahl der Möglichkeiten, die Kleidungsstücke zu kombinieren.
b) Ben hat zudem ein Hemd. Er zieht jedes Oberteil nur einen Tag lang an. Ermittle die Anzahl der Möglichkeiten, wie er T-Shirts und Hemd auf drei Tage aufteilen kann.

Lösung:

a) Multipliziere die Anzahl der Möglichkeiten für ein T-Shirt (4) mit der Anzahl der Möglichkeiten für eine Hose (2).

Anzahl der Möglichkeiten: $4 \cdot 2 = 8$

b) Zeichne ein Baumdiagramm. Bens Auswahl am ersten Tag hat Einfluss auf die anderen Tage. Zeichne alle Pfade ein und zähle die Möglichkeiten auf der letzten Stufe (Pfadenden).

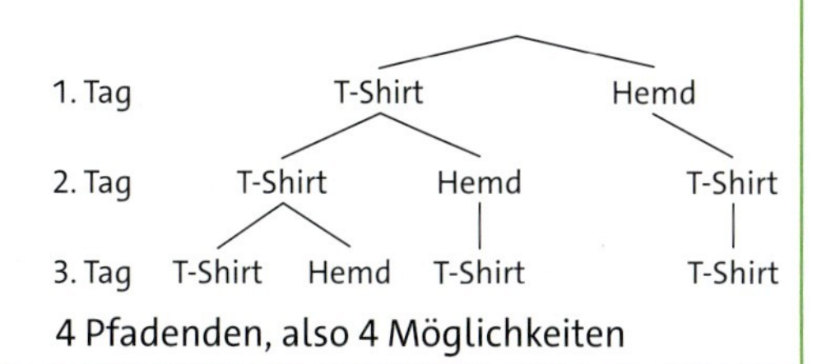

4 Pfadenden, also 4 Möglichkeiten

Basisaufgaben

1 In der Schulkantine kann man zwischen drei Hauptgerichten (Fleisch, vegetarisch, vegan) und zwei Desserts (Obst, Pudding) wählen. Ermittle die Anzahl möglicher Menüs.

2 Sara und Linus spielen „Schere, Stein, Papier“.
a) Stelle die möglichen Kombinationen in einem Baumdiagramm dar. Notiere auf der ersten Stufe die Wahl von Sara und auf der zweiten Stufe die Wahl von Linus.
b) Gib an, bei wie vielen Kombinationen Sara gewinnt (Linus gewinnt; das Spiel unentschieden endet).

3 Ein Passwort besteht aus den Buchstaben H, U, T. Jeder Buchstabe kommt genau einmal vor. Ermittle die Anzahl der möglichen Passwörter mit einem Baumdiagramm.

4 Ole, Mia, Tom, Ali und Lira machen ein Wettrennen. Stelle alle Möglichkeiten für die ersten beiden Plätze in einem Baumdiagramm dar. Gib die Gesamtzahl der Möglichkeiten an.

Weiterführende Aufgaben

Zwischentest 

Hilfe 

5 Ermittle die Anzahl der dreistelligen Zahlen aus den Ziffern 1, 2, 3, 4 und 5,
a) wenn jede Ziffer mehrfach vorkommen kann,
b) wenn jede Ziffer nur einmal vorkommen darf.

6 Ahmet verbringt ein Wochenende in Hamburg. Er möchte das Miniaturwunderland anschauen, den Hamburger Michel besteigen und eine Hafenrundfahrt machen. Ermittle die Anzahl der Möglichkeiten für die Reihenfolge der Besichtigungen.

 **7** **Stolperstelle:** In der 5c sollen aus 20 Kindern ein Klassensprecher und ein Stellvertreter gewählt werden. Lenny meint: „Ich könnte dazu ein Baumdiagramm mit zwei Stufen zeichnen. Auf jeder Stufe habe ich 20 Auswahlmöglichkeiten. Also sind es insgesamt $20 \cdot 20 = 400$ Möglichkeiten.“ Nimm Stellung.

8 Bei einem Musikfestival treten sechs Bands auf. Ermittle die Anzahl der Möglichkeiten für die Reihenfolge, in der die Bands auftreten.

9 Anna hat für ihr Fahrrad ein vierstelliges Zahlenschloss mit den Ziffern von 0 bis 9.
a) Berechne, wie viele verschiedene Zahlenkombinationen sie einstellen kann.
b) Vergleiche die Anzahl möglicher Zahlenkombinationen aus a) mit einem dreistelligen Zahlenschloss (einem fünfstelligen Zahlenschloss).

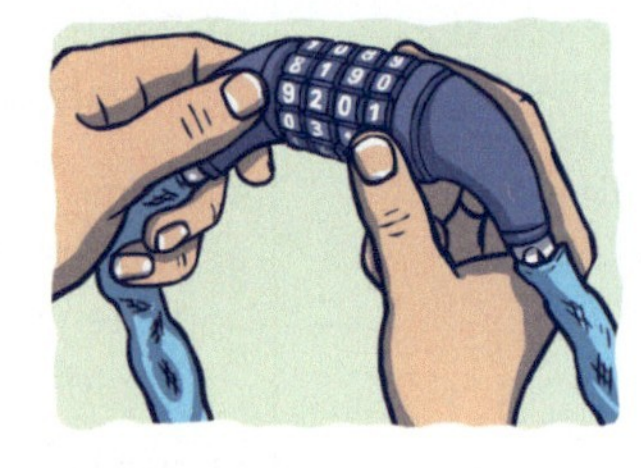

10 Alex und Ben spielen Tennis. Wer zuerst drei Sätze gewinnt, gewinnt das Match. Zeichne ein passendes Baumdiagramm und gib an, wie viele Möglichkeiten es gibt, wie das Match verlaufen kann. Begründe, dass du das Zählprinzip nicht anwenden kannst.

Hilfe 

11 In Phils Zimmer hängen vier Bilder. Er überlegt, die Bilder umzuhängen.
a) Ermittle die Anzahl der Möglichkeiten, die vier Bilder auf die vier Plätze zu verteilen.
b) Phil sortiert ein Bild aus und hängt die anderen drei Bilder wieder auf. Ermittle, wie sich die Anzahl der Möglichkeiten ändert. Erläutere deine Lösung.

12 **Ausblick:** Bei einem Volleyballturnier soll jedes Team einmal gegen jedes andere Team spielen. Am Turnier nehmen sechs Teams (zehn Teams) teil. Ermittle die Anzahl der Spiele.

Aussagen begründen und widerlegen

Leah sagt: „Für die Subtraktion gilt das Kommutativgesetz.“
Maria sagt: „Wenn eine Zahl durch 9 teilbar ist, ist sie auch durch 3 teilbar.“
Überprüfe, ob die Aussagen stimmen, und erläutere, wie du dies zeigen kannst.

Jede Aussage in der Mathematik ist entweder wahr oder falsch. Um zu zeigen, dass eine Aussage wahr ist, muss man begründen, dass sie in jedem möglichen Fall zutrifft. Es reicht nicht, ein einziges Beispiel zu finden, für das die Aussage gilt. Mit einem einzigen Gegenbeispiel kann man aber begründen, dass eine Aussage falsch ist.

Wissen

Wenn eine Aussage **falsch** ist, kann man dies mit einem **Gegenbeispiel** zeigen.
Wenn eine Aussage **richtig** ist, reicht es zur Begründung nicht aus, einige richtige Beispiele zu finden. Dazu muss man mithilfe von Rechnungen, Definitionen oder Rechengesetzen allgemeingültige Schlussfolgerungen ziehen.

Beispiel 1 Entscheide, ob die Aussage wahr oder falsch ist. Begründe deine Entscheidung.

a) Eine Zahl, die durch 2 und durch 3 teilbar ist, ist auch durch 6 teilbar.
b) Alle Primzahlen sind ungerade.
c) Jedes Quadrat ist ein Rechteck.

Lösung:

a) Gib zuerst an, was durch die Aussage bekannt ist. Erkläre, was diese Voraussetzung mathematisch bedeutet. Verwende bekannte Verfahren und Rechengesetze, um daraus weitere Schlüsse zu ziehen.	Es ist bekannt: Eine Zahl ist durch 2 und durch 3 teilbar. Wenn eine Zahl durch 2 und durch 3 teilbar ist, hat sie die Primfaktoren 2 und 3. Die weiteren Primfaktoren kann man zu einem Produkt $\blacksquare$ zusammenfassen. Ihre Primfaktorzerlegung ist also $2 \cdot 3 \cdot \blacksquare$. Mit dem Assoziativgesetz gilt $2 \cdot 3 \cdot \blacksquare = 6 \cdot \blacksquare$.
Gib an, ob die Aussage wahr oder falsch ist.	Also ist die Zahl auch durch 6 teilbar. Die Aussage ist wahr.
b) Gib ein Gegenbeispiel an. Damit ist gezeigt, dass die Aussage falsch ist.	2 ist eine Primzahl und gerade. Also gibt es eine Primzahl, die nicht ungerade ist. Die Aussage ist falsch.
c) Gib zuerst die Definitionen der Begriffe „Quadrat“ und „Rechteck“ an.	Ein Quadrat ist ein Viereck, bei dem alle Seiten gleich lang sind und benachbarte Seiten senkrecht zueinander sind. Ein Rechteck ist ein Viereck, bei dem benachbarte Seiten senkrecht zueinander sind.
Prüfe, ob jedes Quadrat die Definition eines Rechtecks erfüllt.	Also ist jedes Quadrat ein Rechteck. Die Aussage ist wahr.

Aufgaben

1 Jakob meint: „*Wenn eine Zahl durch 2 und durch 3 teilbar ist, dann ist sie auch durch 12 teilbar. Das sieht man zum Beispiel an der 24.*" Nimm Stellung.

2 Entscheide, ob die Aussage wahr oder falsch ist. Begründe deine Entscheidung.
a) Eine Zahl, die durch 2 und durch 5 teilbar ist, ist auch durch 10 teilbar.
b) Eine Zahl, die durch 10 teilbar ist, ist auch durch 2 teilbar.
c) Jede Quadratzahl ist ungerade.
d) Das Produkt aus einer geraden und einer ungeraden Zahl ist immer ungerade.

3 Begründe: Wenn in der Primfaktorzerlegung einer Zahl jeder Primfaktor genau zweimal auftritt, dann ist die Zahl eine Quadratzahl.

4 Begründe: Wenn man einen Faktor verdoppelt und den anderen Faktor halbiert, bleibt der Wert des Produkts gleich.

5 Begründe oder widerlege die Aussage.
a) Wenn man einen Faktor verdoppelt, verdoppelt sich auch der Wert des Produkts.
b) Wenn man beide Faktoren eines Produkts verdreifacht, versechsfacht sich der Wert des Produkts.
c) Wenn man den Minuenden verdoppelt, halbiert sich der Wert der Differenz.
d) Wenn man beide Summanden einer Summe verdoppelt, verdoppelt sich der Wert der Summe.
e) Wenn man einen Faktor eines Produkts um 1 erhöht, erhöht sich der Wert des Produkts um den anderen Faktor.

6 a) Berechne und prüfe, ob die Ergebnisse Primzahlen sind.
① $2^2 + 2 + 17$ ② $3^2 + 3 + 17$ ③ $4^2 + 4 + 17$ ④ $5^2 + 5 + 17$
b) Formuliere eine mögliche Vermutung aus a).
c) Berechne $17^2 + 17 + 17$. Zeige zum Beispiel mit einer Division durch 17, dass das Ergebnis keine Primzahl ist.
d) Erläutere anhand dieses Beispiels, dass Aussagen in der Mathematik nicht anhand von einzelnen Beispielen begründet werden können.

7 Begründe oder widerlege die Aussage.
a) Jede Raute ist ein Parallelogramm.
b) Jedes Parallelogramm ist ein Trapez.
c) Jedes Parallelogramm ist ein Drachenviereck.
d) Jedes Quadrat ist ein Drachenviereck.
e) Ein Parallelogramm, bei dem zwei benachbarte Seiten gleich lang sind, ist eine Raute.
f) Wenn ein Drachenviereck einen rechten Winkel hat, dann ist es ein Rechteck.
g) Wenn ein Parallelogramm einen rechten Winkel hat, dann ist es ein Rechteck.
h) Eine Raute, die gleichzeitig ein Rechteck ist, ist ein Quadrat.
i) Ein Trapez, das gleichzeitig ein Drachenviereck ist, ist eine Raute.

8 **Forschungsauftrag:**
Recherchiere zur Geschichte vom Großen Fermatschen Satz. Erläutere daran die Bedeutung von Beweisen in der Mathematik.

4.7 Ganze Zahlen multiplizieren und dividieren

Der antike Hafen von Misenum bei Neapel liegt in einem vulkanischen Gebiet. Dort hebt und senkt sich die Erde abwechselnd über lange Zeiträume. In einem Jahr senkte sich die Erde um etwa 3 cm pro Monat. Ermittle die Höhe eines Steins, der vor diesem Jahr genau auf Meereshöhe lag.

Multiplizieren einer positiven und einer negativen Zahl

Eine Multiplikation wie $3 \cdot (-4)$ kann man auch als Addition auffassen:

$$3 \cdot (-4) = (-4) + (-4) + (-4) = -12$$

Da das Kommutativgesetz auch für negative Zahlen gilt, gilt auch $(-4) \cdot 3 = -12$.
Allgemein bedeutet die Multiplikation einer positiven und einer negativen Zahl, dass die negative Zahl so oft addiert wird, wie es die positive Zahl angibt. Daher ist das Ergebnis immer negativ.

Merke

„Minus" mal „plus" ist „minus". „Plus" mal „minus" ist „minus".

Wissen

Zwei ganze **Zahlen mit unterschiedlichen Vorzeichen** werden **multipliziert**, indem man die **Beträge** der Zahlen **multipliziert** und dem Ergebnis das **Vorzeichen minus** gibt.

Beispiel 1 Berechne.

a) $3 \cdot (-5)$ b) $(-4) \cdot 7$

Lösung:

Multipliziere zunächst die Beträge. Die Faktoren haben unterschiedliche Vorzeichen. Setze deshalb ein Minus vor das Ergebnis.

a) $3 \cdot 5 = 15$
$3 \cdot (-5) = -15$

b) $4 \cdot 7 = 28$
$(-4) \cdot 7 = -28$

Basisaufgaben

1 Berechne.

a) $5 \cdot (-6)$ b) $(-8) \cdot 3$ c) $6 \cdot (-4)$ d) $9 \cdot (-7)$ e) $(-2) \cdot 8$
f) $7 \cdot (-6)$ g) $(-8) \cdot 5$ h) $(-3) \cdot 6$ i) $(-5) \cdot 7$ j) $6 \cdot (-8)$

2 Schreibe als Addition und berechne.

a) $2 \cdot (-36)$ b) $3 \cdot (-41)$ c) $(-27) \cdot 3$ d) $(-59) \cdot 4$ e) $5 \cdot (-52)$

Lösungen zu 3

−36 −150 −24 −63 −1024 −108 −609 −405 −238 −143

3 Berechne.

a) $10 \cdot (-15)$ b) $(-7) \cdot 9$ c) $18 \cdot (-2)$ d) $(-3) \cdot 8$ e) $12 \cdot (-9)$
f) $(-11) \cdot 13$ g) $2 \cdot (-119)$ h) $(-256) \cdot 4$ i) $45 \cdot (-9)$ j) $(-21) \cdot 29$

4 Berechne. Multipliziere schriftlich, falls nötig.

a) $18 \cdot (-34)$ b) $24 \cdot (-49)$ c) $(-17) \cdot 93$
d) $(-112) \cdot 13$ e) $(-354) \cdot 82$ f) $726 \cdot (-67)$
g) $1134 \cdot (-26)$ h) $(-2495) \cdot 59$ i) $(-4621) \cdot 543$

Multiplizieren zweier negativer Zahlen

Um die Aufgabe $(-3)\cdot(-2)$ zu lösen, beginnt man mit der Aufgabe $(-3)\cdot 2$ und verkleinert den zweiten Faktor immer wieder um 1, bis man zur Aufgabe $(-3)\cdot(-2)$ kommt.

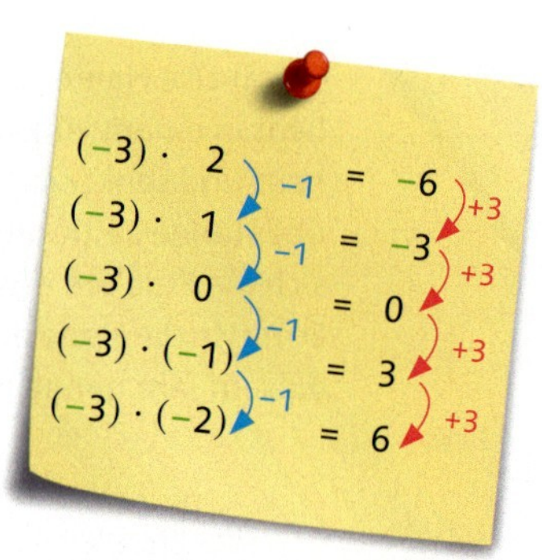

Das Ergebnis erhöht sich in jedem Schritt um 3. Also gilt:

$(-3)\cdot(-1) = 3$ und $(-3)\cdot(-2) = 6$

Das Ergebnis ist also positiv.

Daraus lässt sich eine allgemeine Regel ableiten:

Merke

„Minus" mal „minus" ist „plus".

Wissen

Zwei **negative ganze Zahlen** werden **multipliziert**, indem man die **Beträge** der Zahlen **multipliziert**. Das Ergebnis ist positiv.

Beispiel 2 Berechne.

a) $(-3)\cdot(-7)$ b) $(-4)\cdot(-19)$

Lösung:

Multipliziere die Beträge.
Die beiden Zahlen haben das gleiche Vorzeichen, also ist das Ergebnis positiv.

a) $(-3)\cdot(-7) = 3\cdot 7 = 21$

b) $(-4)\cdot(-19) = 4\cdot 19 = 76$

Basisaufgaben

5 Setze die Aufgabenreihe um 4 Aufgaben fort.

a) $(-7)\cdot 2 = -14$
$(-7)\cdot 1 = -7$
$(-7)\cdot 0 = 0$
$(-7)\cdot(-1) = 7$

b) $(-10)\cdot 10 = -100$
$(-10)\cdot 0 = 0$
$(-10)\cdot(-10) = 100$
$(-10)\cdot(-20) = 200$

c) $(-8)\cdot(-10) = 80$
$(-8)\cdot(-9) = 72$
$(-8)\cdot(-8) = 64$
$(-8)\cdot(-7) = 56$

6 Berechne.

a) $(-10)\cdot(-12)$ b) $(-8)\cdot(-2)$ c) $(-17)\cdot(-2)$
d) $(-11)\cdot(-8)$ e) $(-7)\cdot(-16)$ f) $(-18)\cdot(-17)$
g) $(-22)\cdot(-10)$ h) $(-216)\cdot(-5)$ i) $(-14)\cdot(-19)$
j) $(-13)\cdot(-13)$ k) $(-21)\cdot(-7)$ l) $(-222)\cdot(-5)$

7 Berechne schriftlich.

a) $(-31)\cdot(-47)$ b) $(-92)\cdot(-124)$ c) $(-145)\cdot(-267)$

8 Vervollständige im Heft.

a)

·	−3	−4	−5	−8
−9				
−12				
−7				
−1				

b)

·	−7	−9	−13	−5
−11				
−18				
−20				
−12				

c)

·	−1	−15	−6	−20
−9				
−12				
−7				
−2				

Rechengesetze der Multiplikation

Kommutativgesetz und Assoziativgesetz gelten auch für die Multiplikation ganzer Zahlen.

Hinweis

Statt $((-2)\cdot 19)$ kann man auch $[(-2)\cdot 19]$ schreiben. Allgemein darf man auch bei mehrfachen Klammern ausschließlich runde Klammern schreiben.

Beispiel 3 Berechne geschickt. Verwende die Rechengesetze der Multiplikation.

a) $(-4)\cdot 17\cdot(-25)$ b) $(-2)\cdot(-8)\cdot 19\cdot 125$

Lösung:

a) Vertausche geschickt Faktoren. Nimm Klammern und Vorzeichen mit.

$(-4)\cdot 17\cdot(-25) = (-4)\cdot(-25)\cdot 17$
$= 100\cdot 17 = 1700$

b) Vertausche zuerst Faktoren. Setze dann Klammern nach dem Assoziativgesetz und berechne die Produkte in Klammern.

$(-2)\cdot(-8)\cdot 19\cdot 125$
$= ((-2)\cdot 19)\cdot((-8)\cdot 125)$
$= (-38)\cdot(-1000) = 38\,000$

Basisaufgaben

9 Vertausche geschickt Faktoren und berechne.

a) $5\cdot 13\cdot(-2)$ b) $8\cdot(-7)\cdot(-25)$ c) $(-4)\cdot(-5)\cdot 25\cdot 3$

10 Berechne geschickt. Nutze die Rechengesetze der Multiplikation.

a) $3\cdot(-2)\cdot(-25)\cdot 7\cdot 2$ b) $(-20)\cdot 9\cdot(-5)\cdot(-8)\cdot 5$
c) $14\cdot 5\cdot(-10)\cdot 9\cdot 4$ d) $(-5)\cdot 5\cdot 4\cdot(-4)\cdot 15\cdot(-15)$

Dividieren ganzer Zahlen

Multiplizieren und Dividieren sind Umkehroperationen. Deshalb lassen sich die Vorzeichenregeln für die Multiplikation auf die Division übertragen.

Multiplizieren: $(-4)\cdot(-12) = 48$

Dividieren: $48:(-12) = -4$

$-4 \xrightarrow{\cdot(-12)} 48$, $48 \xrightarrow{:(-12)} -4$

Merke

„Minus" durch „minus" ist „plus".
„Minus" durch „plus" ist „minus".
„Plus" durch „minus" ist „minus".

Wissen

Zwei **ganze Zahlen** werden **dividiert**, indem man zuerst ihre **Beträge** dividiert. Bei Zahlen mit **gleichem Vorzeichen** ist das Ergebnis **positiv**. Bei Zahlen mit **unterschiedlichen Vorzeichen** ist das Ergebnis **negativ**. Durch 0 kann man nicht dividieren.

Beispiel 4 Berechne.

a) $36:(-9)$ b) $(-48):(-16)$ c) $(-128):4$

Lösung:

a) Dividiere zuerst die Beträge. Die Zahlen haben unterschiedliche Vorzeichen. Setze deshalb ein Minus vor das Ergebnis.

$36:9 = 4$
$36:(-9) = -4$

b) Dividiere die Beträge. Beide Zahlen sind negativ, also ist das Ergebnis positiv.

$48:16 = 3$
$(-48):(-16) = 3$

c) Dividiere zuerst die Beträge. Die Zahlen haben unterschiedliche Vorzeichen. Setze deshalb ein Minus vor das Ergebnis.

$128:4 = 32$
$(-128):4 = -32$

Basisaufgaben

11 Berechne im Kopf.
a) $30:(-5)$ b) $(-12):2$ c) $(-36):(-4)$ d) $(-36):9$ e) $(-72):(-8)$
f) $(-56):7$ g) $81:(-9)$ h) $42:(-6)$ i) $(-60):5$ j) $121:(-11)$

12 Berechne im Kopf.
a) $(-52):(-4)$ b) $420:(-21)$ c) $(-72):3$ d) $(-96):(-12)$ e) $(-220):22$

13 Berechne. Dividiere schriftlich, falls nötig.
a) $208:(-16)$ b) $(-384):24$ c) $(-589):(-19)$
d) $(-945):21$ e) $1184:(-32)$ f) $(-3634):(-79)$

14 Gib drei unterschiedliche Divisionsaufgaben mit dem Ergebnis an.
a) 5 b) -12 c) -1 d) -100 e) -25

Weiterführende Aufgaben

15 **Multiplizieren und Dividieren mit 0:** Formuliere eine Regel zum Multiplizieren und Dividieren mit 0. Gib das Ergebnis an, falls möglich.
a) $0\cdot(-14)$ b) $(-37)\cdot 0$ c) $0:(-82)$ d) $(-99):0$

16 Gib ohne Rechnung an, ob das Ergebnis positiv oder negativ ist.
a) $(-2)\cdot 5\cdot 3$ b) $(-2)\cdot 5\cdot(-3)$ c) $(-2)\cdot(-5)\cdot(-3)$
d) $(-3)\cdot(-2)\cdot(-3)\cdot 2$ e) $3\cdot(-2)\cdot 3\cdot(-2)$ f) $(-3)\cdot(-2)\cdot(-3)\cdot(-2)$
g) $9\cdot(-1)\cdot(-1001)\cdot 3$ h) $(-1)\cdot(-1)\cdot(-1)\cdot(-1)$ i) $(-1)\cdot(-1)\cdot 0$

17 **Potenzen mit negativer Basis:** Ganze Zahlen werden wie natürliche Zahlen potenziert, indem man die Basis so oft mit sich selbst multipliziert, wie der Exponent angibt.
a) Berechne $(-2)^2$, $(-2)^3$, $(-2)^4$ und $(-2)^5$.
b) Formuliere eine Regel zum Vorzeichen beim Potenzieren.
c) Gib das Vorzeichen von $(-17)^{411}$ an.

Hilfe

18 Berechne. Achte darauf, ob das Vorzeichen zur Basis gehört oder vor der Potenz steht.
a) $(-5)^2$ b) $(-3)^4$ c) $(-2)^7$ d) -2^8 e) $(-3)^3$
f) -6^3 g) $(-14)^2$ h) -16^2 i) $(-1)^{38}$ j) $(-1)^{149}$

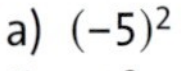

19 Gib das Vorzeichen des Ergebnisses an.
a) $(-19)^{33}$ b) $(-14)^{76}$ c) $(-231)^{100}$ d) $(-457)^{89}$ e) $(-999)^{1002}$

20 **Stolperstelle:**
a) Lenja schreibt: *$0\cdot(-1) = -0$, denn die Faktoren haben unterschiedliche Vorzeichen, also ist das Ergebnis negativ.* Nimm Stellung.
b) Ryan schreibt: *$2^2 = 4$, also gilt $(-2)^2 = -4$.* Erkläre Ryans Fehler.

21 Entscheide, ob die Aussage wahr oder falsch ist. Begründe deine Entscheidung.
a) Der Wert des Produkts aus zwei ganzen Zahlen mit dem gleichen Vorzeichen ist immer positiv.
b) Der Wert des Produkts aus zwei ganzen Zahlen mit unterschiedlichen Vorzeichen hat immer das Vorzeichen des Faktors mit dem größeren Betrag.
c) Werte von Potenzen mit einer negativen Basis sind immer negativ.
d) Der Wert jeder Potenz mit negativer Basis und ungeradem Exponenten ist negativ.

22 Vervollständige die Sätze auf den Kärtchen, sodass wahre Aussagen entstehen.

Wird eine positive oder negative ganze Zahl mit −1 multipliziert, so ...

Wird eine ganze Zahl mit 0 multipliziert, so ...

Wird 0 durch eine positive oder negative ganze Zahl geteilt, so ...

Wird eine ganze Zahl mit 1 multipliziert, so ...

Durch ... darf nicht dividiert werden.

Wird eine positive oder negative ganze Zahl durch ihre Gegenzahl dividiert, so ...

Wird eine positive oder negative ganze Zahl durch sich selbst dividiert, so ...

23 **Systematisches Probieren:** Luisa hat die Gleichung $182 : x = -13$ wie folgt gelöst:
Der Divisor muss negativ sein. Sein Betrag muss größer als 10 sein, denn
$(-10) \cdot (-13) = 130 < 182$.
$182 : (-11)$ und $182 : (-12)$ gehen nicht auf.
$182 : (-13) = -14$ etwas zu klein
$182 : (-14) = -13$ passt
Lösung: $x = -14$
Beschreibe Luisas Vorgehensweise und löse auf die gleiche Art die folgende Gleichung.
a) $(-120) : x = 8$ b) $(-12) \cdot x = -204$ c) $(-16) \cdot x = 176$ d) $x : 6 = -18$

Hilfe

24 **Umkehraufgabe:** In der Gleichung $(-15) : (-3) = 5$ erhält man die −15 als Produkt aus 5 und −3, also $-15 = 5 \cdot (-3)$. Auf diese Weise kann man den Wert von Platzhaltern in Gleichungen wie $x : 19 = -18$ bestimmen: $(-18) \cdot 19 = -342$, also gilt $x = -342$.
Ermittle auf diese Weise die fehlende Zahl in der Gleichung.
a) $x : 21 = -17$ b) $104 : a = -13$ c) $(-9) \cdot k = -108$ d) $(-16) \cdot z = 96$

25 Ersetze den Platzhalter ■ im Heft durch eine ganze Zahl, sodass die Gleichung stimmt.
a) $682 : ■ = -62$ b) $■ \cdot (-24) = 2904$ c) $-31 \cdot ■ = -279$
d) $■ : (-17) = -81$ e) $(-29) \cdot ■ = -9251$ f) $■ \cdot (-146) = -1314$

26 Schreibe eine Gleichung mit einem Platzhalter zu dem Zahlenrätsel. Bestimme dann die gesuchte Zahl.
a) Der Wert des Quotienten aus der Zahl und −8 ist 22.
b) Der Wert des Produkts aus der Zahl und 24 ist −264.
c) Wenn man 196 durch die Zahl dividiert, erhält man −28.

27 Das Dorf Oimjakon in Russland gilt als der kälteste bewohnte Ort der Erde. Die Tabelle zeigt die Temperaturen einer Woche im Januar.

Montag	Dienstag	Mittwoch	Donnerstag	Freitag	Samstag	Sonntag
−44 °C	−40 °C	−51 °C	−52 °C	−55 °C	−56 °C	−59 °C

Berechne die Durchschnittstemperatur dieser Woche. Addiere dazu die einzelnen Temperaturen und teile das Ergebnis durch 7.

28 **Ausblick:**
Roman meint: „Wenn sich eine Temperatur verdoppelt, müsste es eigentlich wärmer werden. Verdoppelt sich aber eine Temperatur von −5 °C, dann wird es kälter." Diskutiert Romans Beobachtung und erläutert, ob man von einer „doppelt so hohen Temperatur" sprechen kann.

4.8 Vermischte Aufgaben

1 Die Länge des Äquators beträgt ungefähr 40 000 km.

a) Berechne, wie viele Tage ein Radfahrer für diese Streckenlänge benötigt, wenn er täglich 10 Stunden fährt und in jeder Stunde 16 km zurücklegt.
b) Berechne, wie viele Kilometer ein Radfahrer in einer Stunde fahren müsste, wenn er täglich 8 Stunden fährt und die 40 000 km in 250 Tagen schaffen möchte.
c) Berechne, wie viele Tage ein Fußgänger für diese Streckenlänge benötigen würde, wenn er täglich 40 km zurücklegt.

2 In einer Schokoladenfabrik kann ein Verpackungsautomat Pralinen in großen Kartons abpacken. Ein Karton enthält 24 Geschenkpackungen mit jeweils vier kleinen Pralinenschachteln. In jeder der kleinen Pralinenschachteln sind 12 etwa gleich schwere Pralinen zu insgesamt 125 g.
a) Bestimme, wie viele Pralinen in 100 dieser großen Kartons enthalten sind.
b) Bestimme, wie viele kleine Pralinenschachteln der Verpackungsautomat mit 2566 Pralinen vollständig füllen kann.
c) Berechne, wie viel 1152 dieser Pralinen wiegen.

3 Benutze die Ziffern 1, 2, 3, 4, 5 und 6 jeweils genau einmal für folgende Multiplikationsaufgabe: ■■■ · ■■■
a) Gib das größte Ergebnis an, das du so erreichen kannst. Begründe deine Wahl.
b) Gib das kleinste Ergebnis an, das du so erreichen kannst. Begründe deine Wahl.

4 Wer bin ich? Gib an, welche Zahl gemeint ist.
a) Ich bin ein Teiler von 18 und von 48 und bin ungerade.
b) Ich habe 8 Teiler, bin größer als 40 und kleiner als 50.
c) Ich bin ein Vielfaches von 6 und 9 und bin kleiner als 20.
d) Ich bin ein Vielfaches von 7, kleiner als 50 und habe 3 verschiedene Primfaktoren.
e) Ich habe 5 Teiler und bin kleiner als 40.

5 a) Ordne die Ergebnisse jeweils nach Größe. Beginne mit dem kleinsten.
① $27 \cdot 59$; $17 \cdot 9$; 10^7
② $18 \cdot 10 \cdot 5$; $23 \cdot 2 \cdot 5 \cdot 4$; $25 \cdot 36 \cdot 3$
③ $12 \cdot 10^3$; $5^3 \cdot 9$; $12^5 \cdot 8$; $73 \cdot 58$
④ $723 \cdot 13$; $3^4 \cdot 2^3$; $24 \cdot 71 \cdot 3$; $2^8 \cdot 7$

b) Erfindet selbst solche Aufgaben und tauscht untereinander. Prüft gegenseitig eure Ergebnisse.

6 Finn mag gern Erdbeereis, Schokoeis und Vanilleeis. An seiner Lieblingseisdiele gibt es außerdem noch Zitroneneis und Haselnusseis. Finn darf sich zwei Kugeln Eis aussuchen.

a) Ermittle, wie viele Möglichkeiten Finn hat, sein Eis aus seinen Lieblingssorten zusammenzustellen.
b) Ermittle die Anzahl der Möglichkeiten für ein Eis, das aus zwei unterschiedlichen Sorten besteht.

7 Bestimme den Wert des Produkts. Gib dann alle seine Teiler an.
a) $2 \cdot 3 \cdot 7$ b) $2 \cdot 5 \cdot 7$ c) $2^2 \cdot 3^2$ d) $2^3 \cdot 3$ e) $7 \cdot 11$

8 **Blütenaufgabe:** Der neue Roman einer Autorin hat 768 Seiten. Der Verlag plant für die erste Auflage mit 12 000 Exemplaren. Jedes Buch soll 18 € kosten.

Für den Druck des Buchs ist es ideal, wenn die Seitenzahl durch 8 teilbar ist. Prüfe mithilfe der Primfaktorzerlegung, ob diese Bedingung erfüllt ist.

Für das Cover stehen drei verschiedene Motive, zwei verschiedene Titel und fünf verschiedene Schriftzüge zur Auswahl. Berechne die Anzahl der Möglichkeiten, das Cover zu gestalten.

Berechne die Einnahmen des Verlags, wenn alle Bücher der Auflage verkauft werden. Schreibe das Ergebnis mit einer Zehnerpotenz.

Auf jeder Buchseite stehen im Mittel 249 Wörter. Berechne, wie viele Wörter man für jeden bezahlten Euro bekommt, wenn man das Buch kauft.

9
a) Gib an, in welchem Quadranten des Koordinatensystems der Punkt $A(-21\,|\,40)$ liegt.
b) Der Punkt B entsteht aus dem Punkt A, indem die x-Koordinate versechsfacht und die y-Koordinate durch -8 geteilt wird. Gib an, in welchem Quadranten B liegt. Berechne dann die Koordinaten von B.
c) Der Punkt $C(-7\,|\,-1200)$ entsteht, indem man die x-Koordinate von A durch eine Zahl m dividiert und die y-Koordinate von A mit einer Zahl k multipliziert. Bestimme die Zahlen m und k.
d) Der Punkt $D((-1)^a\,|\,(-1)^b)$ kann für eine passende Wahl von a und b in jedem der vier Quadranten liegen. Gib für jeden Quadranten passende Werte für a und b an.

10 Negative Zahlen traten erstmals in dem chinesischen Mathematikbuch *Neun Kapitel der Rechenkunst* auf. Im alten China verwendete man negative Zahlen im Handel und beim Berechnen von Steuern. Dabei wurden zur Darstellung **positiver Zahlen** (Einnahmen, Guthaben) **rote Rechenstäbchen** und für **negative Zahlen** (Ausgaben, Schulden) **schwarze Rechenstäbchen** benutzt. Das Zahlensystem war ein Zehnersystem wie unseres. Jede Zahl von 1 bis 9 konnte mit maximal fünf Stäbchen gelegt werden.
Damit die Position der Ziffer erkennbar war, wurden Einer waagerecht, Zehner senkrecht, Hunderter waagerecht, Tausender senkrecht und so weiter abwechselnd dargestellt.

senkrechte Anordnung	𝍠	𝍡	𝍢	𝍣	𝍤	𝍥	𝍦	𝍧	𝍨
waagerechte Anordnung	𝍩	𝍪	𝍫	𝍬	𝍭	𝍮	𝍯	𝍰	𝍱
Zahlenwert	1	2	3	4	5	6	7	8	9

Beispiel: 3179 𝍢 𝍩 𝍦 𝍱

Im abgebildeten Kassenbuch entsprechen die nicht belegten Stellen der Null. Schreibe die Einnahmen und die Ausgaben vom Kassenbuch in unserem Zahlensystem und berechne den Kontostand.
Gib den Kontostand mit chinesischen Stäbchen an. Achte dabei auf die richtige Farbe der Stäbchen.

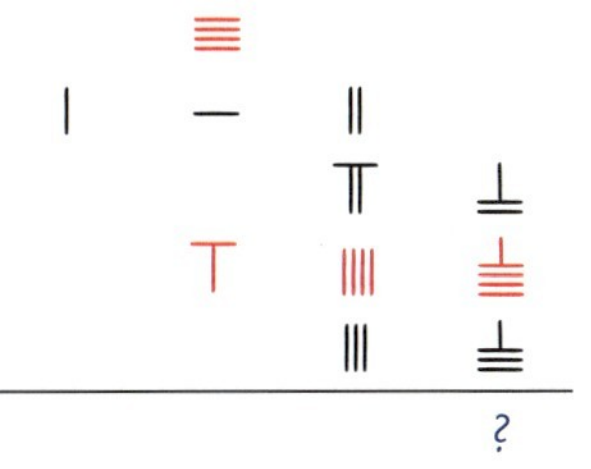

Lösungen
→ S. 216/217

1 Berechne im Kopf.
a) $8 \cdot 18$ b) $29 \cdot 15$ c) $183:3$ d) $91:7$

2 Multipliziere schriftlich. Überprüfe mit einem Überschlag, ob dein Ergebnis stimmen kann.
a) $512 \cdot 14$ b) $723 \cdot 38$ c) $687 \cdot 52$ d) $182 \cdot 257$

3 Dividiere schriftlich. Überprüfe mit einem Überschlag, ob dein Ergebnis stimmen kann.
a) $266:19$ b) $910:26$ c) $1968:16$ d) $13\,734:21$

Hinweis

Eine Minute hat 60 Sekunden. Eine Stunde hat 60 Minuten. Ein Tag hat 24 Stunden. Ein Jahr hat 365 Tage.

4 Weltweit werden jede Sekunde etwa vier Kinder geboren. Berechne, wie viele Kinder etwa in einer Minute, in einer Stunde, an einem Tag und in einem Jahr geboren werden.

5 Berechne vorteilhaft.
a) $4 \cdot 13 \cdot 25 \cdot 2$ b) $4 \cdot 11 \cdot 5 \cdot 3 \cdot 5$ c) $26 \cdot 125 \cdot 2 \cdot 8$

6 Berechne.
a) 4^3 b) 17^2 c) 2^6 d) 5^4

7 Schreibe die Zahl mit beziehungsweise ohne Zehnerpotenz.
a) $5\,000\,000$ b) $230\,000$ c) $8 \cdot 10^6$ d) $43 \cdot 10^7$

8 Gib an, welche Ziffern du für ■ einsetzen kannst, damit die Zahl 79■
a) durch 2 teilbar ist,
b) durch 3 teilbar ist,
c) durch 5 teilbar ist,
d) durch 2 und 3 teilbar ist.

9 Prüfe, ob die Zahlen in der ersten Spalte die Zahlen in der obersten Zeile teilen oder nicht teilen. Trage das richtige Zeichen ein (| = teilt oder ∤ = teilt nicht).

	198	444	890	1234	4455	42120	56403
2							
3							
5							
9							

10 Gib an, welche der Zahlen Primzahlen sind.

27 11 47 57 68 69 85 91 94 97 103

11 Zerlege die Zahl in ihre Primfaktoren.
a) 36 b) 84 c) 99 d) 128 e) 150 f) 225

12 Ein Autohändler bietet einen Kleinwagen, eine Limousine, einen Kombi und ein SUV an. Jedes Modell ist in den Farben weiß, rot, grün, blau, silber und schwarz erhältlich.
a) Frau Rubin möchte ein rotes Auto kaufen. Gib an, zwischen wie vielen Modellen sie wählen kann.
b) Herr Groß interessiert sich für einen Kombi. Gib an, wie viele Wahlmöglichkeiten er hat.
c) Gib an, wie viele Autos der Händler ausstellen muss, wenn jedes Modell in jeder Farbe zu sehen sein soll.
d) Der Händler möchte von jedem Modell ein Auto ausstellen und dabei keine Farbe doppelt verwenden. Bestimme die Anzahl der Möglichkeiten für die beiden Farben, die dann nicht in der Ausstellung zu sehen sind.

Lösungen → S. 217

13 Rechne im Kopf.

a) $25 \cdot (-40)$ b) $2300 : (-100)$ c) $-3 : (-3)$ d) $(-7) \cdot (-78)$
e) $-60 : 30$ f) $(-2)^3 \cdot (-3)^2$ g) $2 \cdot 3 \cdot (-1)$ h) $0 : (-7)^5$

14 Berechne schriftlich.

a) $(-524) \cdot 13$ b) $627 \cdot (-18)$ c) $(-491) \cdot (-32)$
d) $405 : (-15)$ e) $(-2058) : (-6)$ f) $(-9798) : 23$

15 Ersetze den Platzhalter ■ im Heft durch eine Zahl, sodass die Gleichung stimmt.

a) $-35 \cdot$ ■ $= 350$ b) ■ $\cdot 100 = -600$ c) $5 \cdot$ ■ $= -550$ d) ■ $\cdot 7 = -21$
e) $-12 :$ ■ $= 12$ f) ■ $: 1000 = -272$ g) $-560 :$ ■ $= -80$ h) ■ $: (-2) = 0$

16 Löse die Gleichung.

a) $x \cdot 10 = 120$ b) $4 \cdot x = 84$ c) $x : 9 = 12$ d) $51 : x = 3$

17 Berechne vorteilhaft.

a) $4 \cdot 8 \cdot 25 \cdot 6$ b) $(-2) \cdot 17 \cdot 5 \cdot (-3) \cdot (-5)$ c) $14 \cdot 125 \cdot 2 \cdot (-8)$
d) $25 \cdot 11 \cdot (-2) \cdot 15$ e) $(-6) \cdot 6 \cdot 5 \cdot 3 \cdot (-5) \cdot (-3)$ f) $9 \cdot 31 \cdot (-5) \cdot 2$

18 Eine Zaubershow für den guten Zweck wird von 234 Gästen besucht. Jeder Gast spendet als Eintritt 5 €. Am Ende verdoppelt der Zauberkünstler die Spende. Berechne, wie viel Geld am Ende gespendet wird.

Hinweis

Ein Kubikmeter Schnee ist die Menge an Schnee, die in einen Würfel mit der Kantenlänge 1 m passt.

19 Für einen Weltcup im Biathlon wird auf 15 Lkws Kunstschnee angeliefert. Jeder Lkw kann 60 Kubikmeter Kunstschnee laden. Insgesamt fährt jeder Lkw 5 Ladungen zum Austragungsort des Weltcups. Berechne, wie viel Kunstschnee insgesamt für den Weltcup angeliefert wird.

Wo stehe ich?

	Ich kann ...	Aufgabe	Schlag nach
4.1	... schriftlich multiplizieren und dividieren.	1, 2, 3, 4, 16	S. 94 Beispiel 1, S. 95 Beispiel 2
4.2	... Rechengesetze der Multiplikation anwenden, um vorteilhaft zu rechnen.	5, 17, 18, 19	S. 98 Beispiel 1
4.3	... Produkte mit gleichen Faktoren als Potenzen schreiben und berechnen. ... große Zahlen mit Zehnerpotenzen schreiben.	6, 7	S. 100 Beispiel 1, S. 101 Beispiel 2
4.4	... Teiler und Vielfache von Zahlen bestimmen. ... mithilfe der Teilbarkeitsregeln Zahlen auf ihre Teilbarkeit durch 2, 3, 5, 9 und 10 prüfen.	8, 9	S. 103 Beispiel 1, S. 104 Beispiel 2, S. 105 Beispiel 3
4.5	... Primzahlen erkennen. ... Zahlen in ihre Primfaktoren zerlegen.	10, 11	S. 107 Beispiel 1, S. 107 Beispiel 2
4.6	... Anzahlen von Möglichkeiten mit dem Zählprinzip bestimmen.	12	S. 109 Beispiel 1
4.7	... ganze Zahlen multiplizieren und dividieren.	13, 14, 15	S. 113 Beispiel 1, S. 114 Beispiel 2, S. 115 Beispiel 3, S. 115 Beispiel 4

4 Zusammenfassung

Multiplikation und Division

Produkt:

a	·	b	=	c
1. Faktor		**2. Faktor**		**Wert des Produkts**

Quotient:

a	:	b	=	c
Dividend		**Divisor**		**Wert des Quotienten**

Durch 0 kann man nicht dividieren.
$0 : a = 0 \ (a \neq 0)$ und $a : a = 1 \ (a \neq 0)$

8	6	7	·	4	3
	3	4	6	8	
+		2	6	0	1
	3	7	2	8	1

$4 \cdot 7 = 28$ (8 hin, 2 im Sinn)
$4 \cdot 6 + 2 = 26$ (6 hin, 2 im Sinn)
$4 \cdot 8 + 2 = 34$

	3	7	8	:	1	4	=	2	7
−	2	8							
		9	8						
	−	9	8						
			0						

$14 \cdot 2 = 28$
$14 \cdot 7 = 98$

Rechengesetze der Multiplikation

Kommutativgesetz: $a \cdot b = b \cdot a$ — $2 \cdot 4 = 4 \cdot 2 = 8$
Assoziativgesetz: $(a \cdot b) \cdot c = a \cdot (b \cdot c)$ — $(3 \cdot 5) \cdot 2 = 3 \cdot (5 \cdot 2) = 30$

Potenzen

Ein Produkt mit gleichen Faktoren kann man kürzer als Potenz schreiben.
$a \cdot a \cdot a \cdot a = a^4$ (sprich: a hoch 4) (a: Basis, 4: Exponent)

$3 \cdot 3 \cdot 3 \cdot 3 \cdot 3 = 3^5$ Basis: 3 Exponent: 5

$2^4 = 2 \cdot 2 \cdot 2 \cdot 2 = 16$

Teilbarkeitsregeln

Endziffernregeln: Eine Zahl ist genau dann durch
- **2 teilbar**, wenn sie auf 2, 4, 6, 8 oder 0 endet,
- **5 teilbar**, wenn sie auf 5 oder 0 endet,
- **10 teilbar**, wenn sie auf 0 endet.

12, 310, 18, 36 sind durch 2 teilbar.
870 und 985 sind durch 5 teilbar.
70 und 920 sind durch 10 teilbar.

Quersummenregel: Eine Zahl ist genau dann durch 3 teilbar, wenn ihre Quersumme durch 3 teilbar ist.

162 ist durch 3 teilbar, denn ihre Quersumme $(1 + 6 + 2 = 9)$ ist durch 3 teilbar.

Primzahlen

Eine **Primzahl** ist eine Zahl, die genau zwei Teiler hat (1 und sich selbst). Jede natürliche Zahl größer 1, die keine Primzahl ist, kann eindeutig als Produkt von Primzahlen dargestellt werden (**Primfaktorzerlegung**).

Die ersten Primzahlen sind 2, 3, 5, 7, 11, 13, 17, 19, 23, 29, 31 ...

$60 = 6 \cdot 10 = 2 \cdot 3 \cdot 2 \cdot 5 = 2 \cdot 2 \cdot 3 \cdot 5 = 2^2 \cdot 3 \cdot 5$

Zählprinzip und Baumdiagramme

Einen Vorgang mit unterschiedlichen **Kombinationsmöglichkeiten** kann man in einem mehrstufigen **Baumdiagramm** darstellen. Die **Gesamtzahl der Möglichkeiten** entspricht der Anzahl der Pfadenden. Mit dem **Zählprinzip** bestimmt man die Gesamtzahl der Möglichkeiten in Situationen mit verschiedenen Auswahlmöglichkeiten. Dazu multipliziert man die Anzahl der Wahlmöglichkeiten jeder einzelnen Auswahl.

Drei Hemden und zwei Krawatten können unterschiedlich kombiniert werden:

Es gibt $3 \cdot 2 = 6$ Möglichkeiten.

Ganze Zahlen multiplizieren und dividieren

Sind **beide Zahlen negativ**, multipliziert/dividiert man nur die Beträge. Das Ergebnis ist **positiv**. Haben beide Zahlen **verschiedene Vorzeichen**, multipliziert/dividiert man die Beträge und gibt dem Ergebnis das Vorzeichen **minus**.

$(-5) \cdot (-6) = 5 \cdot 6 = 30$
$(-18) : (-9) = 18 : 9 = 2$

$(-2) \cdot 8 = -(2 \cdot 8) = -16$
$16 : (-4) = -(16 : 4) = -4$

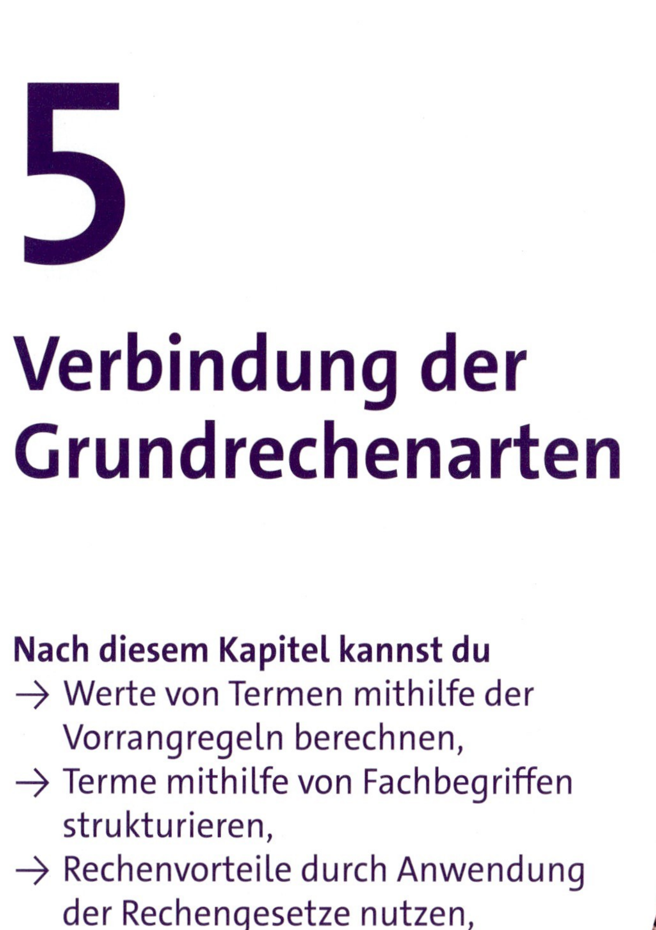

5

Verbindung der Grundrechenarten

Nach diesem Kapitel kannst du
→ Werte von Termen mithilfe der Vorrangregeln berechnen,
→ Terme mithilfe von Fachbegriffen strukturieren,
→ Rechenvorteile durch Anwendung der Rechengesetze nutzen,
→ Probleme im Sachzusammenhang mit unterschiedlichen Strategien lösen.

Lösungen
→ S. 217/218

Ganze Zahlen addieren und subtrahieren

1 Berechne.

a) 32 + 46 b) 75 + 43 c) 37 + 14 d) 338 + 340
e) 69 − 21 f) 87 − 36 g) 72 − 45 h) 247 − 160
i) 157 + 305 j) 388 − 206 k) 538 − 291 l) 525 − 426

2 Berechne.

a) −23 + 18 b) −29 + 38 c) 221 − 372 d) 96 − 132
e) −173 + 281 f) −762 + 139 g) −191 − 38 h) −653 − 321

3 Rechne möglichst vorteilhaft im Kopf.

a) 18 + 47 b) 35 − 18 c) 249 + 101 d) 219 − 20
e) 14 + 29 + 16 f) 39 + 12 + 28 g) 139 + 201 − 40 h) 3776 + 220 − 76

4 Ersetze den Platzhalter ■ im Heft so durch eine Zahl, dass die Gleichung stimmt.

a) 9 + ■ = 36 b) ■ + 31 = 52 c) 45 − ■ = 39 d) 79 + ■ = 97
e) 34 − ■ = 1 f) ■ − 29 = 100 g) ■ − 159 = 11 h) ■ + 12 = 12

5 Die Zahl im Quadrat ergibt sich aus der Summe der beiden Zahlen an der angrenzenden Seite im Dreieck. Ergänze die fehlenden Zahlen.

a)

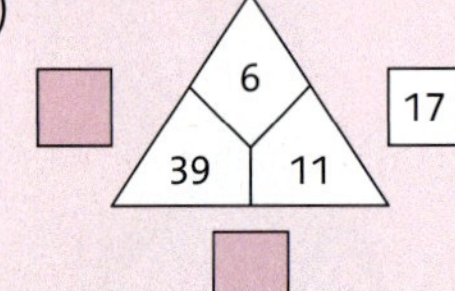

b)
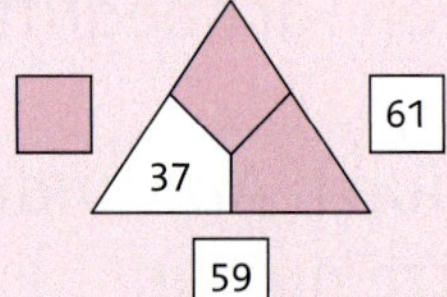

c)
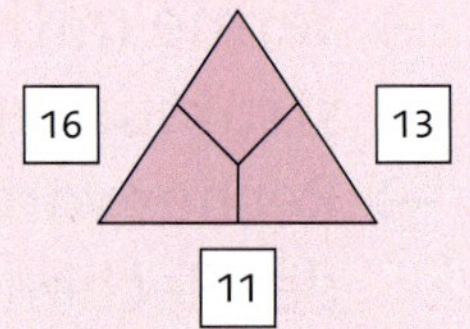

6 Die Tabelle zeigt, wie viele Kinder in jede 5. Klasse einer Schule gehen.

Klasse	5a	5b	5c	5d	5e
Anzahl Kinder	28	24	25	22	26

Berechne möglichst geschickt die Anzahl aller Kinder in den 5. Klassen.

7 New York ist bekannt für seine vielen Hochhäuser. Herr Müller steigt in einem dieser Hochhäuser in den Aufzug. Der Aufzug fährt zunächst 67 Stockwerke nach oben und dann 48 Stockwerke abwärts. Herr Müller steigt im 35. Stock aus. Berechne, in welchem Stockwerk er in den Aufzug eingestiegen ist.

8 Am Montag waren −3 °C. Am Dienstag stieg die Temperatur um 2 °C, fiel am Mittwoch aber wieder um 1 °C und stieg am Donnerstag um 4 °C. Berechne die Temperatur am Donnerstag.

Ganze Zahlen multiplizieren und dividieren

9 Berechne.

a) $4 \cdot 43$ b) $5 \cdot 62$ c) $85 \cdot 6$ d) $73 \cdot 8$
e) $12 \cdot 41$ f) $6 \cdot 120$ g) $19 \cdot 6$ h) $38 \cdot 7$
i) $5 \cdot 88$ j) $6 \cdot 48$ k) $198 \cdot 3$ l) $7 \cdot 297$

Lösungen
→ S. 218

10 Berechne.

a) 68 : 2 b) 96 : 3 c) 84 : 7 d) 126 : 9
e) 144 : 8 f) 168 : 14 g) 95 : 5 h) 76 : 4
i) 171 : 9 j) 147 : 3 k) 270 : 30 l) 228 : 12

11 Berechne.

a) $(-2)\cdot(-5)$ b) $18\cdot(-3)$ c) $-9\cdot 27$ d) $-14\cdot(-6)$
e) $144:(-12)$ f) $(-288):6$ g) $-952:(-8)$ h) $594:(-11)$

12 Linda möchte heute 1000 m schwimmen. Eine Bahn ist 25 m lang. 17 Bahnen ist sie schon geschwommen.

a) Berechne, wie viele Bahnen Linda heute insgesamt schwimmen muss.
b) Berechne, wie viele Meter sie bereits zurückgelegt hat.
c) Berechne, wie viele Meter sie noch schwimmen muss.

Vermischtes

13 Übertrage die Aufgaben in dein Heft und ersetze den Platzhalter ■ so durch ein Rechenzeichen (+, ·, – oder :), dass die Rechnung stimmt.

a) 7 ■ 8 = 56 b) 49 ■ 7 = 7 c) 2 ■ 2 = 4 d) 140 ■ 70 = 70
e) 12 ■ 0 = 12 f) 132 ■ 5 = 127 g) 0 ■ 39 = 0 h) 100 ■ 50 = 2

14 Gib einen Term an, der zur Situation passt. Berechne dann seinen Wert.

a) Aishe geht mit 33 Euro und 50 Cent einkaufen und kommt mit 5 € und 20 Cent zurück.
b) Jonas und sein Vater gehen in den Zoo. Der Eintritt kostet 6 € für Erwachsene und 3 € für Kinder bis zu 16 Jahren.
c) Ein Getränk kostet 3 €. Merle lädt ihre drei Freundinnen ein.
d) Beim 25-km-Staffellauf müssen in einem Team 5 Personen laufen.

15 Beschreibe das Muster der Folge und ergänze die nächsten beiden Zahlen.

a) 1; 4; 16; 64; 256 ... b) 3; 6; 12; 24; 48 ... c) 1; 1; 2; 6; 24 ...

16 Notiere einen passenden Term. Erstelle einen Rechenbaum und berechne den Wert des Terms.

a) Zur Summe aus 48 und 31 wird 59 addiert.
b) Von der Differenz aus 22 und 68 wird die Summe aus 19 und −23 subtrahiert.
c) Zur Differenz aus −25 und −17 wird die Summe aus 25 und 17 addiert.

17 a) Gib an, für welche Rechenarten das Kommutativgesetz und das Assoziativgesetz gelten. Nenne jeweils eine Beispielrechnung.
b) Zeige, dass das Kommutativgesetz und das Assoziativgesetz für die anderen beiden Rechenarten nicht gelten. Gib dazu jeweils ein Gegenbeispiel an.

5.1 Vorrangregeln und Termstrukturen

Entscheide begründet, in welchem Term man die Klammern weglassen kann, ohne dass sich der Termwert ändert.

$34 - (7 - 19)$

$(56 - 19) - 100$

Vorrangregeln

Ein Term kann unterschiedliche Rechenzeichen, Klammern und Potenzen enthalten. Wenn verschiedene Grundrechenarten im Term vorkommen, gibt es feste Vorrangregeln zum Berechnen des Termwerts.

Merke

Hoch vor Punkt vor Strich, doch die Klammer sagt: „Zuerst komm ich!"

Wissen

1. **Klammern** werden zuerst berechnet. Bei mehreren Klammern beginnt man innen und geht dann schrittweise nach außen.
2. Danach gilt: **Potenzen vor Punktrechnung** (· und :) **vor Strichrechnung** (+ und –).
3. In allen anderen Fällen rechnet man **von links nach rechts**.

Beispiel 1 Berechne.

a) $-28 + (6 + 14)$ b) $-12 + (-2)^3 \cdot 11$ c) $16 - 36 + 40$

Lösung:

a) Berechne zuerst den Ausdruck in Klammern. $-28 + (6 + 14) = -28 + 20 = -8$

b) Berechne zuerst die Potenz. Rechne dann Punkt vor Strich: Multipliziere zuerst, subtrahiere dann. $-12 + (-2)^3 \cdot 11 = -12 + (-8) \cdot 11 = -12 - 8 \cdot 11 = -12 - 88 = -100$

c) Rechne von links nach rechts. $16 - 36 + 40 = -20 + 40 = 20$

Basisaufgaben

1 Rechne von links nach rechts.

a) $6 - 8 + 3$ b) $-7 + 9 - 5$ c) $-3 - 5 - 4$
d) $10 - 36 - 16$ e) $29 - 17 + 31$ f) $-13 + 73 - 11$
g) $-98 + 87 - 3$ h) $-103 - 54 + 8$ i) $-28 + 112 - 99$

2 Berechne. Beachte die Regel „Potenz vor Punkt vor Strich".

a) $-5 + 6 \cdot 2$ b) $9 - 3^2 \cdot 4$ c) $8 - (-2) \cdot 3$
d) $8 + (-2) \cdot 4^3$ e) $-3 + 3 \cdot 17$ f) $6 \cdot (-12) + 8$
g) $-8 + 3 \cdot 18$ h) $(-8) \cdot 9 + 6 \cdot (-7)$ i) $-8 + 9 \cdot 5^2 - 8$

Lösungen zu 3

10 24 51 80000 256 148 810 102

3 Berechne.

a) $5^2 - 15$ b) $8 + 2^4$ c) $10 \cdot 9^2$ d) $4^3 \cdot 4$
e) $2 \cdot 3^3 + 48$ f) $150 - 72 : 6^2$ g) $2 + 7^3 : 7$ h) $10^4 \cdot 2^3$

4 Berechne. Beachte die Vorrangregeln.

a) $(-9) \cdot (2 - 7)$ b) $(-4) \cdot 2 - (-6)$ c) $(2 - 7) \cdot (-5 + 6)$
d) $(-10) \cdot (-36 - (-16))$ e) $3 - 7 \cdot 8 - 5$ f) $-1 - 6 \cdot (-5) : 2$

Terme strukturieren

Terme mit verschiedenen Rechenzeichen, Klammern und Potenzen lassen sich in Rechenbäumen und Gliederungsbäumen strukturieren. Dadurch wird die Reihenfolge bei der Berechnung übersichtlich dargestellt.

Beispiel 2

Erstelle für den Term $5 \cdot (-4 + 10) : 2 - 12$ einen Rechenbaum. Beschreibe den Term in Worten und erstelle anschließend einen Gliederungsbaum.

Lösung:

Beginne mit der Berechnung der Klammer $(-4 + 10)$ auf der obersten Stufe.
Multipliziere dann 5 mit dem Ergebnis und dividiere anschließend durch 2 (Punkt vor Strich, Punktrechnungen von links nach rechts).
Subtrahiere zum Schluss 12.

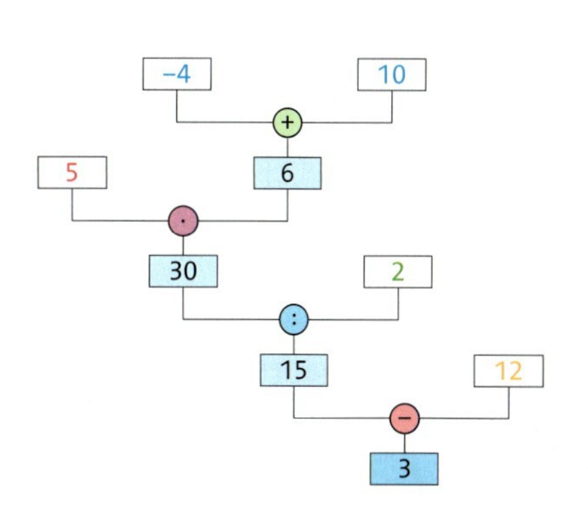

Beschreibe den Term anhand des Rechenbaums in Worten. Nutze Fachbegriffe.

5 wird mit der Summe aus −4 und 10 multipliziert. Das Ergebnis wird durch 2 dividiert, anschließend wird 12 subtrahiert.

Erstelle aus der Beschreibung den zugehörigen Gliederungsbaum. Beginne mit einer Differenz, da die letzte Rechenoperation eine Subtraktion ist. Zerlege den Term dann schrittweise, bis du bei der Summe in Klammern angekommen bist.

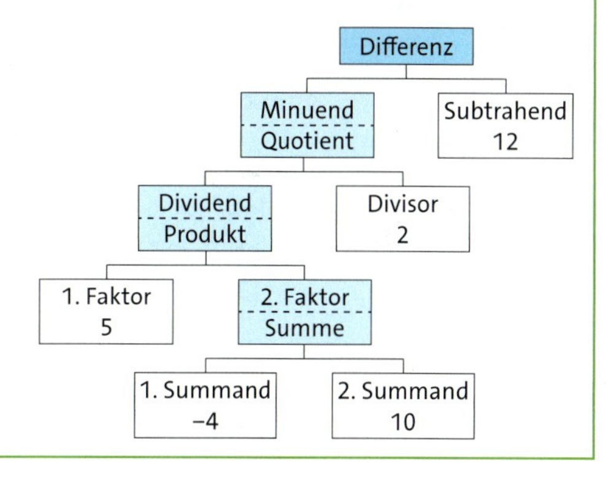

Basisaufgaben

5 Erstelle zu jedem der Terme einen Rechenbaum. Beschreibe den Term in Worten und erstelle anschließend einen Gliederungsbaum. Gib auch die Art des Terms an.

a) $11 \cdot 3 + 20$
$11 \cdot (3 + 20)$

b) $65 - 25 - 24$
$65 - (25 - 24)$

c) $3 \cdot 22 - 2 \cdot 9$
$3 \cdot (22 - 2) \cdot 9$

d) $82 - 19 + 12 : 4$
$82 - (19 + 12 : 4)$

6 Gib den Term zum Rechenbaum an. Ergänze dann im Heft die fehlenden Zahlen im Rechenbaum.

a)
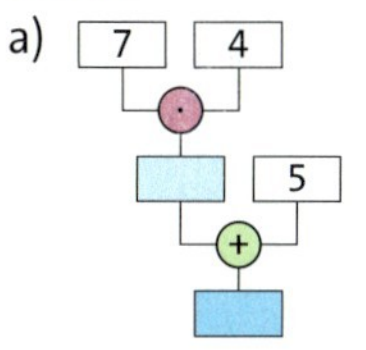

b)
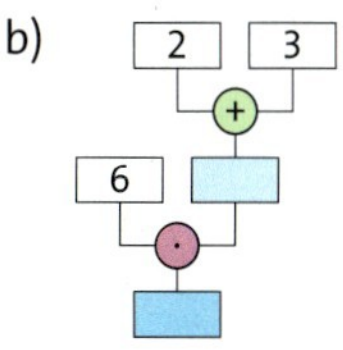

c)
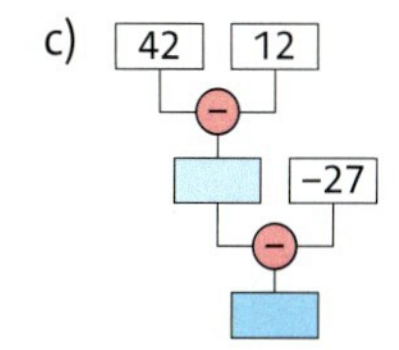

d)
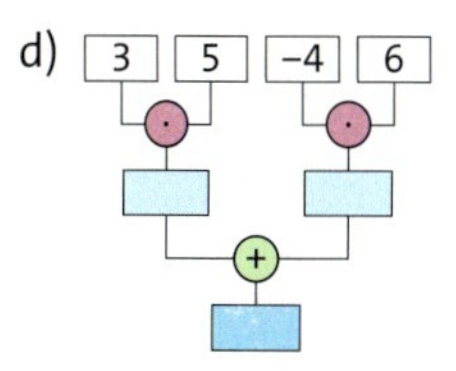

Weiterführende Aufgaben

7 Schreibe eine passende Wortformulierung oder den Term auf. Berechne dann.

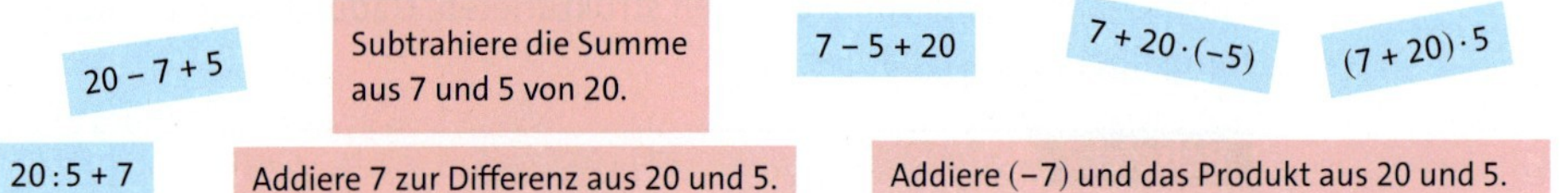

8 Berechne. Beachte die Vorrangregeln.

a) $-5 + (-4) - (9 + 6)$ b) $(-9 + 6) \cdot (2 - 8 \cdot 9)$ c) $3 + (5 - 7) \cdot (6 - 4)$
d) $(-36) \cdot (-3 - 2 \cdot 3)$ e) $2 \cdot (-4) - 5 : (6 - 7)$ f) $-7 + (-8 + 11) \cdot (-3 + 17)$
g) $3 + [-2 \cdot (6 - 8)]$ h) $(11 - 18) - (1 + 2 \cdot 3)$ i) $-5 + 15 - (-6 + 18 : 3 - 9)$
j) $35 - 25 : 5 + 10$ k) $(0 - 1) \cdot 6 - 19$ l) $[30 + (-2)^3] - (60 + 40)$

9 Berechne mithilfe der Vorrangregeln.

a) $(9 - 6)^3 - 15$ b) $7 \cdot (2^3 - 11)$ c) $10 - (2^6 : 4)$ d) $(4 \cdot 2 - 5)^3 : 9$

10 **Stolperstelle:** Überprüfe Elifs Rechnung. Beschreibe und korrigiere ihren Fehler.

a) *$27 - 5 \cdot 3 = 22 \cdot 3 = 66$* b) *$1 - 2^3 = -1^3 = -1$* c) *$46 - 22 - 12 = 46 - 10 = 36$*

11 Stelle einen passenden Term auf. Beschreibe ihn in Worten und berechne seinen Wert.

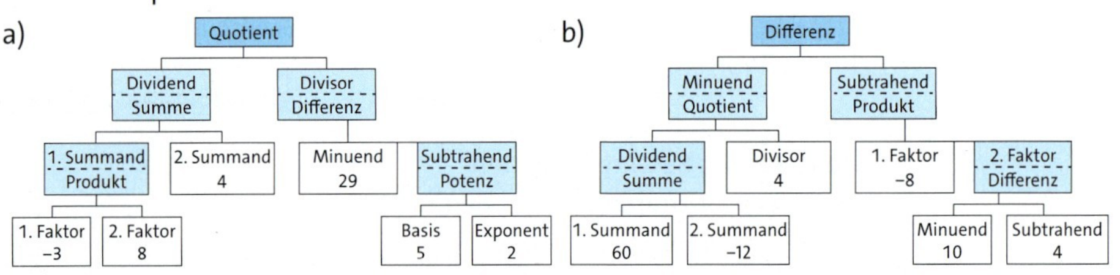

12 Berechne. Beginne mit der inneren Klammer.
Beispiel: $6 \cdot [12 - (5 + 3)] = 6 \cdot [12 - 8] = 6 \cdot 4 = 24$

a) $3 \cdot [27 - (19 - 3)]$ b) $[23 - (8 + 6)] \cdot (-5)$ c) $[6 : (2 \cdot 3) + 7] \cdot 9$ d) $18 \cdot [9 - 5 - (1 + 2)]$

13 Berechne mithilfe der Vorrangregeln. Gib an, welche Klammern man weglassen kann, ohne dass sich das Ergebnis ändert. Begründe.

a) $(51 + 29) \cdot (3 - 10)$ b) $(45 : 3) - (6 \cdot 2)$ c) $(50 + 350) - (210 - 90)$
d) $130 + (12 \cdot 9 - 12)$ e) $-130 - (12 \cdot 9 - 12)$ f) $(16 \cdot 8) : 2 + (98 - 142)$

Hilfe

14 Setze im Heft Klammern, sodass das Ergebnis eine der drei Zahlen auf den Kärtchen ist.

a) $2 \cdot 8 + 10$ b) $140 - 12 : 2$
c) $3 \cdot 4 \cdot 2 + 4$ d) $2 + 6 \cdot 16 - 1$
e) $70 - 10 - 3 - 1$ f) $36 - 11 \cdot 2 + 2 \cdot 10$

15 Schreibe als Term und berechne.

a) Multipliziere die Differenz aus 876 und 163 mit der Summe aus 578 und 395.
b) Dividiere die Summe aus 1987 und 743 durch die Summe aus −609 und 624.
c) Subtrahiere den Quotienten aus 125 und −5 vom Produkt aus 21 und −19.
d) Addiere 542 zum Produkt aus der Summe von −712 und 341 und der Differenz aus 976 und 214.

16 Gib die Art des Terms an und zeichne einen passenden Gliederungsbaum.

a) $(146 - 721) \cdot [(1193 - 387) : 2]$ b) $[281 + 4 \cdot (-13)] - (193 - 6 \cdot 17)$

17 Stelle einen passenden Term zum Rechenbaum auf, der möglichst wenig Klammern enthält.

a) 18 | 12 | −131 | 5 (Rechenbaum mit · , + , :)

b)
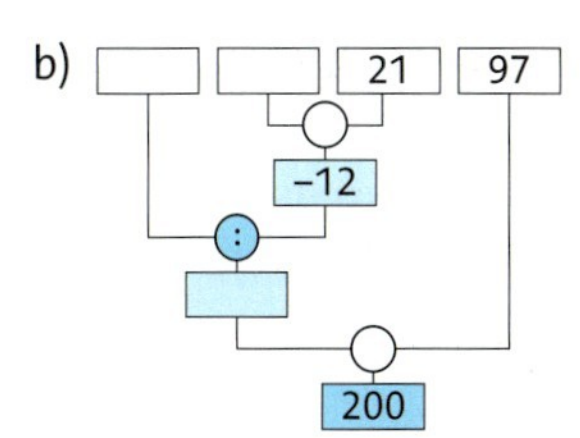

c)
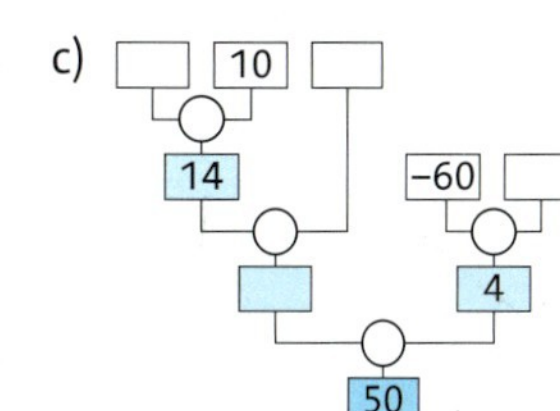

Hilfe

18 Anna und ihre Eltern möchten vom 26.08. bis zum 09.09. an die Ostsee in den Urlaub fahren. Für die Unterkunft haben sie ein Ferienhaus ausgesucht.

a) Berechne die Gesamtkosten für die Familie, wenn sie das angebotene Ferienhaus bucht. Prüfe dein Ergebnis mit einer Überschlagsrechnung.

b) Berechne, wie viel Geld Annas Familie bei diesem Ferienhaus spart, wenn sie erst eine Woche später fährt.

c) In einem anderen Ferienhaus kostet die Endreinigung 54 €, dafür gibt es keine Unterscheidung nach Saison. Berechne, was ein Tag dort kosten muss, damit es für die Familie ein genauso gutes Angebot ist.

Hinweis

Die Nacht auf den 01.09. zählt zur Nebensaison.

Preise für das Ferienhaus

Hauptsaison (01.07.–31.08.):
120 € pro Nacht
Nebensaison: 90 € pro Nacht
Endreinigung: 30 €
Kurtaxe: 2 € pro Erwachsener und Tag

19 In den USA wird die Temperatur nicht in Grad Celsius (°C), sondern in Grad Fahrenheit (°F) gemessen. Für die Umrechnung gilt:

Von °F in °C: °C = (°F − 32) : 9 · 5   Von °C in °F: °F = °C · 9 : 5 + 32

a) Vervollständige die Tabelle im Heft.

°C	−15	−10	−5	0				
°F					−85	−4	5	50

b) Temperaturen können nicht unter −273 °C sinken. Rechne in °F um. Recherchiere, warum man diese Temperatur „absoluter *Null*punkt" nennt.

Hinweis zu b)

Beim Dividieren ergibt sich ein Rest. Runde sinnvoll, bevor du weiterrechnest.

20 Aus den Kärtchen sollen verschiedene Rechenaufgaben gelegt werden. Jedes Kärtchen muss vorkommen. Finde jeweils die Aufgabe mit dem größten und dem kleinsten positiven Ergebnis. Vergleicht untereinander und erklärt euch gegenseitig euer Vorgehen.

a) + | · | 8 | 4 | 0 | 1

b) − | : | 7 | 3 | 2 | 6

c) − | · | 9 | 1 | (|) | 4 | 5

21 **Ausblick:** In jeder Streichholzschachtel befinden sich gleich viele Streichhölzer und auf jeder Seite des (senkrechten) Strichs liegen insgesamt gleich viele Hölzer. Bestimme die Anzahl der Streichhölzer in einer Schachtel. Beschreibe dein Vorgehen.

5.2 Distributivgesetz

Vincent hat beim Kartenspiel 6 blaue Chips und 9 rote Chips gesetzt. Er hat gute Karten und sagt: „Ich verdreifache meinen Einsatz!" Berechne die Gesamtzahl der Chips mithilfe einer einzigen Multiplikation.

Hinweis

Zum Distributivgesetz sagt man auch **Verteilungsgesetz**.

Wissen

Bei der Multiplikation mit einer Summe oder einer Differenz gilt das **Distributivgesetz**.
Für beliebige Zahlen a, b und c gilt immer:

$a \cdot (b + c) = a \cdot b + a \cdot c$ $\quad$ $a \cdot (b - c) = a \cdot b - a \cdot c$

$4 \cdot (3 + 2) = 4 \cdot 3 + 4 \cdot 2$ $\quad$ $6 \cdot (8 - 5) = 6 \cdot 8 - 6 \cdot 5$

Ausmultiplizieren

Beim Ausmultiplizieren wendet man das Distributivgesetz „von links nach rechts" an.

Beispiel 1 Berechne. Nutze das Distributivgesetz.

a) $4 \cdot (250 - 12)$ $\quad$ b) $(-5) \cdot (100 - 1)$

Lösung:

a) Löse die Klammer mit dem Distributivgesetz auf. Mit $4 \cdot 250 = 1000$ wird die Rechnung einfacher.

$4 \cdot (250 - 12) = 4 \cdot 250 - 4 \cdot 12$
$= 1000 - 48 = 952$

b) Multipliziere −5 mit 100 und mit 1. Berechne dann. Beachte, dass du eine negative Zahl subtrahieren musst.

$(-5) \cdot (100 - 1) = (-5) \cdot 100 - (-5) \cdot 1$
$= -500 - (-5) = -500 + 5 = -495$

Basisaufgaben

1 Berechne. Nutze das Distributivgesetz.

a) $4 \cdot (30 + 8)$ b) $9 \cdot (50 + 6)$ c) $12 \cdot (100 - 1)$ d) $5 \cdot (80 - 2)$
e) $-3 \cdot (900 + 21)$ f) $-15 \cdot (30 + 6)$ g) $-12 \cdot (300 - 5)$ h) $-16 \cdot (400 - 8)$

2 Multipliziere aus und berechne dann.
Beispiel: $(60 + 8) \cdot 2 = 60 \cdot 2 + 8 \cdot 2 = 120 + 16 = 136$

a) $(20 + 7) \cdot 9$ b) $(300 + 11) \cdot 4$ c) $(-200 + 9) \cdot 5$ d) $(-10 - 1) \cdot 36$

3 Wende das Distributivgesetz an und berechne.

a) $3 \cdot (12 - 30)$ b) $18 \cdot (1 - 30)$ c) $(-4) \cdot (-25 + 13)$ d) $(-9) \cdot (200 - 5)$
e) $(-1) \cdot (3 - 95)$ f) $(50 - 29) \cdot (-2)$ g) $(-25 + 10) \cdot (-4)$ h) $(100 - 25) \cdot (-2)$

4 Man kann auch ausmultiplizieren, wenn in der Klammer mehr als zwei Zahlen stehen. Multipliziere aus und berechne dann.
Beispiel: $5 \cdot (100 + 8 + 7) = 5 \cdot 100 + 5 \cdot 8 + 5 \cdot 7 = 500 + 40 + 35 = 575$

a) $3 \cdot (100 + 40 + 7)$ b) $8 \cdot (200 + 20 - 1)$
c) $(1000 + 30 + 5) \cdot 4$ d) $(100 - 10 - 1) \cdot (-15)$
e) $-5 \cdot (9 + 90 + 900 + 9000)$ f) $(2000 - 100 - 30 - 7) \cdot 6$

Ausklammern

Beim Ausklammern wendet man das Distributivgesetz „von rechts nach links“ an.

Beispiel 2 Berechne, indem du einen Faktor ausklammerst.

a) $3 \cdot 17 + 3 \cdot 13$ b) $(-3) \cdot 41 - 3 \cdot 59$

Lösung:

a) Klammere den gemeinsamen Faktor 3 aus. Berechne dann 17 + 13. Multipliziere 3 mit dem Ergebnis.

$3 \cdot 17 + 3 \cdot 13 = 3 \cdot (17 + 13)$
$= 3 \cdot 30 = 90$

b) Setze Klammern um die hintere (−3). Ergänze ein Plus als Rechenzeichen. Klammere −3 aus: Schreibe 41 + 59 in die Klammer und (−3) vor die Klammer. Berechne erst die Klammer und dann (−3) · 100.

$-3 \cdot 41 - 3 \cdot 59$
$= (-3) \cdot 41 + (-3) \cdot 59$
$= (-3) \cdot (41 + 59)$
$= (-3) \cdot 100 = -300$

Basisaufgaben

5 Berechne, indem du einen Faktor ausklammerst.

a) $6 \cdot 13 + 6 \cdot 7$ b) $9 \cdot 42 - 9 \cdot 33$ c) $4 \cdot 24 + 4 \cdot 27$ d) $12 \cdot 188 + 12 \cdot 12$
e) $14 \cdot 5 + 16 \cdot 5$ f) $51 \cdot 17 - 49 \cdot 17$ g) $129 \cdot 9 - 29 \cdot 9$ h) $22 \cdot 15 + 79 \cdot 15$
i) $8 \cdot 65 - 45 \cdot 8$ j) $77 \cdot 3 + 3 \cdot 23$ k) $25 \cdot 25 + 25 \cdot 25$ l) $95 \cdot 85 - 85 \cdot 95$

Lösungen zu 6

−36, 48, −120, −78, −70, −105, 0, 117

6 Berechne, indem du einen Faktor ausklammerst.

a) $(-7) \cdot 8 + (-7) \cdot 2$ b) $(-18) \cdot 4 - (-18) \cdot 2$ c) $3 \cdot (-5) + 18 \cdot (-5)$ d) $17 \cdot (-3) + (-3) \cdot 9$
e) $(-8) \cdot 9 + 6 \cdot (-8)$ f) $(-9) \cdot 5 - 5 \cdot (-9)$ g) $-13 + 13 \cdot 10$ h) $(-4) \cdot 8 + 8 \cdot 10$

7 Klammere aus und berechne.

a) $6 \cdot 17 + 6 \cdot 9 + 6 \cdot 24$ b) $4 \cdot 198 + 4 \cdot 19 + 4 \cdot 3$
c) $77 \cdot 8 - 30 \cdot 8 - 7 \cdot 8$ d) $217 \cdot 7 - 28 \cdot 7 - 9 \cdot 7$

8 **Addieren und Subtrahieren großer Zahlen:** Berechne durch Ausklammern.
Beispiel: $36\,000 + 12\,000 = (36 + 12) \cdot 1000 = 48 \cdot 1000 = 48\,000$

a) $5400 + 1800$ b) $9000 + 77\,000$ c) $6000 - 2600$ d) $50\,000 - 1500$

Weiterführende Aufgaben

Zwischentest

9 **Kopfrechnen mit dem Distributivgesetz:** Man kann geschickt im Kopf multiplizieren, indem man Faktoren ergänzt oder zerlegt. Erläutere anhand der Beispiele, dass dabei das Distributivgesetz genutzt wird.

$3 \cdot 92 = 3 \cdot (90 + 2) = 3 \cdot 90 + 3 \cdot 2 = 270 + 6 = 276$
$6 \cdot 38 = 6 \cdot (40 - 2) = 6 \cdot 40 - 6 \cdot 2 = 240 - 12 = 228$

10 Berechne geschickt im Kopf.

a) $4 \cdot 32$ b) $54 \cdot 8$ c) $5 \cdot 93$ d) $13 \cdot 101$
e) $7 \cdot 29$ f) $98 \cdot 6$ g) $6 \cdot 597$ h) $199 \cdot 25$
i) $4 \cdot (-19)$ j) $(-3) \cdot 73$ k) $7 \cdot (-101)$ l) $98 \cdot (-6)$
m) $(-5) \cdot 115$ n) $(-4) \cdot (-17)$ o) $12 \cdot (-19)$ p) $(-17) \cdot 11$

⚠ ◐ **11** **Stolperstelle:** Beschreibe und korrigiere Justins Fehler.

a) $(3 \cdot 4) \cdot 7 = 3 \cdot 7 \cdot 4 \cdot 7$
b) $7 \cdot 12 - 7 \cdot 6 - 7 = 7 \cdot (12 - 6) = 7 \cdot 6 = 42$
c) $54 \cdot 4 - 4 = 4 \cdot (54 - 4) = 200$
d) $6 \cdot (8 + 5 + 7) = 6 \cdot 8 + 6 \cdot 5 + 7 = 85$

◐ **12** Welcher der beiden Rechenwege ist vorteilhafter? Begründe deine Wahl und berechne.

a) $3 \cdot (200 - 6) = 3 \cdot 200 - 3 \cdot 6 = \dots$ $\quad$ $3 \cdot (200 - 6) = 3 \cdot 194 = \dots$
b) $4 \cdot (37 + 33) = 4 \cdot 37 + 4 \cdot 33 = \dots$ $\quad$ $4 \cdot (37 + 33) = 4 \cdot 70 = \dots$
c) $6 \cdot 17 - 6 \cdot 14 = 6 \cdot (17 - 14) = \dots$ $\quad$ $6 \cdot 17 - 6 \cdot 14 = 102 - 84 = \dots$

Hilfe

◐ **13** Entscheide, ob es sinnvoll ist, das Distributivgesetz anzuwenden. Berechne geschickt.

a) $4 \cdot (62 - 22)$ b) $23 \cdot (3 + 10)$ c) $15 \cdot (50 - 1)$ d) $(52 + 48) \cdot 7$
e) $9 \cdot 8 + 9 \cdot 11$ f) $28 \cdot 5 + 12 \cdot 5$ g) $12 \cdot 90 - 78 \cdot 12$ h) $99 \cdot 18$

◐ **14** Berechne. Überlege vorher, ob es sinnvoll ist, auszuklammern oder auszumultiplizieren.

a) $9 \cdot 8 - 9 \cdot 21$ b) $-4 \cdot (62 - 22)$ c) $15 \cdot 4 - 15 \cdot 20$ d) $-28 \cdot 5 - 12 \cdot 5$
e) $(200 + 20) \cdot (-2)$ f) $(62 + 38) \cdot (-7)$ g) $99 \cdot (-28)$ h) $-24 \cdot (50 - 1)$

◐ **15** a) Multipliziere schriftlich.
① $8 \cdot 224$ ② $12 \cdot 34$
b) Löse die beiden Aufgaben aus a) mit dem Distributivgesetz.
c) Vergleiche die Rechenwege aus a) und b). Erläutere, dass die schriftliche Multiplikation auf dem Distributivgesetz beruht.

◐ **16** **Distributivgesetz der Division:** Für die Division gilt nur eins der Distributivgesetze. Überprüfe, welche der beiden Möglichkeiten richtig ist. Gib für die andere ein Gegenbeispiel an.

$a : (b + c) = a : b + a : c$ $\quad$ $(a + b) : c = a : c + b : c$

◐ **17** Berechne mit dem Distributivgesetz der Division.

a) $96 : 3$ b) $84 : 7$ c) $468 : 4$ d) $819 : 9$

Hilfe 

◐ **18** **Minusklammern auflösen:** Bei der Subtraktion ganzer Zahlen können Klammern, vor denen ein Minus steht, aufgelöst werden. Dabei kehren sich alle Plus- und Minuszeichen in der Klammer um. Die Klammer und das Minus davor fallen weg.
Es gilt: $25 - (13 - 19) = 25 - 13 + 19$
Zeige mit dem Distributivgesetz, dass diese Rechnung richtig ist. Füge dazu einen Faktor (-1) ein und multipliziere die Klammer aus.

◐ **19** Löse die Minusklammer auf und berechne.

a) $-(5 + 7)$ b) $-(4 - 3)$ c) $-(-3 + 2)$ d) $-(-3 - 1)$
e) $-(-12 - 39)$ f) $30 - (-72 + 67)$ g) $-6 - (34 - 73)$ h) $-3 - (7 - 20 - 76)$
i) $-13 - (-33 + 42)$ j) $35 - (-33 - 41)$ k) $-1 - (51 + 17)$ l) $-4 - (74 + 35)$

● **20** **Beweis der Quersummenregel:**

a) Erläutere die einzelnen Schritte in folgender Rechnung:

$$738 = 700 + 30 + 8 = 7 \cdot 100 + 3 \cdot 10 + 8 \cdot 1$$
$$= 7 \cdot (99 + 1) + 3 \cdot (9 + 1) + 8 \cdot 1$$
$$= 7 \cdot 99 + 7 \cdot 1 + 3 \cdot 9 + 3 \cdot 1 + 8 \cdot 1$$
$$= 7 \cdot 99 + 3 \cdot 9 + (7 + 3 + 8) \cdot 1$$
$$= 3 \cdot (7 \cdot 33 + 3 \cdot 3) + (7 + 3 + 8) \cdot 1$$

b) Beschreibe, wie man mit dem Ergebnis aus a) prüfen kann, ob 738 durch 3 teilbar ist.
c) Erkläre allgemein, weshalb man mit der Quersummenregel die Teilbarkeit einer Zahl durch 3 prüfen kann.

21 Schreibe als Term und berechne geschickt.
a) Multipliziere die Differenz aus 187 und −23 mit 5.
b) Addiere das Produkt aus 17 und −29 zum Produkt aus 31 und −17.
c) Dividiere die Summe aus 1125 und −375 durch 50.

22 a) Quadriere die Zahlen 0 bis 10.
b) Eine zweistellige Zahl wird quadriert. Untersuche mit dem Distributivgesetz, auf welche Ziffern das Ergebnis enden kann.
c) Gib an, auf welche Ziffern das Quadrat einer beliebigen ganzen Zahl enden kann.
d) Entscheide anhand der letzten Ziffer der Zahl, ob es sich um eine Quadratzahl handeln kann.
① 12 321 ② 54 757 ③ 9604 ④ 279 842

23 Sophie kauft sich jeden Montag für 3 € Pommes und für 2 € Süßigkeiten am Schulkiosk. Im letzten Schuljahr war Sophie an 32 Montagen in der Schule. Berechne, wie viel Geld sie am Kiosk ausgegeben hat.

24 In einem Fußballstadion gibt es 10 000 Stehplätze zum Preis von je 15 € und 15 000 Sitzplätze zum doppelten Preis.

a) Stelle einen Term für die Einnahmen des Fußballvereins auf, wenn das Stadion ausverkauft ist. Berechne die Einnahmen geschickt.

b) Vergleicht eure Rechenwege untereinander. Erklärt, an welchen Stellen ihr das Distributivgesetz angewendet habt.

Info

Backbord ist mit Blick zum Bug (also in Fahrtrichtung) die linke Seite eines Schiffs, Steuerbord die rechte Seite.

25 Auf dem Deck eines Ausflugsschiffs gibt es 27 Sitzreihen. In jeder Reihe gibt es 4 Plätze backbord, 13 Plätze in der Mitte und 3 Plätze steuerbord. Berechne die Anzahl der Sitzplätze auf dem Deck.

26 Tanja backt Weihnachtsplätzchen.
a) Sie backt 4 Bleche mit Zimtsternen. Auf jedem Blech liegen 45 weiß glasierte und 35 gelb glasierte Zimtsterne. Berechne die Anzahl der Zimtsterne.
b) Tanja backt 43 Pinguine und 41 Eulen. Jedes dieser Plätzchen soll mit zwei Augen verziert werden. Berechne geschickt, wie viele Augen Tanja benötigt.
c) Große Lebkuchen werden mit je 6 Mandeln, kleine mit je 3 Mandeln verziert. Tanja backt 24 große und 32 kleine Lebkuchen. Berechne möglichst geschickt, wie viele Mandeln Tanja benötigt. Prüfe dein Ergebnis mit einer Überschlagsrechnung.

27 **Ausblick:** Man kann Zahlen auch grafisch multiplizieren.

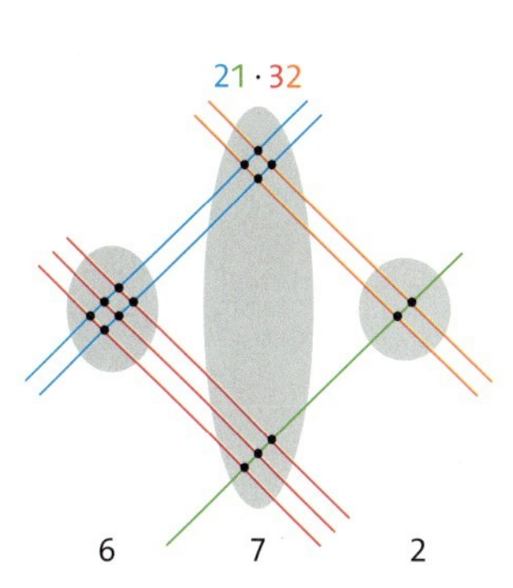

a) Beschreibe, wie das Produkt $21 \cdot 32$ mithilfe der Striche berechnet wurde.
b) Mirjam meint: *„Das ist ja eigentlich nur das Distributivgesetz doppelt angewendet. Man rechnet $21 \cdot 32 = (20 + 1) \cdot 32 = 20 \cdot 32 + 1 \cdot 32 = 20 \cdot (30 + 2) + 1 \cdot (30 + 2) = 20 \cdot 30 + 20 \cdot 2 + 1 \cdot 30 + 1 \cdot 2$."*
Erkläre ihren Rechenweg.
c) Berechne $12 \cdot 22$ mithilfe der Striche. Überprüfe die Lösung mithilfe von Mirjams Erklärung.

5.3 Vorteilhaftes Rechnen mit allen Grundrechenarten

Setze Klammern, sodass die Rechnung stimmt.

$5 \cdot 2 + 3 = 25$
$10 \cdot 6 - 2 \cdot 4 = 160$
$-7 - 1 \cdot 6 + 2 \cdot 5 = -38$

Kompliziertere Terme kann man oft mit den Rechengesetzen vereinfachen, sodass man ihren Wert im Kopf berechnen kann.

Beispiel 1

Berechne den Wert des Terms $18 - 4 \cdot 37 + 32 + 4 \cdot (-53)$ möglichst geschickt.

Lösung:

Sortiere zuerst mit dem Kommutativgesetz der Addition die Summanden um. Klammere dann aus dem dritten Summanden den Faktor −1 aus. Forme mit dem Kommutativgesetz der Multiplikation um. Klammere die 4 mithilfe des Distributivgesetzes aus. Berechne den Ausdruck in der Klammer und multipliziere das Ergebnis mit 4. Rechne dann von links nach rechts.

$18 - 4 \cdot 37 + 32 + 4 \cdot (-53)$
$= 18 + 32 - 4 \cdot 37 + 4 \cdot (-53)$
$= 18 + 32 + (-1) \cdot 4 \cdot 37 + 4 \cdot (-53)$
$= 18 + 32 + 4 \cdot (-1) \cdot 37 + 4 \cdot (-53)$
$= 18 + 32 + 4 \cdot (-37) + 4 \cdot (-53)$
$= 18 + 32 + 4 \cdot (-37 - 53)$
$= 18 + 32 + 4 \cdot (-90)$
$= 18 + 32 - 360$
$= 50 - 360$
$= -310$

Basisaufgaben

1 Berechne den Wert des Terms möglichst geschickt.
a) $43 + 5 \cdot 32 + 27 + 5 \cdot 88$
b) $11 \cdot 17 - 19 - 11 \cdot 23 - 31$

2 Berechne. Zerlege dazu Faktoren, sodass du das Distributivgesetz anwenden kannst.
Beispiel: $24 \cdot 12 + 8 \cdot 14 = 8 \cdot 3 \cdot 12 + 8 \cdot 14 = 8 \cdot (3 \cdot 12 + 14) = 8 \cdot 50 = 400$
a) $27 \cdot 13 + 9 \cdot 31$
b) $48 \cdot 16 + 12 \cdot 36$
c) $42 \cdot 11 + 28 \cdot 21$

3 Berechne möglichst geschickt.
a) $45 : 9 \cdot 8 + 6 \cdot 4 - 28$
b) $(314 - 496) \cdot 7 + 91 + 82 \cdot 7$

Weiterführende Aufgaben

4 Berechne.
a) $12 + 11 + 10$
b) $10 + 11 + 12$
c) $10 \cdot 11 + 12$
d) $10 + 11 \cdot 12$
e) $10 + (11 \cdot 12)$
f) $10 \cdot (11 + 12)$
g) $10 \cdot (12 + 11)$
h) $10 \cdot (12 - 11)$
i) $10 \cdot (32 - 11)$
j) $10 \cdot [32 - (10 + 1)]$
k) $[32 - (10 + 1)] \cdot 10$
l) $[32 - (10 + 2)] \cdot 10$
m) $(32 - 10 \cdot 2) \cdot 10$
n) $(320 - 10 \cdot 20) \cdot 100$
o) $(3200 - 100 \cdot 20) \cdot 1000$

5 **Stolperstelle:** Beschreibe Tariks Fehler und korrigiere seine Rechnung.
$16 \cdot 16 + 4 \cdot 6 = 16 \cdot 4 + 16 \cdot 6 = 16 \cdot (4 + 6) = 16 \cdot 10 = 160$

6 Berechne möglichst geschickt.

a) $8 \cdot 3^2 + 3$ b) $39 - 4^2 \cdot 2$ c) $5^2 : 3 + 15 : 3^2$ d) $2^2 \cdot 3^2 - 4$
e) $5^2 \cdot 2^2$ f) $10^2 : 2^2$ g) $10^2 : 5^2$ h) $10^2 : 10^2$

Hilfe

7 Berechne möglichst geschickt.

a) $-537 + [(193 - 245) \cdot (-8)] : 2^2 + 3 \cdot 179$
b) $(10^3 \cdot 5 : 2 - 475) : (-18 \cdot 3 - 9 \cdot 16 + 18 \cdot 12 - 13)^2$
c) $(169 - 13 \cdot 7 - 13 \cdot 6 + 15 \cdot 92 + 4 \cdot 30) : [(-7)^2 - 6^2 + 4^2 : 2^3]$
d) $19 \cdot 99 + 9 \cdot 999 - (-21) \cdot (-89 + 110) - 333 \cdot 27$
e) $[39 \cdot 43 : 3 + 3 \cdot 5^2 \cdot (-3) - 34] \cdot [2^2 \cdot (-3)^2 - 7 \cdot (-19) + 21 \cdot 7]$

8 Markus bekommt jeden Monat 30 € Taschengeld von seinen Eltern. Davon zahlt er monatlich 10 € für einen Musikstreamingdienst und 9 € für das Abo einer Zeitschrift. Außerdem geht er einmal im Monat ins Kino. Der Eintritt kostet 8 € und das Popcorn 6 €. Da sein Taschengeld nicht ausreicht, nimmt er jeden Monat Geld aus seiner Spardose. Vor drei Monaten hatte er noch 20 € in der Spardose. Berechne, wie viel Geld sie jetzt noch enthält.

9 Im Herbst 2023 floss Magma unter eine Halbinsel in Island. Dadurch hob und senkte sich der Boden an einigen Stellen.

a) Um Svartsengi hatte sich der Boden bis zum November 2023 um 120 mm gehoben. Vom 1. bis zum 9. November hob er sich um weitere 2 mm pro Tag, vom 10. bis zum 23. November um 13 mm pro Tag. Berechne, wie hoch der Boden am 23. November war.
b) In Grindavík senkte sich der Boden. Vom 1. bis zum 14. November betrug die Senkrate 7 cm pro Tag, vom 15. bis zum 18. November sogar 12 cm pro Tag. Vorher lag der Ort 100 cm über dem Meeresspiegel. Bei einem Absinken auf 100 cm unter dem Meeresspiegel drohen Teile der Stadt im Meer zu versinken. Beurteile mit einer Überschlagsrechnung, ob am 18. November bereits die Gefahr bestand, dass Häuser im Meer versinken könnten. Prüfe mit einer Rechnung.

10 In der Erdatmosphäre ändert sich die Temperatur, je weiter man sich von der Erde entfernt. Die Tabelle zeigt die Änderungen der Temperatur pro km. Am Erdboden sind 0 °C.

Höhe über dem Erdboden	Temperaturänderung pro km
0 km bis 15 km	−5 °C
15 km bis 50 km	+2 °C
50 km bis 80 km	−3 °C
80 km bis 500 km	+3 °C

a) Berechne die Temperatur in einer Höhe von 15 km und 50 km über dem Erdboden.
b) Gib die Temperatur in einer Höhe von 100 km über dem Erdboden an. Begründe.
c) Ermittle, in welcher Höhe über dem Erdboden die Temperatur erstmals über 100 °C steigt.

11 **Ausblick:** Bilde aus den Zahlen, Rechenzeichen, Vorzeichen und Klammern einen Term. Jedes Zeichen soll genau einmal vorkommen.

−  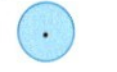  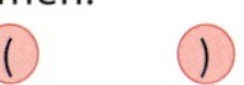   

a) Der Wert des Terms soll möglichst groß sein.
b) Der Wert des Terms soll möglichst klein sein.
c) Der Betrag des Werts des Terms soll möglichst klein sein.

Strategien zum Lösen von Sachproblemen

a) Löse das Zahlenrätsel.
b) Vergleicht eure Lösungswege in der Klasse. Haben alle das Problem auf dieselbe Weise gelöst?

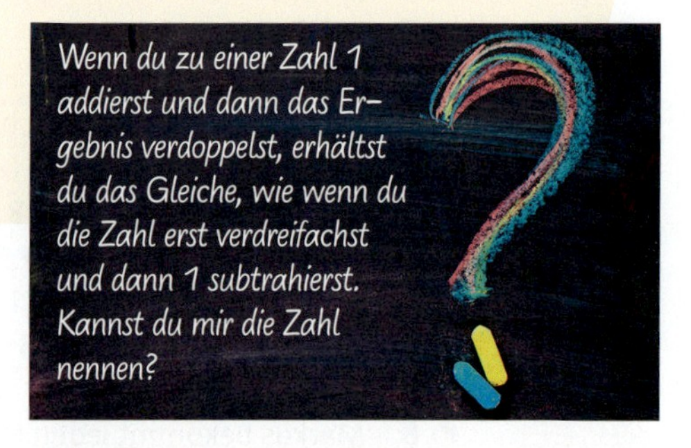

Wenn du zu einer Zahl 1 addierst und dann das Ergebnis verdoppelst, erhältst du das Gleiche, wie wenn du die Zahl erst verdreifachst und dann 1 subtrahierst. Kannst du mir die Zahl nennen?

Beispiel 1 **Systematisches Probieren und Zeichnungen**

In einer Tüte sind dreimal so viele weiße wie rosafarbige Schokolinsen. Es sind 44 weiße Linsen mehr als rosafarbige Linsen. Ermittle, wie viele Linsen es insgesamt sind.

Lösung durch systematisches Probieren:
Probiere systematisch verschiedene Werte aus.
Entscheide, ob die ausprobierten Werte Lösungen für die Problemaufgabe sind.
Berechne die Gesamtzahl der Linsen.

Anzahl Linsen		Differenz (Anzahl weiß minus Anzahl rosa)	
rosa	weiß		
10	$3 \cdot 10 = 30$	$30 - 10 = 20$	zu klein
20	$3 \cdot 20 = 60$	$60 - 20 = 40$	zu klein
25	$3 \cdot 25 = 75$	$75 - 25 = 50$	zu groß
22	$3 \cdot 22 = 66$	$66 - 22 = 44$	passt

22 Linsen + 66 Linsen = 88 Linsen

Lösung mithilfe einer Zeichnung:
Die erste Aussage führt zu einer Einteilung in vier gleich große Gruppen. Die zweite Aussage ergibt, dass es 44 weiße Linsen mehr sind als rosafarbige Linsen.
Berechne, wie viele Linsen in einer Gruppe sind. Berechne dann die Gesamtzahl.

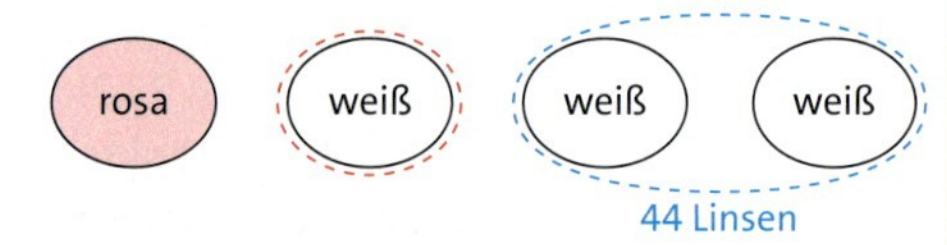

Anzahl weiß = Anzahl rosa + 44
44 Linsen : 2 = 22 Linsen
$4 \cdot 22$ Linsen = 88 Linsen

Beispiel 2 **Vorwärts- und Rückwärtsarbeiten**

Janina sagt: „Denke dir eine Zahl, addiere 5, multipliziere das Ergebnis mit 4 und subtrahiere 7. Wenn du mir das Ergebnis sagst, kann ich dir deine gedachte Zahl nennen."
a) Aydin hat sich die Zahl 13 gedacht. Gib das Ergebnis an, das er nennen muss.
b) Janina bekommt das Ergebnis 73 genannt. Bestimme die gedachte Zahl.

a) Lösung mit Vorwärtsarbeiten:
Hier ist die Ausgangssituation bekannt. Das Ergebnis ist gesucht.
Beginne mit der Ausgangssituation und rechne Schritt für Schritt Richtung Ziel.

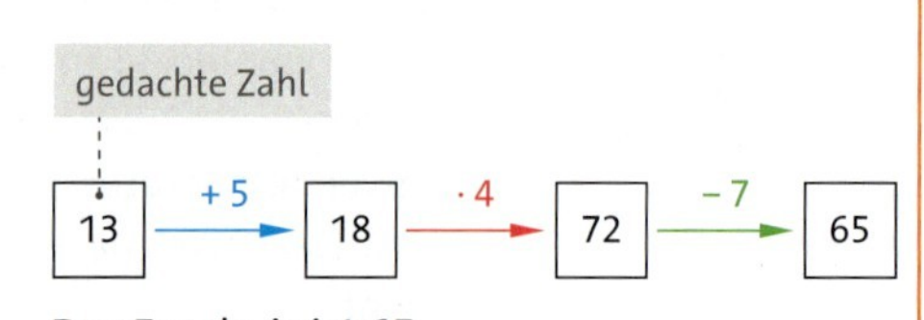

Das Ergebnis ist 65.

b) Lösung mit Rückwärtsarbeiten:
Hier ist das Ergebnis bekannt. Die Ausgangssituation ist gesucht.
Beginne beim Ergebnis. Rechne Schritt für Schritt mithilfe der Umkehrrechnungen zurück.

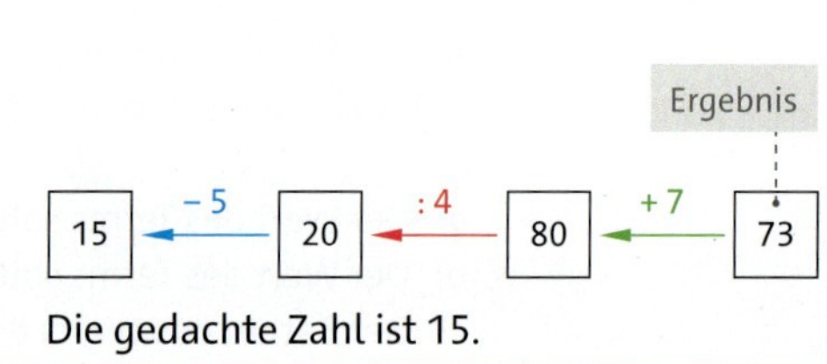

Die gedachte Zahl ist 15.

Aufgaben

1 Auf einem Parkplatz stehen Autos und Motorräder. Es sind 4-mal so viele Autos wie Motorräder. Es gibt 24 Autos mehr als Motorräder.
Ermittle, wie viele Fahrzeuge insgesamt auf dem Parkplatz stehen.

2 Zu einer Feier kommen 52 Gäste. Es werden Tische für 6 Personen und für 8 Personen aufgestellt. Jeder Gast soll einen Platz erhalten. Es sollen keine Plätze frei bleiben.
Prüfe, ob dies möglich ist. Begründe deine Entscheidung.

3 Janis stellt das folgende Zahlenrätsel:
„Denke dir eine Zahl. Verdopple die Zahl. Addiere zum Ergebnis die Zahl 10. Multipliziere diese Summe mit 3. Subtrahiere zum Schluss vom Ergebnis die Zahl 8. Wenn du mir das Ergebnis sagst, kann ich dir deine gedachte Zahl nennen."
a) Die gedachte Zahl ist 6 (ist 0; ist 8). Berechne das Ergebnis.
b) Das Ergebnis ist 52 (ist 40; ist 70). Bestimme die gesuchte Zahl.

4 Arbeitet zu zweit. Stellt euch gegenseitig Zahlenrätsel und löst sie.

5 Max stellt Yordanka ein Zahlenrätsel: „Ich denke mir eine Zahl und addiere zunächst die Zahl 2. Die Summe multipliziere ich mit 2. Ich erhalte als Ergebnis 24."
Finde verschiedene Wege, um die gedachte Zahl zu ermitteln, und vergleiche sie.

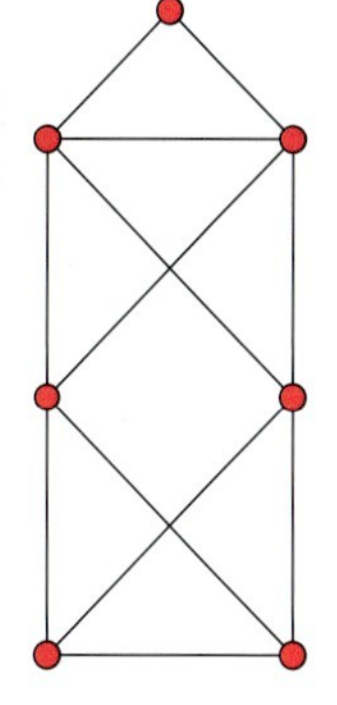

6 Elena fährt den 3 km langen Schulweg mit dem Fahrrad. Ihre Durchschnittsgeschwindigkeit beträgt 15 km/h. Elena hat verschlafen und fährt erst 10 Minuten vor Unterrichtsbeginn los. Schätze ein, ob sie pünktlich kommen wird. Beurteile, wie genau dein Ergebnis ist.

7 Prüfe, ob du die Figur am Rand in einem Zug zeichnen kannst, ohne abzusetzen und ohne eine Strecke zweimal zu durchlaufen. Begründe.

8 In der Additionsaufgabe SEND + MORE = MONEY stehen gleiche Buchstaben für gleiche Ziffern. Schreibe eine passende Aufgabe auf.

Info

Fermi-Aufgaben sind nach dem italienischen Naturwissenschaftler Enrico Fermi (1901–1954) benannt. Er stellte seinen Studenten solche Aufgaben.

9 **Forschungsauftrag: Fermi-Aufgaben**
Eine Fermi-Aufgabe kann man nicht genau lösen, weil dafür Informationen fehlen. Es ist aber möglich, zum Beispiel durch passende Abschätzungen näherungsweise Lösungen zu finden.
a) Bestimme näherungsweise die Anzahl der Menschen im Bild.
b) Präsentiere deine Vorgehensweise und deine Lösung in der Klasse.

c) Arbeitet zu zweit. Erfindet eigene Fermi-Aufgaben und stellt sie euch gegenseitig.

5.4 Vermischte Aufgaben

1 Bei Zauberquadraten ist die Summe in allen Zeilen, Spalten und Diagonalen immer gleich. Diese Summe wird Zauberzahl genannt, die Zahl in der Mitte heißt Mittelzahl.

a) Löse die Zauberquadrate, indem du die fehlenden Zahlen ergänzt.

①

25	21	14
	19	

②

72		30
	62	
		52

③

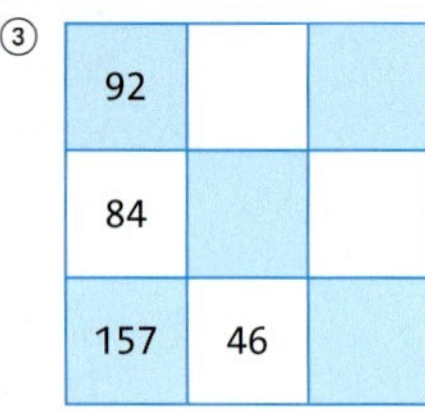

92		
84		
157	46	

b) Gib an, wie die Zauberzahl mit der Mittelzahl zusammenhängt.

c) Addiere beim ausgefüllten Zauberquadrat ① zu jedem Eintrag 3 (multipliziere jeden Eintrag mit 2). Zeige, dass es sich immer noch um ein Zauberquadrat handelt. Erkläre mithilfe der Rechengesetze, warum das so ist. Gib die neue Zauberzahl an.

d) Arbeitet zu zweit. Erfindet eigene Zauberquadrate und lasst sie gegenseitig lösen.

2 In der Klasse 5c sind 30 Kinder. Jedes Kind bezahlt 20 € für den Wandertag. Die Zugfahrt kostet 254 € und das Mittagessen 106 €. Dazu kommt das Eintrittsgeld für den Zoo von 180 €. Berechne, wie viel Geld jedes Kind zurückbekommt. Stelle dazu einen passenden Term auf.

3 **Blütenaufgabe:**
In der Klasse von Irina, Benjamin und Süleyman steht diese Aufgabe an der Tafel.

Berechne, indem du zuerst die Vorrangregel für Klammern beachtest und die Rechengesetze anwendest.

$3 \cdot (20 - 10) - (4 - (3 - 1) + 2 \cdot (8 - 4)) =$

Irina sagt: „Wenn ich Klammern einfach wegwische, komme ich auf 40."
Gib an, welche Klammern sie weggelassen hat, um auf 40 zu kommen.

Benjamin sagt: „Wenn ich Klammern wegwischen darf, komme ich sogar auf ein größeres Ergebnis als 50."
Bestimme, was das größtmögliche Ergebnis ist, wenn Klammern einfach weggewischt werden dürfen. Untersuche, welche Ergebnisse vorkommen können.

Süleyman rechnet so weiter:
$= 3 \cdot 20 - 3 \cdot 10 - (4 - 2 + 2 \cdot 8 - 2 \cdot 4)$
$= \ldots$
Beurteile, ob Süleyman recht hat. Falls ja, gib das passende Rechengesetz an.

4 In der Pension Schönblick gibt es auf jeder Etage sechs Zweibettzimmer und vier Einbettzimmer. Die Pension hat drei Etagen. Stelle einen passenden Term auf, um die Gesamtzahl der Betten zu bestimmen. Berechne die Anzahl der Betten.

5 **Rechnen mit Geburtstagen:**

a) Noah ist am 13.11.2014 geboren, Jana am 03.05.2015. Bestimme, wie viele Tage der Altersunterschied zwischen den beiden beträgt.

b) Schreibt die Geburtstage aller Kinder eurer Klasse auf, zum Beispiel an die Tafel.

① Berechnet den Altersunterschied zwischen dem jüngsten und dem ältesten Kind eurer Klasse in Tagen.

② Findet heraus, bei welchen Kindern aus eurer Klasse der Altersunterschied in Tagen möglichst nah an der Zahl 100 liegt.

c) Denkt euch eigene Aufgaben zu euren Geburtstagen aus und stellt sie euch gegenseitig.

6 Löse die Aufgabe. Beschreibe dein Vorgehen.

a) $-50:(-5\cdot 2)$	b) $-130-(-66:11)$	c) $0\cdot(-44)-(-6)$
d) $10-8\cdot(-9)+3$	e) $7-(-7)+36:(-3)$	f) $-2\cdot(-6^2)-(-2)\cdot 2^4$
g) $0+[(-3\cdot 14):6]:(-7)$	h) $-7\cdot 2-(-8):4$	i) $(-7\cdot 2)-(-8):4$
j) $-10-[-36-(-16)]$	k) $20:\{-2\cdot[10:(-5)]\}$	l) $-32-[8+(-20)]:2-(-4)$

7 Bestimme die gesuchte Zahl.

a) Wenn man von der Zahl 5 subtrahiert, das Ergebnis mit 7 multipliziert und anschließend durch 3 dividiert, erhält man 21.

b) Wenn man die Zahl mit der Summe aus 21 und 17 multipliziert und anschließend 70 addiert, erhält man −500.

8 Schreibe die Zeichen auf Kärtchen, lege einige von ihnen nebeneinander und bilde daraus eine richtige Rechenaufgabe. Finde möglichst viele Aufgaben.

=  · −  1 2 3 4 )

9 In den letzten Jahren wurden große Flächen des Regenwalds zerstört. Inzwischen gibt es viele Projekte, um dort neue Bäume zu pflanzen. Eine Baumschule pflanzt Setzlinge für neue Bäume auf drei verschiedenen Flächen.

24 Reihen mit je 40 Bäumen

18 Reihen mit je 48 Bäumen

90 Reihen mit je 80 Bäumen

a) Stelle einen Term auf, der die Anzahl der Bäume in dieser Baumschule beschreibt. Berechne diese Anzahl. Prüfe mit einem Überschlag, ob dein Ergebnis stimmen kann.

b) Vergleicht eure Rechenwege untereinander. Erklärt euch gegenseitig euer Vorgehen.

10 Ein Hilfsprojekt für Wohnungslose sammelt leere Pfandflaschen. Bei einer Sammlung wurden 260 Flaschen mit 25 Cent Pfand, 103 Flaschen mit 8 Cent Pfand und 41 Flaschen mit 15 Cent Pfand gespendet. Berechne möglichst geschickt, wie viel Pfand insgesamt gespendet wurde. (Hinweis: 1 € = 100 Cent)

11 Lennart hat im letzten Jahr 3 Serien geschaut, deren Folgen jeweils 22 Minuten lang sind. Eine Serie hatte 4 Staffeln, eine 6 Staffeln und eine 3 Staffeln. Jede Staffel bestand aus 20 Folgen. Dazu kamen noch 2 Serien mit 44 Minuten langen Folgen. Eine Serie hatte 3 Staffeln mit je 8 Folgen, die andere hatte 5 Staffeln mit je 6 Folgen. Berechne, wie viel Zeit Lennart letztes Jahr mit dem Schauen von Serien verbracht hat. (Hinweis: 1 Stunde = 60 Minuten)

Lösungen
→ S. 218/219

1 Berechne.

a) $12 + 8 \cdot 9$ b) $31 \cdot 2 + 8$ c) $4 \cdot 5^2 - 7$ d) $18 - 3^3 \cdot 2$
e) $12 - 2^4 + 35 : 5$ f) $5 \cdot 6 + 4 \cdot 15$ g) $32 - (4 - 7)$ h) $69 - (-14 + 29) \cdot 2$

2 Übertrage den Rechenbaum in dein Heft und fülle ihn aus. Gib auch den zugehörigen Term an.

a) 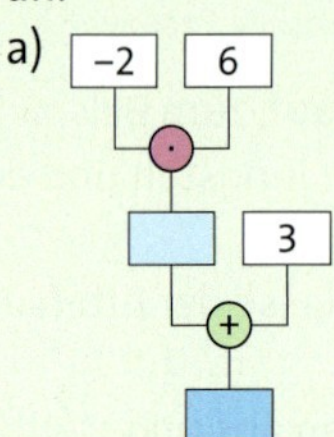

b) 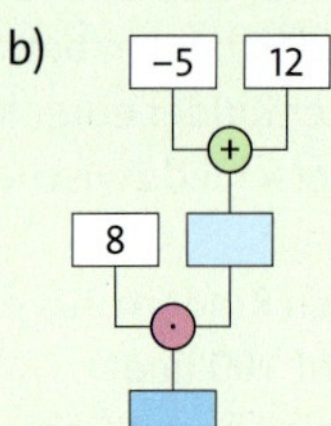

c) 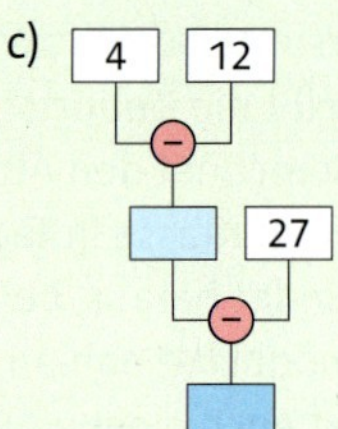

d) 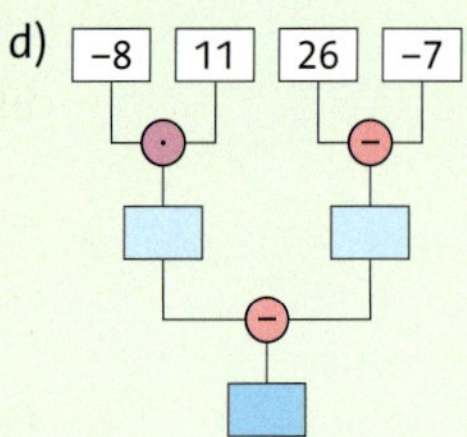

3 Übertrage den Rechenbaum in dein Heft und vervollständige ihn. Stelle einen passenden Term auf und erstelle dazu einen Gliederungsbaum.

a) 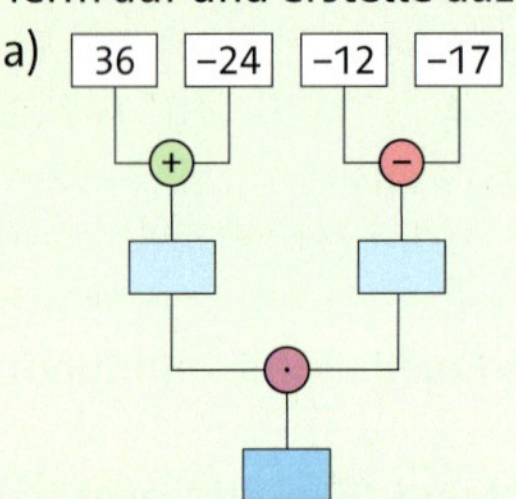

b) 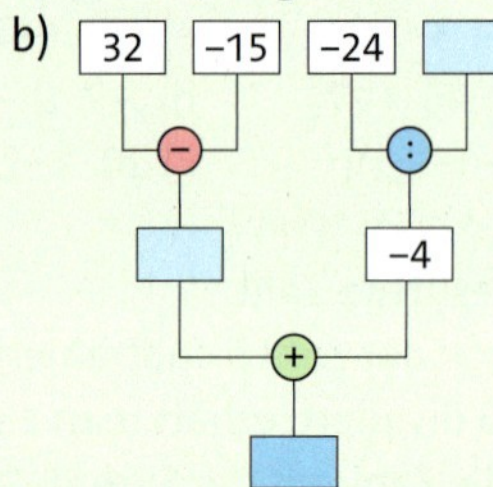

c) 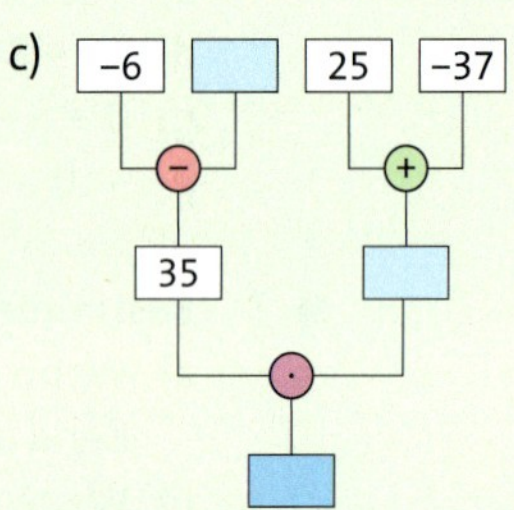

4 Übertrage in dein Heft und setze Klammern so, dass richtig gelöste Aufgaben entstehen.

a) $3 + 6 \cdot 5 = 45$ b) $5 - 18 : 6 + 3 = 3$ c) $19 - 3 : 3 + 5 = 2$

5 Stelle den passenden Term auf. Zeichne einen passenden Rechenbaum.

a) Addiere die Zahl −14 zum Produkt von 12 und 6.
b) Dividiere die Differenz von 67 und 11 durch die Summe von 3 und 5.

6 Berechne.

a) $(13 + 19) \cdot 2$ b) $24 - 6 \cdot 8$ c) $2 \cdot (100 - 14 - 4)$
d) $12 + 4 : 4$ e) $(2 \cdot 6 + 4) : (1 + 3)$ f) $531 + 9 : (9 - 12)$

7 Berechne vorteilhaft.

a) $15 + 740 + 260 + 430$ b) $4 \cdot 79 \cdot 25$ c) $-12 \cdot 28 + 12 \cdot 18$
d) $48 \cdot 5 \cdot (-2)$ e) $(53 - 73) \cdot 13$ f) $199 \cdot 5$

8 Berechne vorteilhaft.

a) $7000 + 6000$ b) $5700 + 18\,000$ c) $15\,000 - 800$ d) $39\,100 - 7100$
e) $200 \cdot 700$ f) $60 \cdot 500$ g) $900 : 20$ h) $24\,000 : 600$

9 Löse die Klammer auf und berechne.

a) $45 - (45 - 78)$ b) $20 - (-20 + 56)$ c) $-20 - (-34 - 17)$ d) $47 - (32 + 45)$
e) $61 + (-32 + 75)$ f) $-5 + (-41 - 13)$ g) $-61 - (62 + 13)$ h) $34 - (-14 + 13)$

10 Berechne.

a) 19^2 b) 6^3 c) $5 \cdot 10^2$ d) $12 \cdot 10^3$
e) $3^3 - 1$ f) $12^2 + 2^5$ g) $9^3 : 9$ h) $2^3 \cdot (-3)^2$
i) $(13 - 29)^2$ j) $3 \cdot 5^2 + 15$ k) $(2^5 - 2^4) : 4$ l) $(1 + 3)^3 - 420$

Lösungen
→ S. 219/220

11 Berechne im Kopf. Verwende das Distributivgesetz.

a) $32 \cdot 14$ b) $28 \cdot (-51)$ c) $120 \cdot 13$ d) $98 \cdot 79$
e) $(-102) \cdot (-67)$ f) $(-205) \cdot 34$ g) $411 \cdot 81$ h) $111 \cdot 999$

12 Berechne möglichst vorteilhaft.

a) $28 \cdot (-24) + 2 \cdot (-24)$ b) $-74 \cdot 22 - 47 \cdot 22$ c) $23 \cdot (-47) + 23 \cdot 47$
d) $-7 \cdot 8 + (-7) \cdot 8$ e) $5 - 7 - (-2 - 7 - 2)$ f) $-(52 - 44) + 52 - 44$
g) $25 \cdot 22 + (-25)$ h) $-4 \cdot 4 + 2 \cdot (-4) - 4 \cdot 7$ i) $7 \cdot (-284) - 7^2$
j) $30 : (-2) - 30 : (-2)$ k) $[(-3)^3 - 10] \cdot 2$ l) $(8 - 18)^2 : (-75 + 50)$

13 Joris hat bereits 28 Karten von seinem liebsten Sammelkartenspiel. Zum Geburtstag bekommt er 4 weitere Päckchen mit jeweils 5 Karten. Zu Weihnachten bekommt er noch einmal 6 solche Päckchen. Berechne mit einem passenden Term, wie viele Karten Joris nach Weihnachten hat.

14 Die 18-Uhr-Vorstellung im Kino „Capitol“ war nahezu ausverkauft. Es wurden insgesamt 1592 € eingenommen. Eine Karte für einen der 60 verkauften Logenplätze kostete 14 €. Alle übrigen Plätze kosteten jeweils 8 €. Ermittle die Anzahl der Gäste in der Vorstellung.

15 Die drei fünften Klassen des Schillergymnasiums wollen eine Theateraufführung besuchen. Jede Karte kostet 9 €. In die Klasse 5a gehen 23 Kinder, in die 5b gehen 25 Kinder und in die 5c gehen 24 Kinder. Die drei Klassenlehrerinnen gehen auch mit ins Theater. Berechne den Preis für alle Karten zusammen.

16 In einer Musikschule kann man Klavier, Gitarre, Flöte und Schlagzeug spielen lernen. Es lernen doppelt so viele Personen Schlagzeug wie Flöte. Klavier spielen lernen genauso viele Menschen wie Schlagzeug und Flöte zusammen. Gitarre spielen doppelt so viele Personen wie Klavier und Flöte zusammen. Insgesamt lernen 168 Personen an der Musikschule. Jede Person lernt nur ein Instrument. Ermittle für jedes Instrument, wie viele Personen es lernen.

Wo stehe ich?

	Ich kann ...	Aufgabe	Schlag nach
5.1	... Rechnungen mit allen Grundrechenarten lösen und dabei die Vorrangregeln anwenden. ... Terme strukturieren und Termwerte berechnen.	1, 2, 3, 4, 5, 6	S. 126 Beispiel 1, S. 127 Beispiel 2
5.2	... mit dem Distributivgesetz ausmultiplizieren und ausklammern.	6, 7, 8, 9, 11, 13, 15	S. 130 Beispiel 1, S. 131 Beispiel 2
5.3	... mithilfe der Vorrangregeln und der Rechengesetze auch komplexere Rechnungen lösen.	10, 12, 14, 16	S. 134 Beispiel 1

Vorrangregeln

1. **Klammern** werden zuerst berechnet. Bei mehreren Klammern beginnt man innen und geht dann schrittweise nach außen.

$60 : (14 + 6) = 60 : 20 = 3$
$406 \cdot \{200 - [-8 \cdot (-25)]\} \cdot 9$
$= 406 \cdot (200 - 200) \cdot 9 = 406 \cdot 0 \cdot 9 = 0$

2. Danach gilt: **Potenzen vor Punktrechnung** (· und :) **vor Strichrechnung** (+ und –).

$6 \cdot 2^3 + 12 = 6 \cdot 8 + 12 = 48 + 12 = 60$

3. In allen anderen Fällen rechnet man **von links nach rechts**.

$-19 + 28 - 6 = 9 - 6 = 3$

Terme strukturieren

Terme mit verschiedenen Rechenzeichen, Klammern und Potenzen können in Worten beschrieben und in Rechenbäumen oder Gliederungsbäumen dargestellt werden. Das letzte Rechenzeichen im Rechenbaum bestimmt die Art des Terms.

$5 \cdot (-4 + 10) : 2 - 12$
5 wird mit der Summe aus –4 und 10 multipliziert. Das Ergebnis wird durch 2 dividiert, anschließend wird 12 subtrahiert.

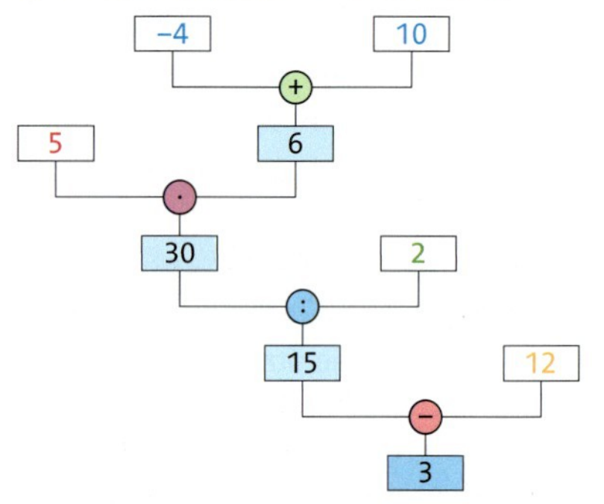

Der Term ist eine Differenz.

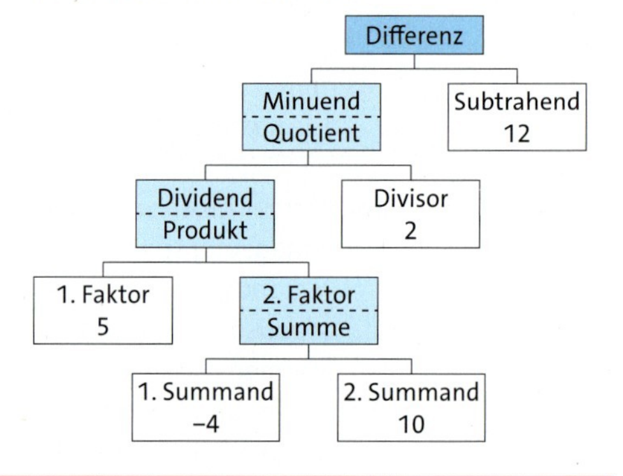

Distributivgesetz

Für beliebige ganze Zahlen a, b und c gilt:
$a \cdot (b + c) = a \cdot b + a \cdot c$

$5 \cdot (20 + 8) = 5 \cdot 20 + 5 \cdot 8 = 100 + 40 = 140$

$a \cdot (b - c) = a \cdot b - a \cdot c$

$(-3) \cdot 29 - (-3) \cdot 19 = (-3) \cdot (29 - 19)$
$= (-3) \cdot 10 = -30$

Mit dem Distributivgesetz kann man geschickt im Kopf rechnen.

$12 \cdot 49 = 12 \cdot (50 - 1) = 12 \cdot 50 - 12 \cdot 1$
$= 600 - 12 = 588$

6 Größen und ihre Einheiten

Nach diesem Kapitel kannst du

→ Größen mit passenden Einheiten angeben und schätzen,
→ Größenangaben in verschiedene Einheiten umrechnen,
→ mit Größen rechnen,
→ Größen in Kommaschreibweise angeben,
→ Sachaufgaben mit der Schlussrechnung lösen,
→ mit Maßstäben umgehen.

Lösungen
→ S. 220

Größen und Einheiten

1 Miss die Länge der Strecke. Gib das Ergebnis in einer passenden Einheit an.
a) b) c)

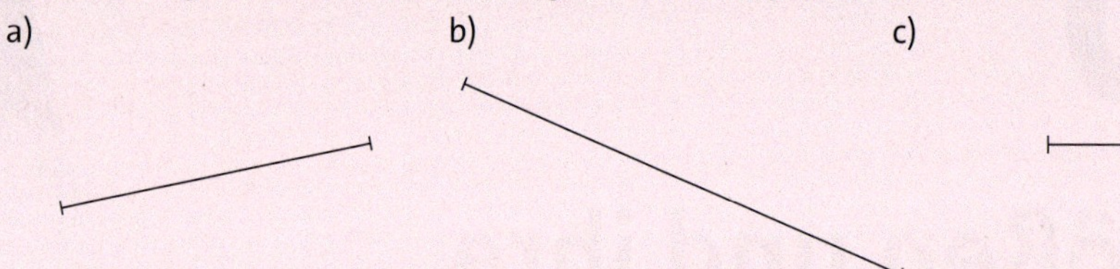

Hinweis
Die Masse wird umgangssprachlich auch als Gewicht bezeichnet.

2 Sabia berichtet: „Ich bin heute 850 m zum nächsten Supermarkt gelaufen. Dort habe ich 300 g Schokolade, 2 kg Äpfel und 200 g Nüsse gekauft. Insgesamt habe ich 9,56 € bezahlt. Für den Einkauf war ich 35 Minuten unterwegs."
Nenne alle Größenangaben aus Sabias Bericht. Gib jeweils an, ob es sich um eine Größe des Gelds, der Länge, der Masse oder der Zeit handelt.

3 a) Eine Schulstunde dauert eine Dreiviertelstunde. Gib diese Dauer in Minuten an.
b) An der Goetheschule beginnt der Unterricht um 7:45 Uhr. Am Montag hat Benedikt 8 Schulstunden. Dazwischen gibt es drei 5-Minuten-Pausen, zwei 10-Minuten-Pausen, 15 Minuten Frühstückspause und 30 Minuten Mittagspause. Ermittle, wann Benedikt am Montag Unterrichtsschluss hat.
c) Nachmittags erzählt Benedikt: „Im Matheunterricht habe ich mich gelangweilt, deshalb habe ich die ganze Schulstunde lang die Sekunden gezählt. Es waren 3112 Sekunden!" Beurteile, ob das stimmen kann.

4 Schätze. Prüfe anschließend durch eine Messung.
a) die Länge deines Füllers
b) die Höhe deines Tischs
c) die Höhe deines Schulranzens
d) die Masse deines Schulranzens
e) die Zeit, die du brauchst, um laut bis 10 zu zählen

Sachaufgaben lösen

5 Bei den Bundesjugendspielen wirft Yannis den Ball 29 m weit, sein Freund Jakob schafft 4 m weniger. Daniel wirft am weitesten, er schafft 12 m mehr als Yannis. Bestimme mithilfe einer Skizze, wer wie weit geworfen hat.

6 Milan kauft für 15,36 € ein und bezahlt mit einem 20-€-Schein. Berechne sein Wechselgeld.

7 Tabea kauft Nagellack für 7,69 €, eine Gesichtsmaske für 1,25 € und ein Deo für 2,49 €. Berechne, was der Einkauf insgesamt kostet.

8 a) Gustav kauft 7 Rosinenbrötchen. Er bezahlt 5,25 €. Berechne den Preis eines Rosinenbrötchens.
b) 2 Stück Apfelkuchen kosten zusammen 4,50 €. Berechne den Preis für 5 Stück Apfelkuchen.
c) Ein Bleistift kostet 25 Cent. Im Vorteilspack gibt es 5 Bleistifte für insgesamt 1,20 €. Entscheide, ob es sich lohnt, den Vorteilspack zu kaufen.

Lösungen
→ S. 220/221

9 In einer Drogerie kann man am Automaten Fotos ausdrucken. Jule druckt 6 Fotos und bezahlt 1,68 €. Bastian möchte 9 Fotos drucken. Berechne, wie viel Bastian bezahlen muss.

10 Ein Schreibblock kostet im Schreibwarenladen 1,35 €. Im Internet kostet der gleiche Block nur 1,01 €, dafür muss man pro Bestellung 2,70 € Versandkosten zahlen.
a) Entscheide, ob du 5 Blöcke im Laden oder im Internet kaufen würdest, und begründe.
b) Berechne die Kosten für 10 Blöcke im Internet (einschließlich Versandkosten).
c) Ermittle, wie viele Blöcke man mindestens kaufen muss, damit sich der Kauf im Internet lohnt.

11 Viola geht mit zwei Freundinnen ins Kino. Die Eintrittskarten kosten 13,50 € pro Stück.
Die Mädchen teilen sich noch zwei Tüten Popcorn. Insgesamt bezahlen sie für den Kinobesuch zusammen 53,30 €.
Bestimme den Preis für eine Tüte Popcorn.

Vermischtes

12 Berechne.
a) $5 \cdot 60$ b) $3 \cdot 24$ c) $2 \cdot 60 \cdot 60$ d) $24 \cdot 60$
e) $180 : 60$ f) $168 : 24$ g) $3600 : 60$ h) $540 : 60$

13 Berechne.
a) $24 \cdot 10 \cdot 10$ b) $13 \cdot 1000 \cdot 1000$
c) $98\,000 : 100$ d) $8\,200\,000\,000 : 1\,000\,000$

14 Berechne.
a) $72 : 8 \cdot 4$ b) $90 : 30 \cdot 80$ c) $36 : 2 \cdot 5$ d) $120 : 24 \cdot 6$

15 Runde auf Euro.
a) 1,21 € b) 5,99 € c) 624,90 € d) 201 ct

16 Beurteile, ob die Aussage immer wahr ist.
a) Je länger eine Elektropumpe betrieben wird, desto höher sind die Stromkosten.
b) Je älter ein Mensch wird, desto schwerer wird er.
c) Je mehr Köche in der Küche stehen, desto schneller ist das Gericht fertig.

17 Schätze.
a) die Anzahl der Gummibärchen

b) die Anzahl der Pinguine

6.1 Größen angeben und schätzen

Das Bild zeigt Sultan Kösen und Jyoti Amge bei einem Besuch der Pyramiden. Jyoti Amge gilt mit einer Körpergröße von etwa 63 cm als kleinste lebende Frau der Welt. Sultan Kösen gilt als größter lebender Mensch der Welt.
Schätze, wie groß er ist. Erkläre, wie du dabei vorgegangen bist.

Mit Größen kann man zum Beispiel beschreiben, wie groß, wie schwer, wie lang etwas ist oder wie lange etwas dauert. Solche Größen werden immer mit einer **Maßzahl** und einer **Maßeinheit** angegeben.

100 m

Maßzahl — Maßeinheit

Manche Einheiten benutzt man häufig im Alltag, zum Beispiel Meter (m), Kilogramm (kg) oder Minuten (min). Andere Einheiten werden seltener verwendet. Für Längen wie zum Beispiel die Länge einer Hand kann man die Einheit **Dezimeter** (dm) nutzen. Sehr kleine Massen werden in **Milligramm** (mg) angegeben, sehr große Massen in **Tonnen** (t).

1 dm — 30 mg — 5 t

Hinweis

Die Masse wird umgangssprachlich auch als Gewicht bezeichnet.

Wissen

Übliche Maßeinheiten sind:
Geld: € (Euro), **ct** (Cent)
Länge: mm (Millimeter), **cm** (Zentimeter), **dm** (Dezimeter), **m** (Meter), **km** (Kilometer)
Masse: mg (Milligramm), **g** (Gramm), **kg** (Kilogramm), **t** (Tonne)
Zeit: s (Sekunde), **min** (Minute), **h** (Stunde)

Oft kann man Größen **messen**, zum Beispiel Längen mit einem Lineal, Massen mit einer Waage und Zeiten mit einer Stoppuhr. Manchmal genügt es auch, den Wert einer Größe nur ungefähr zu wissen. Man kann den Wert dann durch **Schätzen** beschreiben. Meist wird das Schätzen genauer, wenn man die gesuchte Größe mit etwas Bekanntem **vergleichen** kann.

Beispiel 1 Schätze und begründe deine Schätzung.

a) die Höhe einer Getränkedose
b) die Masse einer vollen Kiste mit 12 Ein-Liter-Wasserflaschen

Lösung:

a) Überlege, womit du die Höhe einer Getränkedose vergleichen kannst. Gib dann die Höhe an.

Eine Hand ist etwa so lang, wie eine Getränkedose hoch ist.
Höhe der Dose: etwa 10 cm bis 20 cm

b) Gib an, was 1 ℓ Wasser wiegt. Gib damit die Masse von 12 ℓ Wasser an.
Schätze dazu noch die Masse des Kastens und der Flaschen.
Gib dann die gesamte Masse an.

1 ℓ Wasser wiegt 1 kg. 12 ℓ Wasser wiegen 12 kg.
Masse der Kiste und der Flaschen: etwa 2 kg (bei Plastikflaschen)
Masse insgesamt: etwa 14 kg

Basisaufgaben

Größen zum Vergleich:

- 1 Liter Wasser: 1 kg
- 1 Tafel Schokolade: 100 g
- Büroklammer: 1 g
- Tischhöhe: 80 cm
- DIN-A4-Blatt: 21 cm × 29,7 cm
- 100 km mit dem Auto auf der Autobahn: 1 h
- 1 km zu Fuß: 10–15 min
- 1 km mit dem Fahrrad: 3–5 min

1 Schätze und begründe deine Schätzung.
a) Ein Auto wiegt ungefähr 1 t. Schätze die Masse eines Lkw.
b) Ein Zimmer ist etwa 2,50 m hoch. Schätze die Höhe eines Hauses mit 5 Etagen.
c) Man braucht ungefähr 1 s, um die Zahl 23 laut auszusprechen. Schätze die Dauer, um laut von 20 bis 40 zu zählen.

2 Schätze die Länge des abgebildeten Objekts in der Wirklichkeit.
a) b) c) d)

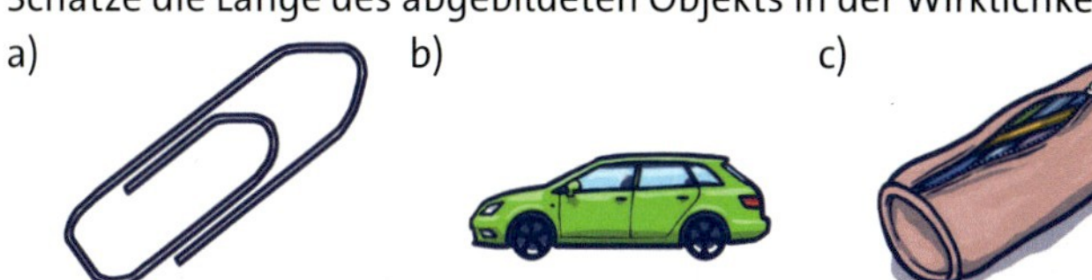

3 Ersetze die Platzhalter ■ im Heft durch passende Maßeinheiten.
„Vom Bahnhof waren wir mit dem Bus in nur 10 ■ am Flughafen. 2,5 ■ vor dem Abflug erreichten wir das Terminal. Leider mussten wir 35 ■ am Check-In warten. Als ich meinen Koffer aufs Förderband stellte, zeigte die Waage 16,5 ■ an. Wir benötigten für die knapp 9000 ■ nur 10 ■. Unfassbar, dass ein 560 ■ schweres Flugzeug in der Luft bleibt."

4 Ordne dem abgebildeten Gegenstand eine passende Masse zu.

2 mg | 10 g | 2 kg | 500 g | 95 kg | 400 kg | 2 t

a) b) c) d)

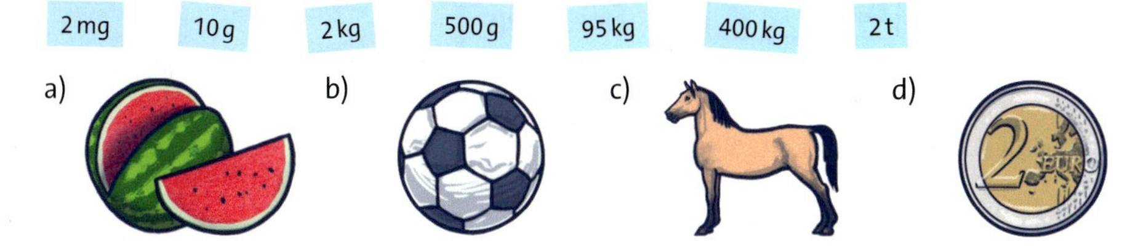

5 a) Nenne Produkte aus dem Supermarkt, die 100 g, 250 g, 500 g oder 1 kg schwer sind.
b) Gib Gegenstände an, die 1 cm, 10 cm, 1 m oder 10 m lang sind.
c) Gib Ereignisse an, die ungefähr 1 s, 1 min, 1 h oder 2 h lang dauern.
d) Nenne Dinge, die ungefähr 5 €, 10 €, 25 € oder 100 € kosten.

Weiterführende Aufgaben

Zwischentest

6 Schätze und begründe deine Schätzung.
a) die Breite der Tafel in deiner Klasse
b) die Masse aller Schulbücher, die du an diesem Tag mit in die Schule gebracht hast
c) die Zeit für eine 30-km-Wanderung

7 **Stolperstelle:** Frans schätzt die Höhe des Siegestors in München: *„Das Siegestor ist etwa doppelt so hoch wie die Breze. Es ist also ungefähr 30 cm hoch."*
a) Erkläre Frans' Denkfehler. Schätze dann die Höhe des Siegestors.
b) Recherchiere die Höhe des Siegestors.

Hilfe

8 Schätze, wie groß Frosch, Felsbrocken und Fledermaus sind.

9 Arbeitet zu zweit. Testet euer Gefühl für Längen und Zeiten:

a) Zeigt mit zwei Fingern in der Luft Strecken der Länge 2 cm, 10 cm, 20 cm und 26 cm. Überprüft durch Messen mit dem Lineal.

b) Zählt die Dauer von 10 s, 30 s, 45 s und 60 s ab. Überprüft eure Ergebnisse mit einer Uhr mit Sekundenanzeige.

10 Gina hat einen 20 cm hohen Turm aus 1-€-Münzen gebaut. Schätze, wie viel Geld der Turm enthält. Überprüfe deine Schätzung mit einer Recherche.

11 Einige Verkehrsschilder enthalten Größen. Erkläre, was die Angabe auf dem Schild bedeutet. Recherchiere, falls nötig.

12 Eine Metzgerei wirbt mit dem abgebildeten Schild. Recherchiere, was die Angabe bedeutet.

13 Früher gab es noch die Längeneinheit „Elle“, um zum Beispiel Stoff zu vermessen.

a) Messt eure Ellenlängen. Beschreibt, was euch dabei auffällt.

b) Erklärt, wie mithilfe der Einheit „Elle“ Stoff verkauft wurde.

c) Erläutert, warum man häufig in der Nähe vom Marktplatz an einem Gebäude einen Metallstab finden konnte.

d) Erläutert, warum 1792 die Längeneinheit Meter festgelegt wurde.

14 Auf einer Autobahn hat sich nach einem Unfall ein 5 km langer Stau gebildet. Das Technische Hilfswerk verteilt Kaffee für die Erwachsenen und Trinkpäckchen für die Kinder. Schätze, wie viele Getränke benötigt werden. Gib alle Annahmen an, die du triffst, und begründe deinen Lösungsweg.

15 **Ausblick:**

a) Recherchiere, was eine astronomische Einheit ist. Erkläre, warum diese Einheit nützlich ist.

b) Recherchiere, welche Art von Größen mit der Einheit Lichtjahr angegeben werden kann.

c) Die Sonde Voyager 2 fliegt mit 54 000 km/h durch das All. Berechne, wie lange sie braucht, um das Sternsystem Alpha Centauri zu erreichen, das knapp 40 Billionen km von der Erde entfernt ist.

6.2 Größen umrechnen

Eine Flasche Apfelschorle kostet am Schulkiosk einen Euro. Sven hat seinen Geldbeutel ausgekippt.
Entscheide, ob er davon eine Flasche Apfelschorle kaufen kann.

Zum Vergleichen von Größen oder zum Rechnen mit Größen kann man sie in die gleiche Maßeinheit umrechnen. Dazu verwendet man **Umrechnungszahlen**.

Geld, Längen und Massen umrechnen

Merke

Beim Umrechnen in eine kleinere Einheit wird die Maßzahl größer.
Beim Umrechnen in eine größere Einheit wird die Maßzahl kleiner.

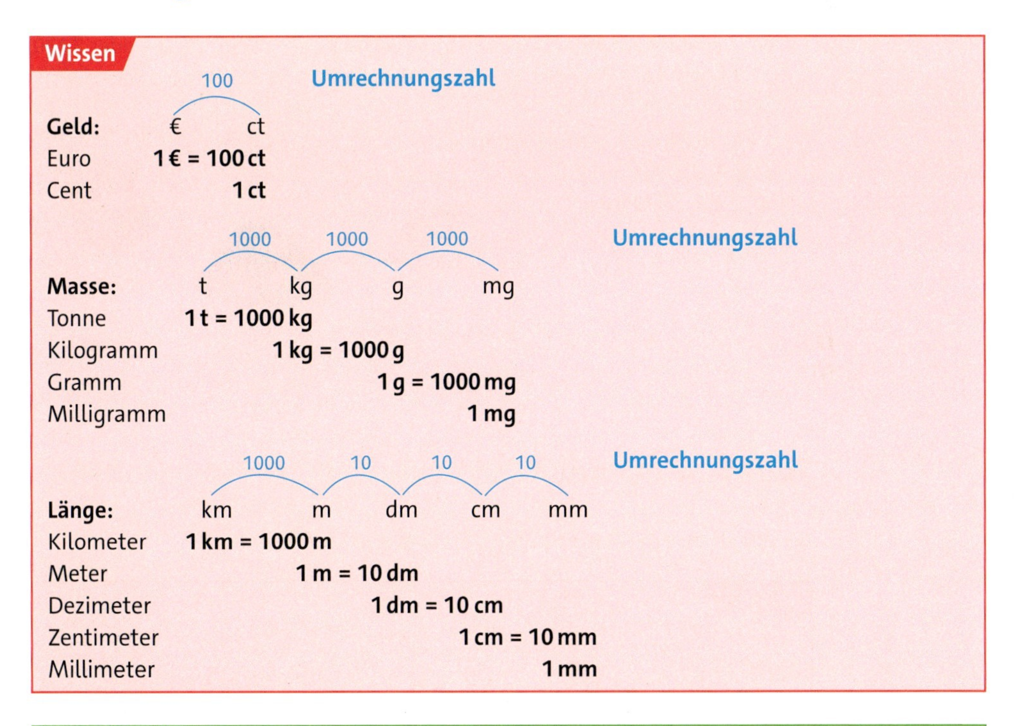

Wissen

Umrechnungszahl: € → ct: 100

Geld: € ct
Euro **1 € = 100 ct**
Cent **1 ct**

Umrechnungszahl: t → kg: 1000; kg → g: 1000; g → mg: 1000

Masse: t kg g mg
Tonne **1 t = 1000 kg**
Kilogramm **1 kg = 1000 g**
Gramm **1 g = 1000 mg**
Milligramm **1 mg**

Umrechnungszahl: km → m: 1000; m → dm: 10; dm → cm: 10; cm → mm: 10

Länge: km m dm cm mm
Kilometer **1 km = 1000 m**
Meter **1 m = 10 dm**
Dezimeter **1 dm = 10 cm**
Zentimeter **1 cm = 10 mm**
Millimeter **1 mm**

Beispiel 1 Rechne um.

a) 68 200 Cent in Euro
b) 3 m in die nächstkleinere Einheit
c) 4000 mg in die nächstgrößere Einheit

Lösung:

a) 100 ct sind 1 €. Schreibe 68 200 ct als Produkt mit dem Faktor 100.
68 200 ct = 682 · 100 ct
= 682 €

b) Die nächstkleinere Einheit ist dm. 1 m sind 10 dm. Multipliziere 3 mit 10 dm.
3 m = 3 · 10 dm
= 30 dm

c) Die nächstgrößere Einheit ist g. 1000 mg sind 1 g. Schreibe 4000 mg als Produkt mit dem Faktor 1000.
4000 mg = 4 · 1000 mg
= 4 g

Basisaufgaben

1 Rechne in die nächstkleinere Einheit um.

a) 18 € b) 31 kg c) 5 t d) 212 g
e) 6 cm f) 20 m g) 4 km h) 132 dm

2 Rechne in die nächstgrößere Einheit um.

a) 6200 ct b) 9000 kg c) 24 000 mg d) 1 983 000 g
e) 5000 m f) 40 dm g) 60 mm h) 436 000 m

3 Ersetze den Platzhalter ■ im Heft durch die richtige Zahl oder Maßeinheit.

a) 3 kg = ■ g b) 70 g = ■ mg c) 12 t = ■ kg d) 15 t = 15 000 ■
e) 6 m = ■ dm f) 3 dm = 30 ■ g) 23 km = ■ m h) 16 cm = 160 ■

4 Entscheide begründet, was

a) teurer ist: 5 € oder 489 ct; 71 € oder 708 293 ct; 12 € oder 120 ct
b) schwerer ist: 8 kg oder 7389 g; 40 000 mg oder 400 g; 743 kg oder 7 420 000 000 mg
c) länger ist: 3 km oder 2953 m; 94 dm oder 10 m; 57 000 mm oder 570 m

5 Vergleiche die Quartettkarten.
Ordne die Tiere

a) nach der Masse,
b) nach der Länge.

Zeiten umrechnen

Bei Zeiten sind die Umrechnungszahlen keine Stufenzahlen.

Wissen

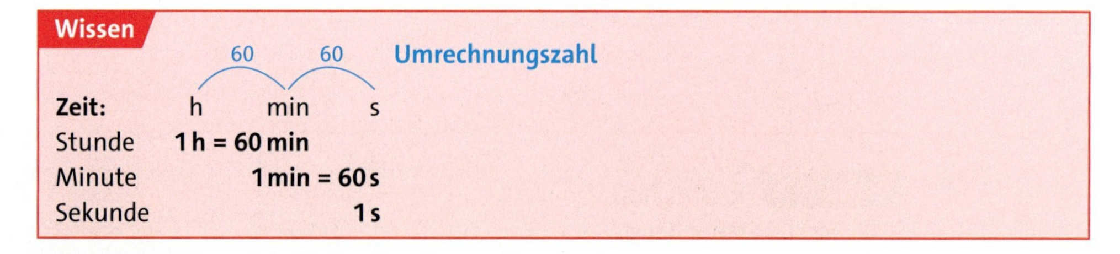

Beispiel 2 Rechne um.

a) 5 h in die nächstkleinere Einheit
b) 720 s in die nächstgrößere Einheit

Lösung:

a) Die nächstkleinere Einheit ist min. 60 min sind 1 h. Multipliziere 5 mit 60 min.

5 h = 5 · 60 min
 = 300 min

b) Die nächstgrößere Einheit ist min. 60 s sind 1 min. Schreibe 720 s als Produkt mit dem Faktor 60.

720 : 60 = 12, also:
720 s = 12 · 60 s = 12 · 1 min
Also gilt: 720 s = 12 min

Basisaufgaben

6 Rechne in die nächstkleinere Einheit um.
a) 3 min b) 7 h c) 3 h d) 13 min

7 Rechne in die nächstgrößere Einheit um.
a) 120 s b) 180 min c) 480 min d) 120 s

Lösungen zu 8

Maßzahlen der Lösungen

30 48 30 120 3600 36 45 12 600 90 15 2

8 Rechne um.
a) in min: eine halbe Stunde, eine Viertelstunde, eine Dreiviertelstunde, eineinhalb Stunden
b) in s: eine halbe Minute, zwei Minuten, zehn Minuten, eine Stunde
c) in h: 720 min, 2160 min, 2880 min, 7200 s

9 Entscheide begründet, was länger dauert: 122 s oder 2 min; 1440 min oder 48 h; 4 h oder 18 000 s

Weiterführende Aufgaben

10 Vorsilben bei Einheiten:
a) Erkläre, wofür das „k" in „km" oder „kg" steht.
b) Erkläre die Bedeutung der anderen Vorsilben aus dem Wissenskasten auf Seite 149.

c) Recherchiere weitere Vorsilben und ihre Bedeutung.

11 Rechne direkt in die Einheit in Klammern um.
Beispiel: 3 dm = 3 · 100 mm = 300 mm (Umrechnungszahl: 10 · 10 = 100)
a) 19 m (in cm) b) 32 km (in dm) c) 15 m (in mm) d) 3 km (in mm)
e) 2 t (in g) f) 50 kg (in mg) g) 17 t (in mg) h) 2 h (in s)

12 Stolperstelle: Beschreibe und korrigiere den Fehler.
a) *24 km = 2400 m* b) *3000 kg = 3 g* c) *7 min = 70 s* d) *5 m = 50 000 mm*

13 a) Rechne in sinnvolle Einheiten um: Die Klasse 5a nimmt an den Bundesjugendspielen teil. Sie muss 200 000 cm bis zum Stadion laufen und braucht dafür 1200 s. Alexander springt 3000 mm weit. Luna wirft den 160 000 mg schweren Ball 210 dm weit. Mona braucht für den 100 000-cm-Lauf 240 s. Die Kugel beim Kugelstoßen ist 4000 g schwer, Ronja stößt sie 9000 mm weit. Die Klasse ist insgesamt 150 min im Stadion.
b) Schreibe selbst eine Geschichte mit ungewöhnlichen Einheiten.

Hinweis

Wann? – Zeitpunkt
Wie lange? – Zeitspanne

14 Zeitpunkt und Zeitspanne: Zeitspannen geben die Dauer zwischen zwei Zeitpunkten an. Entscheide, ob ein Zeitpunkt oder eine Zeitspanne gemeint ist.
Beispiel: Die erste Stunde beginnt um 8:00 Uhr und endet um 8:45 Uhr. – Zeitpunkte
Eine Schulstunde dauert 45 min. – Zeitspanne
a) Ich komme dann um vier zu dir.
b) Für die Hausaufgaben habe ich den ganzen Nachmittag gebraucht.
c) Die Erde dreht sich pro Tag einmal um ihre Achse.
d) Der Mathematiker Carl Friedrich Gauß lebte von 1777 bis 1855.

Hilfe

15 Gib die Zeitspanne zwischen den Zeitpunkten an.
a) 16:15 Uhr bis 16:53 Uhr b) 10 Uhr bis 18 Uhr c) 1707 bis 1783

16 a) Der Kinofilm läuft von 15:45 Uhr bis 17:28 Uhr. Gib an, wie lange der Film dauert.
b) Das Fußballtraining um 17:30 Uhr dauert 1 h 45 min. Gib an, wann das Training endet.
c) Marks Wecker klingelt um 6:32 Uhr. Er hat 9 h und 56 min geschlafen. Gib an, wann er ins Bett gegangen ist.

17 Felix möchte von Stuttgart nach Leipzig mit dem ICE fahren. In Erfurt muss er umsteigen.
a) Gib an, wie lange der Zug von Stuttgart nach Erfurt bei den zwei angezeigten Verbindungen fährt.
b) Gib an, wie lange der Zug von Erfurt nach Leipzig bei den drei angezeigten Verbindungen braucht.
c) Felix muss spätestens um 15 Uhr in Leipzig sein. Gib an, welche Verbindungen er nehmen kann und wie lange die gesamte Reise dann dauert.

>	Stuttgart	ab 09:23
	Erfurt	an 13:07
>	Stuttgart	ab 10:23
	Erfurt	an 14:07
>	Erfurt	ab 13:28
	Leipzig	an 14:10
>	Erfurt	ab 13:40
	Leipzig	an 14:22
>	Erfurt	ab 14:28
	Leipzig	an 15:10

Hinweis zu 18

Überlege mithilfe der Umrechnungszahl zuerst, auf welche Stelle gerundet werden muss.

18 Runde.
Beispiel: 3448 m gerundet auf km: 3448 m ≈ 3000 m = 3 km
a) auf km: 5689 m; 9400 m; 34 650 m
b) auf cm: 71 mm; 146 mm; 95 mm
c) auf m: 873 cm; 32 dm; 9950 mm
d) auf kg: 9129 g; 1345 g; 21 750 g
e) auf t: 1100 kg; 4505 kg; 9500 kg
f) auf h: 58 min; 187 min; 17 923 s

19 **Zeitverschiebung:** In Frankfurt und in New York wird gleichzeitig die Uhrzeit auf einer Uhr abgelesen. Die Uhren zeigen aufgrund der Zeitverschiebung nicht die gleiche Uhrzeit an. Wenn es in Frankfurt Mittagszeit ist, ist es in New York noch früh am Morgen.

a) Gib die Uhrzeit in Frankfurt an. Berechne den Zeitunterschied. Erkläre, warum der Zeitunterschied sinnvoll ist.
b) Familie Fidora ist auf dem Hinflug um 13:30 Uhr Ortszeit in Deutschland gestartet und um 16:10 Uhr Ortszeit in New York gelandet. Berechne die Dauer des Flugs.
c) Auf dem Rückflug landet Familie Fidora um 10:27 Uhr Ortszeit in Frankfurt. Die Flugzeit war 24 min kürzer als beim Hinflug. Berechne, wann der Flug in New York gestartet ist.

20 Eine Woche hat 7 Tage. Ein Jahr, das kein Schaltjahr ist, hat 365 Tage.
a) Der 1. September ist ein Sonntag. Ermittle, welcher Wochentag der 3. Oktober ist.
b) In diesem Jahr ist Irinas Geburtstag an einem Samstag. Gib an, an welchem Wochentag er im nächsten Jahr ist, wenn kein Schaltjahr ist.
c) Ermittle, an welchem Wochentag du nächstes Jahr Geburtstag hast.

21 **Ausblick:**
Kim und Jonas testen, wer mit dem Fahrrad schneller ist. Jonas' App zeigt eine Höchstgeschwindigkeit von 12 m/s an. Kims Fahrradtacho zeigt als höchste Geschwindigkeit 36 km/h an. Bestimme, wer schneller war.

6.3 Größen in Kommaschreibweise

Die Klasse 5a besucht einen Zoo. Am Elefantengehege findet sie folgende Informationen:
„Ein afrikanischer Elefantenbulle wiegt 4,5–6 t und hat eine Schulterhöhe von 2,9–3,7 m. Unser Bulle Molumé wiegt 4200 kg und ist 280 cm groß.“
Entscheide, ob Molumé schon ausgewachsen ist.

Manchmal werden Größen in **Kommaschreibweise** angegeben, zum Beispiel 42,195 km. Eine **Einheitentafel** kann dabei helfen, solche Größen umzurechnen.

Beispiel 1 Trage in eine Einheitentafel ein. Schreibe dann ohne Komma.
a) 1,175 kg und 0,85 t
b) 3,8 cm und 6,7 km

Lösung:
a)

	t	kg			g			mg		
	E	H	Z	E	H	Z	E	H	Z	E
1,175 kg:				1	1	7	5			
0,85 t:	0	8	5	0						

Schreibe die 0 unter t und die 85 daneben. Ergänze eine 0, sodass alle Spalten für kg gefüllt sind.

Schreibe die 1 unter kg und die 175 daneben.

Nun kannst du ablesen: 1,175 kg = 1 kg 175 g = 1175 g
0,85 t = 0 t 850 kg = 850 kg

b)

	km	m			dm	cm	mm
	E	H	Z	E	E	E	E
3,8 cm:						3	8
6,7 km:	6	7	0	0			

Schreibe die 6 unter km und die 7 daneben. Ergänze zwei Nullen, sodass alle Spalten für m gefüllt sind.

Nun kannst du ablesen: 3,8 cm = 3 cm 8 mm = 38 mm
6,7 km = 6 km 700 m = 6700 m

Hinweis
Die Einheit mm hat nur eine Einerstelle (E). Die Einheit m hat Hunderter (H), Zehner (Z) und Einer (E), da 1 km = 1000 m.

Basisaufgaben

1 Trage die Masse in eine Einheitentafel ein. Schreibe dann ohne Komma.
a) 9,225 t b) 6,75 kg c) 2,9 g d) 0,9 kg e) 10,5 kg f) 20,25 g
g) 4,2 kg h) 34,67 kg i) 16,891 t j) 10,81 g k) 0,960 kg l) 0,302 t

2 Trage die Länge in eine Einheitentafel ein. Schreibe dann ohne Komma.
a) 8,95 m b) 8,9 m c) 0,2 cm d) 4,2 km e) 20,25 km f) 20,25 m
g) 5,76 km h) 43,92 km i) 5,76 m j) 102,94 km k) 70,301 km l) 20,300 m

3 Schreibe ohne Komma.

a) 

b) 

c) 

d) 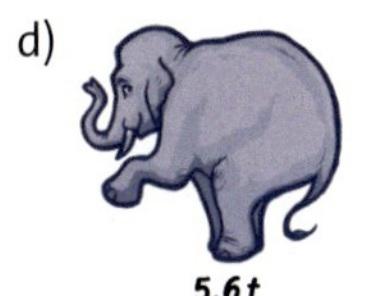

e) 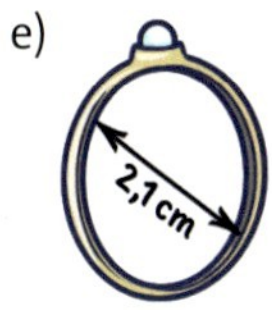

Weiterführende Aufgaben

Zwischentest

4 Geld umrechnen:

a) Rechne in ct um: 2,15 €; 4,99 €; 15,30 €; 182,79 €

b) Rechne in € um: 189 ct; 320 ct; 49 ct; 49 999 ct

c) Gib an, was preiswerter ist: 29 ct oder 2,90 €; 12 000 ct oder 12 €; 123 ct oder 9,10 €

5 Stolperstelle:

a) Jan rechnet mit einer Einheitentafel Längen um. Erkläre und korrigiere seinen Fehler.

km	m	dm	cm	mm
3	7			

Umrechnung: 3,7 km = 37 m

b) Miriam rechnet ohne Einheitentafel. Korrigiere ihre Fehler.

① *0,6 m = 6 cm* ② *4,5 kg = 45 g* ③ *5,005 t = 55 kg*

c) Eva rechnet 12 m 3 cm mit einer Einheitentafel in cm um. Erläutere ihren Fehler.

m		dm	cm
1	2		3

Umrechnung: 12 m 3 cm = 123 cm

Hinweis zu 6

Rechne in dieselbe Einheit um.

6 Ordne der Größe nach.

a)

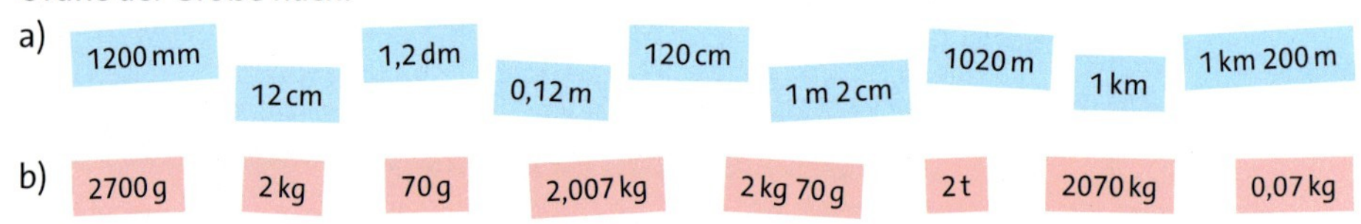

b) 2700 g; 2 kg; 70 g; 2,007 kg; 2 kg 70 g; 2 t; 2070 kg; 0,07 kg

7 a) Erkläre, warum Zeitangaben wie 1,7 h oder 12,37 min vermieden werden.

b) Erkläre, warum man bei der Umrechnung von Zeiten keine Einheitentafel verwenden kann.

Hilfe

8 Umrechnen in größere Einheiten: Beim Umrechnen in eine größere Einheit können Zahlen mit Komma entstehen. Rechne in die Einheit in Klammern um. Du kannst eine Einheitentafel verwenden.

a) 250 cm (in m) b) 3500 m (in km) c) 37 mm (in cm) d) 612 dm (in m)

e) 4865 g (in kg) f) 6390 kg (in t) g) 450 g (in kg) h) 823 mg (in g)

Hilfe

9 a) Rechne 0,025 kg in g um. Erkläre, wie du umgekehrt 76 g in kg umrechnen kannst.

b) Rechne um: 4 cm in m; 52 mm in km; 125 mg in kg

10 a) Markus meint: *„Wenn ich in die kleinere Einheit umrechne, muss ich das Komma um so viele Stellen nach rechts schieben, wie die Umrechnungszahl Nullen hat.“*
Überprüfe die Regel an eigenen Beispielen.

b) Stelle eine Regel für das Umrechnen in eine größere Einheit auf. Überprüfe die Regel an Beispielen.

6,027 m = 60,27 dm
6,027 m = 602,7 cm
6,027 m = 6027 mm
6,002 km = 6002 m
6,02 km = 6020 m
6,2 km = 6200 m

11 Ausblick: Kommazahlen kann man auch auf einem Zahlenstrahl darstellen.

a) Auf dem Zahlenstrahl sind Kommazahlen markiert. Gib die Zahlen an und erkläre, wie du beim Ablesen vorgegangen bist.

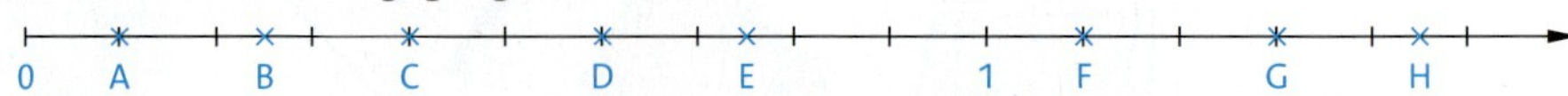

b) Zeichne einen Zahlenstrahl und markiere die Zahlen: 0,01; 0,05; 0,08; 0,1; 0,12
Überlege zuerst, wie du den Zahlenstrahl zeichnest und wie du ihn einteilst.

6.4 Rechnen mit Größen

Kanji hat sich vorgenommen, diesen Monat 50 km zu joggen. Am letzten Tag des Monats hat er schon 45,3 km geschafft. Ermittle, wie lang seine letzte Joggingrunde werden muss, damit er sein Ziel erreicht.

Größen addieren und subtrahieren

Größen der gleichen Art kann man addieren und subtrahieren. Man rechnet dazu alle Größen in die gleiche Einheit um und addiert oder subtrahiert dann die Maßzahlen.

Beispiel 1 Berechne.

a) 8 kg − 420 g b) 1,25 € + 2,39 € c) 45,6 m + 23,25 m

Lösung:

a) Die kleinere Einheit ist g. Rechne 8 kg in g um. Subtrahiere dann die Maßzahlen und gib dem Ergebnis die Einheit g.

8 kg = 8000 g
8 kg − 420 g = 8000 g − 420 g = 7580 g

b) Addiere die „ganzen Euro" und die Centbeträge.

1,25 € + 2,39 € = 1 € + 2 € + 25 ct + 39 ct
= 3 € + 64 ct = 3,64 €

c) Schreibe die Maßzahlen stellengerecht untereinander, sodass Komma unter Komma steht. Denk dir an der „leeren Stelle" eine 0. Rechne dann schriftlich.

```
  45,60
+ 23,25
  68,85
```

Also: 45,6 m + 23,25 m = 68,85 m

Hinweis

Größen in Kommaschreibweise kann man auch addieren, indem man sie in eine kleinere Einheit umrechnet.

Basisaufgaben

1 Berechne.
a) 6 kg + 731 g b) 18 kg − 240 g c) 2,5 km + 860 m d) 128 m − 392 cm
e) 8,2 cm + 14 mm f) 1,2 t − 85 kg g) 13,99 € + 24,78 € h) 114,49 € − 71,20 €

2 Berechne schriftlich.
a) 1,239 km + 2,637 km b) 4,245 kg + 8,163 kg c) 4,32 m + 15,53 m
d) 9,87 t − 1,45 t e) 14,35 dm − 2,86 dm f) 120,00 € − 89,99 €

3 Berechne.
a) 3,25 km + 187 m b) 12,8 kg − 1890 g c) 0,56 t + 35,53 kg
d) 216,2 dm − 48 mm e) 798,2 kg + 0,43 t f) 98,24 m − 13,5 cm

4 Berechne.
a) 3 h + 50 min b) 1 min − 37 s c) 80 min + 11 h d) 1 h − 368 s

5 Begründe, dass es bei dieser Aufgabe sinnvoller ist, in die größere Einheit umzurechnen und dann zu berechnen. Rechne auf diese Weise.
a) 60 m + 20 dm b) 90 g + 4000 mg c) 3 km + 5000 m
d) 2 min + 120 s e) 89 000 kg − 80 t f) 72 h − 1440 min

Größen vervielfachen und dividieren

Wenn man einen 20 cm langen Ast in 5 gleiche Teile zersägt, ist jedes Teil 4 cm lang. Also gilt: 20 cm : 5 = 4 cm.
Umgekehrt kann man den Ast in 4 cm lange Teile zersägen und nach der Anzahl der Teile fragen. Man erhält dann 5 Teile, also 20 cm : 4 cm = 5.

Merke

Zahl · Größe = Größe
Größe : Zahl = Größe
Größe : Größe = Zahl

Legt man die fünf 4 cm langen einzelnen Teile wieder zusammen, ergeben sie eine Länge von 20 cm. Es gilt also 5 · 4 cm = 20 cm.

Beispiel 2 Berechne.

a) 5 · 18,5 g b) 128 m : 4 c) 12 m : 20 cm

Lösung:

a) Rechne 18,5 g in mg um. Multipliziere dann 18 500 mit 5. Die Einheit ist mg. Rechne wieder in g um.
18,5 g = 18 500 mg
5 · 18,5 g = 5 · 18 500 mg = 92 500 mg
= 92,5 g

b) Dividiere 128 durch 4. Behalte die Einheit m bei.
128 m : 4 = 32 m

c) Rechne 12 m in cm um. Dividiere dann 1200 durch 20. Das Ergebnis ist eine Zahl.
12 m = 1200 cm
12 m : 20 cm = 1200 cm : 20 cm = 60

Basisaufgaben

6 Berechne.
a) 3 · 25 cm b) 12 · 0,75 kg c) 20 · 1,8 m d) 4 · 5,28 km
e) 19 g · 6 f) 14,2 dm · 11 g) 8 · 6,42 € h) 7 · 45 min

7 Berechne.
a) 1400 m : 7 b) 24 kg : 4 c) 910 cm : 5 d) 12 € : 6
e) 4,4 kg : 4 f) 2,5 km : 8 g) 1,3 t : 5 h) 1,75 m : 250

8 Berechne.
a) 72 kg : 8 kg b) 9 m : 4 cm c) 1,8 km : 300 m d) 25 t : 250 kg
e) 2,4 cm : 6 mm f) 0,9 dm : 3 mm g) 540 € : 6 € h) 3 h : 45 min

9 Timo kauft für seine 5 Meerschweinchen eine Tüte Gemüsechips (150 g) und 5 Cracker.
Nenne die Art der Rechnung mit Größen und berechne das Ergebnis.

a) Die Chips sollen fair unter den Meerschweinchen aufgeteilt werden. Berechne die Masse an Chips pro Meerschweinchen.
b) Jeder Cracker kostet 2,25 €. Berechne die Kosten aller Cracker zusammen.
c) Timo legt noch 90 g Gurke in den Stall. Nachdem einige Meerschweinchen jeweils 22,5 g Gurke gegessen haben, ist keine Gurke mehr übrig. Berechne die Anzahl der Meerschweinchen, die Gurke gegessen haben.

Weiterführende Aufgaben

Zwischentest 

Hilfe

10 Berechne.
a) 3 m 40 cm + 4 m 3 dm b) 2 km 740 m – 860 m c) 12 cm 3 mm + 6 m 2 cm
d) 2 kg 370 g + 14 kg 920 g e) 8 t 970 kg – 3 t 245 kg f) 22 g 180 mg – 3750 mg

11 Berechne. Beachte die Vorrangregeln.
a) $3 \cdot 14\,m + 16\,m$ b) $12 \cdot 5\,g + 11 \cdot 6\,g$
c) $750\,g + 2\,kg : 5$ d) $4 \cdot (169\,km : 1300\,m)$
e) $16\,m : 4\,cm + 32\,dm : 16\,mm$ f) $2900\,m + 225\,km : 500\,m \cdot 1{,}8\,km$

⚠ **12** **Stolperstelle:** Erkläre und korrigiere Maras Fehler.
a) *2 m + 10 cm = 12 m* b) *20 kg : 5 = 4* c) *180 s : 30 s = 6 s*
d)
```
   1,25
 + 7,325
 -------
  74,50
```
Also: 1,25 km + 7,325 km = 74,50 km

13 Der Fahrstuhl in einem Bürogebäude hat eine maximale Traglast von einer Tonne. Berechne, wie viele Personen er höchstens gleichzeitig befördern kann, wenn man von einer durchschnittlichen Masse von 75 kg pro Person ausgeht.

14 Ein Sixpack Wasser besteht aus sechs 1,5-ℓ-Flaschen. Berechne die Masse des Wassers im Sixpack. (Hinweis: 1 ℓ Wasser wiegt 1 kg.)

15 Alina fliegt in den Urlaub. Für die Reise darf ihr Koffer höchstens 23 kg wiegen. Sie stellt sich einmal ohne Koffer und einmal mit Koffer auf die Waage. Ohne Koffer wiegt sie 48,6 kg, mit Koffer 72,1 kg. Prüfe, ob sie mit dem Koffer in den Urlaub fliegen kann.

16 Ein Python kann 6 m lang werden. Eine Waldameise wird 5 bis 10 mm groß. Berechne, wie viele Ameisen hintereinander gereiht die Länge eines sechs Meter langen Pythons ergeben.

17 Finde zu jeder Rechnung ein Beispiel für eine Situation im Sachzusammenhang. Erkläre an diesem Beispiel die Regel für das Rechnen mit Größen. Gib auch das Ergebnis an.
① 2500 m + 3200 m ② $4 \cdot 90$ min ③ 10 000 € : 5 ④ 80 cm : 5 cm

18 Die drei höchsten Berge in Bayern sind die Zugspitze (2962 m), der Watzmann (2713 m) und die Hochfrottspitze (2649 m). Schätze, ob die drei Berge zusammen höher sind als der Mount Everest (8848 m). Prüfe durch eine Rechnung.

19 Ein Flug von München nach New York dauert etwa 9 h 15 min. Das Flugzeug ist mit durchschnittlich 700 km/h unterwegs. Berechne die Länge der Flugstrecke.

20 Beim Ironman Hawaii müssen die Teilnehmenden 3860 m schwimmen, 180,2 km Rad fahren und 42,195 km laufen.

a) Berechne die Länge der gesamten Strecke.
b) Unter den Männern war Jan Sibbersen bisher der schnellste Schwimmer mit 46 min und 29 s. Sam Laidlow fuhr mit 4 h 4 min 36 s am schnellsten Rad. Gustav Iden war mit einer Zeit von 2:36:15 h der beste Läufer. Berechne, wie lange die drei zusammen für den ganzen Ironman gebraucht hätten. Vergleiche dein Ergebnis mit dem Streckenrekord von 7:40:42 h von Gustav Iden.
c) Bei den Olympischen Spielen wird ein kürzerer Triathlon ausgetragen. Dort werden nur 1,5 km geschwommen. Die Gesamtstrecke ist 51,5 km lang, dabei ist die Distanz auf dem Fahrrad 4-mal so lang wie die Laufstrecke. Berechne die Länge der Laufstrecke.

21 Denise geht morgens 3,27 km mit ihrem Hund spazieren. Dann läuft sie 850 m zur Arbeit. Nach Feierabend läuft sie 0,3 km zum nächsten Supermarkt und von dort 1,07 km nach Hause. Am Abend geht sie noch einmal 1340 m mit ihrem Hund spazieren.
a) Berechne, wie weit Denise an diesem Tag gelaufen ist.
b) Ihr Schrittzähler zeigt Denise für diesen Tag 11 748 Schritte an. Ihre Schrittlänge beträgt rund 65 cm. Beurteile, ob die Angabe des Schrittzählers stimmen kann.

22 Berechne möglichst geschickt den Preis für die Ostersüßigkeiten.

a) Frau Tutz kauft drei Schokohasen, vier Marzipaneier und drei Schokoküken.
b) Herr Brunner kauft fünf Hasen, ein Marzipanei und sechs Küken.
c) Ali kauft zwei Stück von jeder Sorte.

23 Auf der Erde lebten 2024 rund 8 141 000 000 Menschen und etwa 20 Billiarden Ameisen.
a) Eine Zeitung titelt: „Alle Ameisen zusammen sind schwerer als alle Menschen zusammen!" Schätze, ob das stimmen kann.
b) Recherchiere, wie viel Menschen und Ameisen im Mittel wiegen. Prüfe dann rechnerisch, ob die Ameisen zusammen oder die Menschen zusammen schwerer sind.
c) Die Ameisen einer bestimmten Gattung können bis zu 420 mg tragen. Berechne, wie viele solcher Ameisen nötig wären, um einen 80 kg schweren Menschen zu tragen.

24 Ausblick:
Noah möchte eine App auf seinem Smartphone installieren, die 2,78 GB Speicherplatz braucht.

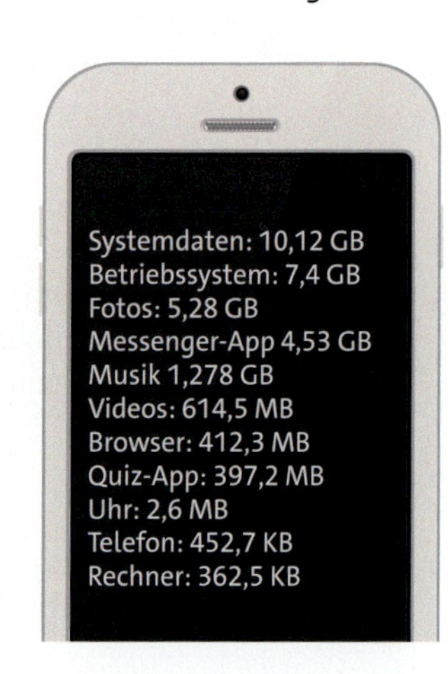

a) Gib an, was die Einheit GB bedeutet. Recherchiere, falls nötig.
b) Noahs Smartphone hat 32 GB Speicherplatz. Gib an, was Noah löschen könnte, um genug Platz für die neue App zu haben.
c) Noah möchte nur Fotos löschen. Ein Foto braucht im Mittel 1,2 MB Speicherplatz. Berechne, wie viele Fotos er löschen muss.

6.5 Schlussrechnung

a) Maja möchte eine Portion Gemüsesuppe kochen. Berechne, wie viel Spinat, Brokkoli und Gemüsebrühe sie dafür braucht.
b) Lorenz möchte 3 Portionen Gemüsesuppe kochen. Beschreibe, wie er die benötigten Mengen an Zutaten bestimmen kann. Berechne dann diese Mengen.

GEMÜSESUPPE
4 Portionen
300 g Blattspinat
500 g Brokkoli
800 ml Gemüsebrühe

Ein einzelnes Gummibärchen ist zu leicht, um von der Küchenwaage gewogen zu werden. Man kann aber 10 Gummibärchen zusammen wiegen und ihre Masse durch 10 dividieren, um die Masse eines einzelnen Gummibärchens zu erhalten. Daraus kann man die Masse jeder beliebigen Anzahl von Gummibärchen berechnen. Dieses Verfahren heißt **Schlussrechnung** (oder **Dreisatz**).

Wissen

Wenn zwei Größen immer im gleichen Verhältnis zueinander stehen, kann man mit der Schlussrechnung aus drei Angaben einen vierten Wert berechnen:
① Aufschreiben von zwei einander entsprechenden Werten der Größen
② Schluss auf „die **Eins**“ oder einen günstigen Hilfswert durch Division beider Werte
③ Schluss auf den gesuchten Wert durch Multiplikation der Werte aus Schritt ②

Hinweis

Zum Schluss auf günstige Hilfswerte siehe Aufgabe 7.

Beispiel 1

Ein Drucker braucht 2 Minuten, um 12 Farbfotos zu drucken. Berechne, wie lange das Drucken von 25 Fotos dauert.

Lösung:

① Schreibe die bekannten Werte auf. Wandle dabei 2 min in s um.

② Berechne die Dauer für ein Foto. Dividiere dazu durch 12.

③ Berechne den gesuchten Wert. Multipliziere dazu mit 25. Wandle dann wieder in Minuten um.

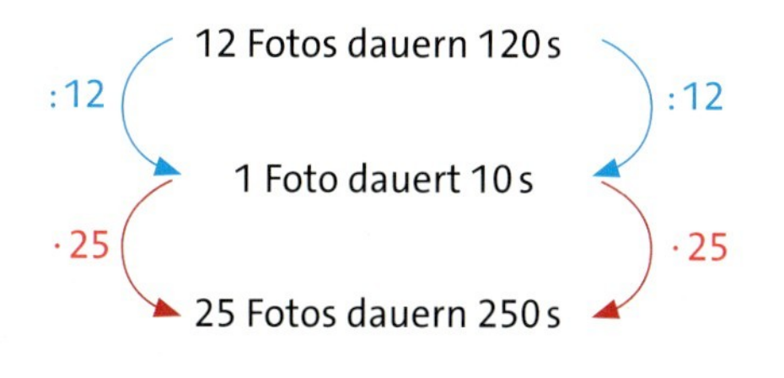

25 Fotos dauern 250 s, also 4 min 10 s.

Basisaufgaben

1 Vier Kugeln Eis kosten 4,80 €. Berechne den Preis für drei Kugeln Eis.

2 Für 4 Portionen Kartoffelbrei benötigt man 1 kg Kartoffeln, 120 g Butter und 200 mℓ Milch sowie verschiedene Gewürze. Berechne die Menge der Zutaten für 7 Portionen Kartoffelbrei.

3 Drei Folgen einer Serie dauern zusammen eine Stunde. Die Staffel der Serie hat zwölf Folgen. Berechne die Dauer der ganzen Staffel.

4 Vier Päckchen Sammelkarten kosten 3,60 €. Ein Karton kostet 32,40 €. Ermittle, wie viele Päckchen der Karton enthält.

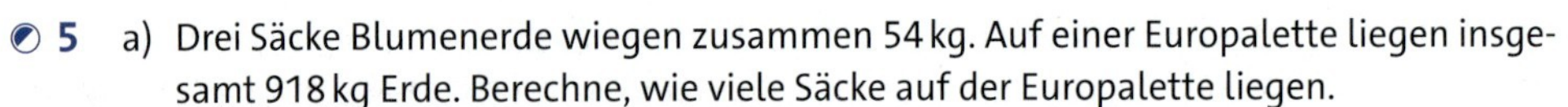

Weiterführende Aufgaben

Zwischentest 

5 a) Drei Säcke Blumenerde wiegen zusammen 54 kg. Auf einer Europalette liegen insgesamt 918 kg Erde. Berechne, wie viele Säcke auf der Europalette liegen.

b) Ein Baumarkt bietet eine gesamte Palette für 200 € an. Außerdem gibt es das Angebot, zwei Säcke für insgesamt 8 € zu kaufen. Prüfe, ob es günstiger ist, die ganze Palette zu kaufen oder die entsprechende Anzahl einzelner Säcke.

6 **Stolperstelle:**

a) Lea kauft 8 Batterien für 5 €. Zwei davon gibt sie ihrem Bruder. Lea berechnet, wie viel er ihr dafür bezahlen muss: *Ich wende den Dreisatz an: 8 : 5 = 1,6 und 1,6 · 2 = 3,2, also muss er 3,20 € bezahlen.* Nimm Stellung.

b) „Zu dritt brauchen wir für unseren Schulweg 30 Minuten. Also brauchen wir zu zweit nur 20 Minuten." Nimm Stellung.

7 **Schluss auf günstige Hilfswerte:**

Ein Liter Limonade enthält 110 g Zucker. Joshio, Marek und Erla berechnen, wie viel Zucker eine Sechserpackung mit 250-mℓ-Flaschen enthält. Setzt alle Rechenwege fort und vergleicht sie.

Rechenweg von Joshio:

Limonade (in ml)	Zucker (in mg)
1000	110
: 1000	: 1000
…	…

Rechenweg von Marek:

Limonade (in ml)	Zucker (in mg)
1000	110
: 4	: 4
…	…

Rechenweg von Erla:

Limonade (in ml)	Zucker (in mg)
1000	110
: 2	: 2
…	…

Hilfe

8 **Zweisatz:** Löse die Aufgabe ohne Schluss auf „die Eins".

Beispiel: 5 Tintenpatronen kosten 1,05 €. Weil 5 · 2 = 10 ist, kosten 10 Patronen 1,05 € · 2 = 2,10 €.

a) 2 Brote kosten 5,50 €. Berechne den Preis für 6 Brote.

b) 5 m Stoff kosten 46 €. Berechne, wie viel Stoff man für 23 € bekommt.

c) 6 Tennisbälle wiegen 348 g. Berechne, wie viel 2 Tennisbälle wiegen.

9 Dilara möchte zu ihrem Geburtstag 30 Muffins backen. Berechne die Menge der Zutaten, die sie benötigt.

Zutaten für 12 Muffins

100 g Butter oder Margarine, 110 g Zucker, ½ Päckchen Vanillezucker, 3 Eier, 250 g Mehl, 1 Päckchen Backpulver, 4 EL Milch

10 Ermittle, welches Angebot pro Stück günstiger ist.

a)

b)

c)

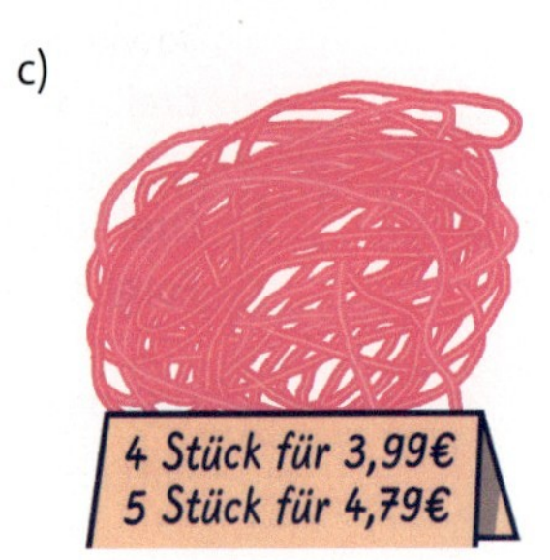

Info

Im Supermarkt steht der Grundpreis meist mit auf dem Preisschild, zum Beispiel 1,59 € / 100 g.

11 Berechne den Grundpreis des Lebensmittels. Entscheide, welche Einheit für die Angabe des Grundpreises sinnvoll ist.

a) 300 g Käse .... 4,47 €
b) 0,75 ℓ Olivenöl .... 4,29 €
c) 250 g Butter .... 1,45 €
d) 330 mℓ Limonade .... 0,99 €
e) 1,5 kg Kartoffeln .... 3,48 €
f) 3 Gurken .... 1,95 €

pro ℓ | pro 100 g | pro kg | pro Stück

12 Untersuche, ob man die Aufgabe mit der Schlussrechnung lösen kann. Begründe. Gib auch die Lösung an, falls möglich.

a) Frau Meier fährt mit dem Auto in 3 Stunden 195 km. Nach einer Pause fährt sie noch einmal 2 Stunden. Berechne die Strecke, die sie insgesamt zurückgelegt hat.
b) Ein Fußballer hat in 8 Spielen 5 Tore geschossen. Berechne, wie viele Tore er in den restlichen 26 Spielen der Saison schießen wird.
c) Eine Tiefkühlpizza muss 20 Minuten im Ofen gebacken werden. Gib an, wie lange das Backen von drei Tiefkühlpizzen dauert.

13 Ein Auto verbraucht auf 100 km zwischen 5 und 8,1 Liter Superbenzin. Wie viel Benzin sollte man mindestens im Tank haben, wenn man mit dem Auto 580 km ohne Pause fahren möchte? Begründe deine Empfehlung.

14 Julie meint: *„Ich kann in einer Viertelstunde 3 km laufen. Also schaffe ich in einer Stunde 12 km."* Erkläre, wie Julie gerechnet hat, und beurteile ihr Vorgehen.

15 Doppelte Schlussrechnung:

a) Zehn Kaninchen benötigen fünf Tage, um 7,5 kg Heu zu fressen. Berechne, wie viel Heu sechs Kaninchen in acht Tagen fressen. Löse die Aufgabe schrittweise:
1. Schritt: Wie viel Heu fressen zehn Kaninchen in acht Tagen?
2. Schritt: Wie viel Heu fressen sechs Kaninchen in acht Tagen?
b) Erkläre, warum man diese Lösungsstrategie „doppelte Schlussrechnung" nennen kann.
c) Fünf Personen stechen in acht Stunden zusammen 200 kg Spargel. Berechne mit der doppelten Schlussrechnung, wie lange drei Personen brauchen, um 75 kg Spargel zu stechen. Ermittle auch, wie viele Personen man braucht, um in 12 Stunden 540 kg Spargel zu stechen.

Hilfe

16 Ein Copyshop druckt Plakate mit zwei Plottern. Für 200 Plakate benötigen die beiden Plotter 4 Stunden. Der Copyshop schafft einen weiteren Plotter an.

a) Berechne, wie lange die drei Plotter für 200 Plakate brauchen.
b) Ermittle, wie viele Plotter der Copyshop benötigt, um 200 Plakate in nur einer Stunde zu drucken.
c) Ermittle, wie viele Plakate fünf Plotter in acht Stunden drucken könnten.

17 Ausblick:

Bei einem Online-Versandhandel zahlt man für jede Bestellung 1,30 € Versandkosten. Clara bestellt vier Packungen Gummibänder und bezahlt 9,26 €.

a) Berechne den Preis für eine Packung Gummibänder.
b) Berechne die Kosten für eine Bestellung mit sieben Packungen Gummibänder.
c) Erkläre, ob du mit der Schlussrechnung gearbeitet hast.

6.6 Maßstab

Bestimme die ungefähre Länge und Breite der Insel Spiekeroog mithilfe deines Geodreiecks und der Angaben auf der Karte. Erkläre, was die Zahlen auf der Karte bedeuten.

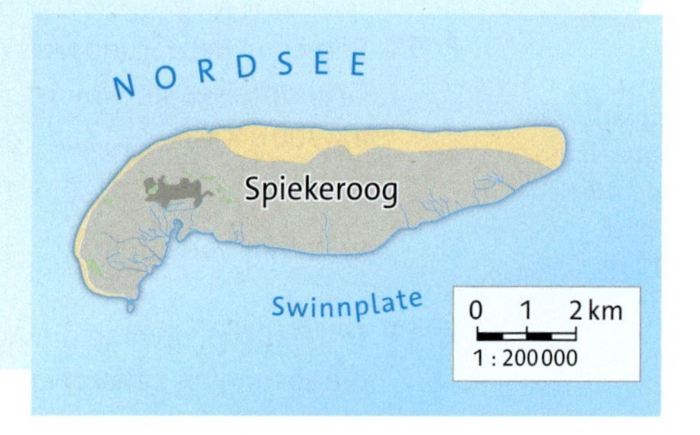

Auf Karten und Plänen werden Städte, Straßen, Häuser oder Zimmer oft verkleinert dargestellt. Der **Maßstab** gibt dabei an, auf das Wievielfache die Dinge im Bild verkleinert wurden. Je mehr durch den Maßstab verkleinert wird, desto weniger Einzelheiten kann man im Bild erkennen.
Der Maßstab wird als **Maßstabsleiste** (0 1 2 km) oder als Verhältnis (1 : 200 000) angegeben.

Wissen

Ein **Maßstab** gibt an, auf das Wievielfache die Dinge im Bild verkleinert oder vergrößert wurden.

Ein Maßstab **1 : 500** („1 zu 500“) stellt eine **500-fache Verkleinerung** dar.
1 : 500 bedeutet: 1 cm im Bild entsprechen 500 cm = 5 m in der Wirklichkeit.

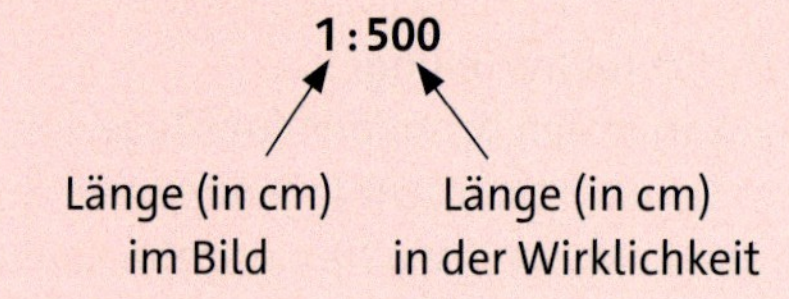

Ein Maßstab **500 : 1** („500 zu 1“) stellt eine **500-fache Vergrößerung** dar.

Längen in der Wirklichkeit berechnen

Beispiel 1

Vom Rathaus zum Staatstheater sind es auf der Karte 4 cm.

Lies den Maßstab aus dem Stadtplan ab. Berechne, wie weit die Entfernung in der Wirklichkeit ist.

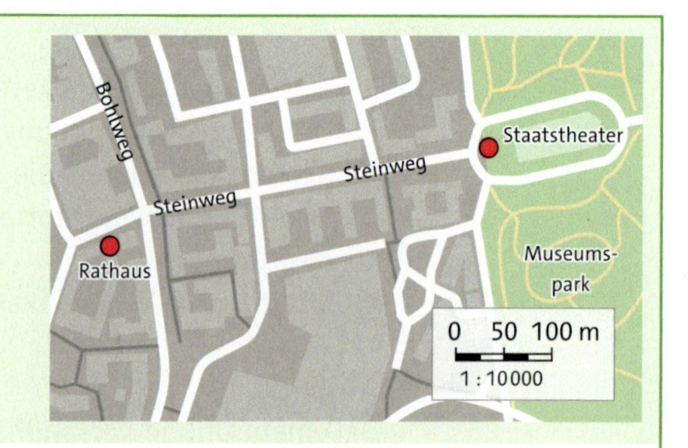

Lösung:

Lies den Maßstab unten rechts auf dem Stadtplan ab. 1 cm im Stadtplan entsprechen 10 000 cm in der Wirklichkeit.
Du kannst auch die abgebildete Maßstabsleiste verwenden. Sie ist 1 cm lang und steht für 100 m (= 10 000 cm) in der Wirklichkeit.
Die Länge in der Wirklichkeit ist also 10 000-mal so groß. Multipliziere daher mit 10 000.

Maßstab: 1 : 10 000

Länge im Bild: 4 cm

Länge in Wirklichkeit: $4\,\text{cm} \cdot 10\,000$
$= 40\,000\,\text{cm}$
$= 400 \cdot 100\,\text{cm}$
$= 400\,\text{m}$

In der Wirklichkeit ist die Entfernung 400 m.

Basisaufgaben

1 1 : 25 000 bedeutet, dass 1 cm in der Karte 25 000 cm = 250 m in der Wirklichkeit entsprechen. Beschreibe die Angabe in Worten.
a) 1 : 2000 b) 1 : 50 000 c) 1 : 250 000 d) 1 : 4 000 000

2 Berechne die Länge in der Wirklichkeit. Wähle eine geeignete Einheit.

	Maßstab	Länge im Bild	Länge in der Wirklichkeit
a)	1 : 5	5 cm	
b)	1 : 100	4 cm	
c)	1 : 5000	2 cm	
d)	1 : 20 000	3 cm	

3 Die Karte eines Sees hat den Maßstab 1 : 6000. In Nord-Süd-Richtung ist der See auf der Karte etwa 20 cm breit. Berechne, wie breit der See in der Wirklichkeit ist.

4 Die Abbildung zeigt einen Ausschnitt einer Europakarte. Miss auf der Karte die kürzeste Entfernung (Luftlinie) von Berlin nach Warschau, Paris und Budapest. Bestimme dann mithilfe des angegebenen Maßstabs die Entfernungen in der Wirklichkeit.

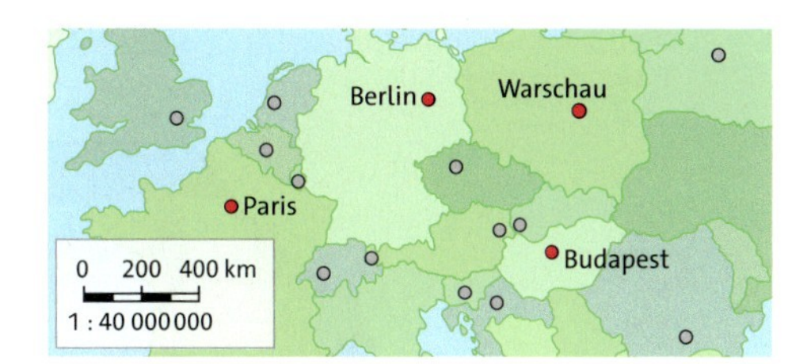

Längen im Bild berechnen

Beispiel 2

Ein Handballfeld ist 40 m lang und 20 m breit. Es soll im Maßstab 1 : 200 in ein Heft gezeichnet werden. Berechne die Maße des Handballfelds in der Zeichnung.

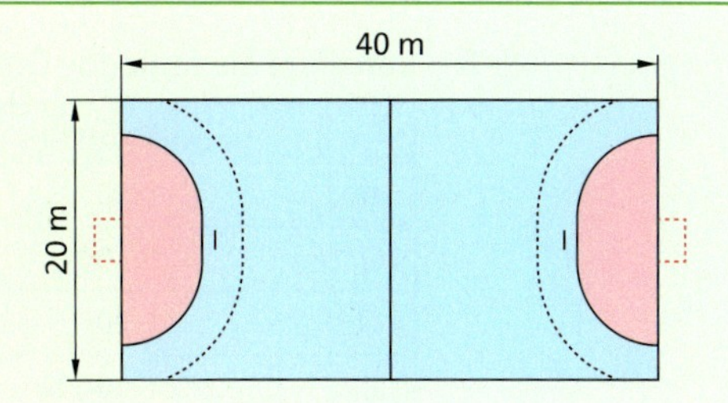

Lösung:

1 cm im Bild entsprechen 200 cm in der Wirklichkeit. Die Länge im Bild ist also gegenüber der Länge in der Wirklichkeit 200-fach verkleinert. Dividiere daher durch 200.
Wandle die wirklichen Längen (40 m und 20 m) vor dem Dividieren in Zentimeter um.

Maßstab: 1 : 200

Länge in Wirklichkeit: 40 m = 4000 cm
Länge im Bild: 4000 cm : 200 = 20 cm

Länge in Wirklichkeit: 20 m = 2000 cm
Länge im Bild: 2000 cm : 200 = 10 cm

Im Heft ist das Feld 20 cm lang und 10 cm breit.

Basisaufgaben

5 Ein Basketballfeld ist 30 m lang und 15 m breit. Zeichne das Basketballfeld im Maßstab von 1 : 500 in dein Heft.

6 Berechne die Länge im Bild.

	Maßstab	Länge im Bild	Länge in der Wirklichkeit
a)	1:3		15 cm
b)	1:50		2 m
c)	1:1000		50 m
d)	1:20000		8 km

Weiterführende Aufgaben

Zwischentest 

7 a) Ordne jeder Abbildung einen geeigneten Maßstab zu. Begründe deine Entscheidung.

b) Miss im Bild die Länge des Kleinbusses, die Höhe des Brandenburger Tors, die Nord-Süd-Ausdehnung von Deutschland und den Durchmesser der Erde und berechne die Werte in der Wirklichkeit. Recherchiere, ob deine Ergebnisse stimmen.

8 Berechne die fehlende Größe im Heft.

	Maßstab	Länge im Bild	Länge in der Wirklichkeit
a)	1:50	10 cm	
b)	1:100	5 cm	
c)	1:20		4000 cm
d)	1:20000		800 m
e)		10 cm	300 m

9 Fabian benutzt einen Stadtplan mit dem Maßstab 1:25000.

a) Erkläre, warum es wichtig ist, dass auf einem Stadtplan der Maßstab angegeben wird.

b) Fabian möchte zum Bahnhof und misst auf dem Plan eine Entfernung von 6 cm. Berechne die Länge dieser Strecke in der Wirklichkeit und erkläre deine Rechnung.

c) Auf einem Wegweiser steht „Oper 500 m". Berechne die Länge dieser Wegstrecke auf Fabians Stadtplan.

10 **Stolperstelle:**

Fynn hat ein 48 cm langes Modellauto. Das Auto ist im Maßstab 1:8 nachgebaut. Fynn berechnet, wie groß sein Auto in der Wirklichkeit ist:

48 cm : 8 = 6 cm

Nimm Stellung zu Fynns Rechnung. Berechne die Länge des Autos in der Wirklichkeit.

Hilfe

11 Maßstab bestimmen: Bestimme den Maßstab zur Maßstabsleiste mithilfe deines Lineals.

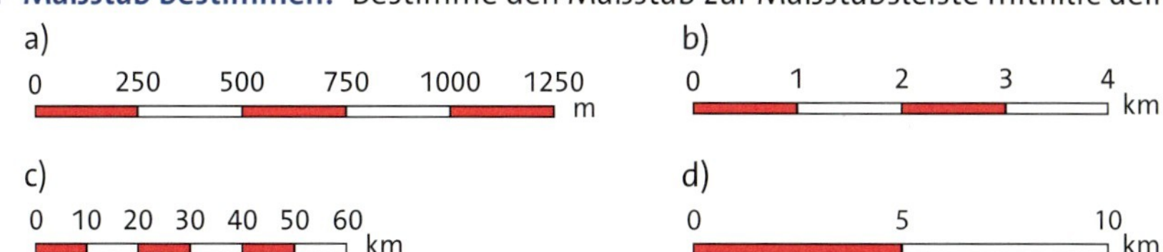

12 Bestimme den Maßstab aus den angegebenen Längen. Achte dabei auf die Einheiten.

a) im Bild: 1 cm, in Wirklichkeit: 50 m
b) im Bild: 10 cm, in Wirklichkeit: 1 km
c) im Bild: 2 cm, in Wirklichkeit: 10 m
d) im Bild: 5 cm, in Wirklichkeit: 250 m

13 Unter dem Mikroskop kann man Pflanzenzellen betrachten. Eine Zelle ist in der Wirklichkeit etwa 0,1 mm lang. Bestimme näherungsweise den Maßstab, mit dem die Zelle vergrößert wurde.

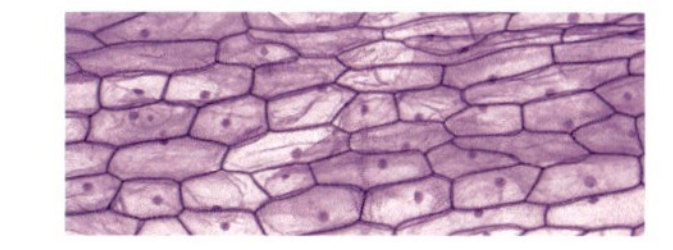

Hinweis zu 14

Ein DIN-A4-Blatt ist 210 mm breit und 297 mm hoch.

14 Das Bild zeigt eine Skizze von Toms Kinderzimmer. Er möchte einen maßstabsgetreuen Grundriss des Zimmers auf ein DIN-A4-Blatt zeichnen.

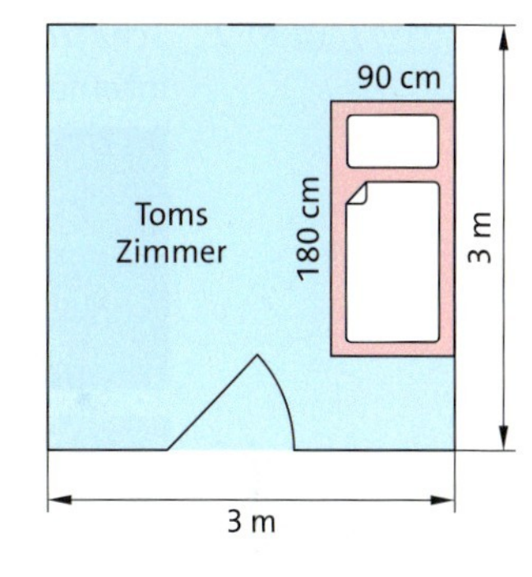

a) Untersuche, welchen der angegebenen Maßstäbe er dazu benutzen kann. Zeichne mit dem gewählten Maßstab den Grundriss.
① 1:5 ② 1:10 ③ 1:15

b) Zeichne in den Grundriss auch das Bett ein. Zeichne außerdem einen Schreibtisch (90 cm breit, 45 cm lang) und einen Kleiderschrank (120 cm lang, 60 cm breit) mit ein.

Hilfe

15 In den USA gibt es am Mount Rushmore vier Präsidentenköpfe, die in den Fels des Bergs gehauen wurden. Das Bild zeigt den Kopf von Abraham Lincoln.

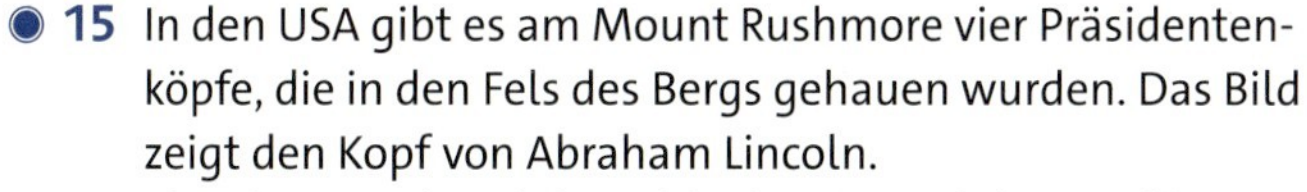

a) Schätze anhand des Bilds ab, wie groß der Kopf ist. Erkläre, wie du deinen Schätzwert bestimmt hast.

b) Schätze, wie hoch eine Steinstatue des „ganzen" Abraham Lincoln im gleichen Maßstab wäre. Recherchiere, wie groß Abraham Lincoln tatsächlich war.

c) Schätze, welcher Maßstab für den Präsidentenkopf am Mount Rushmore verwendet wurde.

16 Ausblick:

a) Die Figuren ① bis ③ sind in Originalgröße dargestellt. Zeichne die Figuren vergrößert in dein Heft. Vergrößere die Figuren im Maßstab 2 : 1 und im Maßstab 3 : 1.

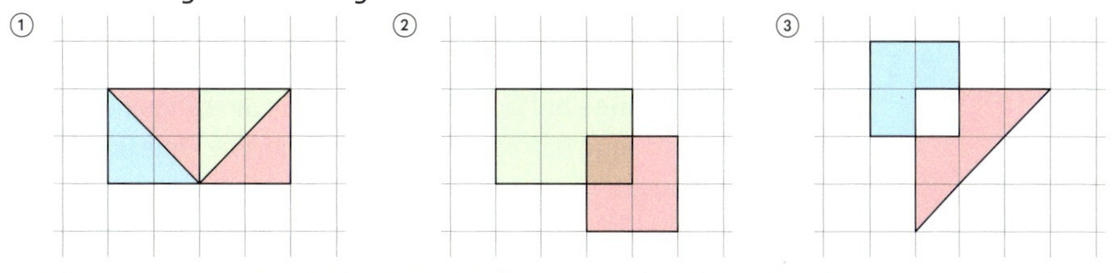

b) Zeichne zuerst ein Quadrat mit 9 Kästchen in dein Heft. Zeichne dann zwei vergrößerte Quadrate im Maßstab 2 : 1 und 3 : 1. Gib an, aus wie vielen Kästchen diese Quadrate jeweils bestehen. Finde eine Regel.

6.7 Vermischte Aufgaben

1 In der Zeitung las man Mitte 2012:
„Banküberfall in der Innenstadt.
Täter erbeuteten Goldbarren im Wert von etwa 1 Million Euro."

a) Berechne, wie schwer die Beute war.

b) Informiere dich, wie viel 1 g Gold aktuell kostet, und gib an, wie viel die Beute zurzeit ungefähr wert ist. Runde sinnvoll, sodass du das Ergebnis berechnen kannst.

c) Gib an, wie viele Tüten Gummibären man 2012 von 1 kg Gold kaufen konnte. Begründe deine Schätzung.

Gold

Gold zählt zu den ersten Metallen, die von Menschen verarbeitet wurden. Wegen der Beständigkeit seines Glanzes, seiner Seltenheit und auffallenden Schwere ist es sehr begehrt. Es wurde in vielen Kulturen vor allem für rituelle Gegenstände verwendet. Heute werden etwa 85 % des geförderten Golds zu Schmuck verarbeitet. Ein Gramm Gold war 2012 etwa 40 Euro wert.

2 Schätze die Weltrekorde aus der Tierwelt und recherchiere dann in einem Lexikon oder im Internet.

3 Rechne in eine besser geeignete Einheit um.

a) Der Kirchturm ist 12 000 cm hoch.

b) Der Klassenraum ist 6600 mm breit.

c) Eine Fliege ist 0,007 m lang.

d) Die Entfernung von Köln nach Berlin beträgt 600 000 m.

e) Herr Bergmüller arbeitet 126 000 s pro Woche.

4 Eine Million ist eine große Zahl, eine Milliarde ist eine noch größere Zahl. Doch wie sehr unterscheiden sich die beiden Zahlen wirklich?

a) Rechne 1 000 000 Sekunden in Tage um. (Hinweis: 1 Tag hat 24 h.)

b) Bestimme, wie lange 1 000 000 000 Sekunden etwa dauern. Verwende dafür eine geeignete Einheit und vergleiche mit a).

5 a) Nicks Vater macht 3500 Schritte, um vom Bahnhof nach Hause zu gehen. Seine Schrittlänge beträgt 75 cm. Berechne die Länge des Wegs.

b) Nicks Schrittlänge beträgt 50 cm. Berechne, wie viele Schritte Nick für die gleiche Strecke braucht.

6 Rechne um.

a) 1,527 km in cm	b) 49,325 t in g	c) 0,021 t in mg
d) 42,195 km in mm	e) 28 817 263 mg in t	f) 123 456 789 mm in km
g) 1 h in s	h) 24 h in min	i) 1 Jahr in s

7 Der Eiffelturm in Paris ist 324 m hoch. Im Souvenirladen gibt es Modelle im Maßstab 1 : 500, 1 : 1000 und 1 : 2000.

a) Berechne die Höhe dieser Modelle.

b) Lenny und Jonas diskutieren.
Lenny: *„Verdoppelt man den Maßstab, so verdoppelt sich auch die Höhe des Modells."*
Jonas: *„Verdoppelt man den Maßstab, so halbiert sich die Höhe des Modells."*
Wer von beiden hat recht? Begründe.

8 **Blütenaufgabe:** Jonah will einen Schal mit Elefanten darauf stricken. Er kauft Wolle in 50-g-Knäueln. Der Schal soll 1,50 m lang und 320 g schwer werden.

Berechne, wie viele Wollknäuel Jonah kaufen muss.

Für 7,5 cm Länge muss Jonah 20 Reihen stricken. Berechne, wie viele Reihen er insgesamt stricken muss.

Afrikanische Elefanten sind in der Wirklichkeit bis zu 3,50 m groß. Auf Jonahs Schal sind die Elefanten 8 cm groß. Bestimme den Maßstab, mit dem die Elefanten auf dem Schal verkleinert wurden.

Ein Elefant kann bis zu 6 t wiegen. Schätze, wie viele von Jonahs Schals zusammen genauso schwer wären wie ein Elefant. Prüfe deine Schätzung mit einer Rechnung. Berechne auch, wie lange Jonah dafür stricken müsste, wenn er pro Schal etwa 45 Stunden braucht.

9 Berechne.

a) 14 km + 9 876 543 210 mm

b) 7,1 t + 850 kg + 1295 g + 191 371 mg

c) 0,823 km + 15,16 m + 0,24 dm + 18,2 cm + 41 mm

d) 3 h + 194 min + 18 726 s – 12 min – 2421 s

10 Berechne.

a) 48 km : 0,8 cm

b) 3 · 2,1 t : 0,75 kg

c) 12 cm · 144 mm : 0,36 m + 2,4 cm · 4

d) 8 · (7200 mg + 0,12 kg) : 15

11 Ersetze den Platzhalter ■ im Heft, sodass die Rechnung stimmt.

a) 8 km + ■ + 43 cm = 9,256 km

b) 7,2 kg – 921 g – ■ = 5,76 kg

c) 2 m 51 cm + 98 mm – ■ = 23 dm 8 cm

d) 19 t 832 kg + ■ = 21 t 542 kg 892 g

12 Für eine Pizza werden etwa 250 g Teig benötigt.

a) Recherchiere, wie viele Menschen heute auf der Erde leben. Berechne, wie viel Teig man bräuchte, damit heute jeder Mensch eine Pizza essen kann.

b) Ein Containerschiff kann etwa 200 000 t Ladung transportieren. Berechne, wie viele Containerschiffe man bräuchte, um den Teig für alle Pizzen aus a) zu transportieren.

c) Schätze die Höhe einer Pizza. Stell dir vor, man würde alle Pizzen aus a) übereinanderstapeln. Prüfe rechnerisch, ob dieser Turm von der Erde bis zum Mond reichen würde.

Lösungen → S. 221

1 Ordne den Objekten die passenden Größenangaben zu. Rechne in eine sinnvolle Einheit um.

Objekte: 1-ℓ-Milchkarton | Kleinwagen | Basketball | Teetasse | Spielwürfel

Höhe: 240 mm | 2 dm | 0,1 m | 16 mm | 1500 mm

Masse: 410 000 mg | 3000 mg | 1400 kg | 1000 g | 0,6 kg

2 Rechne um.
a) 70 cm in mm b) 23 t in kg c) 7 min in s d) 470 cm in dm
e) 800 dm in mm f) 420 min in h g) 10 kg in mg h) 550 000 mm in m

3 Schreibe in einer kleineren Einheit ohne Komma. Du kannst eine Einheitentafel verwenden.
a) 5,6 dm b) 14,5 t c) 2,875 m d) 10,90 € e) 0,04 kg f) 30,15 km

4 Berechne.
a) 12,4 m + 16,5 m b) 42 s + 78 s c) 9,56 € – 4,20 € d) 358,9 g – 125,6 g

5 Berechne. Entscheide vorher, in welcher Einheit du rechnest.
a) 2,5 km + 400 m b) 1,2 kg – 115 g c) 4 h 30 min + 20 min d) 19 cm – 28 mm
e) 40 cm + 200 mm f) 2,20 € + 80 ct g) 120 s + 240 s h) 12 m – 320 cm

6 Berechne.
a) $4 \cdot 3$ km b) $2 \cdot 6{,}1$ kg c) 24 m : 3 d) 32 s : 8 s e) $7 \cdot 5{,}50$ €
f) 36 € : 4,50 € g) $4 \cdot 7$ min h) 56 mm : 4 i) 72 cm : 90 mm j) 2,4 km : 300 m

7 a) Ein Film beginnt um 20:25 Uhr und dauert 105 min. Gib an, wann er endet.
b) Ein Zug fährt um 9:52 Uhr ab und kommt um 14:06 Uhr an. Gib die Dauer der Fahrt an.

8 Am Kiosk kosten 150 g Weingummi 2,10 €. Ermittle den Preis für 500 g Weingummi.

9 Herr Mähler hat für 25 Gehwegplatten 50 € bezahlt. Ermittle den Preis für 125 Platten.

10 Mustafa hat für 16 Sammelbilder 3,20 € bezahlt. In jeder Packung sind 4 Sammelbilder. Berechne den Preis für 12 Sammelbilder.

11 Prüfe, welches Angebot pro Kilogramm am günstigsten ist.
Begründe dein Vorgehen.

12 Eine Schulturnhalle ist 40 m lang und 25 m breit. Zeichne die Turnhalle im Maßstab 1 : 500 in dein Heft. Gib Länge und Breite der Turnhalle in der Zeichnung an.

Lösungen → S. 221

13 Auf einer Landkarte im Maßstab 1 : 900 000 beträgt die Entfernung (Luftlinie) zwischen Berlin und Hamburg 28 cm. Gib die Entfernung der Städte in der Wirklichkeit an.

14 Mark hat ein Modellflugzeug im Maßstab 1 : 45. Peters Modellflugzeug ist nur halb so lang und dafür im Maßstab 1 : 100 gebaut. Entscheide, ob die Aussage richtig ist. Begründe.
a) In der Wirklichkeit ist Marks Flugzeug länger.
b) In der Wirklichkeit ist Peters Flugzeug länger.
c) Wäre Peters Flugzeug im Maßstab 1 : 90 gebaut, dann wären die Flugzeuge in der Wirklichkeit gleich groß.

15 Astrid, Lea und Sarah wollen wissen, wer den längsten Schulweg hat. Sie messen die Entfernungen in Karten mit unterschiedlichen Maßstäben. Untersuche, wer am weitesten von der Schule entfernt wohnt.

	Astrid	Lea	Sarah
Maßstab der Karte	1 : 100 000	1 : 50 000	1 : 25 000
Entfernung auf der Karte	6 cm	9 cm	20 cm

16 Die Erde hat in der Wirklichkeit einen Radius von ungefähr 6371 km. Bestimme den Maßstab, in dem die Erde hier abgebildet ist.

17 Ein Fahrrad mit 26-Zoll-Rädern legt bei jeder vollen Umdrehung der Räder etwa 2 m zurück.
a) Gib an, wie viele Umdrehungen jedes Rad des Fahrrads auf einer 6 km langen Strecke macht.
b) Gib an, wie viele Minuten ein Radfahrer für 6 km benötigt, wenn eine Radumdrehung 1 s dauert.

Wo stehe ich?

	Ich kann ...	Aufgabe	Schlag nach
6.1	... Größen angeben und schätzen.	1	S. 146 Beispiel 1
6.2	... Einheiten von Größen umrechnen und Größenangaben mit sinnvollen Einheiten schreiben.	2	S. 149 Beispiel 1, S. 150 Beispiel 2
6.3	... mit Größen in Kommaschreibweise umgehen.	3	S. 153 Beispiel 1
6.4	... Größen addieren und subtrahieren. ... Größen vervielfachen und dividieren.	4, 5, 6, 7, 17	S. 155 Beispiel 1, S. 156 Beispiel 2
6.5	... Sachaufgaben mit der Schlussrechnung lösen.	8, 9, 10, 11	S. 159 Beispiel 1
6.6	... mit Maßstäben umgehen.	12, 13, 14, 15, 16	S. 162 Beispiel 1, S. 163 Beispiel 2

Zusammenfassung

Einheiten von Größen

Einheiten des Gelds: Euro (€), Cent (ct)

1 € = 100 ct

Einheiten der Länge: Kilometer (km), Meter (m), Dezimeter (dm), Zentimeter (cm), Millimeter (mm)

1 km = 1000 m
1 m = 10 dm, 1 dm = 10 cm, 1 cm = 10 mm

Einheiten der Masse: Tonne (t), Kilogramm (kg), Gramm (g), Milligramm (mg)

1 t = 1000 kg, 1 kg = 1000 g, 1 g = 1000 mg

Einheiten der Zeit: Stunden (h), Minuten (min), Sekunden (s), aber auch Tage, Wochen, Monate, Jahre

1 h = 60 min, 1 min = 60 s,
1 Jahr = 12 Monate, 1 Woche = 7 Tage

Rechnen mit Größen

Größen mit der gleichen Einheit kann man addieren und subtrahieren. Das Ergebnis ist eine Größe.

12,30 € + 5,40 € = 17,70 €
4 m + 300 cm = 4 m + 3 m = 7 m

Um eine Größe mit einer Zahl zu multiplizieren (durch eine Zahl zu dividieren), multipliziert man die Maßzahl mit der Zahl (dividiert man die Maßzahl durch die Zahl) und behält die Einheit bei.

$5 \cdot 6\,kg = 30\,kg$
18 € : 6 = 3 €
1,2 km : 3 = 1200 m : 3 = 400 m

Größen mit der gleichen Einheit kann man dividieren. Das Ergebnis ist eine Zahl.

15 cm : 3 cm = 5
2 h : 12 min = 120 min : 12 min = 10

Schlussrechnung

Wenn sich zwei Größen im gleichen Maße verändern (das heißt: verdoppelt, verdreifacht, halbiert ... sich die eine Größe, dann verdoppelt, verdreifacht, halbiert ... sich auch die andere Größe), dann kann man aus drei gegebenen Werten der Größen einen vierten Wert berechnen.

Für 4 Portionen Kartoffelbrei benötigt man 120 g Butter. Um die Menge an Butter für 5 Portionen zu berechnen, berechnet man erst die Menge für eine Portion und daraus die Menge für 5 Portionen:

	Zahl der Portionen	Menge an Butter	
	4	120 g	
:4	1	30 g	:4
·5	5	150 g	·5

Für 5 Portionen benötigt man 150 g Butter.

In einigen Fällen kann man aus drei gegebenen Größen auch direkt auf die gesuchte Größe schließen.

8 Portionen Kartoffelbrei sind doppelt so viele wie 4 Portionen. Für 8 Portionen braucht man deshalb $2 \cdot 120\,g = 240\,g$ Butter.

Maßstab

Der **Maßstab** gibt bei Verkleinerungen und Vergrößerungen das **Verhältnis** einer **Länge im Bild** zur entsprechenden **Länge in der Wirklichkeit** an.

1 : 100 000 (sprich: 1 zu 100 000)
1 = Länge in cm im Bild; 100 000 = Länge in cm in der Wirklichkeit

In einer Landkarte mit dem Maßstab 1 : 250 000 sind zwei Städte 6 cm voneinander entfernt. 1 cm auf der Karte entspricht 250 000 cm = 2,5 km in der Wirklichkeit. Also sind die Städte in Wirklichkeit $6 \cdot 2{,}5\,km = 15\,km$ voneinander entfernt.

7

Flächeninhalt

Nach diesem Kapitel kannst du
→ den Umfang und den Flächeninhalt eines Rechtecks berechnen,
→ Flächeninhalte in verschiedenen Einheiten angeben,
→ Flächeneinheiten umrechnen,
→ Flächeninhalte zusammengesetzter Figuren bestimmen,
→ Oberflächeninhalte von Quadern und zusammengesetzten Körpern bestimmen.

Lösungen
→ S. 221/222

Flächen auslegen

1 Die abgebildete rechteckige Terrasse wird mit Platten ausgelegt.
Berechne, wie viele Platten insgesamt benötigt werden.

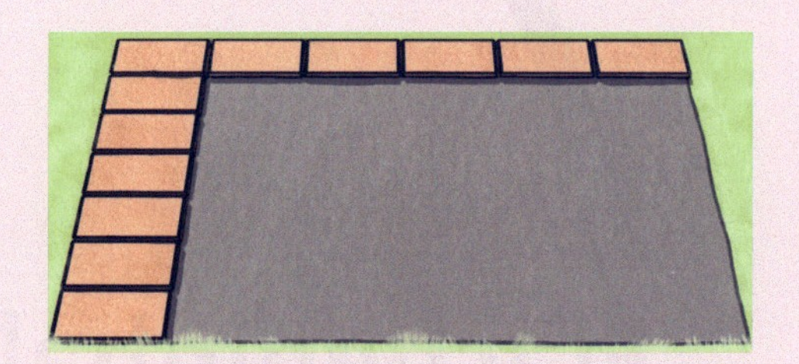

2 Die Figur soll vollständig mit farbigen Quadraten ausgefüllt werden.
Gib an, wie viele Quadrate insgesamt in die Figur passen.
Gib auch an, wie viele Quadrate noch fehlen.

a)

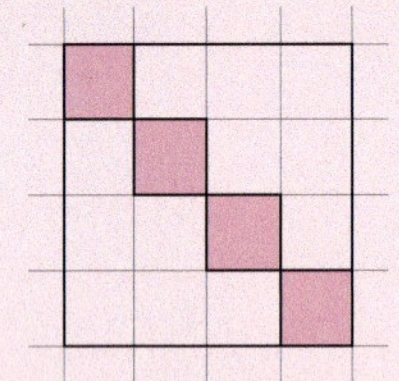

b)
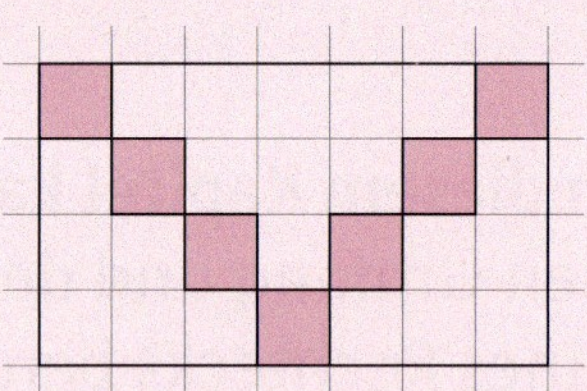

c)

d)
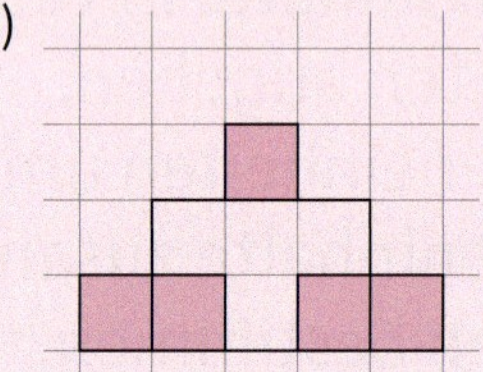

3 Vergleiche die Größen der beiden Flächen. Zähle dazu, wie oft das gefärbte Dreieck in jede der Figuren hineinpasst.

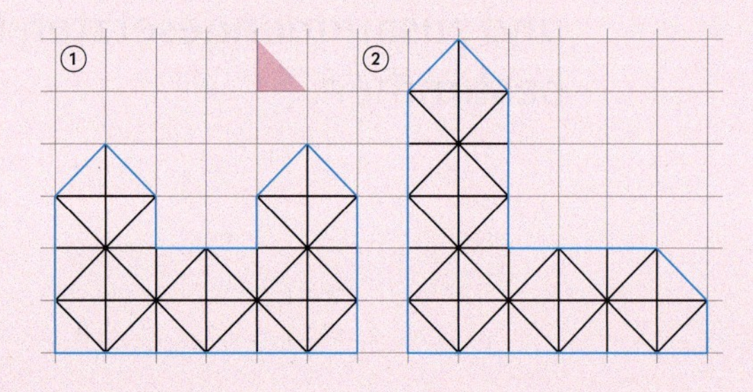

Längenangaben umrechnen

4 Rechne in die Längeneinheit in Klammern um.
a) 4,5 cm (in mm) b) 3,12 m (in cm) c) 1,5 km (in m) d) 1,892 m (in mm)

5 Ersetze den Platzhalter ■ im Heft durch die richtige Längeneinheit.
a) 6 cm = 60 ■ b) 5 km = 5000 ■ c) 4,5 m = 450 ■ d) 2000 mm = 2 ■

6 Gib an, welche Angaben die gleiche Länge beschreiben.

60 cm | 600 mm | 60 dm | 6 m | 0,6 km | 6 dm | 600 cm | 6000 dm | 600 m

7 Überprüfe. Korrigiere, falls nötig.
a) *6 m = 600 cm* b) *5 cm = 50 dm* c) *20 dm = 200 cm* d) *2,5 km = 250 m*

Lösungen → S. 222

Mit Zahlen und Längenangaben rechnen

8 Berechne, indem du die Summanden geschickt vertauschst und zusammenfasst.
a) 15 + 41 + 25 + 19 b) 63 + 14 + 36 + 27 c) 13 + 12 + 37 + 5 d) 63 + 103 + 47 + 27

9 Berechne im Kopf.
a) $12 \cdot 6$ b) $38 \cdot 4$ c) $4 \cdot 5 \cdot 3$ d) $7 \cdot 7 \cdot 8$

10 Berechne.
a) 13 cm + 17 cm b) 12 dm + 3 m c) 17 km − 90 m d) 1 m − 50 cm
e) 8 cm · 4 f) 64 cm : 8 g) 2 · 13 m h) 72 m : 9
i) 2 · 8 cm + 3 cm · 2 j) (1 dm + 7 cm) · 2 k) 1 m : 4 l) 6 m : 2 − 130 cm

11 Überschlage zuerst und berechne dann schriftlich.
a) $134 \cdot 12$ b) $346 \cdot 18$ c) $140 \cdot 120$ d) $11 \cdot 3453$
e) $360 : 18$ f) $420 : 12$ g) $195 : 15$ h) $600\,000 : 25\,000$

12 Ersetze die Platzhalter ■ im Heft durch Zahlen, sodass die Rechnung stimmt.
a) 2100 = 700 · ■ = 70 · ■ = 7 · ■ b) 12 000 = 2 · ■ = 30 · ■ = 400 · ■ = 6000 · ■
c) 2400 = 200 · ■ = 400 · ■ = 800 · ■ d) 72 000 = 8 · ■ = 80 · ■ = 800 · ■ = 8000 · ■

Rechtecke und Quadrate erkennen und zeichnen

13 Zeichne
a) ein Rechteck mit den Seitenlängen a = 4 cm und b = 2 cm,
b) ein Quadrat mit einer Seitenlänge von 3 cm.

14 Die Länge a und die Breite b eines Rechtecks sind zusammen 12 cm lang. Bestimme die Länge der Seite a,
a) wenn die Länge der Seite b genau 3 cm beträgt,
b) wenn die Seite b doppelt so lang ist wie die Seite a.

15 Zeichne die Eckpunkte in ein Koordinatensystem und verbinde sie in alphabetischer Reihenfolge. Gib die Art des entstandenen Vierecks an.
a) A(1|2); B(3|2); C(3|4); D(1|4) b) E(2|5); F(7|5); G(7|7); H(2|7)
c) P(0|−2); Q(3|−2); R(5|0); S(2|0) d) U(−5|0); V(−7|0); W(−7|−2); X(−6|−2)

16 Zeichne die Punkte A(2|2), B(4|0) und C(5|1) in ein Koordinatensystem.
Trage einen weiteren Punkt D so in das Koordinatensystem ein, dass ein Rechteck mit den Eckpunkten A, B, C, D entsteht. Gib die Koordinaten von D an.

Quadernetze

17 Zeichne das Netz eines Quaders mit den Kantenlängen a = 3 cm, b = 4 cm und c = 2 cm.

18 Entscheide begründet, ob man aus dem Netz einen Quader basteln kann.

a) 

b) 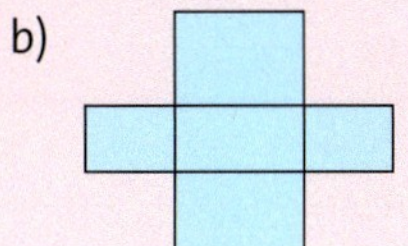

c) 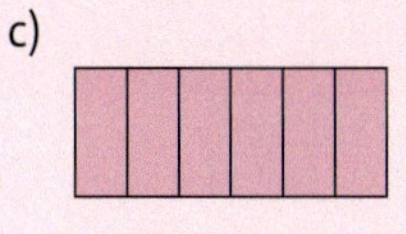

d) 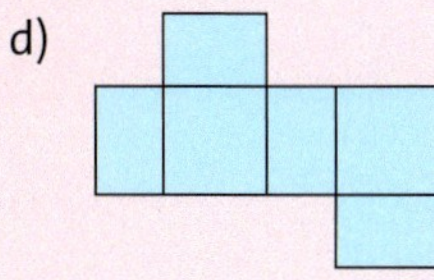

7.1 Flächen vergleichen

Familie Müller möchte ein möglichst großes Gartengrundstück kaufen. Vergleiche die Gärten und berate die Familie.
Probiere verschiedene Möglichkeiten beim Vergleichen aus. Du kannst die Gärten dazu auch auf Papier übertragen und ausschneiden.

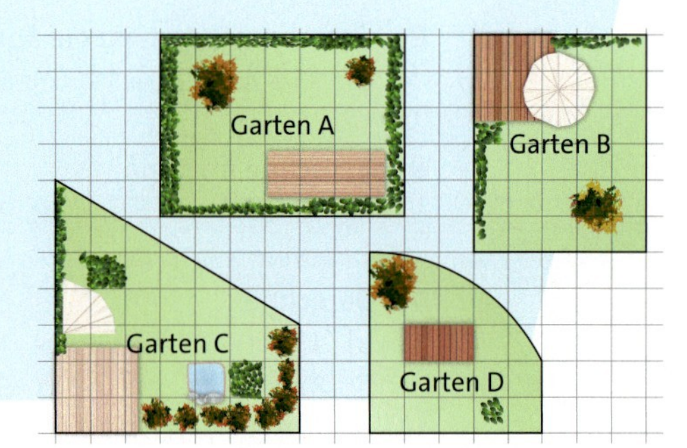

Wissen

Der **Flächeninhalt** gibt an, welche Ausdehnung eine Figur oder ein Gebiet in der Ebene hat, zum Beispiel wie groß die Fläche eines Blatts Papier oder einer Stadt ist.

Beispiel 1 Vergleiche den Flächeninhalt der beiden Figuren.

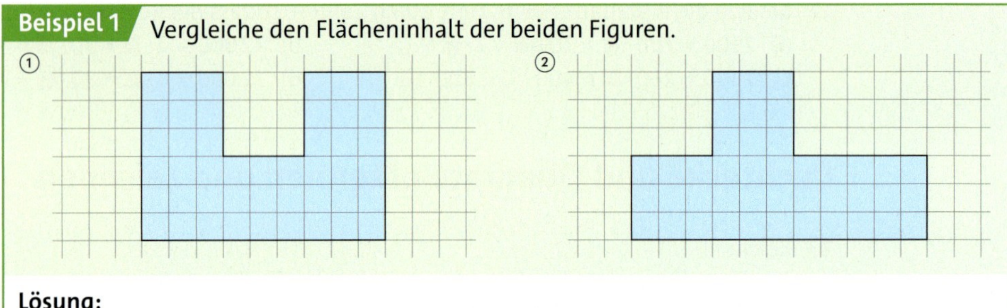

Lösung:

1. Möglichkeit: Kästchen zählen

Figur ① besteht aus 45 Kästchen, Figur ② nur aus 42.

2. Möglichkeit: Zerlegen

Unterteile die Figuren in Quadrate aus drei mal drei Kästchen.
In Figur ① passen 5 solcher Quadrate vollständig hinein, in Figur ② nur 4.

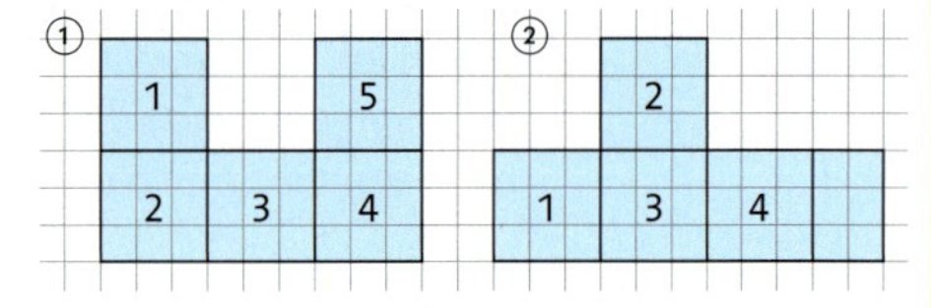

Figur ① hat den größeren Flächeninhalt.

Basisaufgaben

1 Vergleiche den Flächeninhalt der beiden Figuren.

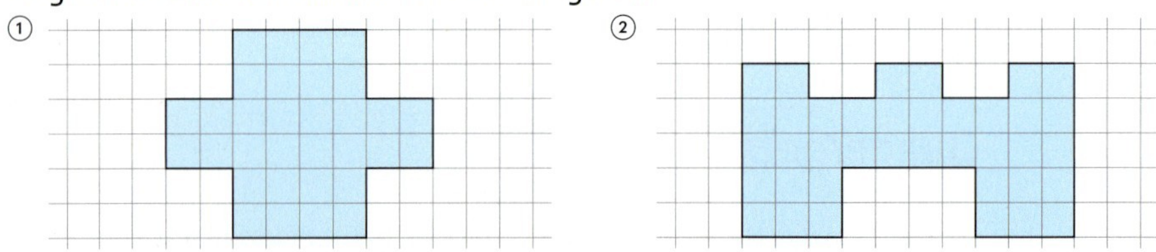

2 Ordne die Figuren aufsteigend nach ihrem Flächeninhalt.

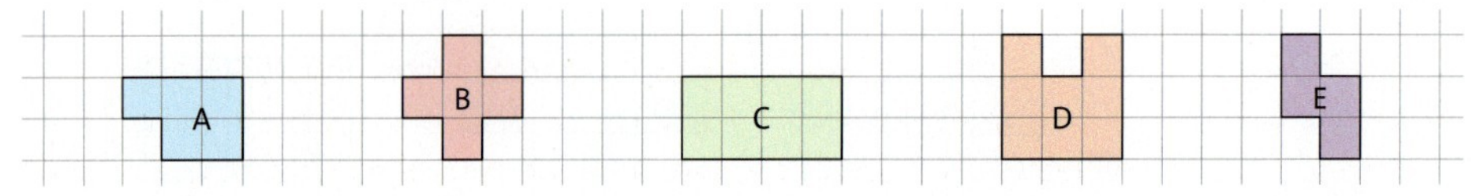

Flächeninhalte in cm^2

Für den Alltag ist es unpraktisch, die Größe von Flächen in der Einheit „Kästchen“ zu vergleichen. Kästchen können ja unterschiedlich groß sein. Deshalb hat man Flächeneinheiten eingeführt. Man hat festgelegt, dass ein Quadrat der Länge 1 cm und der Breite 1 cm einen Flächeninhalt von $1\,cm^2$ (1 **Quadratzentimeter**) hat.

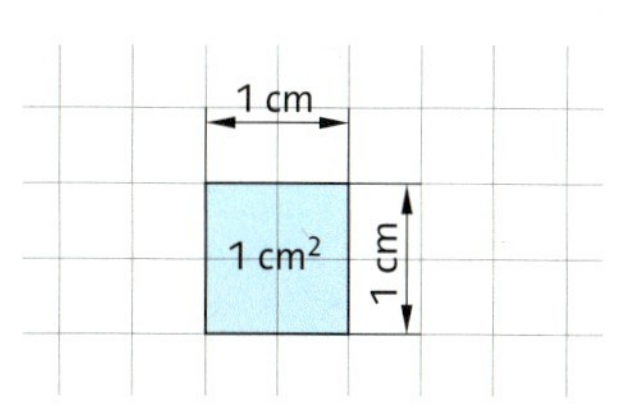

Beispiel 2 Bestimme den Flächeninhalt der Figur in cm^2.

a) b)

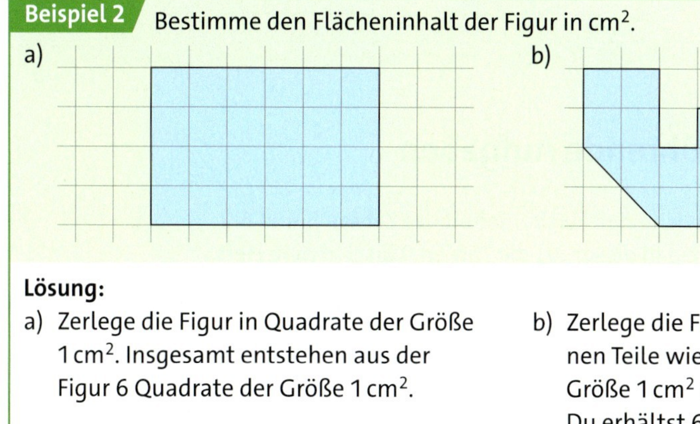

Lösung:

a) Zerlege die Figur in Quadrate der Größe $1\,cm^2$. Insgesamt entstehen aus der Figur 6 Quadrate der Größe $1\,cm^2$.

Der Flächeninhalt beträgt $6\,cm^2$.

b) Zerlege die Figur so, dass du die einzelnen Teile wieder zu Quadraten der Größe $1\,cm^2$ zusammensetzen kannst. Du erhältst 6 Quadrate.

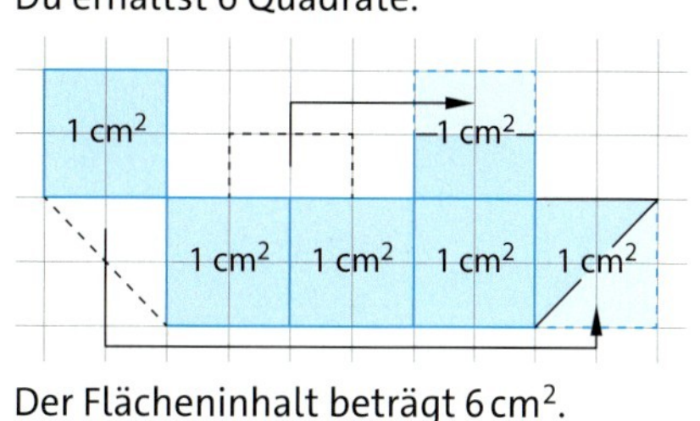

Der Flächeninhalt beträgt $6\,cm^2$.

Hinweis

4 Kästchen sind genau $1\,cm^2$.

Basisaufgaben

3 Zeichne die Figur in dein Heft und bestimme den Flächeninhalt in cm^2.

a)

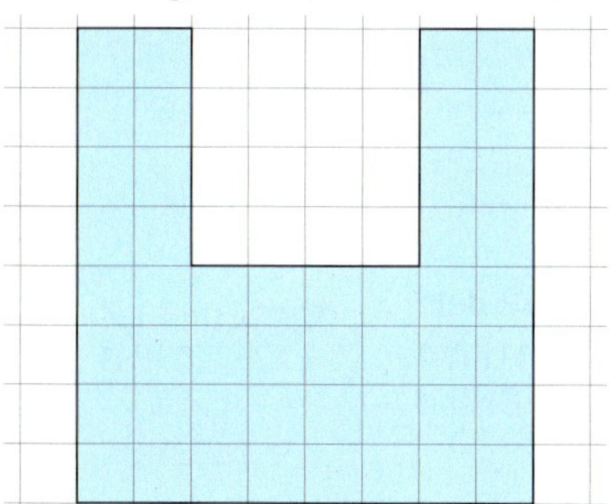

b)

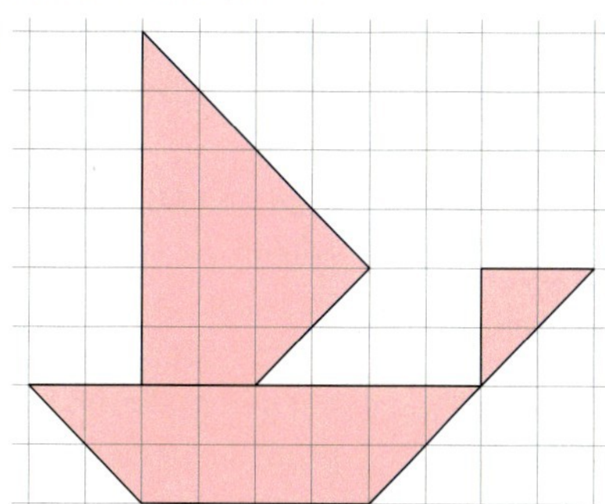

4 a) Zeichne drei verschiedene Rechtecke mit einem Flächeninhalt von jeweils $12\,cm^2$.
b) Zeichne drei Figuren mit einem Flächeninhalt von jeweils $5\,cm^2$.

5 a) Zeichne eine Figur in dein Heft, deren Flächeninhalt doppelt (viermal; neunmal) so groß ist wie der des Quadrats rechts.
b) Entscheide, zu welcher der Aufgaben aus a) eine quadratische Figur existiert.

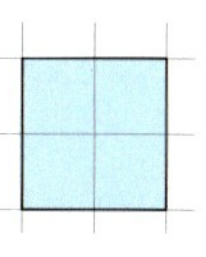

6 Gib den Flächeninhalt der folgenden Figuren in cm^2 an. Erkläre dein Vorgehen.

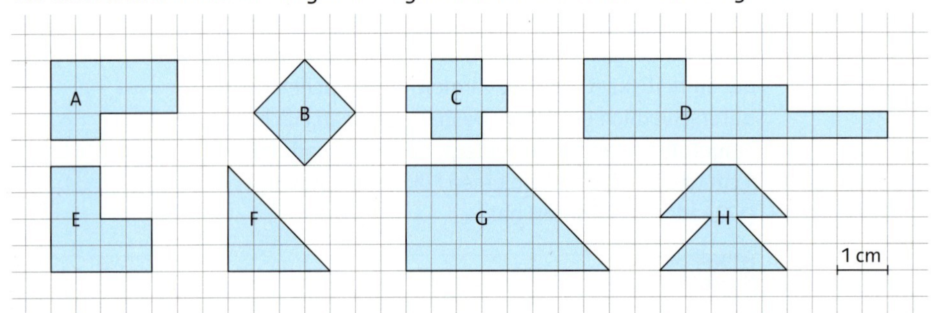

Weiterführende Aufgaben

Zwischentest 

7 a) Vergleiche den Flächeninhalt der Zahlen 5 und 6.
b) Zeichne in dieser Art die Zahlen 0 bis 9 in dein Heft. Vergleiche den Flächeninhalt aller Zahlen. Gib die Zahl mit dem größten (dem kleinsten) Flächeninhalt an.

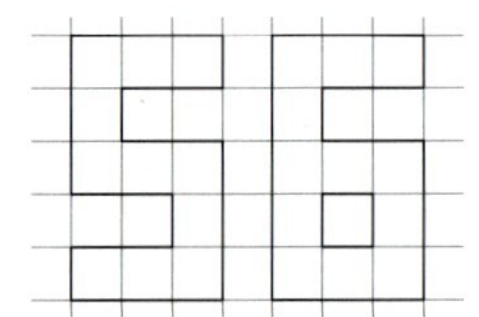

8 Ermittle, welche der abgebildeten Inseln den größeren Flächeninhalt hat. Beschreibe dein Vorgehen.

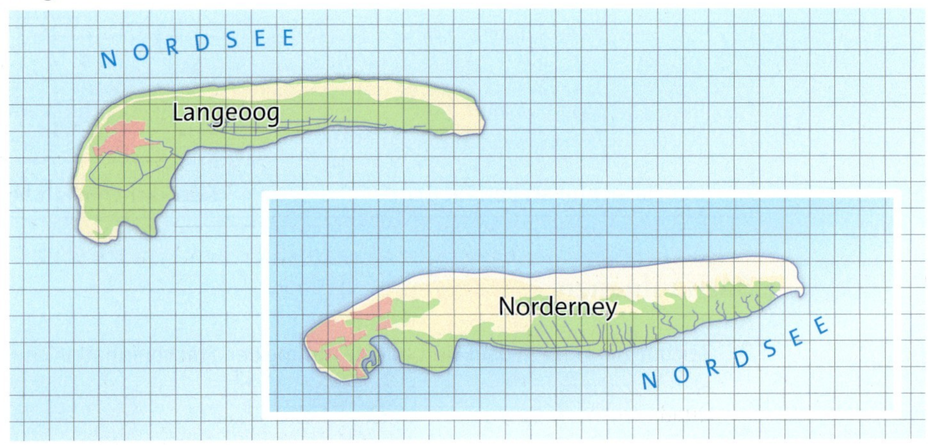

Hinweis

Tangram ist ein altes chinesisches Legespiel, bei dem aus sieben Teilen Figuren gelegt werden müssen.

9 Sven und Mia haben Tangram-Figuren gelegt.
Mia sagt: „Mein Hahn ist größer als dein Huhn!" Sven erwidert: „Aber mein Huhn hat den größeren Flächeninhalt." Überprüfe die beiden Aussagen.

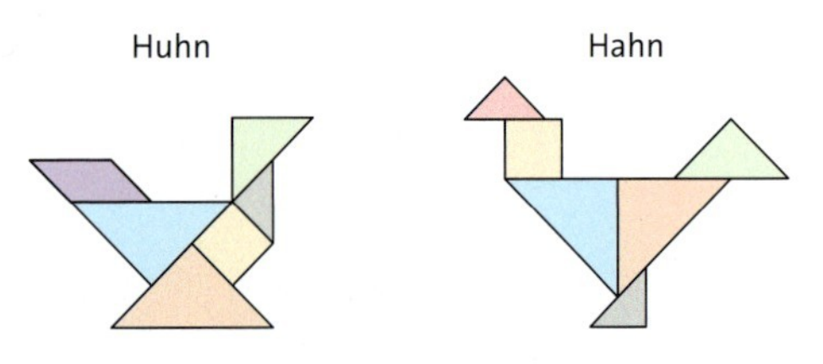

10 Stolperstelle: Magnus hat den Flächeninhalt der Figur bestimmt. Erkläre und korrigiere seinen Fehler.
Man kann die Figur in zwei Rechtecke zerlegen. Das senkrechte Rechteck ist $3\,cm^2$ groß, das waagerechte $4\,cm^2$. Also ist die Figur $7\,cm^2$ groß.

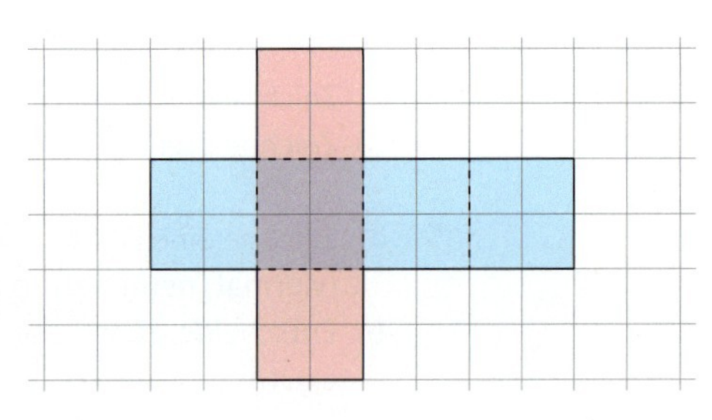

Hilfe

11 Finde mehrere Möglichkeiten, wie man die Figur in zwei Teilfiguren mit gleichem Flächeninhalt zerlegen kann. Zeichne die Zerlegung in dein Heft und male die Teilfiguren bunt aus.

a) 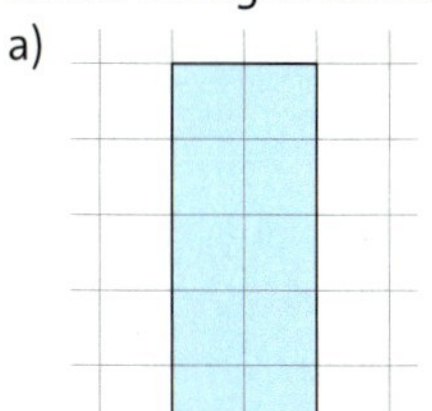 b) 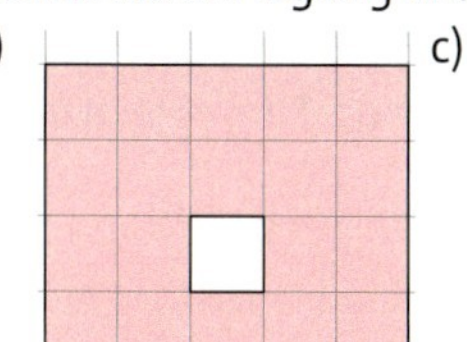 c) 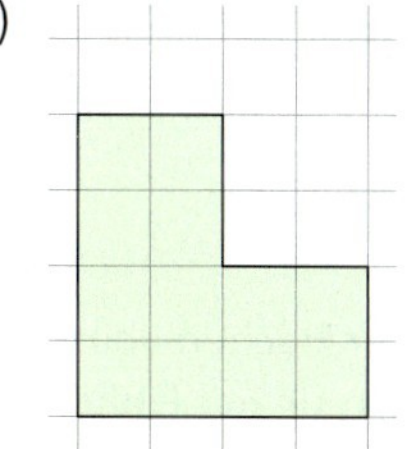 d) 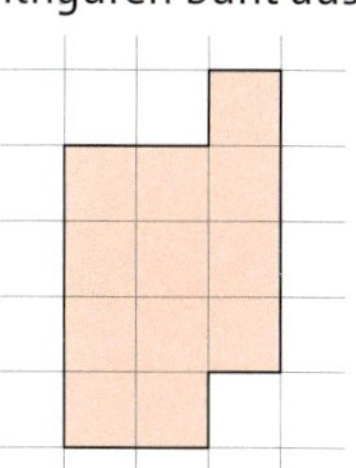

12 Flächeninhalt vergleichen durch Zerlegen:
Zeichne die Figuren auf Kästchenpapier. Schneide die Figuren ② und ③ aus. Zeige durch Zerlegen und Zusammensetzen, dass alle drei Figuren denselben Flächeninhalt haben. Ermittle den Flächeninhalt der Figuren in cm^2.

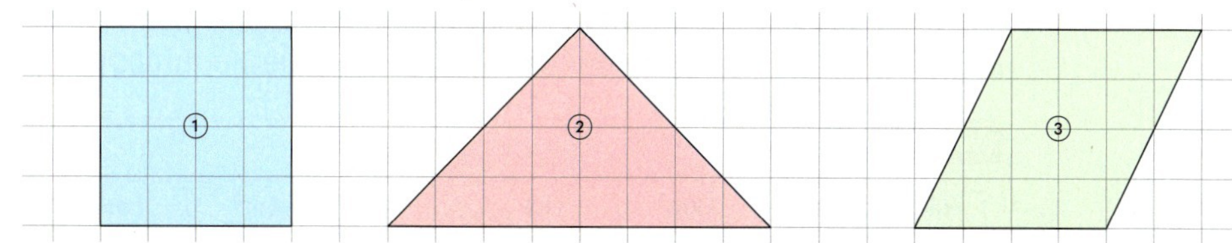

Hilfe

13 Zeichne die Figuren in dein Heft. Zerlege jede Fläche so, dass nach dem Zusammensetzen ein Rechteck entsteht. Gib an, welche der Figuren den größten Flächeninhalt hat.

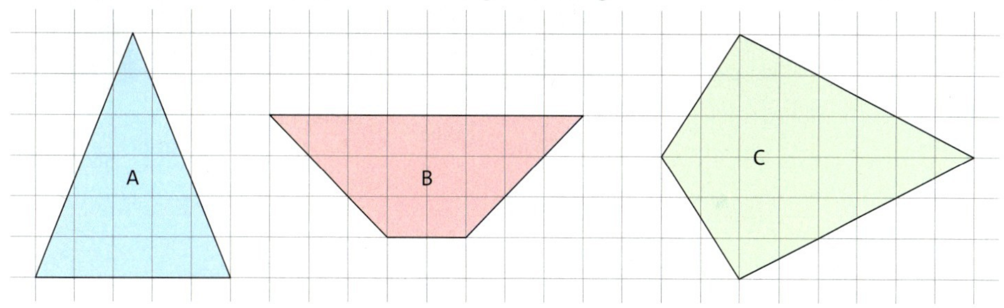

Hinweis zu 14

Es gibt – bis auf Symmetrie – nur diese 12 Figuren, wenn sich die 5 Quadrate immer mit einer ganzen Seite berühren sollen.

14 Die 12 Figuren rechts heißen Pentominos. Jede Figur besteht aus 5 Kästchen-Quadraten. Übertrage die Pentominos auf kariertes Papier und schneide sie aus.

a) Lege aus den 12 Figuren ein Rechteck, das 10 Kästchen lang und 6 Kästchen breit ist. Übertrage dein Ergebnis ins Heft.

b) Finde eine weitere Möglichkeit, ein Rechteck zu legen. Vergleicht untereinander.

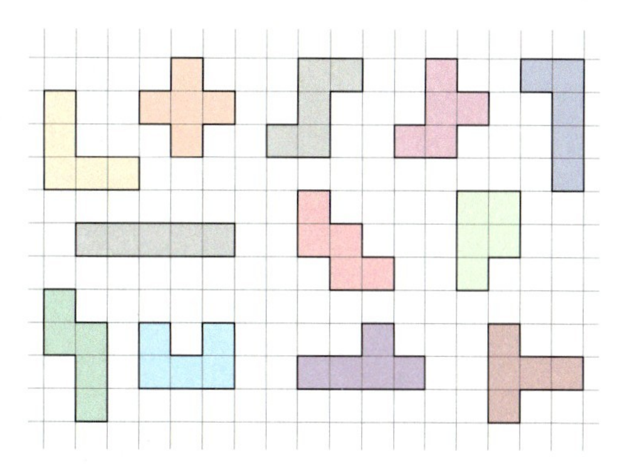

15 Ausblick: Dieses Rechteck lässt sich so in zwei Teile zerschneiden, dass sie zu einem Quadrat zusammengesetzt werden können. Finde weitere Rechtecke, die du so zerlegen kannst. Erkläre, ob das bei allen Rechtecken funktioniert.

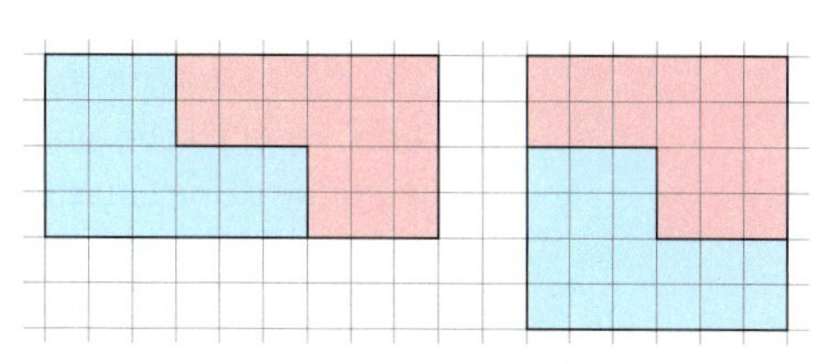

7.2 Flächeneinheiten

Wie viele Quadrate mit dem Flächeninhalt 1 cm² passen in ein Quadrat mit der Kantenlänge 1 dm? Schätze zuerst und berechne dann.

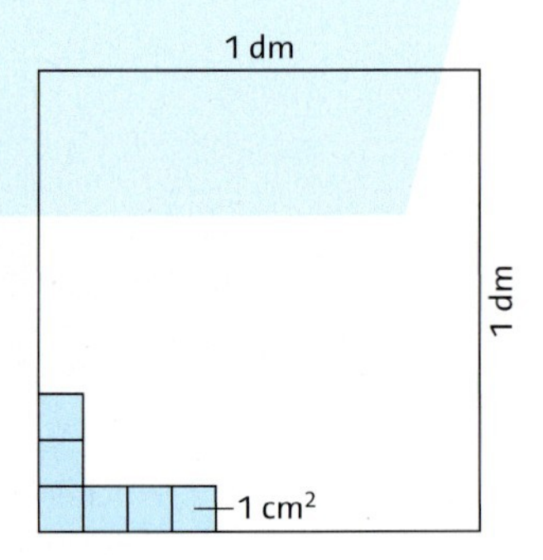

Wenn der Flächeninhalt einer Fläche bestimmt werden soll, kann man sie mit Einheitsquadraten der Kantenlänge 1 mm, 1 cm, 1 dm, 1 m und 1 km auslegen. Zu den Längeneinheiten mm, cm, dm, m und km gehören dann die **Flächeneinheiten** mm², cm², dm², m² und km².

Zusätzlich gibt es die Flächeneinheiten Ar (a) und Hektar (ha), die zur Angabe der Größe von Grundstücken und Äckern benutzt werden. Ein Quadrat mit 10 m Seitenlänge hat den Flächeninhalt 1 Ar, ein Quadrat mit 100 m Seitenlänge den Flächeninhalt 1 Hektar.
Es gilt: $1\,a = 10\,m \cdot 10\,m = 100\,m^2$ und $1\,ha = 100\,m \cdot 100\,m = 10\,000\,m^2$

Wissen

Flächeneinheit	**1 km²**	**1 ha**	**1 a**	**1 m²**	**1 dm²**	**1 cm²**	**1 mm²**
Bezeichnung	Quadratkilometer	Hektar	Ar	Quadratmeter	Quadratdezimeter	Quadratzentimeter	Quadratmillimeter
Beispiel	Dorffläche	Fußballfeld	Boden im Klassenraum	Tischplatte	Smartphone	vier Kästchen	Filzstiftpunkt

Basisaufgaben

1 Ordne den Gegenständen jeweils einen passenden Flächeninhalt zu.
1 ha; 25 mm²; 357 000 km²; 5 mm²; 2 m²

2 Ordne jeder Fläche eine Einheit zu, in der man ihren Inhalt am ehesten angeben würde. Begründe deine Entscheidung.

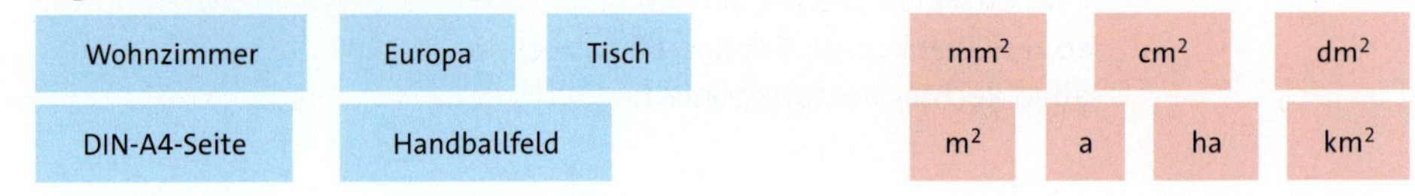

Flächeneinheiten umrechnen

Stell dir vor, dass ein Quadrat mit 1 dm Seitenlänge in viele kleinere Quadrate mit 1 cm Seitenlänge zerlegt wird.

Pro Streifen erhält man dann 10 Quadrate. Insgesamt gibt es 10 Streifen.

Daher gilt:
$1\,dm^2 = 10 \cdot 10 \cdot 1\,cm^2 = 100\,cm^2$

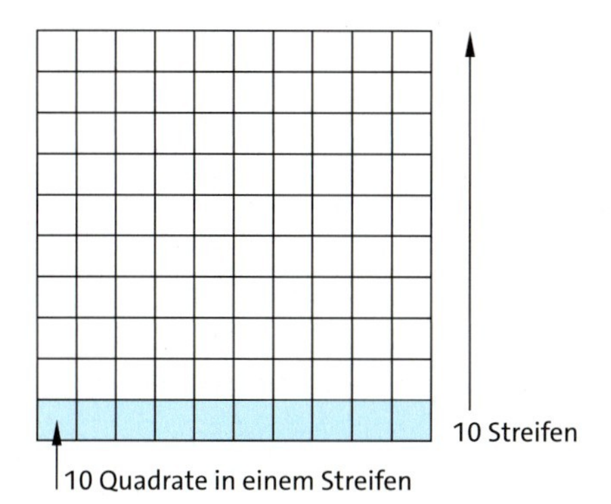

Wissen

Umrechnungszahl

km² →(100) ha →(100) a →(100) m² →(100) dm² →(100) cm² →(100) mm²

Quadratkilometer	**$1\,km^2 = 100\,ha$**
Hektar	**$1\,ha = 100\,a$**
Ar	**$1\,a = 100\,m^2$**
Quadratmeter	**$1\,m^2 = 100\,dm^2$**
Quadratdezimeter	**$1\,dm^2 = 100\,cm^2$**
Quadratzentimeter	**$1\,cm^2 = 100\,mm^2$**
Quadratmillimeter	**$1\,mm^2$**

Beispiel 1

a) Rechne $45\,cm^2$ in die nächstkleinere Einheit um.
b) Rechne $268\,cm^2$ in die nächstgrößere Einheit um.

Lösung:

a) $1\,cm^2$ sind $100\,mm^2$. Multipliziere 45 mit $100\,mm^2$.

$45\,cm^2 = 45 \cdot 100\,mm^2$
$= 4500\,mm^2$

b) Trage $268\,cm^2$ in eine Einheitentafel ein. Für cm^2 gibt es nur zwei Stellen, schreibe deshalb die 2 unter dm^2. Weil nach der 2 in der Tafel eine neue Einheit beginnt, musst du dort ein Komma setzen.

dm²		cm²	
	2	6	8

$268\,cm^2 = 2{,}68\,dm^2$

Basisaufgaben

3 Rechne in die nächstkleinere Einheit um.

a) $11\,cm^2$ b) $20\,m^2$ c) $10\,m^2$ d) $37\,dm^2$ e) $5\,km^2$
f) $32\,m^2$ g) $17\,cm^2$ h) $0{,}3\,km^2$ i) $0{,}6\,ha$ j) $0{,}07\,a$

4 Rechne in die nächstgrößere Einheit um.

a) $800\,mm^2$ b) $1900\,dm^2$ c) $300\,cm^2$ d) $1600\,dm^2$ e) $5000\,cm^2$
f) $4\,ha$ g) $700\,m^2$ h) $500\,ha$ i) $10\,mm^2$ j) $4{,}5\,m^2$

5 Ersetze den Platzhalter ■ im Heft durch die richtige Maßzahl oder Maßeinheit.
a) $600\,cm^2$ = ■ dm^2 b) $7\,m^2$ = ■ dm^2 c) 900 ha = 9 ■ d) $32\,cm^2$ = 3200 ■
e) $99\,000\,m^2$ = ■ a f) 8 ha = ■ a g) $70\,mm^2$ = 0,7 ■ h) $560\,m^2$ = 56 000 ■

6 Rechne in die Einheit in Klammern um. Beispiel: $9\,m^2 = 900\,dm^2 = 90\,000\,cm^2$
a) $3\,m^2$ (in cm^2) b) $0{,}8\,dm^2$ (in mm^2) c) 23 ha (in m^2)
d) $90\,000\,m^2$ (in ha) e) 45 000 a (in km^2) f) $1\,000\,000\,mm^2$ (in m^2)

7 Ordne der Größe nach: 5 a; $50\,m^2$; $50\,000\,dm^2$; $500\,000\,000\,cm^2$

8 Ermittle, welche Angaben den gleichen Flächeninhalt beschreiben.

$708\,dm^2$ | $708\,000\,cm^2$ | $7\,080\,000\,mm^2$ | $78\,000\,cm^2$
$70\,800\,cm^2$ | $7\,800\,000\,mm^2$ | $780\,dm^2$ | $78\,m^2$

Weiterführende Aufgaben

Zwischentest 

9 Entscheide begründet, ob die Behauptung wahr sein kann.
a) „Mein Butterbrot ist $1\,500\,000\,mm^2$ groß."
b) „Düsseldorf hat einen Flächeninhalt von $217\,000\,000\,m^2$."
c) „Mein Zimmer ist $14\,500\,000\,mm^2$ groß."
d) „Mein Bett ist $20\,000\,cm^2$ groß."
e) „Mein Fernseher ist $10{,}5\,m^2$ groß."

10 **Stolperstelle:** John ist sich bei seinen Hausaufgaben nicht sicher. Korrigiere Johns Fehler und erkläre ihm, worauf er achten muss.
a) Rechne $300\,cm^2$ in die nächstgrößere Einheit um. Lösung: *$300\,cm^2 = 3\,m^2$*
b) Rechne $1200\,dm^2$ in cm^2 um. Lösung: *$1200\,dm^2 = 12\,cm^2$*
c) Rechne $1\,km^2$ in m^2 um. Lösung: *Da 1 km = 1000 m sind, gilt $1\,km^2 = 1000\,m^2$.*

11 In einem circa 160 ha großen Park finden regelmäßig Flohmärkte mit etwa 1700 Ständen statt.
a) Bestimme den gesamten Standflächeninhalt, wenn für jeden Stand $20\,m^2$ freigehalten werden müssen.
b) Berechne, wie viele Stände maximal in den Park passen, wenn 40 ha des Parks für den Flohmarkt genutzt werden können.

12 Zum Vergnügungspark Disneyland Paris gehören zwei Themenparks: der Disneyland Park mit einem Flächeninhalt von $510\,000\,m^2$ und der 27 ha große Walt Disney Studios Park. Eine Golfanlage von 9100 a und der Unterhaltungsbereich Disney Village mit einem Flächeninhalt von $150\,000\,m^2$ sind auch Teil des Freizeitparks. Auf den restlichen 2046 ha von Disneyland Paris befinden sich mehrere Hotels, Ferienwohnungen und Geschäfte.
a) Berechne den Gesamtflächeninhalt Disneylands in m^2. Gib den Flächeninhalt auch in Hektar an.
b) In einem Reiseführer steht, dass Paris knapp fünfmal so groß ist wie Disneyland. Schätze den Flächeninhalt von Paris in km^2.

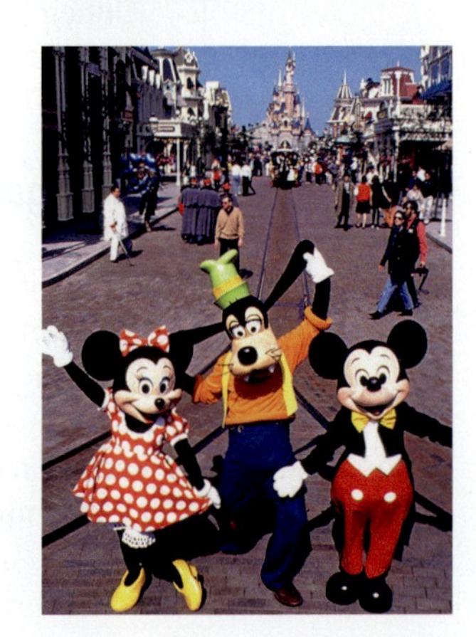

13 Wandle die Summanden in die gleiche Einheit um und berechne.
Beispiel: $200\,m^2 + 2\,a = 200\,m^2 + 200\,m^2 = 400\,m^2$

a) $10\,m^2 + 2\,a$ b) $40\,cm^2 + 8\,mm^2$ c) $26\,cm^2 + 65\,mm^2 + 3\,cm^2$
d) $20\,cm^2 + 4\,m^2$ e) $8\,m^2 + 6\,cm^2 + 10\,dm^2$ f) $5\,km^2 + 45\,a + 170\,m^2$

14 a) $2\,km^2\ 38\,a$ wurden in m^2 umgerechnet. Erläutere die Rechnung.

km²		ha		a		m²	
	2	0	0	3	8	0	0

Umrechnen in a: Fehlende Nullen ergänzen, dann folgt: $2\,km^2\ 38\,a = 20\,038\,a$
Umrechnen in m^2: Zwei Nullen am Ende ergänzen: $2\,km^2\ 38\,a = 20\,038\,a = 2\,003\,800\,m^2$

b) Rechne wie in a) in die angegebene Einheit um.
① $4\,ha\ 12\,m^2$ in dm^2 ② $51\,km^2\ 3\,a$ in m^2 ③ $5\,m^2\ 3\,cm^2$ in mm^2

15 Berechne.

a) $24\,m^2 + 18\,cm^2$ b) $5 \cdot (19\,ha - 250\,a)$ c) $6\,km^2 + 6\,ha + 6\,a + 6\,m^2$
d) $9\,a\ 72\,m^2 - 890\,m^2$ e) $12\,ha\ 260\,a + 18\,a\ 27\,m^2$ f) $84\,m^2 : 12 - 78\,cm^2$

16 Eine Solaranlage besteht aus 20 000 einzelnen Solarmodulen. Jedes Solarmodul hat einen Flächeninhalt von etwa $2\,m^2$. Berechne die Größe der gesamten Anlage in Hektar.

17 Der Wert der Summe zweier benachbarter Steine steht im darüberliegenden Stein. Vervollständige die Additionspyramide im Heft.

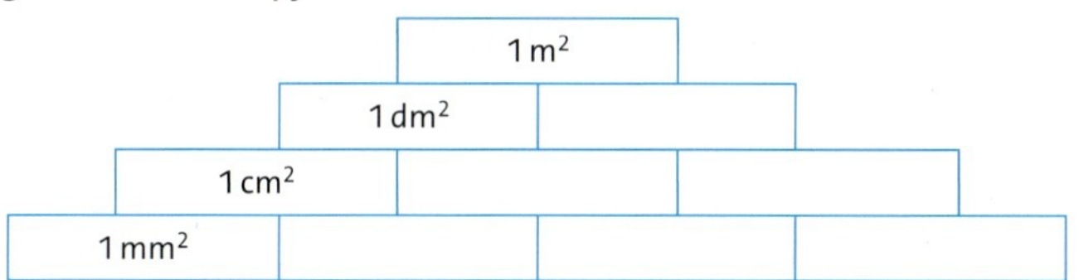

Hilfe

18 Gib den Flächeninhalt der Figuren in mm^2 und cm^2 an.

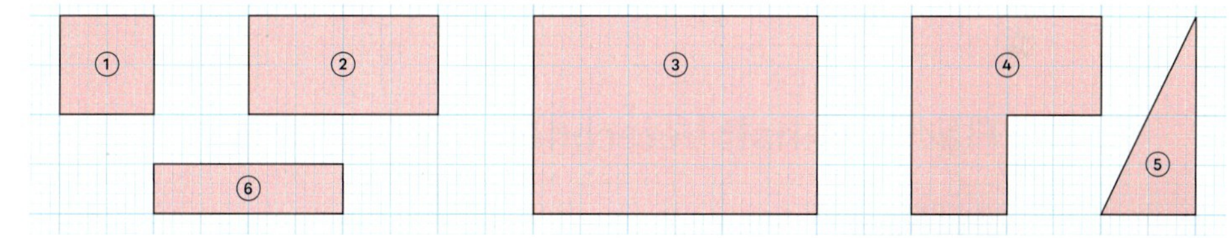

Hilfe

19 Ein Tierpark wird um 2 ha vergrößert. Auf der Hälfte dieser Fläche sollen neue Gehege für Löwen, Elefanten und Kängurus entstehen. 5 Kängurus brauchen mindestens 3 a Fläche, jedes weitere Känguru $30\,m^2$ zusätzlich. Ein Löwe braucht $150\,m^2$, ein Elefant 5 a. Gib an, welche neuen Gehege man anlegen könnte und wie viele Tiere darin leben können.

20 **Ausblick:** In englischsprachigen Ländern gibt es noch andere Flächeneinheiten.

a) Ein Quadratzoll (engl. *square inch*) entspricht etwa $645\,mm^2$. Entscheide, ob ein Quadratzoll größer oder kleiner als ein $1\,cm^2$ ist. Überprüfe mit einer Zeichnung.
b) Ein Quadratfuß (engl. *square foot*) sind 144 Quadratzoll. Wandle einen Quadratfuß in eine geeignete Einheit um.
c) In Märchen ist manchmal von „vielen Morgen Land" die Rede. Ein Morgen entspricht 43 560 Quadratfuß. Rechne einen Morgen in eine geeignete Flächeneinheit um.

7.3 Flächeninhalt eines Rechtecks

Das Mosaik besteht aus farbigen quadratischen Steinen mit jeweils 1 cm² Flächeninhalt. Die einzelnen Farben bilden Rechtecke oder Quadrate. Gib für jede Farbfläche die Seitenlängen und den Flächeninhalt an. Untersuche, ob man den Flächeninhalt bestimmen kann, ohne die Steine einzeln abzuzählen.

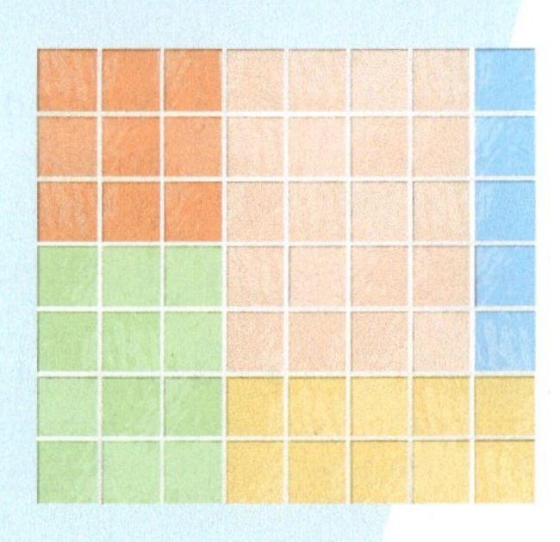

Ein Rechteck ist 4 cm lang und 3 cm breit. Dieses Rechteck kann man in 3 Streifen aus jeweils 4 Quadraten teilen. Jedes Quadrat hat die Seitenlänge 1 cm und damit den Flächeninhalt $1\,cm^2$.
Das Rechteck besteht aus $3 \cdot 4 = 12$ solchen Quadraten. Also ist der Flächeninhalt des Rechtecks $(3 \cdot 4) \cdot 1\,cm^2 = 12 \cdot 1\,cm^2 = 12\,cm^2$.

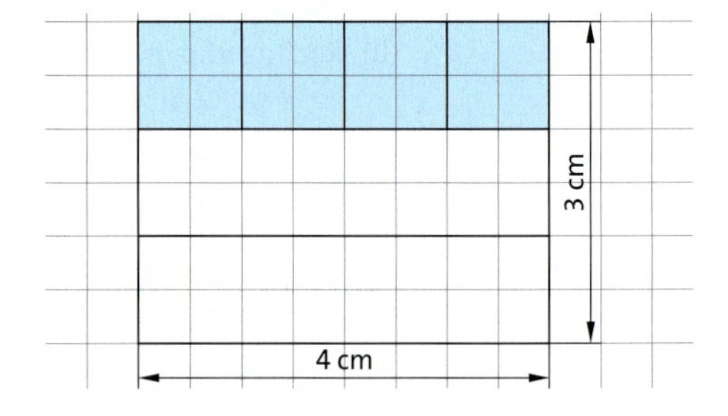

Auf die gleiche Weise kann man auch jedes andere Rechteck mit Einheitsquadraten auslegen. Dann muss man nicht mehr die einzelnen Quadrate zählen, sondern kann die Länge des Rechtecks mit der Breite multiplizieren und dem Ergebnis die Einheit der Quadrate geben. Es werden also zwei Größen (Längen) miteinander multipliziert. Das Ergebnis ist ebenfalls eine Größe (Flächeninhalt).

Wissen

Der **Flächeninhalt A eines Rechtecks** ist das Produkt aus Länge und Breite des Rechtecks.

Flächeninhalt = Länge mal Breite
$A = a \cdot b$

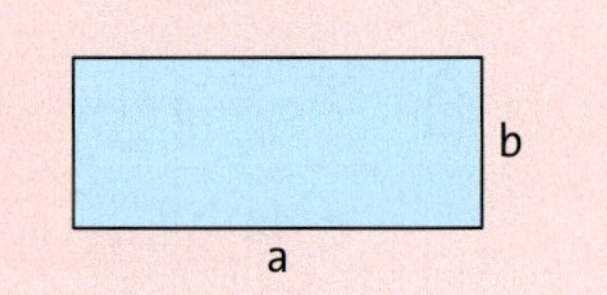

Flächeninhalt berechnen

Beispiel 1

Berechne den Flächeninhalt eines Rechtecks mit den Seitenlängen a = 5 cm und b = 2 cm.

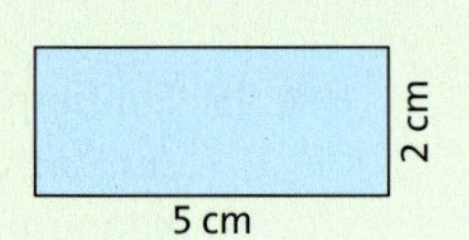

Lösung:
Rechne Länge (5 cm) mal Breite (2 cm).
Das Ergebnis ist ein Flächeninhalt.
Verwende deshalb die Einheit cm².

$A = 5\,cm \cdot 2\,cm$
$= (5 \cdot 2)\,cm^2 = 10\,cm^2$

Basisaufgaben

1 Berechne den Flächeninhalt des Rechtecks.

a) a = 5 cm; b = 7 cm b) a = 13 m; b = 29 m c) a = 3 km; b = 6 km
d) a = 20 m; b = 30 m e) a = 15 m; b = 15 m f) a = 50 km; b = 80 km

Lösungen zu 1

Maßzahlen der Lösungen:

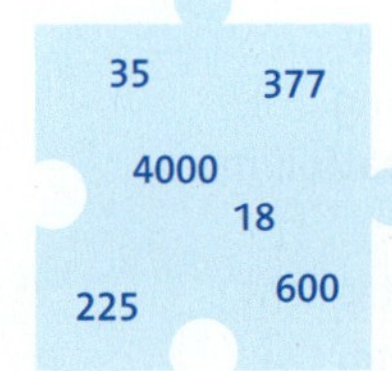

2 Miss die benötigten Seitenlängen und berechne den Flächeninhalt der Rechtecke.

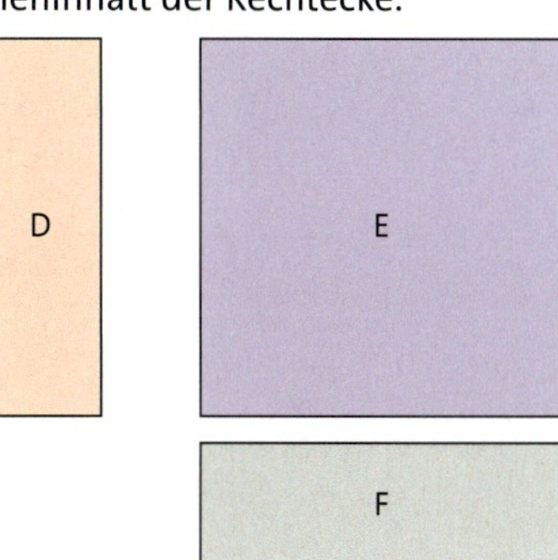

3 Berechne den Flächeninhalt des Rechtecks mit den angegebenen Seitenlängen. Wandle die Seitenlängen vorher in eine gemeinsame Einheit um.

a) a = 5 cm; b = 8 mm   b) a = 120 cm; b = 2 m   c) a = 6 km; b = 500 m
d) a = 30 cm; b = 5 dm   e) a = 7 m; b = 11 dm   f) a = 1 m; b = 1 cm

4 a) Ein Zimmer ist 6 m breit und 12 m lang. Berechne den Flächeninhalt des Zimmers.
b) Ein Schwimmbecken ist 110 m lang und 30 m breit. Berechne den Flächeninhalt der Bodenfläche des Beckens.
c) Ein rechteckiges Hausgrundstück hat eine 12 m breite Straßenfront und reicht 25 m nach hinten. Berechne den Flächeninhalt des Grundstücks.

5 Ein Fußballfeld ist zwischen 90 m und 120 m lang und zwischen 45 m und 90 m breit. Bestimme den Flächeninhalt des größtmöglichen und des kleinstmöglichen Fußballfelds.

6 Eine Rolle Klopapier hat 200 Blatt. Um einen Quadratmeter Boden mit Klopapier auszulegen, benötigt man etwa 70 Blatt. Berechne, wie viele Rollen Klopapier man braucht, um ein 12 m langes und 7 m breites Klassenzimmer auszulegen.

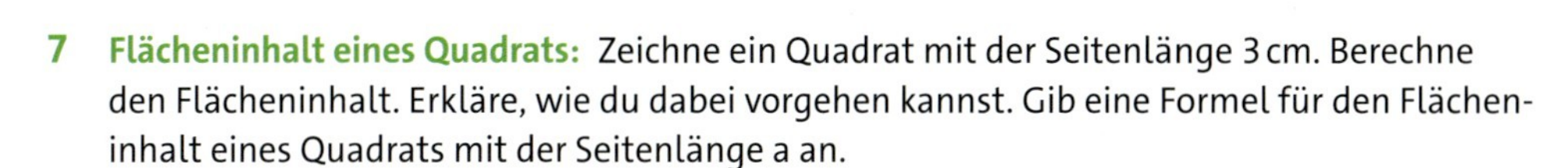

7 **Flächeninhalt eines Quadrats:** Zeichne ein Quadrat mit der Seitenlänge 3 cm. Berechne den Flächeninhalt. Erkläre, wie du dabei vorgehen kannst. Gib eine Formel für den Flächeninhalt eines Quadrats mit der Seitenlänge a an.

8 Berechne den Flächeninhalt eines Quadrats mit der Seitenlänge a.

a) a = 4 cm   b) a = 7 cm   c) a = 10 km   d) a = 2,5 dm   e) a = 1,6 m

Seitenlänge berechnen

Beispiel 2

Ein Rechteck hat den Flächeninhalt A = 24 cm².
Eine Seite hat die Länge a = 6 cm.
Berechne die fehlende Seitenlänge b.

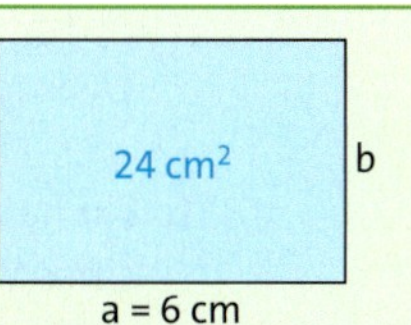

Lösung:

Das Produkt aus Länge und Breite soll 24 cm² sein. Die Länge a = 6 cm ist bekannt. Berechne die Breite b mit der Umkehroperation. Achte darauf, dass die Längeneinheit zur Flächeneinheit passt.

6 cm · b = 24 cm²

Da 24 : 6 = 4 ist und die Einheiten cm und cm² sind, gilt b = 4 cm.

Basisaufgaben

9 Berechne die fehlende Seitenlänge des Rechtecks.
a) $A = 36\,cm^2$; $a = 4\,cm$ b) $A = 35\,m^2$; $a = 5\,m$ c) $A = 44\,mm^2$; $a = 1{,}1\,cm$

10 Berechne die fehlende Seitenlänge des Rechtecks.

a) 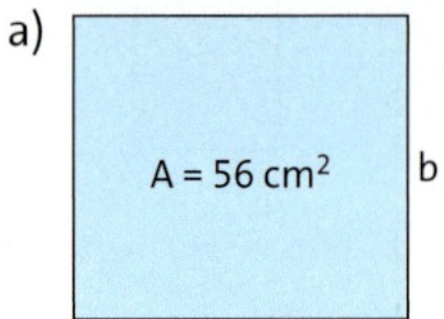

b) 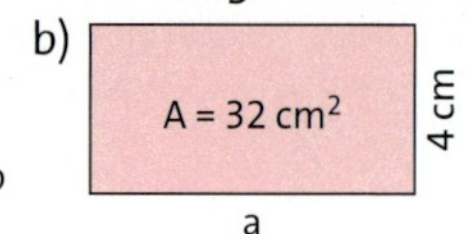

c) 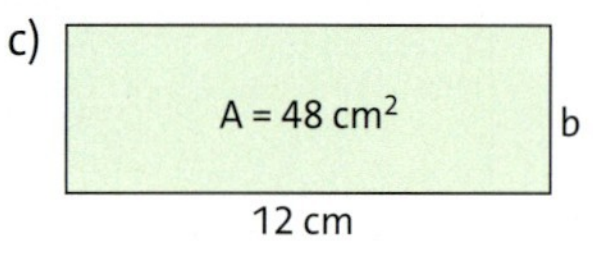

d) 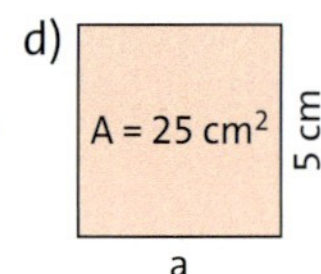

11 Ein 10 cm breites Rechteck hat den Flächeninhalt A. Berechne die Länge der anderen Seite.
a) $A = 220\,cm^2$ b) $A = 1300\,cm^2$ c) $A = 5\,dm^2$ d) $A = 6\,m^2$ e) $A = 1\,a$

12 Ein Quadrat hat den angegebenen Flächeninhalt. Berechne die Länge einer Seite.
Beispiel: $A = 25\,cm^2$ Die gesuchte Länge ist 5 cm, denn $5\,cm \cdot 5\,cm = 25\,cm^2$.
a) $A = 36\,m^2$ b) $A = 81\,km^2$ c) $A = 400\,mm^2$ d) $A = 225\,dm^2$ e) $A = 144\,cm^2$

Weiterführende Aufgaben

13 a) Gib die Seitenlängen von vier verschiedenen Rechtecken an, die alle einen Flächeninhalt von $36\,cm^2$ haben.
b) Gib die Seitenlängen von drei verschiedenen Rechtecken an, die alle einen Flächeninhalt von 4,8 ha haben.

Hilfe

14 In der Tabelle sind die Länge, die Breite und der Flächeninhalt von Rechtecken eingetragen. Vervollständige die Tabelle im Heft.

	a)	b)	c)	d)	e)	f)	g)
Länge a	12 m	6 km	80 cm		8 m	800 m	
Breite b	6 m		2 m	5 cm			8 mm
Flächeninhalt A		$48\,km^2$		$4\,dm^2$	$64\,m^2$	$64\,km^2$	$0{,}64\,m^2$

15 **Stolperstelle:** Erkläre und korrigiere Ellas Fehler.

a) 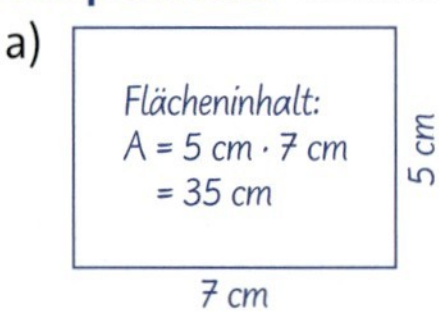

b) 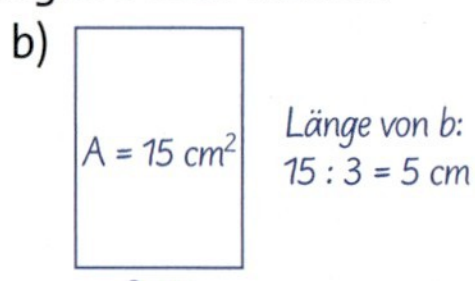

c) 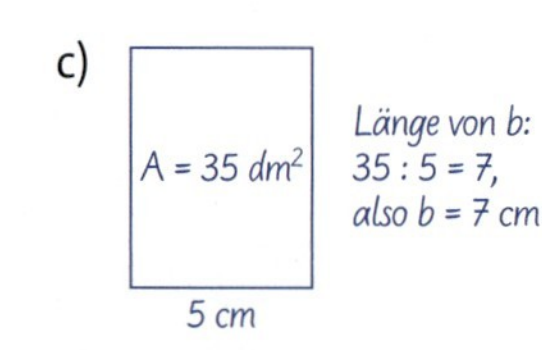

16 Ein Baugrundstück mit einem Flächeninhalt von 6400 a soll bebaut werden. Für den Bau eines Wohnkomplexes wird eine Fläche von 700 m mal 500 m benötigt.
a) Bestimme den Inhalt der Fläche, die für einen Spielplatz und Grünanlagen bleibt.
b) Zeichne einen Bauplan, in dem zusätzlich noch die Fläche für Wege berücksichtigt wird.

17 Miss die Länge und Breite einer Seite deines Buchs „Fundamente der Mathematik".
a) Berechne den ungefähren Flächeninhalt einer Seite.
b) Stell dir vor, dass mit allen Blättern des Buchs eine Fläche ausgelegt wird. Überschlage ihren Flächeninhalt.

18 Stell dir vor, dass die ganze Autobahn A1 in eine riesige Eislaufbahn verwandelt werden soll.

a) Berechne den Flächeninhalt eines Rechtecks der Länge 1 km und Breite 19 m.

b) Eine Autobahnspur ist 3,50 m breit, der Standstreifen 2,50 m. Formuliere Bedingungen, unter denen das Rechteck aus a) ein geeignetes Modell für die Autobahn A1 sein könnte.

c) Die A1 ist 749 km lang. Schätze den möglichen Flächeninhalt der „Eislaufbahn A1".

19 Der Künstler Christo schuf 2016 sein Kunstwerk „Floating Piers" auf dem Lago d'Iseo in Norditalien. Auf orangefarbenen Stoffbahnen konnte man zwei Wochen lang „über das Wasser gehen".

a) Alle Stoffbahnen zusammen hatten eine Länge von 3 km. Die Bahnen waren 16 m breit. Berechne, wie viel Stoff insgesamt auf dem Wasser lag.

b) Damit der Stoff auf dem Wasser schwimmen konnte, lag er vollständig auf schwimmenden Plastikwürfeln mit einer Seitenlänge von 50 cm. Berechne, wie viele Plastikwürfel insgesamt verbaut wurden.

20 Alexander hält drei Meerschweinchen in einem Stall, der 1,8 m lang und 0,9 m breit ist. Er hätte gern ein viertes Meerschweinchen. Jedes Meerschweinchen muss aber mindestens 3750 cm² Platz haben. Prüfe, ob Alexander ein viertes Tier in seinen Stall einziehen lassen kann oder ob er den Stall vorher vergrößern muss.

21 Der Brand in der Lüneburger Heide von 1975 gilt als größter Flächenbrand Deutschlands. Er erstreckte sich über 13 000 ha. Gib zum Vergleich die Maße eines Rechtecks mit dieser Größe an.

22 Entscheide, ob die Aussage wahr oder falsch ist. Begründe deine Antwort.

a) Verdoppelt man die Länge eines Rechtecks und ändert die Breite nicht, so verdoppelt sich der Flächeninhalt des Rechtecks.

b) Verdoppelt man die Länge und die Breite eines Rechtecks, so vervierfacht sich der Flächeninhalt des Rechtecks.

c) Halbiert man die Länge und die Breite eines Rechtecks, so halbiert sich der Flächeninhalt des Rechtecks.

23 Ein Rechteck mit einem Flächeninhalt von 36 ha ist viermal so lang wie breit. Ermittle die Seitenlängen des Rechtecks.

24 **Ausblick:** Die Abbildung zeigt drei Quadrate. Das größte hat einen Flächeninhalt von 100 cm² und das kleinste einen Flächeninhalt von 64 cm². Bestimme den Flächeninhalt des mittleren Quadrats. Erläutere dein Vorgehen.

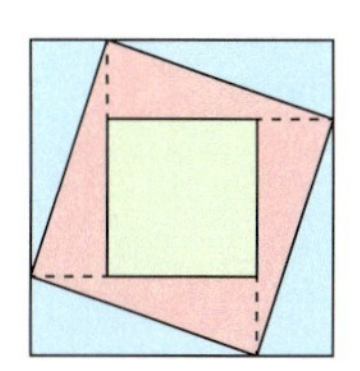

7.4 Umfang

Überlege, an welchem Becken mehr Menschen die Seehunde beobachten können.

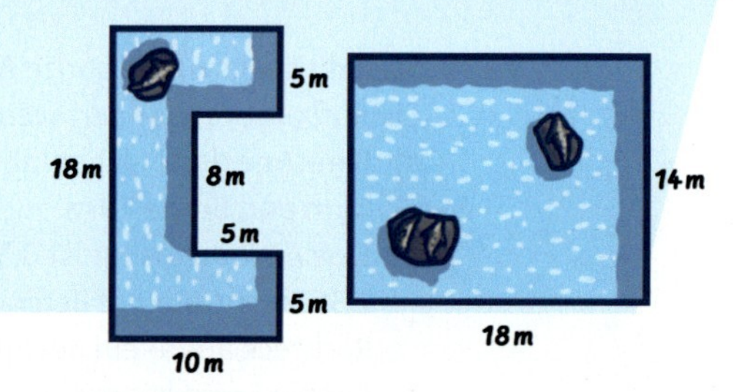

Wenn man einmal den Rand einer Fläche abläuft, so ist der zurückgelegte Weg genau der **Umfang u** der Fläche.
Den Umfang eines Vielecks berechnet man, indem man alle Seitenlängen der Figur addiert.

Bei einigen Figuren, wie zum Beispiel einem Rechteck, lässt sich der Umfang einfacher berechnen.

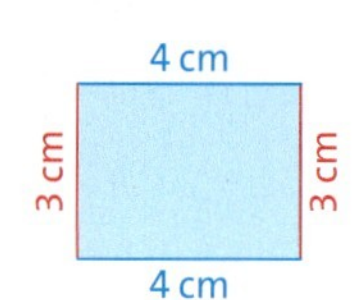

Man kann alle vier Seiten addieren:

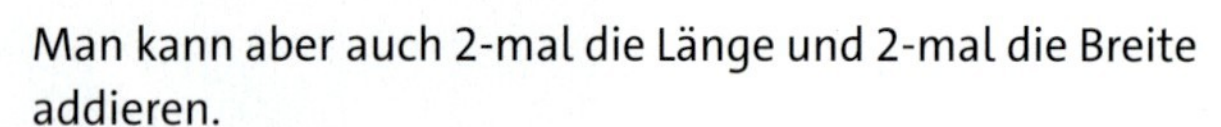

$u = 4\,cm + 3\,cm + 4\,cm + 3\,cm = 14\,cm$

Man kann aber auch 2-mal die Länge und 2-mal die Breite addieren. $u = 2 \cdot 4\,cm + 2 \cdot 3\,cm = 14\,cm$

Oder man addiert erst die Länge und die Breite und verdoppelt dann das Ergebnis. $u = (4\,cm + 3\,cm) \cdot 2 = 14\,cm$

Hinweis

Der Umfang ist eine **Länge**. Er hat daher Einheiten wie mm, cm, dm, m oder km.

Wissen

Für den **Umfang u eines Rechtecks** gilt:

Umfang = 2-mal Länge + 2-mal Breite

$u = 2 \cdot a + 2 \cdot b$ oder $u = (a + b) \cdot 2$

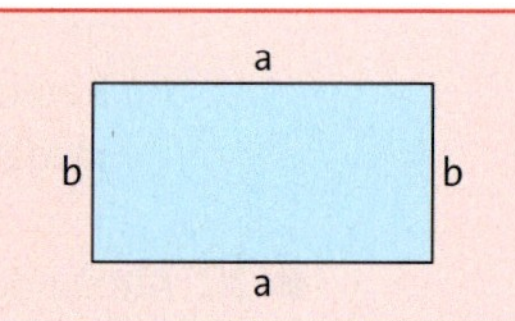

Umfang berechnen

Beispiel 1

Berechne den Umfang eines Rechtecks mit den Seitenlängen a = 5 cm und b = 3 cm.

Lösung:

Setze die Seitenlängen in die Formel „2-mal Länge + 2-mal Breite“ ein und berechne.

$u = 2 \cdot 5\,cm + 2 \cdot 3\,cm$
$= 10\,cm + 6\,cm$
$= 16\,cm$

Basisaufgaben

Hinweis zu 1

Rechne die Längen bei Bedarf in eine kleinere Einheit um, damit du ohne Komma rechnen kannst.

1 Berechne den Umfang eines Rechtecks mit den Seitenlängen a und b.

a) a = 5 cm; b = 7 cm
b) a = 13 m; b = 29 m
c) a = 3 km; b = 6 km
d) a = 1 mm; b = 0,6 cm
e) a = 10 dm; b = 400 cm
f) a = 2,5 cm; b = 2 cm
g) a = 1,25 km; b = 4000 m
h) a = 3,7 dm; b = 6,3 dm

2 Gegeben ist der Umfang eines Rechtecks. Gib zwei Beispiele für mögliche Seitenlängen an.

a) u = 10 cm
b) u = 20 cm
c) u = 36 m
d) u = 2 km

3 Herr Reichel und Frau Fröhlich haben Weideland als Auslauf für ihre Pferde erworben. Beide wollen die Weideflächen einzäunen. Berechne, wie viele Meter Zaun für jeden Auslauf benötigt werden.

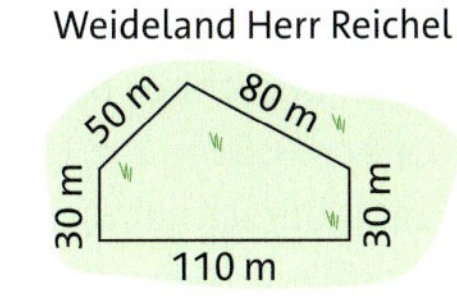

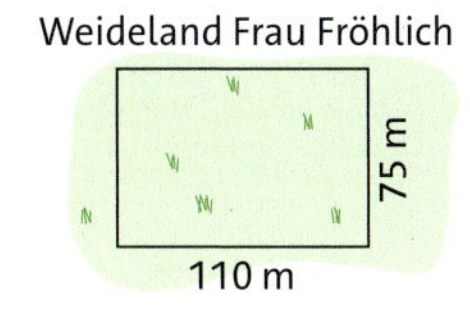

4 **Umfang eines Quadrats:**

a) Zeichne ein Quadrat mit der Seitenlänge 3 cm und ein Quadrat mit der Seitenlänge 5 cm. Berechne jeweils den Umfang. Wie kannst du den Umfang eines Quadrats mit der Seitenlänge a möglichst einfach berechnen? Erläutere und gib die Formel an.

b) Berechne den Umfang eines Quadrats mit der Seitenlänge a = 4 cm (a = 9 m; a = 1,5 cm).

5 Berechne den Umfang der Figur.

a)

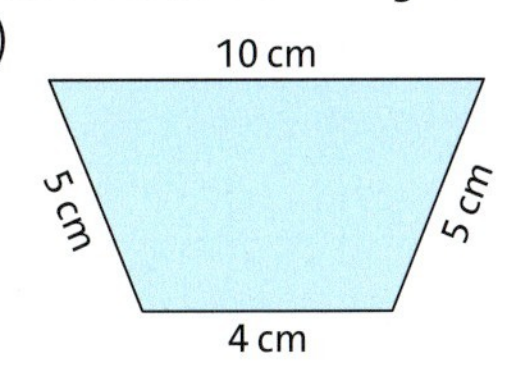

b)

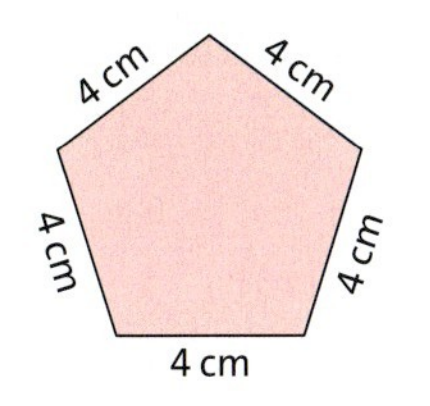

c)

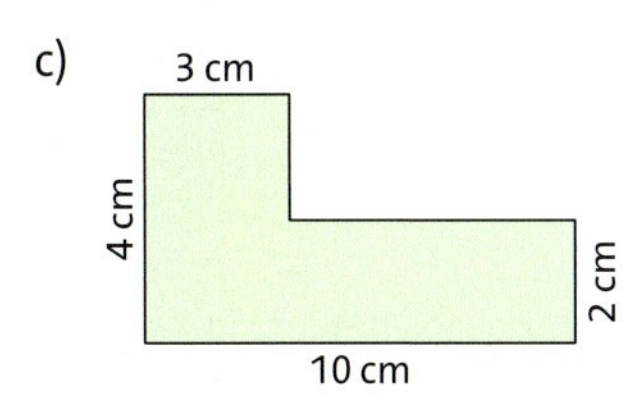

Seitenlänge berechnen

Beispiel 2

Ein Rechteck hat den Umfang u = 16 cm. Die Seite a ist 5 cm lang. Bestimme die Länge der Seite b.

Lösung:

Die Seite a kommt 2-mal vor. Berechne ihre doppelte Länge und subtrahiere sie vom Umfang. Die Seite b kommt auch 2-mal vor. Dividiere deshalb 6 cm durch 2.	$2 \cdot 5\,cm = 10\,cm$ $16\,cm - 10\,cm = 6\,cm$ $6\,cm : 2 = 3\,cm$ Also: b = 3 cm

Basisaufgaben

Lösungen zu 6

Maßzahlen der Lösungen:

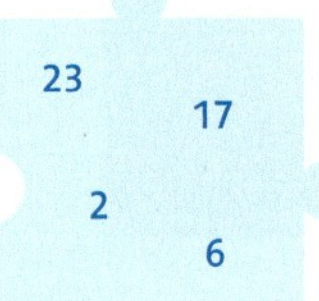

6 Berechne die Länge der Seite b des Rechtecks.

a) u = 10 cm; a = 3 cm
b) u = 36 m; a = 12 m
c) u = 84 mm; a = 25 mm
d) u = 110 km; a = 32 km

7 Ein Rechteck ist 8 m lang und hat einen Umfang von 34 m. Welche Lösungen für die Breite b des Rechtecks sind korrekt? Begründe.

Anna: *b = 18m* Vlad: *b = 90dm* Sven: *b = 26m* Celina: *b = 9cm* Maja: *b = 9m*

Weiterführende Aufgaben

Zwischentest 

8 a) Zeichne zwei verschiedene Figuren mit einem Flächeninhalt von 6 cm² und einem Umfang von 14 cm.
Achtung: Du brauchst dafür mindestens eine Figur, die kein Rechteck ist.

b) Zeichne verschiedene Rechtecke mit einem Flächeninhalt von 16 cm². Vergleicht untereinander und entscheidet, welches Rechteck mit einem solchen Flächeninhalt den kleinsten Umfang hat.

9 **Stolperstelle:** Erläutere den Fehler. Gib die richtige Lösung an.

a) Sarah berechnet den Umfang eines Rechtecks mit a = 4 cm und b = 5 cm:
u = 4 cm + 5 cm · 2 = 18 cm

b) Elena berechnet die Seitenlänge b eines Rechtecks mit a = 8 cm und Umfang 20 cm:
b = 20 cm − 8 cm = 12 cm

c) Fuad berechnet den Umfang eines Rechtecks mit a = 15 cm und b = 5 dm:
u = (15 + 5) · 2 = 40 cm

10 Berechne den Umfang und den Flächeninhalt

a) eines Rechtecks mit den Seitenlängen 16 cm und 9 cm,

b) eines Quadrats mit der Seitenlänge 12 cm.

11 Ein Rechteck mit den Seitenlängen a und b hat den Umfang u und den Flächeninhalt A. Vervollständige die Tabelle im Heft.

	a)	b)	c)	d)	e)	f)	g)
a	7 cm	6 m		7 m		25 cm	100 cm
b	9 cm		5 cm		8 cm		
u		20 m	20 cm			1 m	
A				21 m^2	16 cm^2		1 m^2

12 Sortiere die Figuren nach ihrem Umfang. Beschreibe, was dir auffällt.

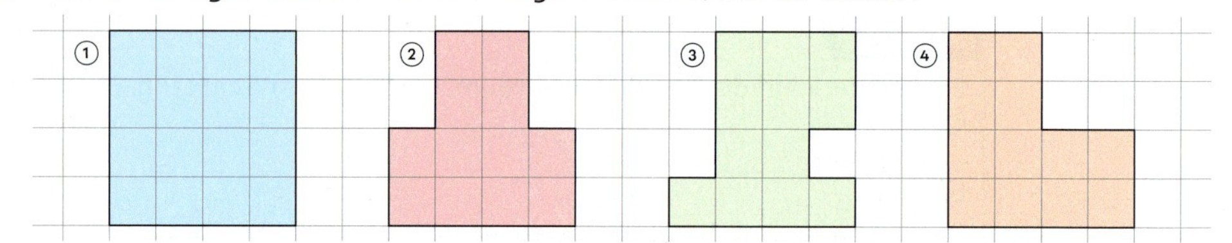

13 Ein Quadrat hat eine Seitenlänge von 5 cm. Ein Rechteck hat eine Breite von 2 cm und den gleichen Umfang wie das Quadrat. Gib die Länge dieses Rechtecks an.

14 a) Ein Rechteck hat den Umfang 32 cm. Eine Seite ist 7 cm lang. Berechne den Flächeninhalt des Rechtecks.

b) Ein Rechteck hat den Flächeninhalt 110 cm^2. Eine Seite ist 10 cm lang. Berechne den Umfang des Rechtecks.

c) Ein Quadrat hat den Umfang 44 cm. Berechne den Flächeninhalt des Quadrats.

15 Familie Sommer will einen rechteckigen Auslauf für ihre Zwergkaninchen anlegen. Der Auslauf soll 3 m lang und 2 m breit sein. An der längeren Seite grenzt der Auslauf an die Schuppenwand. Berechne die Länge des Zauns, den man für den Auslauf benötigt.

16 a) Zeichne mehrere Rechtecke mit einem Umfang von 40 cm.

b) Gib an, welches Rechteck mit einem solchen Umfang den größten Flächeninhalt hat.

c) *„Ich kann ein Rechteck verkleinern und gleichzeitig den Umfang vergrößern."*
Erläutere die Aussage anhand von eigenen Beispielen.

17 Herr Mähler hat 400 m Zaun, um auf einer freien Rasenfläche ein Rechteck mit größtmöglichem Flächeninhalt einzuzäunen. Bestimme die Seitenlängen dieses Rechtecks.

18 Familie Blum möchte ihr quadratisches Grundstück mit einer Seitenlänge von 36 m einzäunen. Das Eingangstor ist 3 m breit. Maschendraht gibt es in Rollen zu 15 m für 21 € pro Rolle und zu 25 m für 33 € pro Rolle. Entscheide begründet, wie viele Rollen Maschendraht von welcher Länge Familie Blum kaufen sollte.

19 Runes Zimmer ist 4,5 m lang und 2,5 m breit. Er möchte die Decke neu streichen und ihren Rand mit einer Stuckleiste verzieren. Er berechnet den Flächeninhalt und den Umfang der Zimmerdecke.
Erläutere, wie er damit ermitteln kann, wie viel Farbe und wie viele Stuckleisten er kaufen muss. Erkläre damit den Unterschied zwischen den beiden Größen.

20 Charlotte hat ihrer Freundin zum Geburtstag ein Buch eingepackt. Das Buch hat die Maße 21 cm × 14 cm und ist 4 cm dick. Charlotte hat nur noch 95 cm Geschenkband übrig. Für die Schleife braucht sie mindestens 20 cm Band. Entscheide begründet, ob das Band reichen wird.

21 Das Bild zeigt den Grundriss eines Parks im Maßstab 1 : 10 000. Entlang des äußeren Rands soll eine Hecke gepflanzt werden. Bestimme, wie viele Meter Hecke gepflanzt werden müssen.

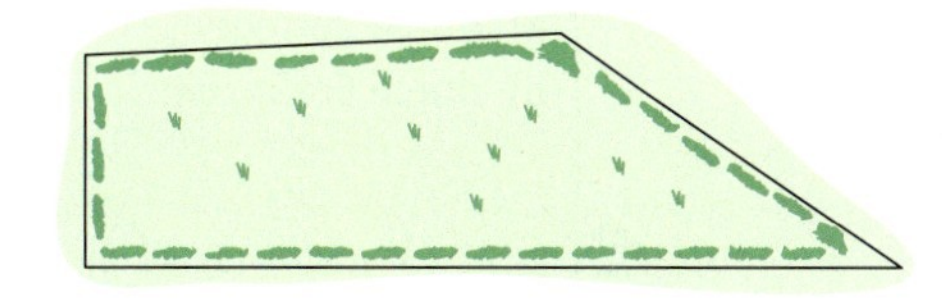

22 Trage die Punkte A(−1 | 4), B(−1 | 3), C(1 | 3), D(1 | −2), E(2 | −2), F(2 | 3), G(4 | 3) und H(4 | 4) in ein Koordinatensystem ein. Verbinde die Punkte in alphabetischer Reihenfolge und H mit A. Benenne die Figur, die sich ergibt, und bestimme ihren Umfang.

23 Entscheide begründet, ob die Aussage wahr ist.
a) Wenn man die Seitenlängen a und b eines Rechtecks verdoppelt, dann verdoppelt sich auch sein Umfang.
b) Wenn man den Umfang u eines Rechtecks verdoppelt, dann verdoppeln sich auch seine Seitenlängen a und b.
c) Wenn sich der Flächeninhalt eines Rechtecks verdoppelt, dann verdoppelt sich auch sein Umfang.

24 Sinan zerschneidet ein Quadrat in zwei gleiche Rechtecke. Erläutere, wie sich der Umfang eines solchen Rechtecks aus dem Umfang des Quadrats ergibt.

25 Ein Rechteck hat einen Umfang von 28 cm und die Seitenlänge a = 5 cm. Stelle einen Term auf, mit dem man die Länge der Seite b berechnen kann. Berechne dann.

26 Ein Rechteck ist fünfmal so lang wie breit und hat einen Umfang von 48 cm. Ermittle die Seitenlängen des Rechtecks.

27 **Ausblick:** Ein Gemälde mit den Maßen 80 cm × 1 m soll gerahmt werden. Die Rahmenleisten sind 6 cm dick.
a) Ermittle, wie lang die Rahmenleisten insgesamt sein müssen.
b) Skizziere eine Rahmenleiste und zeichne ein, wie du sie zersägen würdest, um daraus den Rahmen für das Gemälde zu bauen.

7.5 Flächeninhalt von zusammengesetzten Figuren

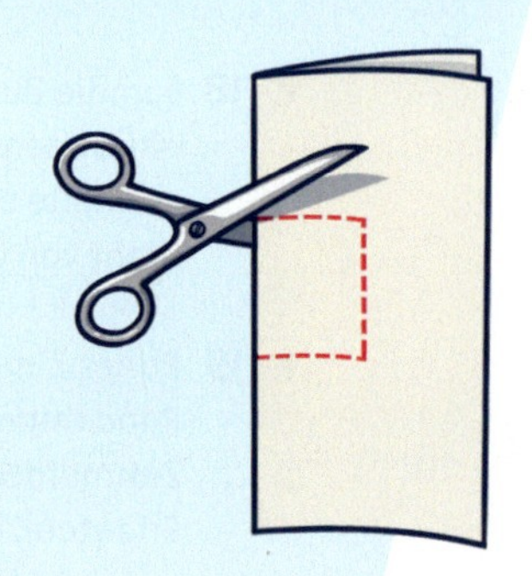

Falte ein rechteckiges Blatt Papier auf die Hälfte. Schneide dann ein kleines Rechteck aus dem gefalteten Blatt heraus. Beschreibe die Figur, die dabei entsteht.
Erkläre, wie du den Flächeninhalt dieser Figur berechnen könntest.

Im Alltag sind Figuren häufig aus mehreren Rechtecken zusammengesetzt. Der Flächeninhalt der zusammengesetzten Figur lässt sich dann ebenfalls berechnen.

Beispiel 1

Berechne den Flächeninhalt der Figur
a) durch Zerlegen,
b) durch Ergänzen.

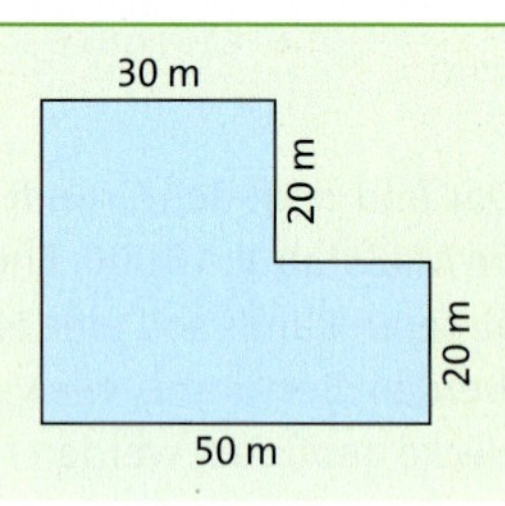

Lösung:

a) Zerlege die Fläche in zwei Rechtecke.

30 m | 20 m | 600 m² | 1000 m² | 20 m | 50 m

Berechne die Flächeninhalte der Rechtecke und addiere sie.

$A = 600\,m^2 + 1000\,m^2 = 1600\,m^2$

b) Ergänze die Fläche zu einem Rechteck.

30 m | 20 m | 400 m² | 20 m | 2000 m² (gesamtes Rechteck) | 20 m | 50 m

Berechne den Flächeninhalt des gesamten Rechtecks und subtrahiere davon den Flächeninhalt des ergänzten roten Quadrats.

$A = 2000\,m^2 - 400\,m^2 = 1600\,m^2$

Basisaufgaben

1 Berechne den Flächeninhalt. Zerlege die Flächen dazu in geeignete Rechtecke.
Zwei Kästchenlängen entsprechen 1 cm.

a) b)

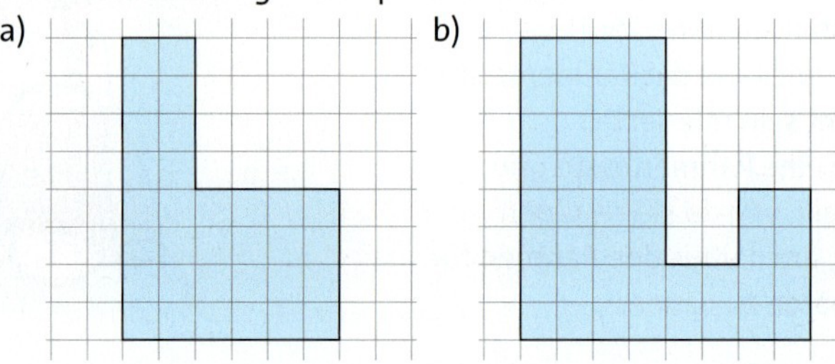

c)

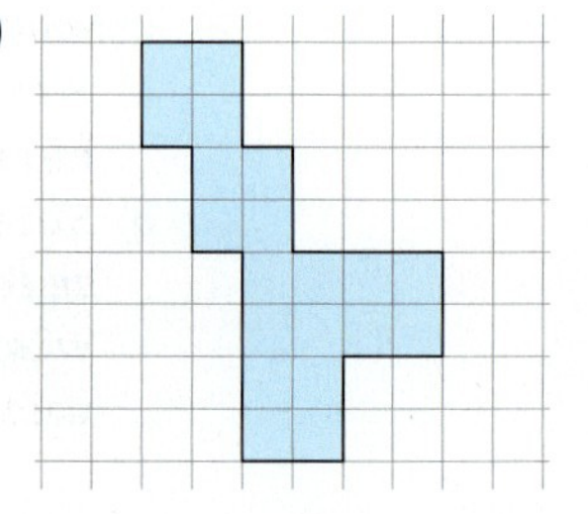

2 Bestimme den Flächeninhalt der Figur, indem du sie zu einem Rechteck ergänzt. (Alle Maße in cm.)

a)

b)

c)

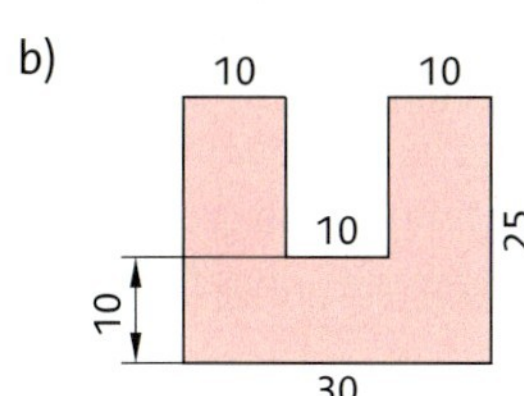

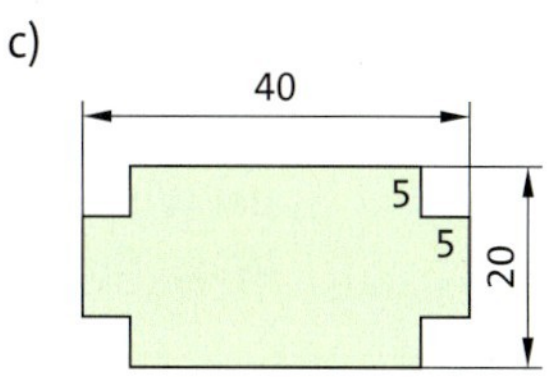

Weiterführende Aufgaben

Zwischentest

Hilfe

3 Bestimme den Flächeninhalt der Figur auf zwei verschiedene Weisen. Vergleiche und beurteile die beiden Lösungswege. (Alle Angaben in m.)

a)

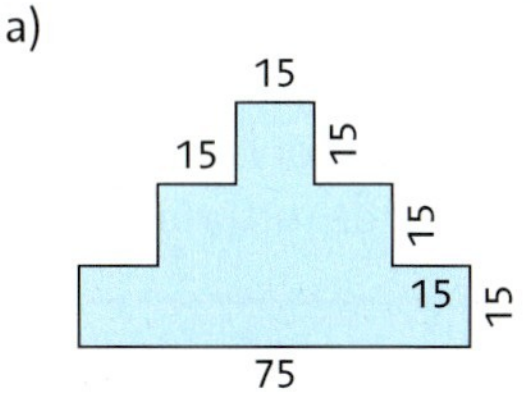

b)

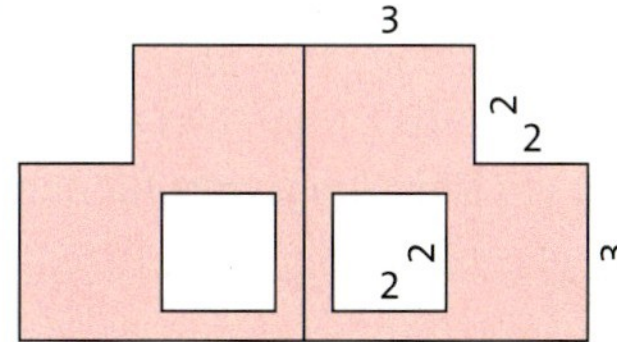

c)

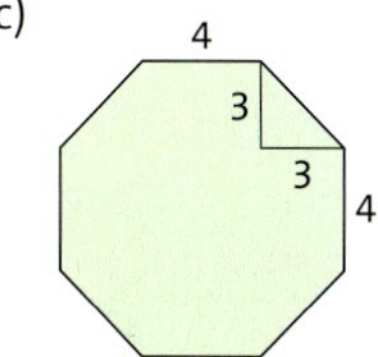

4 Die Tür ist zwei Meter hoch und einen Meter breit. Zwischen den Scheiben ist das Holz überall 10 cm breit. Bestimme den Flächeninhalt der Glasfläche und der Holzfläche.

a)

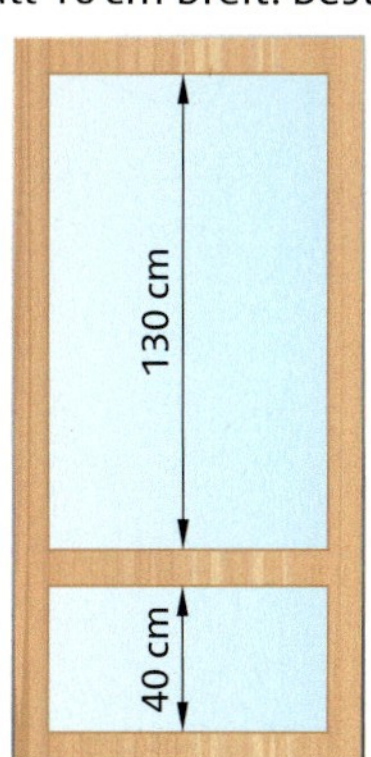

b)

c)

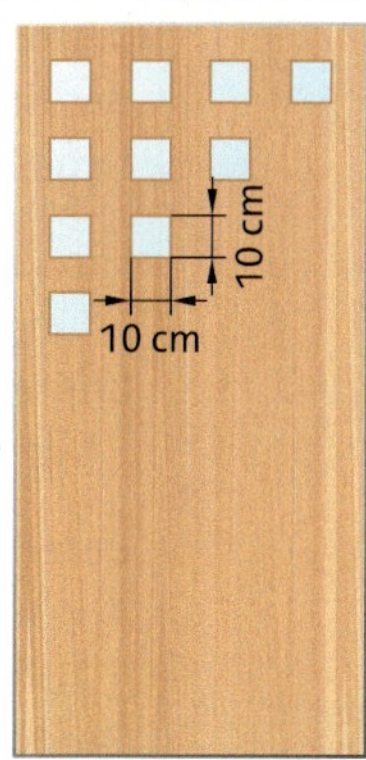

5 **Stolperstelle:** Erkläre und korrigiere die Fehler in der Rechnung.

1. Rechteck: $A = 6\,cm \cdot 5\,cm = 30\,cm^2$

2. Rechteck: $A = 15\,cm \cdot 4\,cm = 60\,cm^2$

Insgesamt: $A = 30\,cm^2 + 60\,cm^2 = 90\,cm^2$

5

(Alle Maße in cm.)

6

4

15

6 **Ausblick: Flächeninhalt eines Parallelogramms**

a) Zeichne das Parallelogramm in dein Heft. Bestimme seinen Flächeninhalt, indem du es geschickt zerlegst und neu zusammensetzt.

b) Zeichne weitere Parallelogramme und bestimme ihre Flächeninhalte. Kannst du immer auf die gleiche Weise vorgehen? Erkläre.

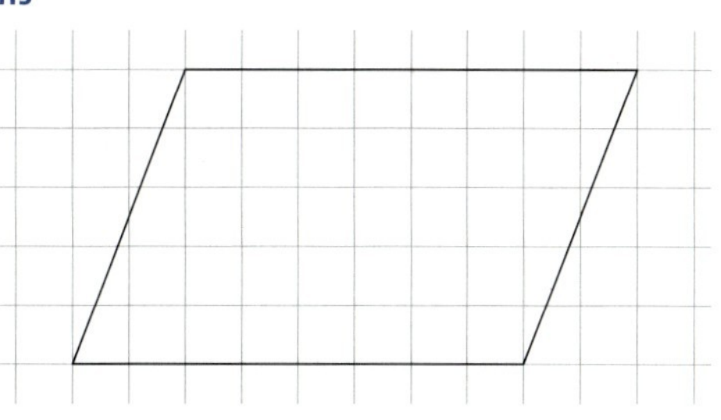

Modellieren

Die Karte zeigt den Bodensee.
1 cm in der Abbildung entsprechen 10 km in der Wirklichkeit. Bestimme, wie groß die Wasserfläche des Bodensees ungefähr ist.

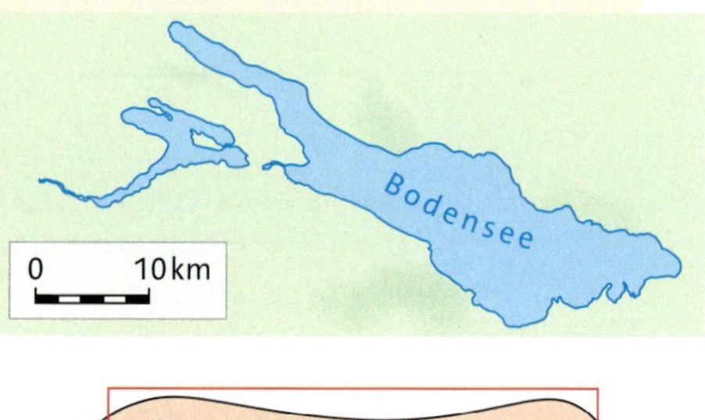

Problem: Den Flächeninhalt von Figuren mit krummliniger Begrenzung kann man nicht direkt bestimmen, weil dafür oft keine Formel bekannt ist. In der Regel hat man auch keine Kästchen, die man zählen kann.

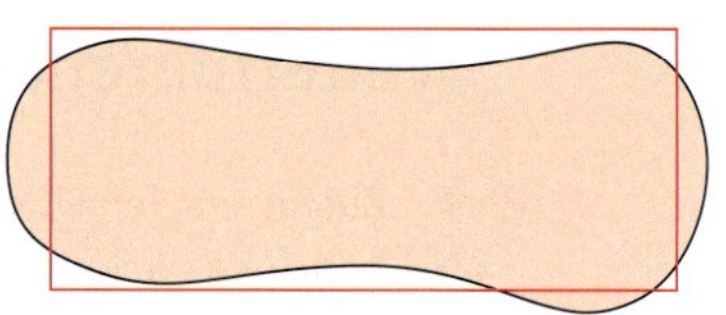

Idee: Man kann ein Rechteck über die Fläche legen, das ungefähr denselben Flächeninhalt wie die ursprüngliche Fläche hat. Das Rechteck ist ein **Modell** für die Fläche. Der Flächeninhalt des Rechtecks ist ein **Näherungswert** für den Flächeninhalt der ursprünglichen Fläche.

Beispiel 1

Bestimme einen Näherungswert für den Flächeninhalt des Stadtparks.
(Maßstab: 1 cm entspricht 60 m)

Lösung Modell 1:
Zeichne möglichst genau ein Rechteck um den Stadtpark. Miss die Länge und die Breite des Rechtecks und gib sie im Maßstab an.

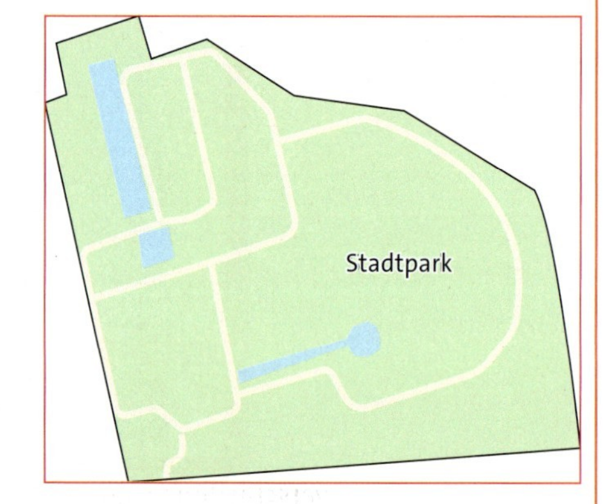

Länge auf der Karte: 6 cm
in Wirklichkeit: 360 m
Breite auf der Karte: 5 cm
in Wirklichkeit: 300 m

Berechne den Flächeninhalt:
$A = 360\,\text{m} \cdot 300\,\text{m} = 108\,000\,\text{m}^2 = 10{,}8\,\text{ha}$
$\approx 10\,\text{ha}$
Der Näherungswert ist zu groß, da das Rechteck größer als die Fläche des Parks ist.

Hinweis

Beachte beim Runden, dass das Rechteck bereits größer ist als die Fläche des Parks. Runde deshalb 10,8 ha ab auf 10 ha.

Lösung Modell 2:
Zeichne das Rechteck so, dass die überstehenden Teile ungefähr so groß sind wie die fehlenden Teile.

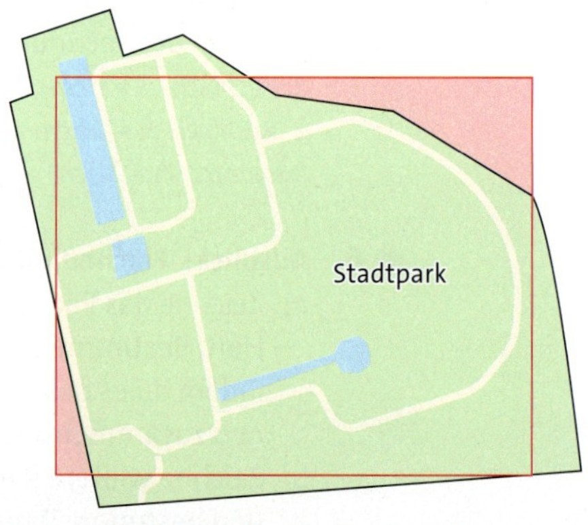

Miss wieder und rechne dann:
$A = 300\,\text{m} \cdot 240\,\text{m} = 72\,000\,\text{m}^2 = 7{,}2\,\text{ha}$
$\approx 7\,\text{ha}$
Dieser Näherungswert ist besser als bei Modell 1.

Du kannst auch andere Rechtecke als Modelle nehmen oder die Fläche sogar in mehrere Rechtecke aufteilen, um den Näherungswert zu verbessern.

Aufgaben

1 Bestimme mithilfe eines geeigneten Rechtecks einen Näherungswert für den Flächeninhalt des Sees.
Verwende eine Klarsichtfolie, um das Modell-Rechteck zu zeichnen.
Vergleicht eure Näherungswerte untereinander.

2 a) Zeichne deine Hand ins Heft. Bestimme einen Näherungswert für den Flächeninhalt deiner Hand.

b) Bestimme Näherungswerte für den Flächeninhalt deines Fußes und deines Gesichts. Arbeitet zusammen.

3 a) Wie viele Kinder können auf einem Quadratmeter stehen? Probiert es aus.
b) Bestimmt den ungefähren Flächeninhalt eures Schulhofs. Bestimmt dann die Anzahl der Personen, die auf den Schulhof passen.
c) Findet heraus, wie viele Kinder auf dem Schulhof liegen könnten.

4 Suche in deinem Atlas verschiedene Seen, Länder oder andere Gebiete. Bestimme Näherungswerte für die Flächeninhalte.

5 a) Zeichne den Umriss einer 2-€-Münze ins Heft. Bestimme einen Näherungswert für den Flächeninhalt der Münze. Bestimme auch den Flächeninhalt anderer Münzen.
b) Auch für den Umfang von krummlinigen Figuren kann man Näherungswerte bestimmen. Ermittle den Umfang einer 2-€-Münze und beschreibe, wie du vorgegangen bist.

6 **Forschungsauftrag:** Findet auf eurem Schulgelände, im Schulhaus oder in der Umgebung verschiedene Flächen, die nicht rechteckig sind. Bestimmt einen Näherungswert für diese Flächeninhalte durch Messen und Rechnen. Vergleicht eure Ergebnisse und diskutiert die Genauigkeit eurer Ergebnisse.

7.6 Schrägbild eines Quaders

Mia möchte einen Würfel darstellen und hat dafür einige Zeichnungen erstellt.
Entscheide und begründe, welche Zeichnung am ehesten einen Würfel darstellen könnte.

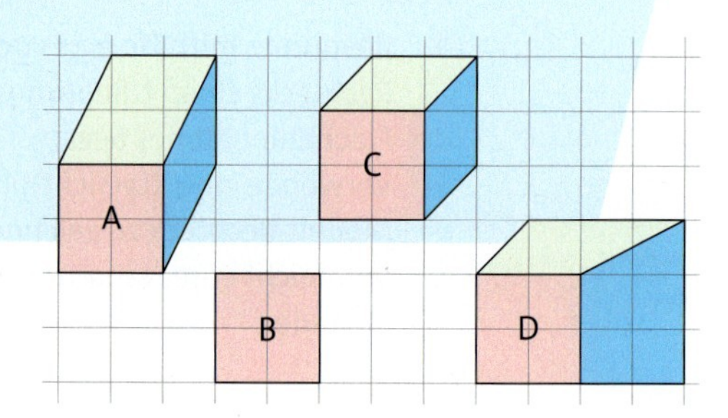

Mit einem **Schrägbild** kann man räumliche Figuren auf Papier darstellen. Durch die schräg nach hinten verlaufenden Kanten entsteht ein räumlicher Eindruck.

Hinweis

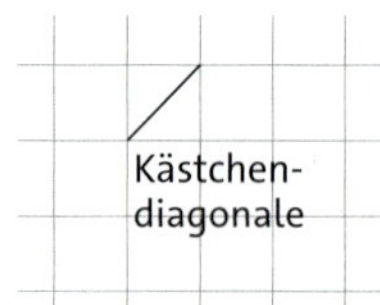

Wissen

Beim **Schrägbild** werden Breite und Höhe der Vorderfläche wirklichkeitsgetreu gezeichnet. Die Kanten in die Tiefe werden entlang der Kästchendiagonalen und verkürzt gezeichnet. 1 cm entspricht einer Kästchendiagonalen.

Beispiel 1

Zeichne das Schrägbild eines Quaders mit den Kantenlängen 4 cm, 3 cm und 2 cm.

Lösung:

① Wähle eine Vorderseite, zum Beispiel das Rechteck mit den Seitenlängen 4 cm und 2 cm. Zeichne es in Originalgröße.

② Zeichne die Kanten, die nach hinten verlaufen, entlang der Kästchendiagonalen. Die Tiefe 3 cm entspricht 3 Kästchendiagonalen. Nicht sichtbare Kanten werden gestrichelt gezeichnet.

③ Verbinde die übrigen Eckpunkte. Zeichne auch hier nicht sichtbare Kanten gestrichelt.

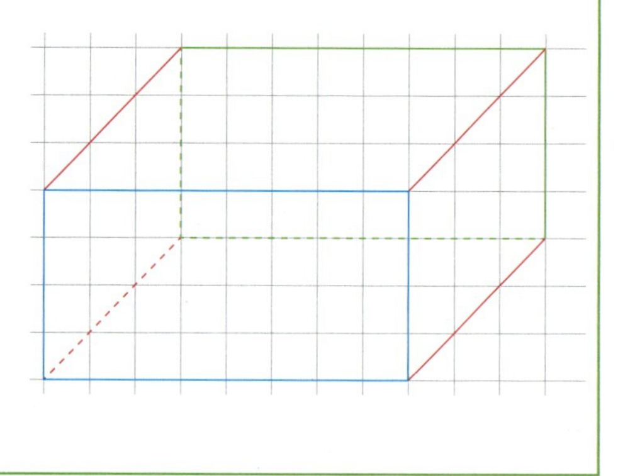

Basisaufgaben

1 Übertrage das Schrägbild in dein Heft. Gib die Maße des Körpers in der Wirklichkeit an.

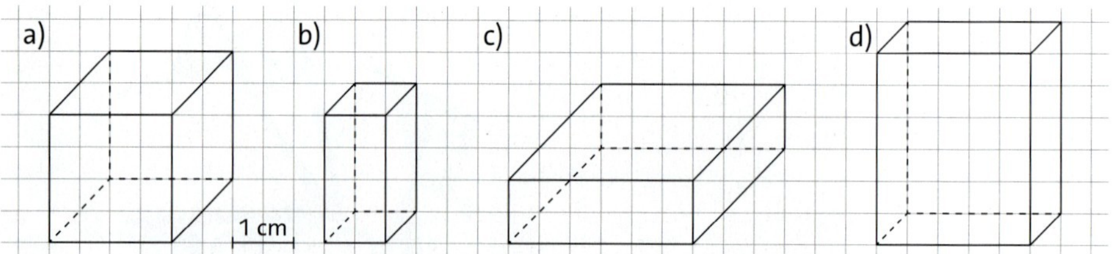

2 Zeichne das Schrägbild
a) eines Würfels mit der Kantenlänge 3 cm,
b) eines Quaders mit den Kantenlängen 6 cm, 4 cm und 1 cm,
c) eines Quaders mit den Kantenlängen 2 cm, 2 cm und 5 cm.

Weiterführende Aufgaben

Zwischentest 

3 Stolperstelle: Sören hat das Schrägbild eines Würfels gezeichnet. Erkläre seinen Fehler.

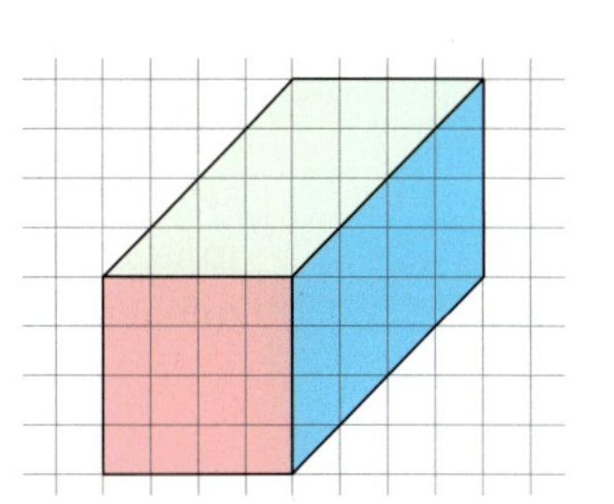

4 Übertrage den Buchstaben als Schrägbild in dein Heft. (Alle Angaben in cm.)

a) 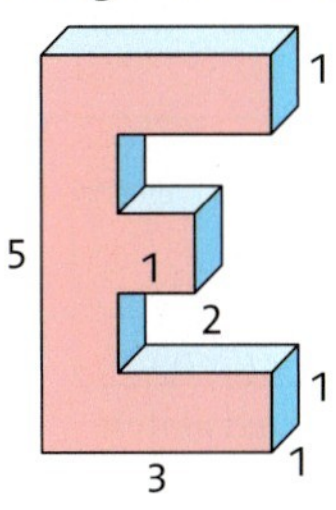

b) 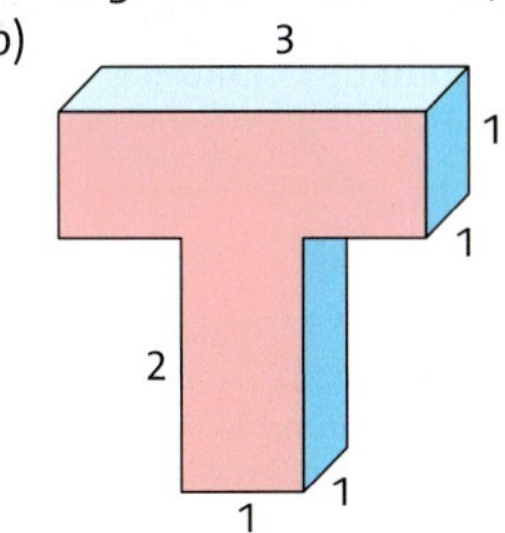

c) 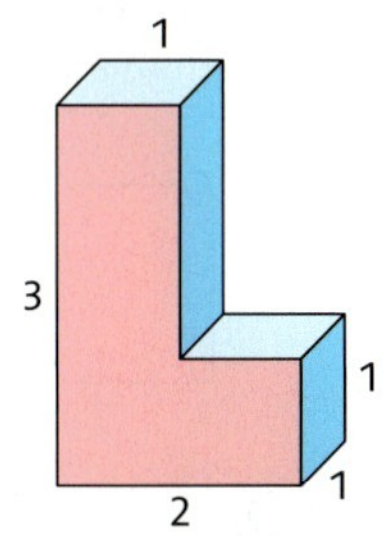

Hilfe

5 a) Stelle die Streichholzschachteln aus zwei verschiedenen Blickrichtungen im Schrägbild in deinem Heft dar. Eine Streichholzschachtel hat die Länge 5 cm, die Breite 3,5 cm und die Höhe 1,5 cm.

b) Eine dritte Streichholzschachtel wird nun von oben so auf die Schachtel gelegt, dass ein sogenanntes „Doppel-T" entsteht. Zeichne auch diese Figur im Schrägbild in dein Heft.

Hinweis

Der Körper steht auf dem Boden.

6 Anna hat die Würfel des Körpers gezählt und ist auf 15 gekommen. Markus meint, es wären aber 18.

a) Erläutere, dass beide recht haben könnten, und erkläre ihre Lösungen.

b) Bestimme, wie viele Würfel es mindestens und höchstens sein können.

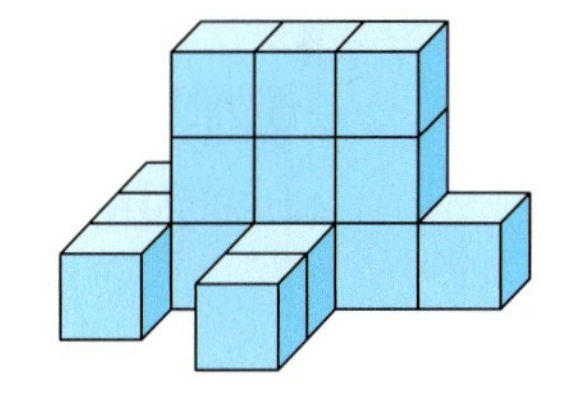

Hilfe

7 Vier kleine Würfel mit der Kantenlänge 1 cm wurden zusammengeklebt.

a) Zeichne ein Schrägbild der Figur aus einer Perspektive, aus der die linken Begrenzungsflächen nicht mehr zu sehen sind.

b) Es gibt noch fünf weitere Möglichkeiten, vier gleiche Würfel so zusammenzukleben, dass ihre Seitenflächen vollständig aufeinander kleben und dabei kein Quader entsteht. Zeichne mindestens zwei dieser Figuren im Schrägbild.

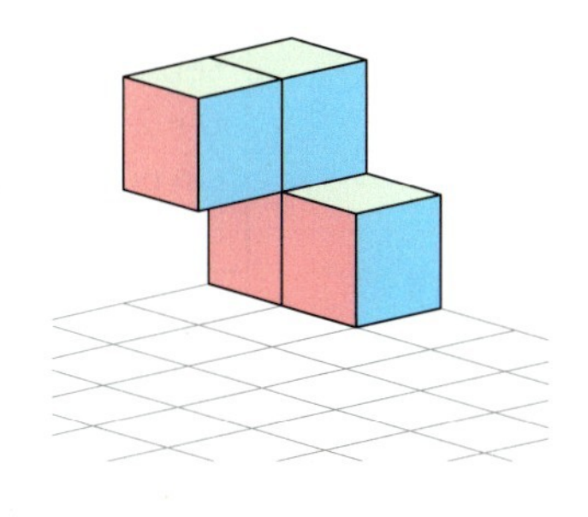

8 Ausblick:

Im Schrägbild sieht man einen Körper „schräg" von der Seite. Recherchiere, wie man einen Körper im Grundriss, Aufriss und Seitenriss sieht. Denke dir einen Körper aus und stelle ihn mit allen vier Möglichkeiten dar.

7.7 Oberflächeninhalt eines Quaders

Momoko möchte ihrer Freundin Schokolade zum Geburtstag schenken. Die Schokoladenschachtel beklebt sie mit einer dünnen Goldfolie. Überlege, wie viel Goldfolie sie dafür mindestens benötigt.

Ein Quader ist ein Körper, dessen Netz aus sechs Rechtecken besteht. Diese Rechtecke findet man auch im Schrägbild des Quaders:

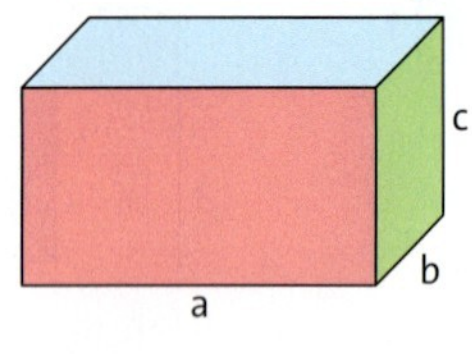

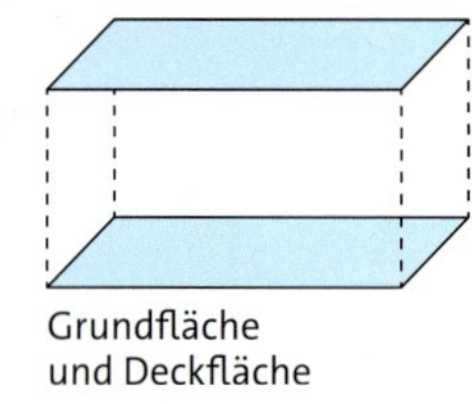
Grundfläche und Deckfläche

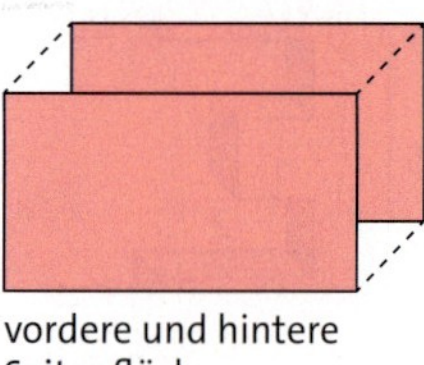
vordere und hintere Seitenfläche

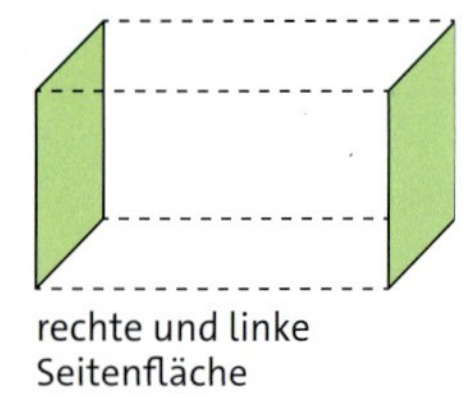
rechte und linke Seitenfläche

Die **Oberfläche eines Körpers** besteht aus allen Flächen, die den Körper begrenzen. Die Oberfläche eines Quaders besteht also aus sechs Rechtecken.
Die Flächeninhalte aller Rechtecke zusammen ergeben den Oberflächeninhalt des Quaders.
Oberflächeninhalt = 2 · Grundflächeninhalt + 2 · Vorderflächeninhalt + 2 · Seitenflächeninhalt

Wissen

Der **Oberflächeninhalt O eines Quaders** ist die Summe der Flächeninhalte aller sechs Begrenzungsflächen des Quaders.

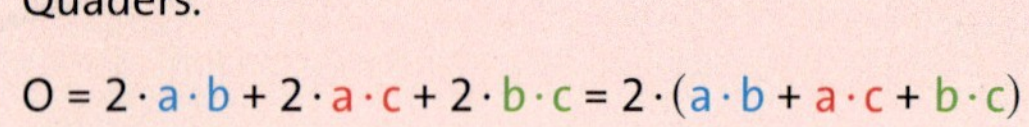

$O = 2 \cdot a \cdot b + 2 \cdot a \cdot c + 2 \cdot b \cdot c = 2 \cdot (a \cdot b + a \cdot c + b \cdot c)$

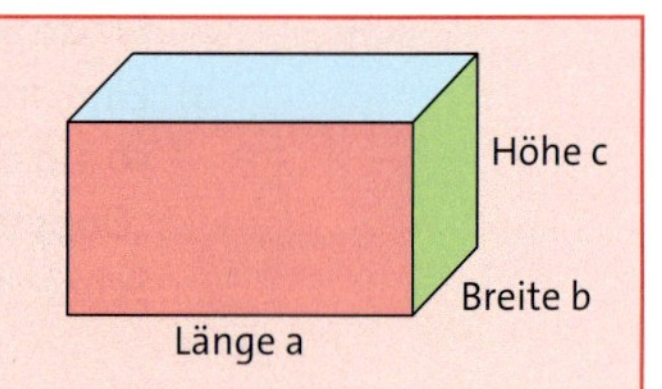

Beispiel 1

Berechne den Oberflächeninhalt des Quaders.

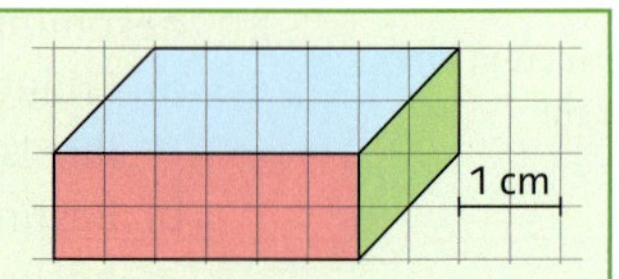

Lösung:

Lies die Kantenlängen ab. Es gilt a = 3 cm, b = 2 cm, c = 1 cm.

Setze die Werte in die Formel $O = 2 \cdot a \cdot b + 2 \cdot a \cdot c + 2 \cdot b \cdot c$ ein und berechne den Oberflächeninhalt.

$O = 2 \cdot (3\,cm \cdot 2\,cm) + 2 \cdot (3\,cm \cdot 1\,cm) + 2 \cdot (2\,cm \cdot 1\,cm)$
$= 2 \cdot 6\,cm^2 + 2 \cdot 3\,cm^2 + 2 \cdot 2\,cm^2$
$= 12\,cm^2 + 6\,cm^2 + 4\,cm^2$
$= 22\,cm^2$

Lösungen zu 1

Maßzahlen der Lösungen:

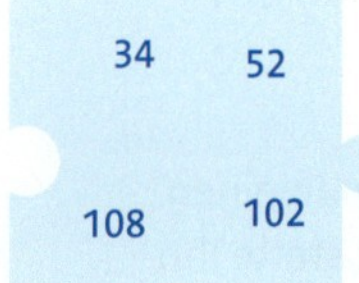

Basisaufgaben

1 Berechne den Oberflächeninhalt des Quaders.

a)
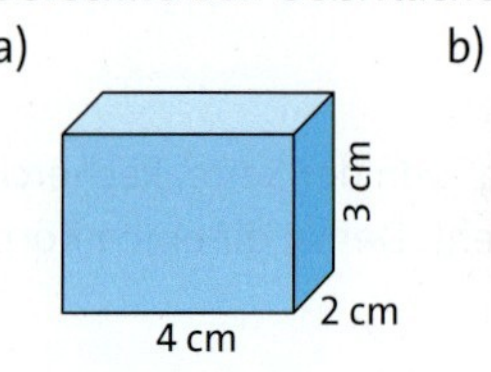

b)
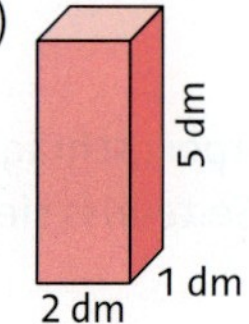

c)
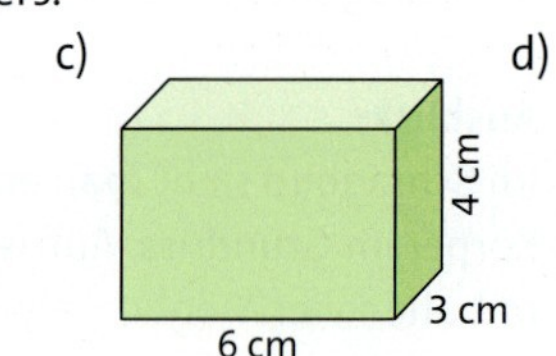

d)
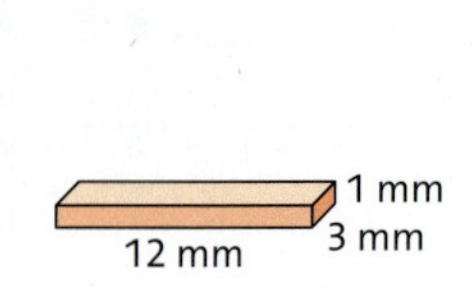

2 Berechne den Oberflächeninhalt des Quaders. Achte auf die Einheiten.

a)

20 mm
3 cm
1 cm

b)

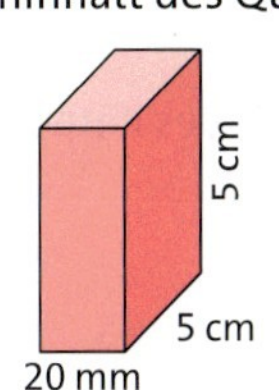

c)

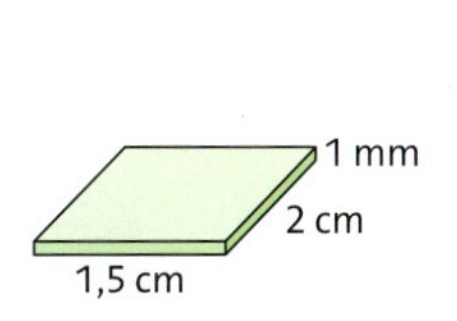

d)

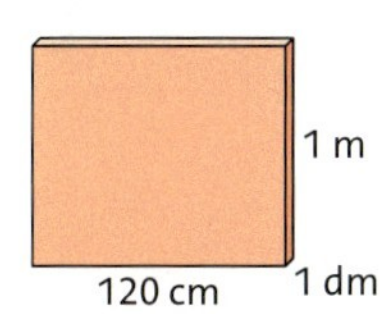

3 Berechne den Oberflächeninhalt des Quaders mit den Maßen aus der Tabelle.

	a)	b)	c)	d)	e)
Länge	7 cm	5 cm	25 mm	25 dm	4 dm
Breite	4 cm	9 cm	10 mm	2 m	6 cm
Höhe	3 cm	8 cm	5 mm	32 dm	20 mm

4 **Oberflächeninhalt eines Würfels:**

a) Die Kantenlänge eines Würfels beträgt 2 cm (3 cm; 15 cm; 0,5 dm). Berechne den Oberflächeninhalt.

b) Gib eine Formel für den Oberflächeninhalt O eines Würfels mit der Kantenlänge a an.

5 Der Oberflächeninhalt eines Würfels beträgt $6\,dm^2$ ($54\,cm^2$; $150\,mm^2$; $24\,dm^2$). Berechne den Flächeninhalt einer Seitenfläche und die Länge einer Würfelkante.

Oberflächeninhalt zusammengesetzter Körper

Den Oberflächeninhalt eines zusammengesetzten Körpers berechnet man, indem man die Flächeninhalte aller Begrenzungsflächen addiert.

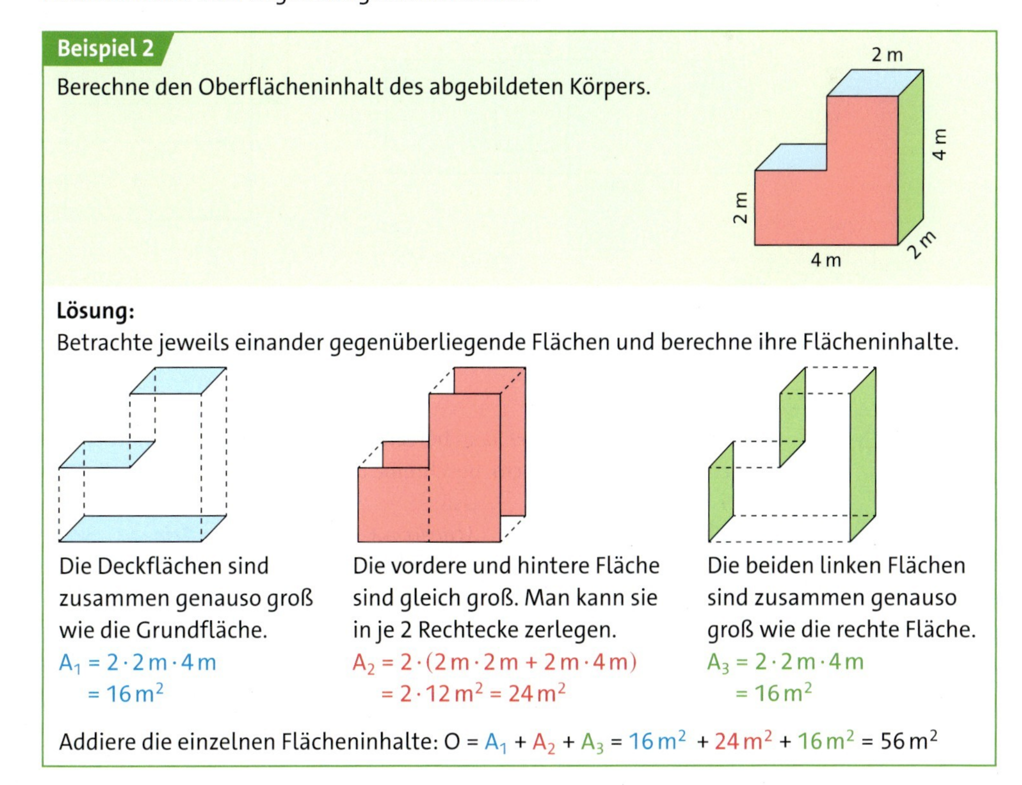

Beispiel 2

Berechne den Oberflächeninhalt des abgebildeten Körpers.

Lösung:

Betrachte jeweils einander gegenüberliegende Flächen und berechne ihre Flächeninhalte.

Die Deckflächen sind zusammen genauso groß wie die Grundfläche.
$A_1 = 2 \cdot 2\,m \cdot 4\,m$
$= 16\,m^2$

Die vordere und hintere Fläche sind gleich groß. Man kann sie in je 2 Rechtecke zerlegen.
$A_2 = 2 \cdot (2\,m \cdot 2\,m + 2\,m \cdot 4\,m)$
$= 2 \cdot 12\,m^2 = 24\,m^2$

Die beiden linken Flächen sind zusammen genauso groß wie die rechte Fläche.
$A_3 = 2 \cdot 2\,m \cdot 4\,m$
$= 16\,m^2$

Addiere die einzelnen Flächeninhalte: $O = A_1 + A_2 + A_3 = 16\,m^2 + 24\,m^2 + 16\,m^2 = 56\,m^2$

Basisaufgaben

6 Berechne den Oberflächeninhalt des Körpers.

a)

b)

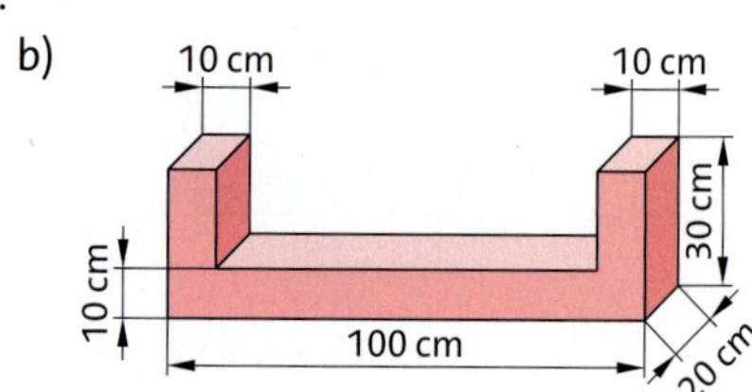

7 Berechne den Oberflächeninhalt des Körpers. (Alle Angaben in cm.)

a)

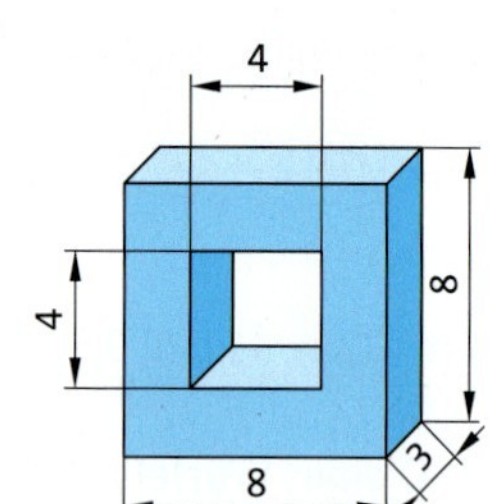

b)

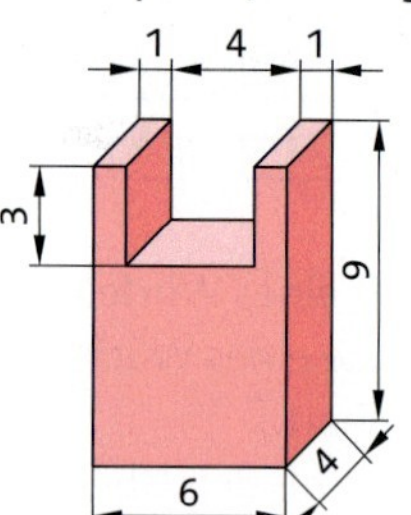

c)

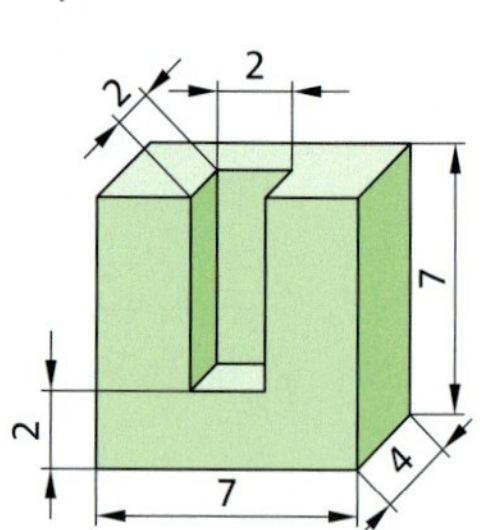

Weiterführende Aufgaben

Zwischentest 

8 Zeichne ein mögliches Schrägbild des Quaders und berechne den Oberflächeninhalt.

a) a = 10 cm; b = 4 cm; c = 6 cm
b) a = 5 cm; b = 2 cm; c = 4 cm

9 Berechne den Oberflächeninhalt. Entnimm die benötigten Maße aus dem Quadernetz.

a)

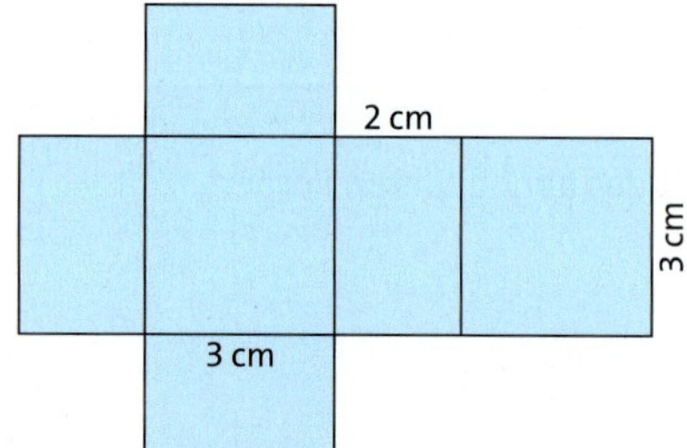

b)

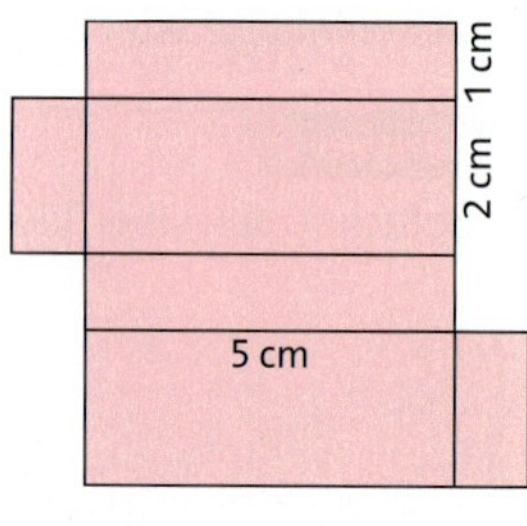

Hilfe

10 Eine Kiste ohne Deckel mit der Länge a = 20 cm, der Breite b = 10 cm und der Höhe c = 5 cm soll von außen beklebt werden. Berechne, wie viel Material dafür mindestens benötigt wird.

11 **Stolperstelle:** Kai, Lisa und Saad berechnen den Oberflächeninhalt eines Quaders mit a = 3 cm, b = 40 mm, c = 1 cm. Beschreibe die Fehler und korrigiere die Rechnungen.

Kai:
$2 \cdot 3 \cdot 40 + 2 \cdot 3 \cdot 1 + 2 \cdot 40 \cdot 1$
$= 240 + 6 + 80$
$= 326\,cm^2$

Lisa:
$3\,cm \cdot 4\,cm + 3\,cm \cdot 1\,cm + 4\,cm \cdot 1\,cm$
$= 12\,cm^2 + 3\,cm^2 + 4\,cm^2$
$= 19\,cm^2$

Saad:
$3\,cm + 4\,cm + 1\,cm$
$= 8\,cm$

12 Für einen Schreibwarenhändler werden 100 quaderförmige Etuis aus Metall hergestellt (Länge 21 cm, Breite 6 cm, Höhe 3 cm). Beurteile, ob 4 Quadratmeter Metall für die Herstellung der Etuis ausreichen werden.

13 Dennis und Tom spielen in der Schulband. Sie möchten einen Lautsprecher mit einer roten Folie bekleben. Die Vorderseite soll für eine Stoffbespannung frei bleiben. Dennis hat ausgerechnet, dass $4250\,cm^2$ Folie benötigt werden. Tom entgegnet, dass sie nur $2500\,cm^2$ Folie brauchen.

a) Erkläre die unterschiedlichen Ergebnisse. Stelle mögliche Lösungswege auf, nach denen Dennis und Tom gerechnet haben könnten.

b) Entscheide, welches Ergebnis sinnvoller ist. Begründe deine Antwort.

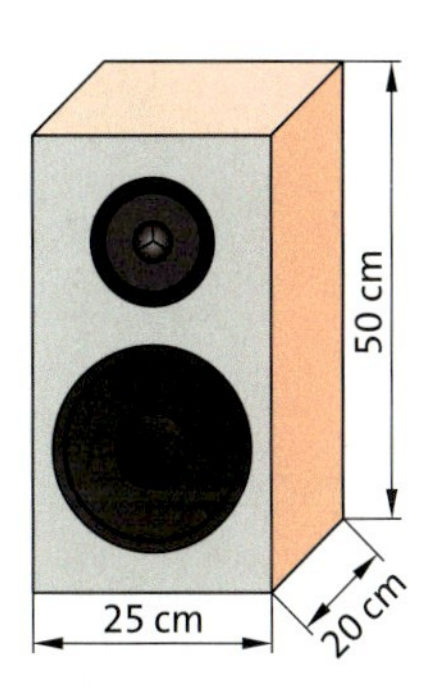

14 Zwei Würfel werden zusammengeklebt. Begründe, dass man den Oberflächeninhalt des neuen Körpers nicht erhält, indem man die Oberflächeninhalte der Würfel addiert.

15 Auf einen Quader mit den Kantenlängen a = 5 cm, b = 6 cm, c = 10 cm wird ein Würfel mit der Kantenlänge 3 cm geklebt, sodass eine Würfelfläche vollständig auf einer Quaderfläche klebt.

a) Begründe, dass es für den Oberflächeninhalt des zusammengesetzten Körpers keine Rolle spielt, auf welche Fläche des Quaders der Würfel geklebt wird.

b) Berechne den Oberflächeninhalt des zusammengesetzten Körpers.

16 Ein Quader mit einer quadratischen Grundfläche ist dreimal so hoch wie breit. Sein Oberflächeninhalt ist $224\,cm^2$. Ermittle die Maße des Quaders.

17 Alena hat sich einen Soma-Würfel gekauft. Seine Bausteine sind aus einzelnen kleinen Würfeln mit einer Kantenlänge von 2 cm zusammengesetzt. Alena möchte die einzelnen Bausteine mit verschiedenfarbiger Folie bekleben. Berechne, wie viel cm^2 Folie sie mindestens für die einzelnen Bausteine benötigt.

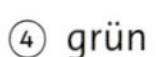

① rot ② blau ③ gelb ④ grün ⑤ orange ⑥ grau ⑦ rosa

18 Die Kantenlänge eines Würfels beträgt 2 cm.

a) Berechne den Oberflächeninhalt.

b) Gib an, wie groß der Oberflächeninhalt wird, wenn die Länge der Würfelkanten verdoppelt wird. Gib zunächst eine Abschätzung an und führe anschließend eine Rechnung durch.

c) Vervierfache die Länge der Würfelkanten und bestimme dann den Oberflächeninhalt des neuen Würfels.

d) Vergleiche deine Ergebnisse aus a), b) und c). Was fällt dir auf? Beschreibe deine Beobachtung.

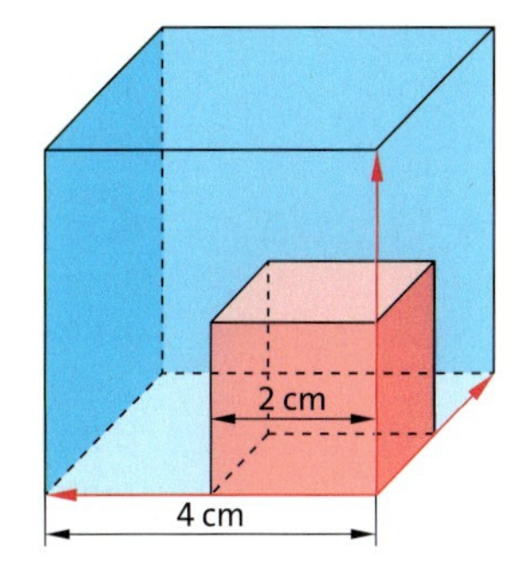

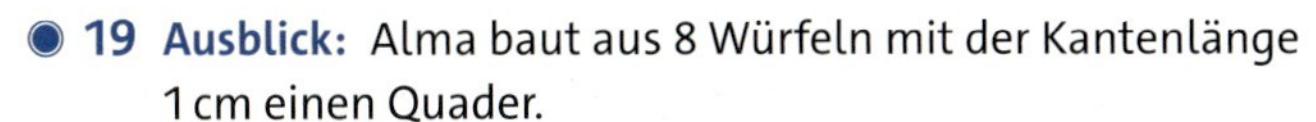

19 **Ausblick:** Alma baut aus 8 Würfeln mit der Kantenlänge 1 cm einen Quader.

a) Gib die Maße aller Quader an, die so entstehen können. Es sollen keine Würfel übrig bleiben.

b) Berechne für jeden Quader aus a) den Oberflächeninhalt.

c) Wiederhole a) und b) für einen Quader aus 27 Würfeln. Beschreibe deine Beobachtung.

7.8 Vermischte Aufgaben

1 Zeichne die Punkte in ein Koordinatensystem und verbinde sie in alphabetischer Reihenfolge zu einer Figur. Bestimme den Flächeninhalt und den Umfang jeder Figur, wenn die Einheit im Koordinatensystem 1 km beträgt. Sortiere die Figuren zuerst aufsteigend nach ihrem Flächeninhalt, dann nach ihrem Umfang. Prüfe, ob die Reihenfolge gleich bleibt.

① A(0 | 0); B(4 | 0); C(4 | 4); D(0 | 4) ② E(2 | 3); F(8 | 3); G(8 | 6); H(2 | 6)

③ I(2 | 7); J(2 | 5); K(7 | 5); L(7 | 3); M(9 | 3); N(9 | 7)

2 Ein Maler will eine Wand im Wohnzimmer neu streichen (siehe Skizze). Eine Dose Farbe reicht für 5 m^2. Berechne auf zwei Arten, wie viele Dosen der Maler einkaufen muss. Vergleiche die Rechenwege.

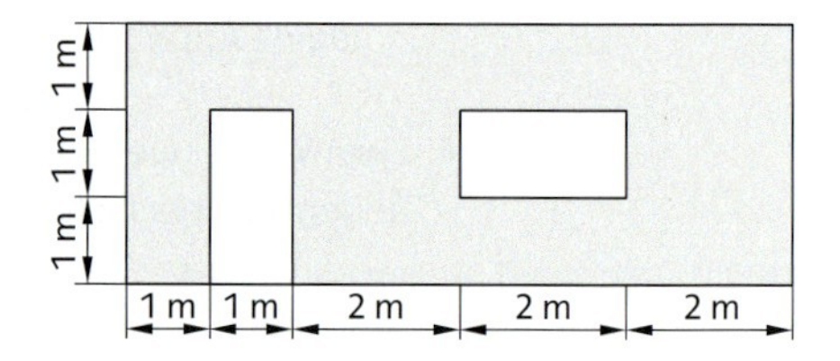

3 **Blütenaufgabe:** Ein Rasentennisplatz hat die im Bild angegebenen Maße.

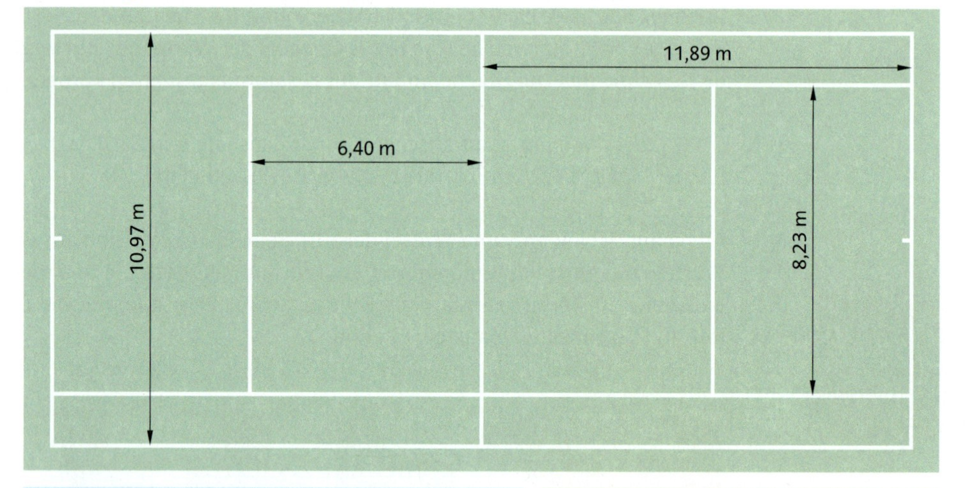

Berechne die Fläche des gesamten Platzes für Einzel- (8,23 m breit) und Doppel-Tennisspielfelder (10,97 m breit). Gib den Flächeninhalt gerundet in m^2 an.

Mit einer Spraydose des Tennisplatzmarkierungssprays „Strahlweiß“ können etwa 180 m Linien geweißt werden. Berechne, wie viele Dosen der Verein „Blau-Weiß“ für seine 7 Plätze benötigt.

Ist es möglich, alle Begrenzungslinien so abzulaufen, dass man jede Linie nur genau einmal entlangläuft? Begründe deine Antwort.

Schätze die Anzahl der Grashalme auf einem Rasentennisplatz.

4 Entscheide begründet, ob die Aussage wahr oder falsch ist.

a) Der Flächeninhalt eines Rechtecks ändert sich nicht, wenn man die Länge verdoppelt und die Breite halbiert.

b) Der Umfang eines Rechtecks ändert sich nicht, wenn man die Länge verdoppelt und die Breite halbiert.

5 Familie Hurzel hat ein rechteckiges Grundstück gekauft, das 486 m^2 groß ist. Es liegt direkt an einer Straße und erstreckt sich 27 m nach hinten.
a) Berechne die Länge der Grundstücksseite, die an der Straße liegt.
b) Ermittle den Umfang des Grundstücks.
c) In ihrer Stadt kostet 1 m^2 Grundstück 280 €. Berechne den Kaufpreis.
d) Herr Hurzel möchte an der Grundstücksgrenze einen Zaun errichten und dabei alle 3 m einen Zaunpfosten setzen. Bestimme, wie viele Zaunpfosten er mindestens kaufen muss, wenn auch in jeder Ecke des Grundstücks ein Pfosten stehen muss.

6 Für eine Choreografie in einem Fußballstadion werden 15 000 rote und 12 000 weiße Folien mit den Maßen 50 cm × 70 cm benötigt.

a) Berechne den Flächeninhalt der gesamten Choreografie.
b) Prüfe, ob man mit dieser Choreografie ein Fußballfeld mit den Maßen 68 m x 105 m auslegen könnte.
c) Die Folien werden in größeren Rollen geliefert. Jede Rolle ist 1,50 m hoch und enthält 7 m Folie. Daraus werden die benötigten Rechtecke geschnitten. Schätze die Länge der insgesamt zu schneidenden Strecke. Prüfe dann mit einer Rechnung.

7 Der berühmte Künstler Christo wurde durch verschiedene Verhüllungsaktionen von Gebäuden, wie dem Berliner Reichstagsgebäude im Jahre 1995, populär. Von Christo inspiriert, wollen Abiturienten ihre Schule verhüllen. Die Schule ist circa 10 m hoch. Bestimme, wie viele Quadratmeter Stoff für die Verhüllungsaktion mindestens gebraucht werden.

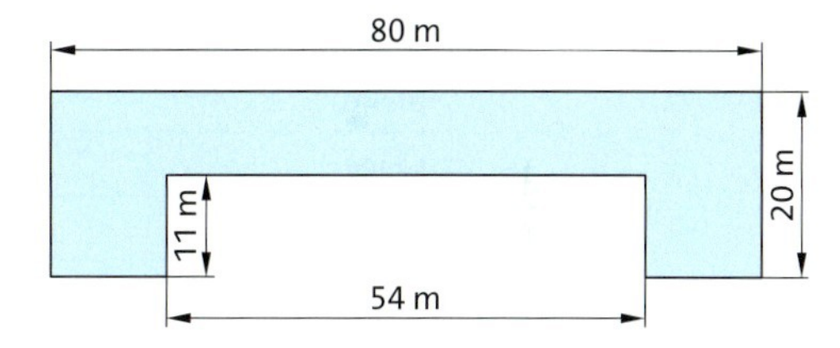

8 Niklas renoviert sein Zimmer. Es hat eine Höhe von 3 m und eine rechteckige Grundfläche mit den Seitenlängen 4 m und 5 m.
a) Eine Packung Laminatfußboden mit 3 m^2 kostet 11,20 €. Berechne die Anzahl der Pakete, die Niklas mindestens benötigt. Berechne die Materialkosten.
b) Die Wände – außer der Decke – werden zuerst tapeziert. Eine Rolle Tapete reicht für etwa 8 m^2. Berechne die Anzahl der Rollen Tapete, die benötigt werden.

9 Ein Quader ist 2 m länger als breit und 3 m höher als lang. Der Flächeninhalt der Grundfläche beträgt 48 m^2. Berechne den Oberflächeninhalt des Quaders.

10 Aus einem Rechteck der Länge 14 cm und Breite 12 cm werden an den linken Ecken Quadrate der Kantenlänge 2 cm entfernt. An den rechten Ecken werden 2 cm breite und 7 cm lange Rechtecke entfernt.
Fertige eine Skizze an. Gib die Maße des Quaders an, der sich aus der Figur falten lässt. Berechne seinen Oberflächeninhalt.

Lösungen
→ S. 222/223

1 Nenne die Figuren, auf die die Aussage zutrifft.
a) Die Figur hat den größten Flächeninhalt.
b) Die Figur hat den kleinsten Flächeninhalt.
c) Die Figuren haben den gleichen Flächeninhalt.

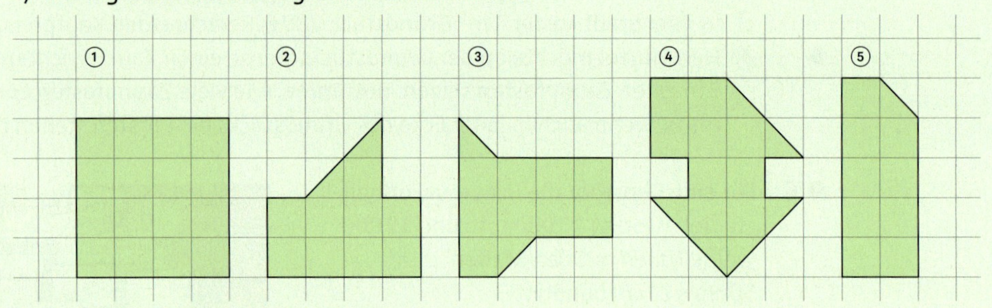

2 Rechne in die angegebene Einheit um.
a) $2\,m^2$ (in cm^2) b) $300\,cm^2$ (in dm^2) c) 1 ha (in m^2) d) $200\,m^2$ (in a)

3 Prüfe, ob der Flächeninhalt stimmen kann.
a) Nordrhein-Westfalen $81\,000\,000\,m^2$ b) Tischplatte $700\,000\,mm^2$
c) Ein-Zimmer-Wohnung $40\,000\,cm^2$ d) Fußballfeld 63 a

4 Ordne der Größe nach: $20\,dm^2$; $50\,000\,mm^2$; $1\,m^2$; $4000\,cm^2$; $300\,dm^2$

5 Berechne den Flächeninhalt und den Umfang des Rechtecks mit den Seitenlängen a und b.
a) a = 4 cm; b = 12 cm b) a = b = 9 mm c) a = 2 m; b = 150 cm

6 Vervollständige im Heft die Tabelle für ein Rechteck mit den angegebenen Maßen.

	a)	b)	c)	d)
Breite	3 m		2 cm	
Länge	5 m	4 cm		5 dm
Flächeninhalt A		$16\,cm^2$		$1000\,cm^2$
Umfang u			120 mm	

7 a) Berechne den Inhalt der Fläche, die das Gebäude einnimmt. Entscheide begründet, ob du den Flächeninhalt durch Zerlegen oder Ergänzen bestimmst. (Alle Maße in m.)

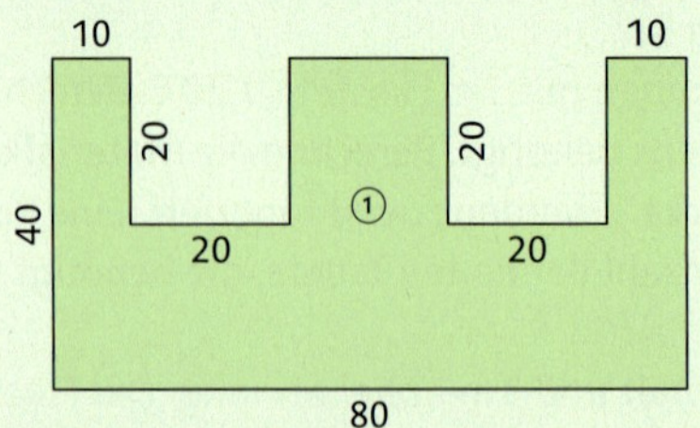

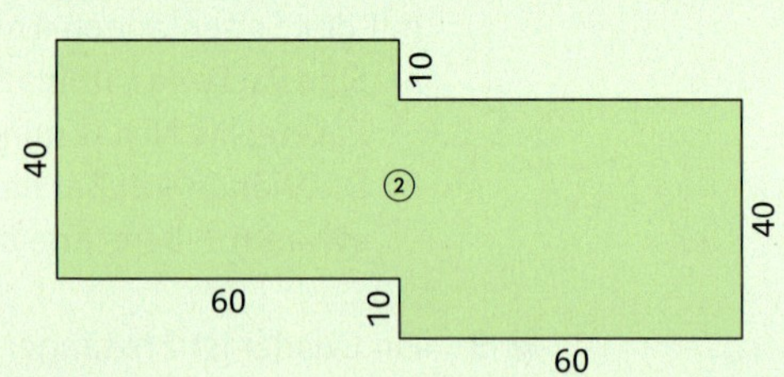

b) Bestimme das Gebäude mit dem größeren Umfang.

8 Beschreibe begründet die Veränderung
a) des Umfangs eines Rechtecks, wenn alle Seitenlängen um 3 cm verlängert werden,
b) des Flächeninhalts eines Quadrats, wenn alle Seitenlängen verdoppelt werden.

9 Zeichne zwei verschiedene Rechtecke mit einem Flächeninhalt von $6\,cm^2$. Gib den Umfang jedes dieser Rechtecke an.

Lösungen
→ S. 223

10 Zeichne das Schrägbild eines Quaders mit a = 5 cm, b = 4 cm und c = 3 cm.

11 Berechne den Oberflächeninhalt des Quaders.

a) a = 8 cm; b = 4 cm; c = 1 cm
b) a = 5 cm; b = 20 mm; c = 6 cm
c) a = 3 cm; b = 3 cm; c = 15 cm
d) a = b = c = 9 cm

12 Berechne den Oberflächeninhalt des Körpers.

a)

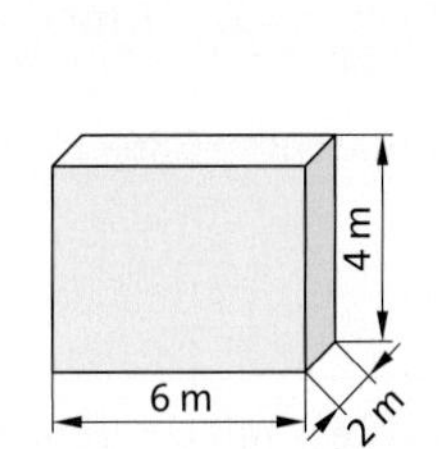

b)

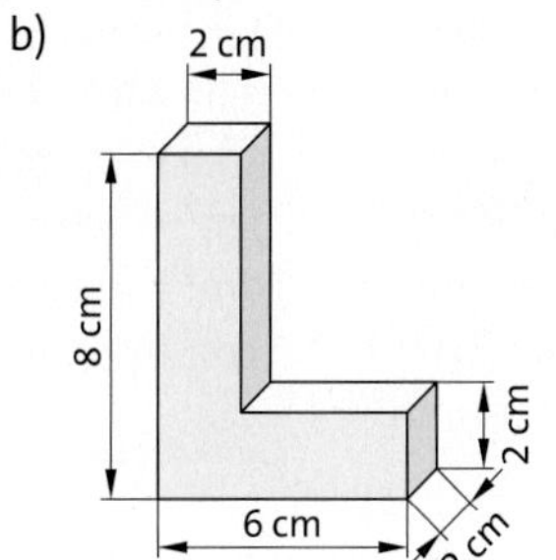

c)

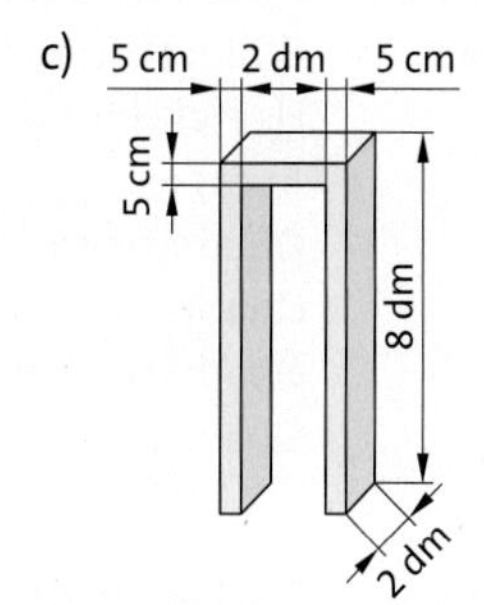

13 Familie Knettel möchte im Flur einen Teppichboden auslegen.

a) Berechne, wie viele Quadratmeter Teppich benötigt werden.
b) Berechne, wie viele Meter Fußleisten besorgt werden müssen, wenn jede Tür 80 cm breit ist.
c) Es wird Teppichboden in 4 m und 5 m Breite angeboten. Begründe, welche Stücke du kaufen würdest.

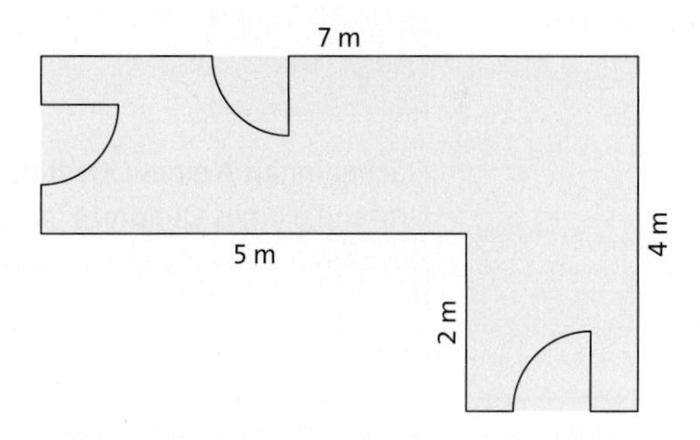

14 Eva verpackt ein Geschenk in einer würfelförmigen Schachtel der Kantenlänge 10 cm. Sie möchte alle Seiten mit buntem Papier bekleben.

a) Berechne, wie viele Quadratzentimeter Papier Eva mindestens benötigt.
b) Für eine Schleife braucht Eva ungefähr 50 cm Geschenkband. Bestimme die Länge, die das Geschenkband insgesamt mindestens haben muss.

Wo stehe ich?

	Ich kann ...	Aufgabe	Schlag nach
7.1	... Flächeninhalte in cm^2 angeben und vergleichen.	1	S. 174 Beispiel 1, S. 175 Beispiel 2
7.2	... mit verschiedenen Flächeneinheiten umgehen. ... Flächeneinheiten umrechnen.	2, 3, 4	S. 178 Wissen, S. 179 Beispiel 1
7.3	... den Flächeninhalt eines Rechtecks berechnen. ... die Seitenlänge eines Rechtecks aus dem Flächeninhalt berechnen.	5, 6, 8, 9	S. 182 Beispiel 1, S. 183 Beispiel 2
7.4	... den Umfang von Rechtecken und anderen Figuren bestimmen. ... die Seitenlänge eines Rechtecks aus dem Umfang berechnen.	5, 6, 7, 8, 9, 13	S. 186 Beispiel 1, S. 187 Beispiel 2
7.5	... durch Zerlegen und Ergänzen den Flächeninhalt zusammengesetzter Figuren bestimmen.	7, 13	S. 190 Beispiel 1
7.6	... Schrägbilder von Quadern zeichnen.	10	S. 194 Beispiel 1
7.7	... den Oberflächeninhalt von Quadern und zusammengesetzten Körpern berechnen.	11, 12, 14	S. 196 Beispiel 1, S. 197 Beispiel 2

Flächeninhalt

Der **Flächeninhalt A** gibt an, wie groß eine Fläche ist. Den Flächeninhalt kann man messen, indem man die Fläche mit gleich großen Teilflächen (zum Beispiel Quadraten mit der Seitenlänge 1 cm) vollständig auslegt.

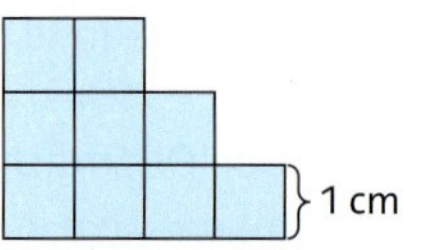

Die blaue Fläche hat den Flächeninhalt $A = 9\,cm^2$.

Flächeneinheiten

Quadratkilometer (km^2)	$1\,km^2 = 100\,ha$
Hektar (ha)	$1\,ha = 100\,a$
Ar (a)	$1\,a = 100\,m^2$
Quadratmeter (m^2)	$1\,m^2 = 100\,dm^2$
Quadratdezimeter (dm^2)	$1\,dm^2 = 100\,cm^2$
Quadratzentimeter (cm^2)	$1\,cm^2 = 100\,mm^2$
Quadratmillimeter (mm^2)	Umrechnungszahl

$1\,km^2 = 1\,000\,000\,m^2$

$45\,cm^2 = 45 \cdot 100\,mm^2 = 4500\,mm^2$

$28\,600\,cm^2 = 286 \cdot 100\,cm^2 = 286\,dm^2$

Flächeninhalt und Umfang von Rechtecken

Flächeninhalt A eines Rechtecks: $\mathbf{A = a \cdot b}$

Umfang u eines Rechtecks: $\mathbf{u = 2 \cdot a + 2 \cdot b}$

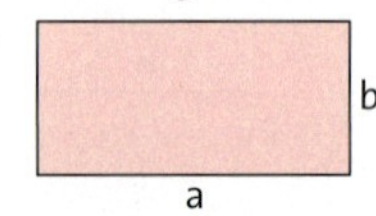

Rechteck mit $a = 5\,cm$, $b = 4\,cm$:

$A = a \cdot b = 5\,cm \cdot 4\,cm = 20\,cm^2$

$u = 2 \cdot a + 2 \cdot b = 2 \cdot 5\,cm + 2 \cdot 4\,cm = 10\,cm + 8\,cm = 18\,cm$

Flächeninhalt A eines Quadrats: $\mathbf{A = a \cdot a = a^2}$

Umfang u eines Quadrats: $\mathbf{u = 4 \cdot a}$

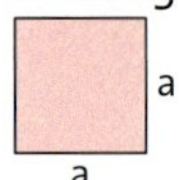

Quadrat mit $a = 6\,cm$:

$A = a \cdot a = 6\,cm \cdot 6\,cm = 36\,cm^2$

$u = 4 \cdot a = 4 \cdot 6\,cm = 24\,cm$

Flächeninhalt von zusammengesetzten Figuren

Um den Flächeninhalt einer zusammengesetzten Fläche zu berechnen, kann man die Fläche entweder zerlegen oder ergänzen.

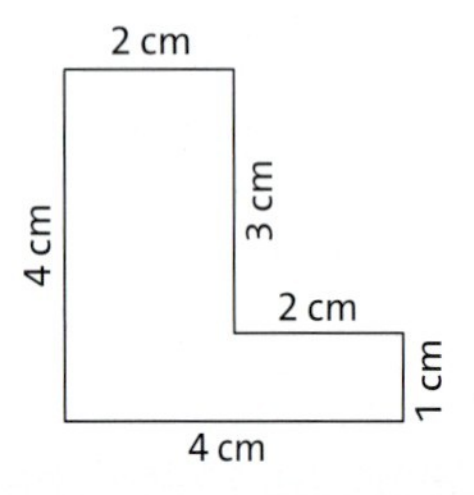

Zerlegen:

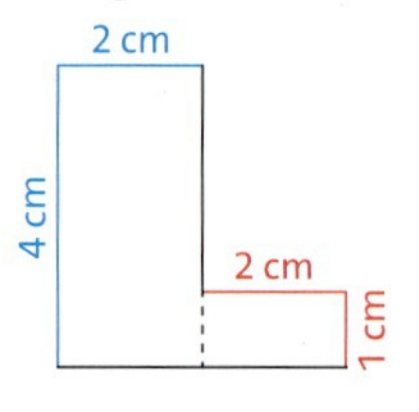

$A = 4\,cm \cdot 2\,cm + 1\,cm \cdot 2\,cm = 8\,cm^2 + 2\,cm^2 = 10\,cm^2$

Ergänzen:

4 cm, 3 cm, 2 cm, 4 cm

$A = 4\,cm \cdot 4\,cm - 3\,cm \cdot 2\,cm = 16\,cm^2 - 6\,cm^2 = 10\,cm^2$

Oberflächeninhalt von Quadern

Oberflächeninhalt O eines Quaders:

$\mathbf{O = 2 \cdot a \cdot b + 2 \cdot a \cdot c + 2 \cdot b \cdot c}$

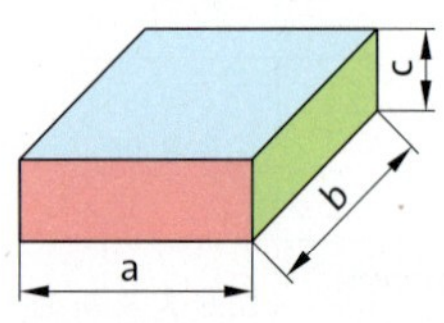

Quader mit $a = 3\,m$, $b = 2\,m$ und $c = 4\,m$:

$O = 2 \cdot a \cdot b + 2 \cdot a \cdot c + 2 \cdot b \cdot c$

$O = 2 \cdot 3\,m \cdot 2\,m + 2 \cdot 3\,m \cdot 4\,m + 2 \cdot 2\,m \cdot 4\,m = 12\,m^2 + 24\,m^2 + 16\,m^2 = 52\,m^2$

Oberflächeninhalt O eines Würfels:

$\mathbf{O = 6 \cdot a^2}$

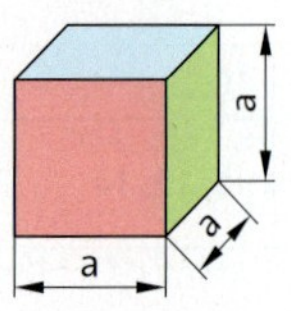

Würfel mit $a = 2\,cm$:

$O = 6 \cdot 2\,cm \cdot 2\,cm = 24\,cm^2$

8

Methoden

Kopiere die Seiten in diesem Abschnitt und schneide die Methodenkarten aus. Dann kannst du die Karten länger verwenden und mit eigenen Notizen ergänzen.

Methodenkarte 5 A / Sachaufgaben bearbeiten

Beim Lösen einer Sach- oder Textaufgabe können dir folgende Schritte helfen.

① Lies die Aufgabe mehrmals durch.
Worum geht es und wonach ist gefragt?

② Verstehst du alle Informationen im Text?
Schreibe auf, was gegeben und was gesucht ist.

③ Hilft dir eine Skizze, Tabelle, Formel ...?
Was kannst du zuerst berechnen?
Welche Rechenoperation (Addition, Multiplikation ...) brauchst du?

④ Führe eine Überschlagsrechnung durch oder schätze, in welcher Größenordnung das Ergebnis liegen müsste.

⑤ Löse die Aufgabe.
Achte besonders darauf, dass du auch später gut nachvollziehen kannst, was du gerechnet hast.

⑥ Vergleiche das Ergebnis mit der Überschlagsrechnung oder Schätzung.
Führe – wenn möglich – eine Probe durch.
Lies noch einmal die Aufgabenstellung durch und überlege, ob dein durch Berechnung gewonnenes Ergebnis wirklich die Lösung der Sachaufgabe sein kann.

⑦ Formuliere einen Antwortsatz.

Methodenkarte 5 B / Tipps für die Arbeit in der Gruppe

Bei der Arbeit in einer Gruppe arbeitest du mit anderen Kindern zusammen. Natürlich gelten auch dabei die Klassenregeln, die ihr vereinbart habt. Damit Gruppenarbeit gelingt, solltet ihr einige Dinge beachten.

① Stellt die Tische so auf, dass ihr bei euren Gesprächen andere Gruppen nicht stört.

② Legt euch die Materialien zurecht, die ihr für die Aufgabe benötigt.

③ Klärt zu Beginn, was genau zu tun ist.

④ Legt eine Uhr auf den Tisch und notiert, wann ihr die Bearbeitung der Aufgabe abgeschlossen haben müsst. Bearbeitet dann die Aufgabenstellung.

⑤ Alle Gruppenmitglieder beteiligen sich an der Lösung der Aufgabe. Alle dürfen ausreden und ihre Ideen vortragen, während die anderen zuhören.
Manchmal ist es hilfreich, einen Gegenstand zu verwenden – nur wer diesen Gegenstand gerade in der Hand hat, darf etwas sagen.

⑥ Achtet auf die Zeit, damit ihr pünktlich fertig werdet.

⑦ Wenn Schwierigkeiten auftreten oder ihr nicht weiterkommt, fragt eure Lehrkraft.

⑧ Alle machen sich Notizen und schreiben die Rechenwege und Ergebnisse auf.

⑨ Helft euch in der Gruppe gegenseitig. Alle sind für das Ergebnis der Gruppe verantwortlich. Alle müssen das Ergebnis verstehen und vorstellen können.

Methodenkarte 5 C – Lösungswege präsentieren

Bei der Vorstellung deines eigenen Lösungswegs solltest du darauf achten, dass dein Publikum deine Vorgehensweise nachvollziehen kann. Diese Fragen können dir bei der Vorbereitung der Präsentation helfen:

① *Welche Informationen aus der Aufgabenstellung sind für den Lösungsweg von Bedeutung?*
Zunächst muss klar sein, was das Ziel der Aufgabe ist. Entnimm dem Text (der Aufgabe, dem Schaubild ...) Informationen, die du für den Lösungsweg brauchst.

② *Welche Schritte haben zur Lösung geführt?*
Führe Zwischenschritte vollständig aus, ohne einzelne Abschnitte zu überspringen, damit dein Publikum dir Schritt für Schritt folgen kann.

③ *Welche Hilfsmittel hast du genutzt?*
Nenne zusätzliche Hilfsmittel, die du auf dem Lösungsweg verwendet hast, insbesondere, wenn sie nicht explizit in der Aufgabe genannt wurden (zum Beispiel Taschenrechner, Orientierung an anderen Aufgaben, Zeichnungen oder Skizzen).

④ *Welche Stellen sind schwierig und bedürfen besonderer Aufmerksamkeit?*
Weise dein Publikum auf besondere Schwierigkeiten hin, zum Beispiel typische Stolperstellen oder Fehler, die du während deiner Rechnung gemacht hast und die auch deinem Publikum passieren können.

⑤ *Wie kann ich die Lösung überprüfen?*
Eine kritische Betrachtung der Lösung ist notwendig. Entscheide beispielsweise durch Überschlag, ob deine Lösung realistisch ist. Mache – wenn möglich – eine Probe, um sicherzugehen.

Methodenkarte 5 D – Lernpläne

Lernpläne sind ein Hilfsmittel zur Freiarbeit. Jeder Lernplan beginnt mit einer Übersicht „Materialien zum Erarbeiten“. Dort erfährst du, wo du Beispiele zum Thema des Lernplans findest. Zu vielen Themen gibt es auch Erklärvideos, die im Lernplan verlinkt sind.

Thema	Link	✓
Längen in der Wirklichkeit berechnen	S. 162 Beispiel 1: Mit dem Maßstab Längen in der Wirklichkeit berechnen	
	Erklärvideo: Mit dem Maßstab Längen in der Wirklichkeit berechnen	

Danach werden Aufgaben vorgegeben, die du in einem bestimmten Zeitraum (zum Beispiel einer Woche) bearbeiten sollst. Dabei lernst du unter anderem, deine Zeit gut einzuteilen und selbst einzuschätzen, ob du ein Thema schon verstanden hast oder noch weiter üben musst.
Bearbeite zuerst alle Aufgaben aus dem Block „Basis“, um die Grundlagen des Themas zu üben. Löse dann du zu jedem Unterthema eine Aufgabe aus dem Bereich „Plus“. Überprüfe deine Ergebnisse. Wenn du mit einem Unterthema noch Schwierigkeiten hast, bearbeite weitere Aufgaben dazu.

Thema	Link	☺	😐	☹
Mit Maßstäben rechnen	S. 164 Nr. 8			
	S. 164 Nr. 10			
Maßstab bestimmen	S. 165 Nr. 11 a) – c)			

Wenn du alles verstanden hast, gibt es in den Aufgaben „für Experten“ etwas zum Knobeln.

Methodenkarte 5 E Selbsteinschätzungsbögen

Ein Selbsteinschätzungsbogen kann dir helfen, dir einen Überblick über die Inhalte eines Themas zu verschaffen, zum Beispiel vor einer Klassenarbeit. Das Ziel ist es herauszufinden, an welchen Stellen du noch unsicher bist und was du schon sicher beherrschst.

① Sieh dir alle Inhalte eines Themas der Reihe nach an (zum Beispiel in der Tabelle „Wo stehe ich?“ am Ende jedes Kapitels) oder erstelle selbst eine Liste mit allen wichtigen Inhalten.

② Entscheide bei jedem Unterpunkt, ob du den gefragten Inhalt beherrschst. Antworte ehrlich! Wenn du dir unsicher bist, bearbeite eine passende Aufgabe (zum Beispiel aus der dritten Spalte von „Wo stehe ich?“), um deine Fähigkeiten zu überprüfen.

③ Wenn du noch Schwierigkeiten hast, dann sieh dir die in der Tabelle genannten Beispiele an. Sie helfen dir, dich mit den Inhalten wieder vertraut zu machen.

④ Löse passende Aufgaben. Du kannst Aufgaben aus dem Buch bearbeiten oder deine Lehrkraft nach weiteren Aufgaben fragen und sie um Hilfe bitten, wenn du noch Schwierigkeiten hast.

Achtung! Auch Inhalte, bei denen du dich sicher fühlst, müssen regelmäßig aufgefrischt werden. Sie können für spätere Themen wichtig sein.

Wo stehe ich?

	Ich kann ...	Aufgabe	Schlag nach
1.1	... natürliche Zahlen in Stellenwerttafeln darstellen und auch große Zahlen richtig benennen.	1, 2	S. 9 Beispiel 1
1.2	... natürliche Zahlen vom Zahlenstrahl ablesen und am Zahlenstrahl darstellen.	3, 4	S. 13 Beispiel 1, S. 13 Beispiel 2
1.3	... natürliche Zahlen runden.	5, 6, 7	S. 15 Beispiel 1

Methodenkarte 5 F Arbeiten mit dem Internet

Das Internet kann dir helfen, schnell Antworten auf deine Fragen zu finden. Es liefert eine Vielzahl von Erklärungen, Aufgaben, Videos, interaktiven Übungen und vieles mehr. Um konkret auf deine Fragen Antworten zu finden, helfen dir Suchmaschinen.

Wenn du in einer Suchmaschine nach einem bestimmten Begriff suchst, bekommst du oft sehr viele Ergebnisse, von denen die meisten nicht nützlich sind. Sie sind zu komplex oder nicht das, wonach du eigentlich gesucht hast. Deshalb ist es hilfreich, die Suche möglichst genau einzugrenzen.

Beispiel: Statt nach „Maßstab“ zu suchen, könntest du eine der folgende Suchanfragen stellen: „Maßstab Erklärung Schule“, „Maßstab Aufgaben Mathematik“, „Maßstab Übungen mit Lösungen“.

Es gibt Internetseiten, die speziell zum Lernen für die Schule gemacht sind. Dort findest du oft gut verständliche Antworten auf deine Fragen. Häufig werden dir jedoch bei den Ergebnissen auf deine Suchanfrage private Seiten oder Foren vorgeschlagen. Hier musst du wachsam sein. Nicht immer kann garantiert werden, dass die Antworten, die dort gegeben werden, auch richtig sind. Es gibt häufig keine Kontrolle. Versuche dich deshalb nur auf Seiten zu bewegen, die du kennst. Du kannst auch deine Lehrkraft nach Internetseiten fragen, die gute Erklärungen und Aufgaben zum Üben für die Schule anbieten. Wenn du Internetseiten gefunden hast, die für dich hilfreich sind, speichere sie dir unter den „Favoriten“ ab oder setze dir ein „Lesezeichen“, damit du sie immer wieder findest.

9

Anhang

Lösungen zu Kapitel 1: Natürliche und ganze Zahlen

Dein Fundament (S. 6/7)

S. 6, 1.
a) achttausendachthundertachtundachtzig
b) 7808: siebentausendachthundertacht

S. 6, 2.

	T	H	Z	E
a) 719		7	1	9
b) 4010	4	0	1	0
c) 2401	2	4	0	1
d) 517		5	1	7
e) 9987	9	9	8	7
f) 1005	1	0	0	5
g) 5780	5	7	8	0
h) 2500	2	5	0	0

S. 6, 3.
a) dreiunddreißig
b) dreihundertdreiunddreißig
c) dreitausenddreiunddreißig
d) drei Millionen dreihundertdreiunddreißigtausend

S. 6, 4.
a) 4502 (viertausendfünfhundertzwei)
b) 3502; 4402; 4501
c) 5502; 4602; 4512; 4503

S. 6, 5.
a) Einer b) Zehner c) Hunderter d) Einer

S. 6, 6.
a) 1 Z = **10** E b) 1 T = **100** Z c) 1000 E = **10** H
d) **500** E = 5 H e) 2 H = 20 **Z**

S. 6, 7.
a) Vorgänger 9; Nachfolger 11
b) Vorgänger 24; Nachfolger 26
c) Vorgänger 35; Nachfolger 37
d) Vorgänger 78; Nachfolger 80
e) Vorgänger 98; Nachfolger 100

S. 6, 8.
a) 12 < 17 b) 23 > 13 c) 89 < 98 d) 31 > 13

S. 6, 9.
a) 1 < 4 < 9 < 11 b) 9 < 17 < 19 < 23
c) 10 < 40 < 50 < 90 d) 0 < 5 < 18 < 27 < 31

S. 6, 10.
a) 19 > 11 > 7 > 5
b) 150 > 100 > 50 > 25
c) 79 > 66 > sechzig (60) > 59
d) 550 > 301 > dreihundert (300) > 99

S. 6, 11.
a) **0** < 1 b) 18 < **19** c) **79** > 78 d) 62 > 61 oder **60**

S. 7, 12.
a) 99 b) 1000 c) 11

S. 7, 13.
a) 4 T > 2 H b) 30 H = 3 T
c) 55 Z < 8 H d) 372 E < 12 H

S. 7, 14.
a) Maria
b) Maria, Paula, Chris, Juri, Lars, Alex, Amira, Jenna

S. 7, 15.
vierundachtzig: 84
sechshundertfünfundneunzig: 695
zweiundsiebzig: 72
vierundsechzig: 64
siebenundzwanzig: 27
27 < 64 < 72 < 84 < 695

S. 7, 16.
a) A: 2; B: 5; C: 7; D: 10 b) A: 2; B: 6; C: 12; D: 17
c) A: 1; B: 6; C: 12; D: 16

S. 7, 17.
a) zum Beispiel 13, 23, 28
b) zum Beispiel 0, 1, 4
c) 20, 21, 22

S. 7, 18.
a) 2 b) 7 c) 16

S. 7, 19.
Den Vorgänger einer Zahl findet man eine Einheit links von der Zahl, den Nachfolger eine Einheit rechts von der Zahl.

S. 7, 20.
18; 20; 22; 24; 26; 28

Prüfe dein neues Fundament (S. 24/25)

S. 24, 1.
a) zwölf Milliarden dreihundertfünfundvierzig Millionen siebenundsechzigtausendneunundachtzig
b) 7 311 500 001

S. 24, 2.
In der 12 519 steht die 5 für 5 Hunderter, also 500.
In der 256 394 steht sie für 5 Zehntausender, also 50 000.
Unser Zahlensystem ist ein Stellenwertsystem, weil der Wert einer Ziffer durch die Stelle bestimmt wird, an der sie in der Zahl steht.

S. 24, 3.
a) A: 4; B: 12; C: 15
b) A: 50; B: 125; C: 225
c) A: 9000; B: 12 000; C: 13 500; D: 16 000

S. 24, 4.

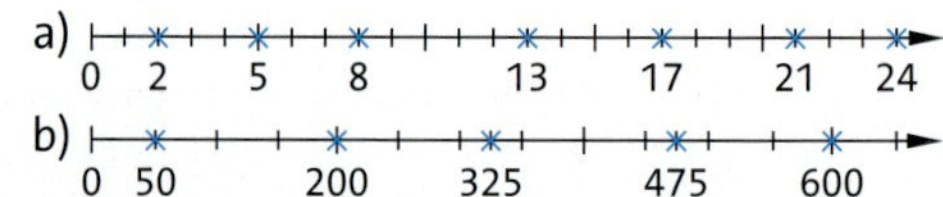

S. 24, 5.
a) 310; 2040; 1850
b) 100; 6700; 73 900
c) 15 000; 0; 100 000
d) 28 400 000; 8 274 500 000; 100 000
e) 0; 25 000 000; 924 000 000

S. 24, 6.
a) Bei einer so großen Menschenmenge ist das Runden auf Tausender sinnvoll: Rund 75 000 Personen besuchten das Spiel.
b) Der Schuh muss genau passen, deshalb ist das Runden nicht sinnvoll.
c) Die Zahl ist vermutlich schon gerundet. Da es sich um eine sehr große Zahl handelt, könnte man noch weiter runden: 200 000 kg
d) Die Telefonnummer muss exakt gewählt werden, daher kann sie nicht gerundet werden.
e) Die Zahl ist vermutlich schon gerundet. Man könnte noch weiter auf 2 Millionen Menschen runden, allerdings ist die Abweichung der Personenzahl dann recht groß.

S. 24, 7.
a) Weltweit werden in jeder Minute über 100 Kinder geboren, andererseits sterben auch rund 100 Menschen. Die Bevölkerungszahlen auf den Kontinenten ändern sich also meistens mehrfach pro Minute und sind daher nie wirklich exakt.
b) Das Runden auf Millionen ist sinnvoll, denn es macht die Zahlen leichter lesbar und länger gültig. Bei allen Kontinenten außer Australien/Ozeanien wäre aber ein Runden auf 10 Millionen noch besser.
c) mögliche exakte Zahlen: 445 000 000 bis 454 999 999
Vermutlich wurde auf 10 Millionen gerundet.

S. 25, 8.
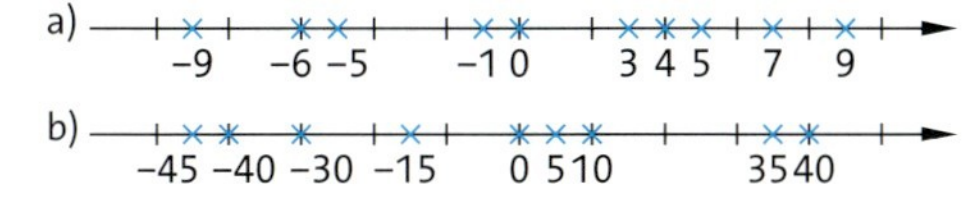

S. 25, 9.
a)

Zahl	-2	6	**-5**	-3	33
Betrag der Zahl	**2**	**6**	**5**	**3**	**33**
Gegenzahl	**2**	**-6**	5	**3**	**-33**

Zahl	**10**	-6	13	**0**	**333**
Betrag der Zahl	**10**	**6**	**13**	0	**333**
Gegenzahl	-10	**6**	**-13**	**0**	-333

b) $-6 < -5 < -3 < -2 < 0 < 6 < 10 < 13 < 33 < 333$

S. 25, 10.
a) $-87 < -79$
b) $-12 < 3$
c) $-1839 < -1832$
d) $-9999 > -10001$

S. 25, 11.
a) $-35 \notin \mathbb{N}$
b) $32 \in \mathbb{Z}$
c) $89 \in \mathbb{N}$
d) $-54 \in \mathbb{Z}$
e) $0 \in \mathbb{N}$

S. 25, 12.
a) $M = \{...; -5; -4; -3; -2; -1\}$
b) Nein, denn die 0 ist nicht negativ.
c) Die Menge B ist die Menge der positiven ganzen Zahlen. (Oder: Die Menge B ist die Menge der natürlichen Zahlen ohne die 0.)

S. 25, 13.
a) Wahr, denn die Menge der natürlichen Zahlen ist eine Teilmenge der Menge der ganzen Zahlen.
b) Falsch, denn zum Beispiel ist −1 ein Element der Menge der ganzen Zahlen, aber kein Element der Menge der natürlichen Zahlen.
c) Falsch, denn nicht alle ganzen Zahlen liegen auf dem Zahlenstrahl. Die kleinere von zwei ganzen Zahlen steht an der Zahlengerade immer weiter links.
d) Falsch, denn zum Beispiel der Betrag von 1 ist 1 und damit die Zahl selbst.
e) Wahr, denn jede natürliche Zahl ist positiv oder 0 und gibt damit ihren Abstand zu 0 an.

S. 25, 14.
TSV Rot-Weiß
SC 1992 Handball
SG Handball-Stars
SV Eintracht

Lösungen zu Kapitel 2: Addition und Subtraktion

Dein Fundament (S. 28/29)

S. 28, 1.
a) 47 b) 13 c) 69 d) 25
e) 20 f) 67 g) 115 h) 112

S. 28, 2.
a) 45 b) 18 c) 59 d) 96
e) 100 f) 12 g) 150 h) 40

S. 28, 3.
a) 86 b) 93 c) 37 d) 32
e) 82 f) 722 g) 713 h) 108

S. 28, 4.
a) 5 + **15** = 20
b) **56** + 21 = 77
c) 27 − **20** = 7
d) **44** − 6 = 38
e) 25 + **58** = 83
f) **93** + 19 = 112
g) 35 − **12** = 23
h) **86** − 43 = 43

S. 28, 5.
a) 100 + 77 = 177
b) 133 + 25 = 158
c) 130 − 21 = 109
d) 60 − 49 = 11
e) 65 − 15 = 50
f) 94 − 69 = 25
g) 47 + 33 = 80
h) 230 + 116 = 346

S. 28, 6.

a) 17 b) 11 c) 42 d) 12
e) 150 f) 123 g) 288 h) 288

S. 28, 7.

Zum Beispiel 19 + 8 = 27; 10 + 17 = 27

S. 28, 8.

Zum Beispiel 40 − 5 = 35; 70 − 35 = 35

S. 28, 9.

24 − 17 = 7: Es können 7 Kinder nicht schwimmen.

S. 28, 10.

842 − 97 + 87 = 832: Im neuen Schuljahr sind 832 Jugendliche an der Schule.

S. 28, 11.

12 + 12 − 8 − 6 − 3 − 2 = 5: Maria hat noch 5 €.

S. 29, 12.

a) + b) − c) − d) +

S. 29, 13.

a) 89 b) 48 c) 193 d) 2487

S. 29, 14.

Der Betrag einer ganzen Zahl beschreibt ihren Abstand zur Null.

S. 29, 15.

a) $-54 < 28$ b) $19 > -17$ c) $-32 > -41$
d) $-142 > -253$ e) $19 = |19|$ f) $26 = |-26|$
g) $-18 < |-18|$ h) $|-15| > |-9|$

S. 29, 16.

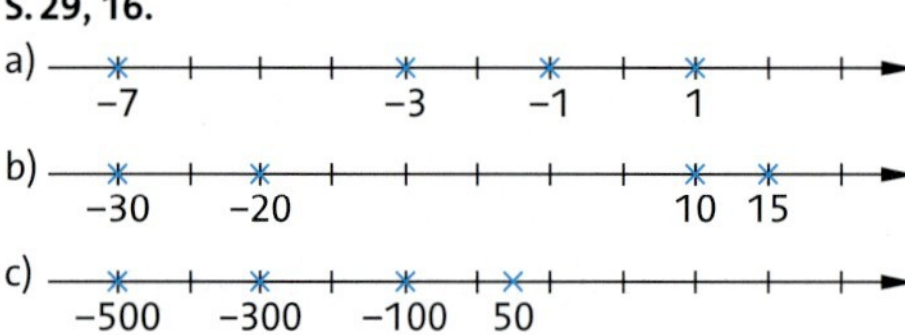

S. 29, 17.

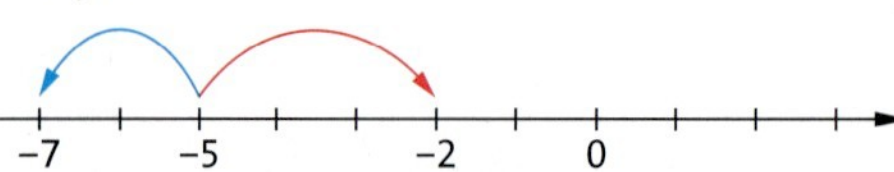

Die Zahl −2 (die Zahl −7) wurde markiert.

S. 29, 18.

a) 5000 b) 1300 c) 20 000 d) 1000

S. 29, 19.

Isaak hat die einzelnen Beträge auf ganze Euro gerundet und diese addiert: 6 + 2 + 0 + 1 = 9
Die Rechnung ist nicht sinnvoll, da er alle Beträge abgerundet hat und dadurch ein zu kleines Ergebnis erhält. Der Einkauf kostet 10,24 €, Isaak kann also nicht mit einem 10-€-Schein bezahlen.

S. 29, 20.

a)

T	H	Z	E
1	8	9	7

eintausendachthundertsiebenundneunzig

b)

ZT	T	H	Z	E
2	5	4	0	7

fünfundzwanzigtausendvierhundertsieben

c)

T	H	Z	E
9	0	8	8

neuntausendachtundachtzig

d)

HT	ZT	T	H	Z	E
2	2	8	6	1	5

zweihundertachtundzwanzigtausend-sechshundertfünfzehn

e)

ZT	T	H	Z	E
2	5	0	0	0

fünfundzwanzigtausend

f)

HT	ZT	T	H	Z	E
2	0	1	5	0	0

zweihunderteintausendfünfhundert

g)

M	HT	ZT	T	H	Z	E
2	0	0	0	0	0	0

zwei Millionen

h)

ZM	M	HT	ZT	T	H	Z	E
1	0	8	0	0	0	0	0

zehn Millionen achthunderttausend

S. 29, 21.

a) 5000, 6000, 7000, 8000, 9000, 10 000
b) 600, 800, 1000, 1200, 1400, 1600, 1800
c) 100 000, 400 000, 700 000, 1 000 000

S. 29, 22.

a)

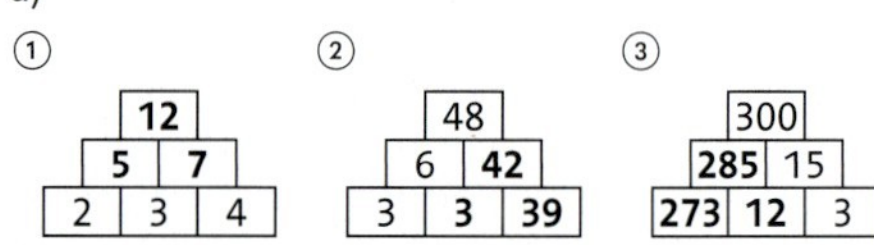

b) Sie vergrößert sich um 2 auf 14.

Prüfe dein neues Fundament (S. 52/53)

S. 52, 1.

Beispiellösungen:
a) 8300 + 7200 = 15 500
b) 10 300 − 2800 = 7500
c) 150 · 10 = 1500
d) 72 000 : 60 = 1200

S. 52, 2.

a) 938; Ü: 400 + 500 = 900
b) 1792; Ü: 800 + 1000 = 1800
c) 12 070; Ü: 7000 + 5000 = 12 000
d) 435 998; Ü: 85 000 + 351 000 = 436 000
Es sind auch andere Überschläge möglich.

S. 52, 3.

a) 221; Ü: 800 − 600 = 200
b) 555; Ü: 700 − 100 = 600
c) 3091; Ü: 9300 − 6200 = 3100
d) 297 414; Ü: 360 000 − 63 000 = 297 000
Es sind auch andere Überschläge möglich.

S. 52, 4.

a) −21 b) 190 c) 26 d) −146
e) −88 f) −1310 g) −160 h) 139

S. 52, 5.

+	(−5)	10	(−15)	20	15
5	0	15	(−10)	25	20
(−5)	(−10)	5	(−20)	15	10
(−10)	(−15)	0	(−25)	10	5
(−17)	(−22)	(−7)	(−32)	3	(−2)

+	(−20)	35	5	45	(−32)
5	(−15)	40	10	50	(−27)
(−5)	(−25)	30	0	40	(−37)
(−10)	(−30)	25	(−5)	35	(−42)
(−17)	(−37)	18	(−12)	28	(−49)

S. 52, 6.
a) −10 353 b) −8575 c) −204 d) −7342

S. 52, 7.
Die Aussage ist wahr: Wenn beide Summanden das gleiche Vorzeichen haben (also auch der Summand mit dem größeren Betrag), hat auch ihre Summe dieses Vorzeichen. Wenn die Summanden verschiedene Vorzeichen haben, bestimmt der Summand mit dem größeren Betrag das Vorzeichen der Summe. Also trifft die Aussage in allen Fällen zu.

S. 52, 8.
a) 22 + 4 = 26 b) −22 − 3 = −25
c) 26 − 27 = −1 d) −74 − 6 = −80
e) −82 + 8 = −74 f) −80 − 22 = −102
g) −23 + 66 = 43 h) 8 + 808 = 816

S. 52, 9.
a) (−6) − (**−19**) = +13
b) (+27) + (−30) − (**−42**) = **+39**
c) (−13) + (**+23**) − (**−23**) = +33
d) (+19) − (**+15**) − (**+45**) = **−41**

S. 52, 10.
Augustus: 76 Jahre Strabon: 85 Jahre
Aristoteles: 62 Jahre Varus: 54 Jahre
Ovid: 59 Jahre Sophokles: 92 Jahre
Tiberius: 78 Jahre Germanicus: 33 Jahre

S. 53, 11.
a) 51 b) 55 c) 84 d) 360

S. 53, 12.
a) (−73) + **83** = 10 b) (−73) + **63** = −10
c) (−25) + **30** = 5 d) **26** + (−14) = 12
e) (−12) + **12** = 0 f) 58 = 8 + **125** + (−75)

S. 53, 13.
a) −24 + ☐ = 23; gesuchte Zahl: 47
b) −30 − ☐ = 11; gesuchte Zahl: −41
c) ☐ − 19 = −66; gesuchte Zahl: −47
d) ☐ + (−27) = 13; gesuchte Zahl: 40

S. 53, 14.
a) 142 + 158 + 1100 + 97 = 300 + 1100 + 97
= 1400 + 97 = 1497
b) 125 + 875 + 347 = 1000 + 347 = 1347
c) 47 + 53 + 92 + 18 = 100 + 110 = 210
d) 97 + 103 + 613 + 187 = 200 + 800 = 1000
e) 111 + 289 + 515 + 46 + 37 = 400 + 515 + 83
= 915 + 83 = 998
f) 375 + 125 + 68 + 22 + 53 = 500 + 90 + 53
= 500 + 143 = 643

S. 53, 15.
a) gleicher Wert: 377 (Assoziativgesetz)
b) verschiedene Werte: 2011 und 1873 (Klammer auflösen mit vereinfachter Schreibweise)
c) gleicher Wert: 710 (Kommutativ- und Assoziativgesetz)

S. 53, 16.
a) 67 + (−67) + 69 = 0 + 69 = 69
b) 46 + 54 − 285 = 100 − 285 = −185
c) −276 + (24 + 76) = −276 + 100 = −176
d) −721 − 79 + 71 = −800 + 71 = −729

S. 53, 17.
a) (195 − 60) − 75 = 60
b) 10 000 − (999 + 9001) = 0
c) (499 + 372) + (499 − 372) = 998
d) (8720 + 5365) − (8720 − 5365) = 10 730

S. 53, 18.
a) Von 8700 wird die Summe aus 450 und 280 subtrahiert.

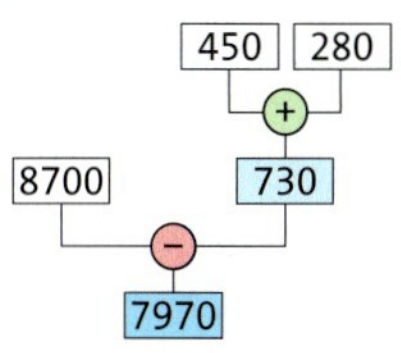

b) 23 wird zur Differenz aus 184 und 77 addiert.

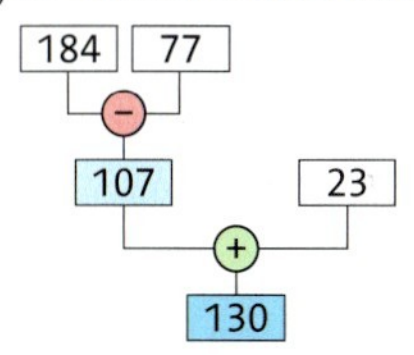

c) Von der Differenz aus 334 und 76 wird die Summe aus 154 und 12 subtrahiert.

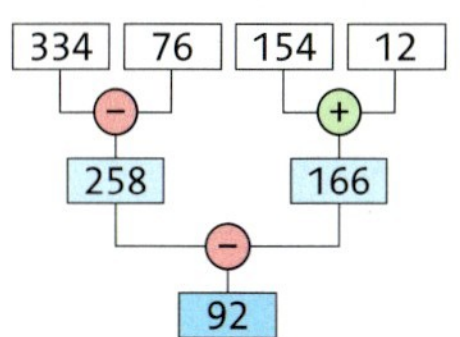

d) Zur Differenz aus 125 und 77 wird die Summe aus 660 und 440 addiert.

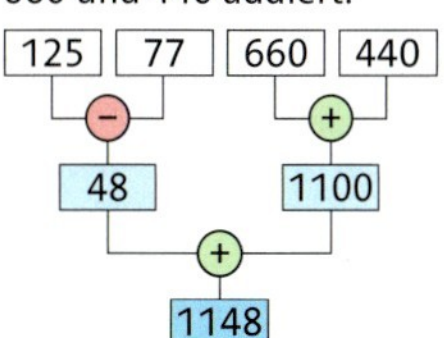

Lösungen zu Kapitel 3: Grundbegriffe der Geometrie

Dein Fundament (S. 56/57)

S. 56, 1.
a) 2 cm b) 7,2 cm c) 7,9 cm d) 2,7 cm

S. 56, 2.
a) 2 cm b) 3,5 cm c) 2,7 cm

S. 56, 3.
a) A, B, 3 cm b) A, B, 25 mm

c) A, B, 5,7 cm

S. 56, 4.
Individuelle Lösungen, zum Beispiel:

a)
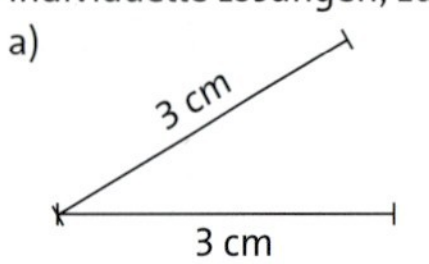

oder
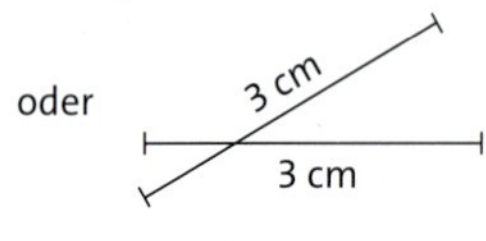

b)
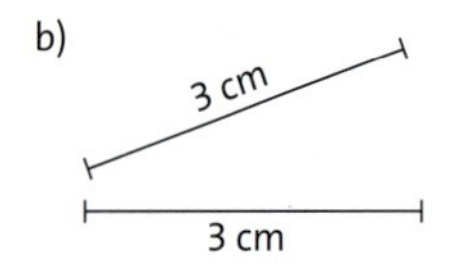

oder
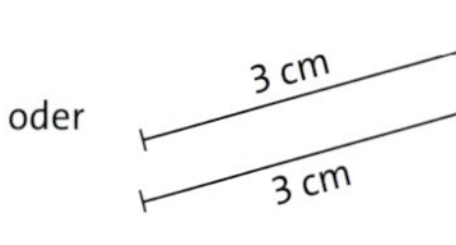

S. 56, 5.
Beide Linien sind gleich lang. Durch die Pfeilspitzen entsteht der Eindruck, die untere sei länger.

S. 56, 6.
a)
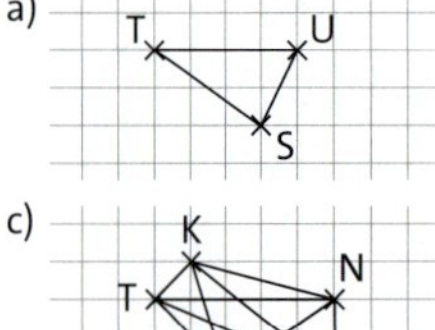

b)
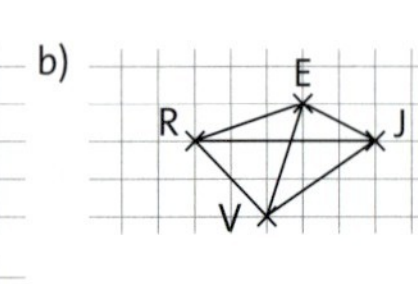

c) K, N, T, P, U

S. 56, 7.
Dreiecke: b); c); j) Vierecke: a); d); f); g); i)
Quadrat: f) Rechtecke: a); f); g)

S. 56, 8.
Zeichenübung

S. 57, 9.
a) 4 b) 1 c) 1 d) 0 e) 1

S. 57, 10.
Beispiellösung:

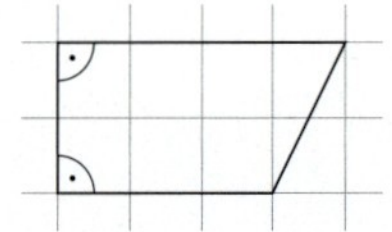

S. 57, 11.
a) A: 3; B: 5; C: 8; D: 10
b) A: −30; B: −10; C: 20; D: 40

S. 57, 12.
a) A: 25; B: 150; C: 200; D: 250
b) A: −116; B: −100; C: −88

S. 57, 13.
a)
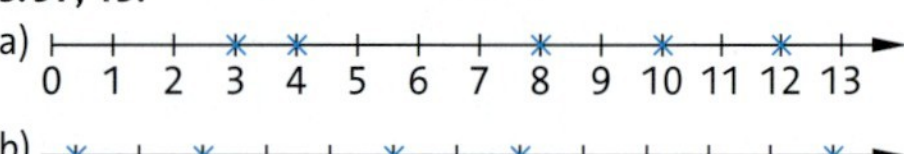

b)
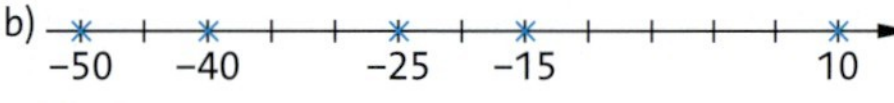

S. 57, 14.
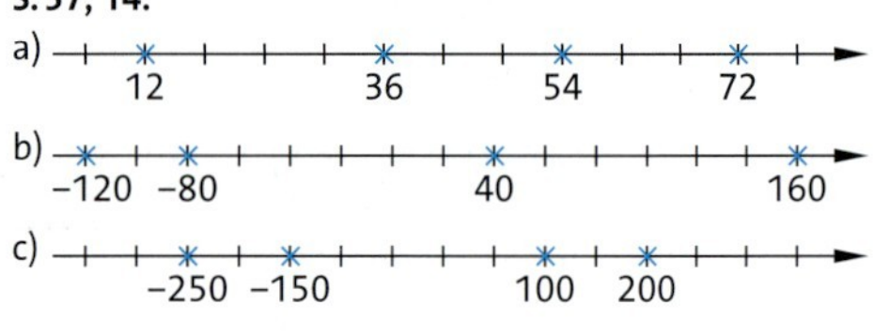

S. 57, 15.
a) 35; 89
b) 99; 101
c) 200; 233; 271

S. 57, 16.
a) Nach 30 Minuten hat der große Zeiger der Uhr eine halbe Drehung gemacht.
b) Nach 45 Minuten hat der große Zeiger der Uhr drei Viertel einer Drehung gemacht.
c) Nach 90 Minuten hat der große Zeiger der Uhr eineinhalb Drehungen gemacht.

Prüfe dein neues Fundament (S. 88/89)

S. 88, 1.
a) Halbgerade b) Strecke c) Gerade

S. 88, 2.
a) Zeichnung verkleinert:

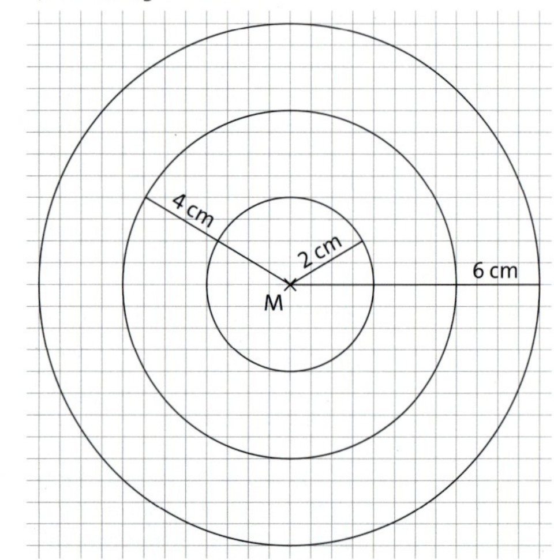

b) Der Kreis mit dem Durchmesser 8 cm stimmt mit dem Kreis mit dem Radius 4 cm aus a) überein.

S. 88, 3.
A(4 | −2); B(2 | 3); C(−3 | 1); D(5 | 2); E(−2 | −3);
F(−1 | −1); G(2 | −1); H(−1 | 2)
1. Quadrant: B und D 2. Quadrant: C und H
3. Quadrant: E und F 4. Quadrant: A und G

S. 88, 4.
Zeichnung für a)-e)

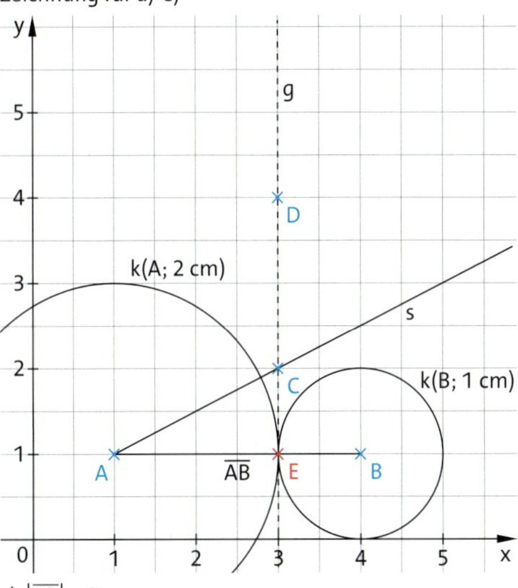

c) $|\overline{AB}|$ = 3 cm
d) E(3 | 1)
e) CD ist eine Tangente an die beiden Kreise.

S. 88, 5.
a) $e \perp f$ b) $g \parallel h$

S. 88, 6.

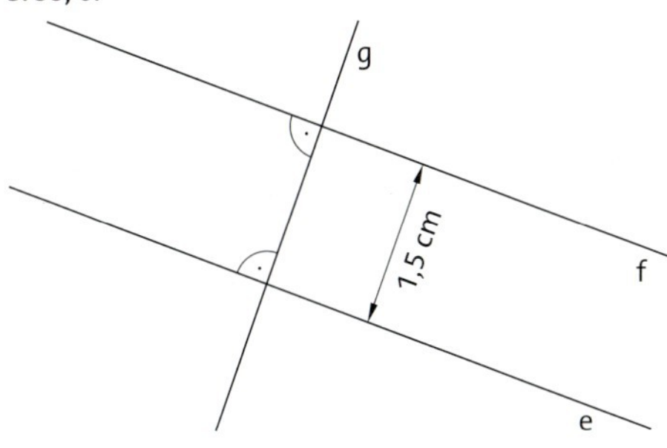

S. 88, 7.
a) α: stumpfer Winkel; β: gestreckter Winkel;
γ: rechter Winkel; δ: spitzer Winkel
b) α = 132°; β = 180°; γ = 90°; δ = 60°

S. 89, 8.
α = 165°; β = 15°; γ = 190°; δ = 80°

S. 89, 9.

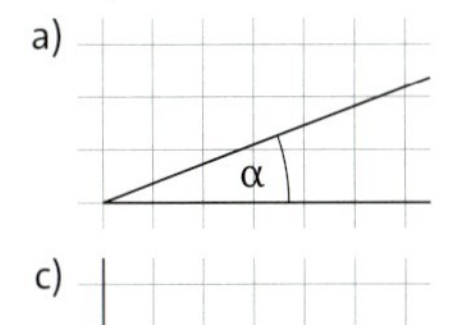

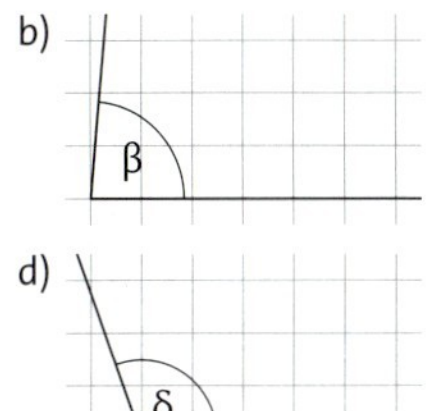

e)

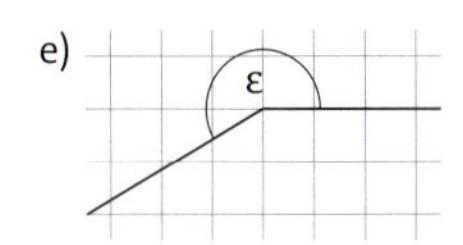

S. 89, 10.
a) zum Beispiel

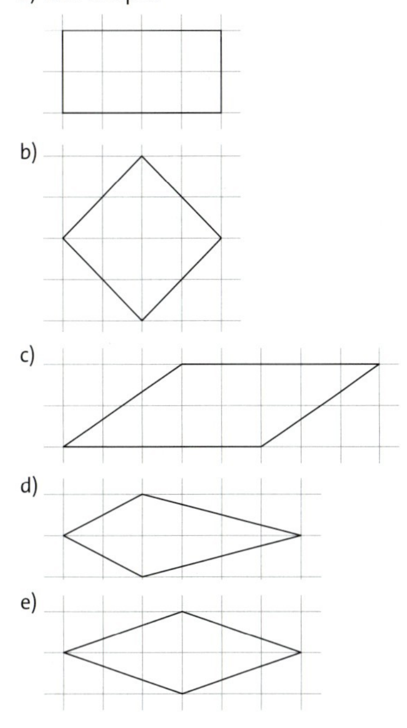

S. 89, 11.
a) Rechteck und Quadrat b) Quadrat und Raute
c) Quadrat d) Trapez
e) Rechteck, Quadrat, Parallelogramm, Raute

S. 89, 12.
Individuelle Zeichnungen. Beispiele für Koordinaten:
a) C(4 | 3), D(3 | 4)
b) C(4 | 1), D(5 | 2)
c) C(3 | 2), D(2 | 4)

Lösungen zu Kapitel 4: Multiplikation und Division

Dein Fundament (S. 92/93)

S. 92, 1.
a) 72 b) 54 c) 64 d) 56
e) 420 f) 480 g) 55 h) 400

S. 92, 2.
a) 4 b) 9 c) 8 d) 8
e) 80 f) 84 g) 30 h) 25

S. 92, 3.
a) 63 b) 96 c) 143 d) 95
e) 7 f) 10 g) 33 h) 25

S. 92, 4.
a) 7 · **9** = 63 b) **42** : 6 = 7
c) 9 · **6** = 54 d) 4 : **4** = 1

e) 9 · **9** = 81 f) **88** : 11 = 8
g) 12 · **10** = 120 h) 18 : **3** = 6

S. 92, 5.
a) 7 · 5 = 35 b) 9 · 12 = 108

S. 92, 6.
Zum Beispiel 6 · 10 = 60; 2 · 30 = 60; 5 · 12 = 60

S. 92, 7.
Zum Beispiel 10 : 2 = 5; 15 : 3 = 5; 20 : 4 = 5

S. 92, 8.
a) 200, 400, 800, 1600
b) 6000, 12 000, 24 000, 48 000
c) 50, 100, 200, 400
d) 80 000, 160 000, 320 000, 640 000

S. 92, 9.
a) 800, 400, 200, 100
b) 40 000, 20 000, 10 000, 5000
c) 200, 100, 50, 25
d) 240 000, 120 000, 60 000, 30 000

S. 92, 10.
a) ① 10 ② 100
③ 1000 ④ 10 000
Die Ergebnisse verzehnfachen sich.
b) ① 50 ② 100
③ 200 ④ 400
Die Ergebnisse verdoppeln sich.
c) ① 3 ② 30
③ 300 ④ 3000
Die Ergebnisse verzehnfachen sich.

S. 92, 11.
a) 216 b) 221 c) 399 d) 1992
e) 858 f) 2142 g) 37 h) 52
i) 326 j) 79 k) 2365 l) 987

S. 92, 12.
Kolja hat die Anzahl der Haken für Helme berechnet: Es gibt 5 Reihen mit jeweils 7 Haken, also 5 · 7 = 35 Haken.

S. 93, 13.
a) zum Beispiel −20 b) zum Beispiel −90

S. 93, 14.
−14; −13; 13; 14

S. 93, 15.
a) 21 b) 38 c) 40 d) 100

S. 93, 16.
a) −6 b) −20 c) −80

S. 93, 17.
4050 € Schulden, also −4050 €

S. 93, 18.
a) Der Einer kann 1 (Zehner 2, Hunderter 4) oder 2 (Zehner 4, Hunderter 8) sein. Bei einem Einer von 3 wäre der Hunderter schon größer als 10, das ist aber nicht möglich. Für beide möglichen Einer hat man jeweils 9 Möglichkeiten für den Tausender (Ziffern 1 bis 9). Damit gibt es insgesamt 18 Möglichkeiten.
b) Eine Zahl ist durch 5 teilbar, wenn sie auf 0 oder 5 endet. Von 100 bis 199 gibt es also 20 Zahlen, die durch 5 teilbar sind (100, 105, 110, 115, …, 195). Für 200 bis 299, …, 900 bis 999 gibt es ebenfalls jeweils 20 durch 5 teilbare Zahlen. Also gibt es 180 dreistellige Zahlen, die durch 5 teilbar sind.
c) Für die Einer- und die Zehnerstelle gibt es jeweils 10 Möglichkeiten (Ziffern 0 bis 9), für die Zehntausenderstelle nur 9 Möglichkeiten (1 bis 9). Insgesamt gibt es also 9 · 10 · 10 = 900 passende Zahlen.

S. 93, 19.
1. Luk – Leuchtturm, Ali – Möwe, Julia – Strandkorb
2. Luk – Leuchtturm, Ali – Strandkorb, Julia – Möwe
3. Luk – Möwe, Ali – Leuchtturm, Julia – Strandkorb
4. Luk – Möwe, Ali – Strandkorb, Julia – Leuchtturm
5. Luk – Strandkorb, Ali – Möwe, Julia – Leuchtturm
6. Luk – Strandkorb, Ali – Leuchtturm, Julia – Möwe

Es gibt 6 Möglichkeiten.

S. 93, 20.
a) 24 : 4 = 6, also bekommt jeder 6 Schokoriegel.
18 : 4 = 4 R 2, also bekommt jeder 4 Tüten Gummibärchen, 2 Tüten bleiben übrig.
31 : 4 = 7 R 3, also bekommt jeder 7 Bonbons, 3 Bonbons bleiben übrig.
12 : 4 = 3, also bekommt jeder 3 Marzipankürbisse.
b) 12 : 3 = 4. Die anderen können die Kürbisse also gerecht untereinander aufteilen, jeder bekommt 4 Kürbisse.

S. 93, 21.
a) 25 + 6 = 31, also nehmen 31 Personen am Ausflug teil.
31 : 8 = 3 R 7
Es werden 4 Boote benötigt (in einem Boot sitzen dann nur 7 Personen).
b) Wenn man 31 durch eine der Zahlen 2 bis 8 teilt, bleibt immer ein Rest. Hannahs Vorschlag ist also nur möglich, wenn man 31 Boote mietet und in jedem Boot nur eine Person sitzt.

S. 93, 22.
Bei jedem Falten verdoppelt sich die Dicke.
Nach einmal Falten: 4 cm
Nach zweimal Falten: 8 cm
Nach dreimal Falten: 16 cm
Nach viermal Falten: 32 cm
Die viermal gefaltete Decke ist 32 cm dick.

Prüfe dein neues Fundament (S. 120/121)

S. 120, 1.
a) 144 b) 435 c) 61 d) 13

S. 120, 2.
a) 7168; Ü: 500 · 15 = 7500
b) 27 474; Ü: 700 · 40 = 28 000
c) 35 724; Ü: 700 · 50 = 35 000
d) 46 774; Ü: 200 · 250 = 50 000
Es sind auch andere Überschläge möglich.

S. 120, 3.
a) 14; Ü: 300 : 20 = 15
b) 35; Ü: 900 : 25 = 36
c) 123; Ü: 2000 : 20 = 100
d) 654; Ü: 14 000 : 20 = 700
Es sind auch andere Überschläge möglich.

S. 120, 4.
Geburten pro Minute: 4 · 60 = 240
Geburten pro Stunde: 240 · 60 = 14 400
Geburten pro Tag: 14 400 · 24 = 345 600
Geburten pro Jahr: 345 600 · 365 = 126 144 000

S. 120, 5.
a) 4 · 25 · 13 · 2 = 100 · 26 = 2600
b) 4 · 5 · 5 · 11 · 3 = 20 · 5 · 33 = 100 · 33 = 3300
c) 26 · 2 · 125 · 8 = 52 · 1000 = 52 000

S. 120, 6.
a) 64   b) 289   c) 64   d) 625

S. 120, 7.
a) $5 \cdot 10^6$ b) $23 \cdot 10^4$
c) 8 000 000   d) 430 000 000

S. 120, 8.
a) 0, 2, 4, 6 und 8   b) 2, 5 und 8
c) 0 und 5   d) 2 und 8

S. 120, 9.

	198	444	890	1234	4455	42 120	56 403
2	$\mid$	$\mid$	$\mid$	$\mid$	$\nmid$	$\mid$	$\nmid$
3	$\mid$	$\mid$	$\nmid$	$\nmid$	$\mid$	$\mid$	$\mid$
5	$\nmid$	$\nmid$	$\mid$	$\nmid$	$\mid$	$\mid$	$\nmid$
9	$\mid$	$\nmid$	$\nmid$	$\nmid$	$\mid$	$\mid$	$\mid$

S. 120, 10.
27: keine Primzahl, 27 = 3 · 9
11: Primzahl
47: Primzahl
57: keine Primzahl, 57 = 3 · 19
68: keine Primzahl, 68 = 2 · 34
69: keine Primzahl, 69 = 3 · 23
85: keine Primzahl, 85 = 5 · 17
91: keine Primzahl, 91 = 7 · 13
94: keine Primzahl, 94 = 2 · 47
97: Primzahl
103: Primzahl

S. 120, 11.
a) $36 = 2^2 \cdot 3^2$ b) $84 = 2^2 \cdot 3 \cdot 7$
c) $99 = 3^2 \cdot 11$ d) $128 = 2^7$
e) $150 = 2 \cdot 3 \cdot 5^2$ f) $225 = 3^2 \cdot 5^2$

S. 120, 12.
a) Frau Rubin kann zwischen vier Autos wählen: Dem roten Kleinwagen, der roten Limousine, dem roten Kombi und dem roten SUV.
b) Herr Groß hat die Wahl zwischen sechs verschiedenfarbigen Kombis.
c) Der Händler muss insgesamt 4 · 6 = 24 Autos ausstellen, damit jeder Wagen in jeder Farbe vertreten ist.
d) Der Händler kann zwei Farben wählen, die er nicht zeigen möchte. Für die erste Farbe hat er 6 Möglichkeiten, für die zweite nur noch 5. Dafür gibt es also 6 · 5 = 30 Möglichkeiten. Da die Reihenfolge, in der er die beiden Farben wählt, keine Rolle spielt, sind je zwei dieser Möglichkeiten gleich. Für die weggelassenen Farben gibt es deshalb 30 : 2 = 15 Möglichkeiten.

S. 121, 13.
a) −1000   b) −23   c) 1   d) 546
e) −2   f) −72   g) −6   h) 0

S. 121, 14.
a) −6812   b) −11 286   c) 15 712
d) −27   e) 343   f) −426

S. 121, 15.
a) −35 · (**−10**) = 350   b) **−6** · 100 = −600
c) 5 · (**−110**) = −550   d) **−3** · 7 = −21
e) −12 : (**−1**) = 12   f) **−272 000** : 1000 = −272
g) −560 : **7** = −80   h) **0** : (−2) = 0

S. 121, 16.
a) x = 12   b) x = 21   c) x = 108   d) x = 17

S. 121, 17.
a) 4 · 25 · 8 · 6 = 100 · 48 = 4800
b) (−2) · 5 · (−5) · 17 · (−3) = (−10) · (−5) · (−51)
= 50 · (−51) = −2550
c) 14 · 2 · 125 · (−8) = 28 · (−1000) = −28 000
d) 25 · (−2) · 15 · 11 = (−50) · 15 · 11 = (−750) · 11
= −8250
e) (−3) · (−5) · (−6) · 3 · 5 · 6 = (−90) · 90 = −8100
f) 279 · (−10) = −2790

S. 121, 18.
2 · 234 · 5 € = 234 · 2 · 5 € = 234 · 10 € = 2340 €
Insgesamt werden 2340 € gespendet.

S. 121, 19.
15 · 60 · 5 = 15 · 300 = 4500
Insgesamt werden 4500 Kubikmeter Kunstschnee angeliefert.

Lösungen zu Kapitel 5: Verbindung der Grundrechenarten

Dein Fundament (S. 124/125)

S. 124, 1.
a) 78   b) 118   c) 51   d) 678
e) 48   f) 51   g) 27   h) 87
i) 462   j) 182   k) 247   l) 99

S. 124, 2.
a) −5   b) 9   c) −151   d) −36
e) 108   f) −623   g) −229   h) −974

S. 124, 3.
a) 65   b) 17   c) 350   d) 199
e) 59   f) 79   g) 300   h) 3920

S. 124, 4.
a) 9 + **27** = 36   b) **21** + 31 = 52
c) 45 − **6** = 39   d) 79 + **18** = 97
e) 34 − **33** = 1   f) **129** − 29 = 100
g) **170** − 159 = 11   h) **0** + 12 = 12

S. 124, 5.
a) b) c)

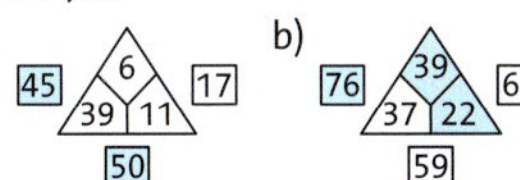

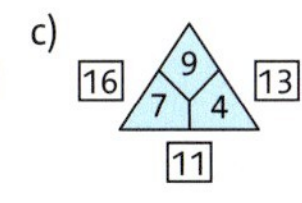

S. 124, 6.
$28 + 22 + 24 + 26 + 25 = 50 + 50 + 25 = 100 + 25 = 125$

S. 124, 7.
$\square + 67 - 48 = 35$, also $\square + 19 = 35$, also $\square = 16$
Herr Müller ist im 16. Stock in den Aufzug gestiegen.

S. 124, 8.
$-3 + 2 - 1 + 4 = 2$
Am Donnerstag waren 2 °C.

S. 124, 9.

a) 172	b) 310	c) 510	d) 584
e) 492	f) 720	g) 114	h) 266
i) 440	j) 288	k) 594	l) 2079

S. 125, 10.

a) 34	b) 32	c) 12	d) 14
e) 18	f) 12	g) 19	h) 19
i) 19	j) 49	k) 9	l) 19

S. 125, 11.

a) 10	b) −54	c) −243	d) 84
e) −12	f) −48	g) 119	h) −54

S. 125, 12.
a) $1000\,m : 25\,m = 40$
Linda muss 40 Bahnen schwimmen.
b) $17 \cdot 25\,m = 425\,m$
Linda hat bereits 425 m zurückgelegt.
c) $1000\,m - 425\,m = 575\,m$
Linda muss noch 575 m schwimmen.

S. 125, 13.
a) $7 \cdot 8 = 56$
b) $49 : 7 = 7$
c) $2 \cdot 2 = 4$ oder $2 + 2 = 4$
d) $140 - 70 = 70$
e) $12 + 0 = 12$ oder $12 - 0 = 12$
f) $132 - 5 = 127$
g) $0 \cdot 39 = 0$ oder $0 : 39 = 0$
h) $100 : 50 = 2$

S. 125, 14.
Beispiellösungen:
a) 33,50 € − 5,20 € = 28,30 €
b) 6 € + 3 € = 9 €
c) 4 · 3 € = 12 €
d) 25 km : 5 = 5 km

S. 125, 15.
a) Jede Zahl ist das Vierfache der vorherigen Zahl.
Nächste Zahlen: 1024; 4096
b) Jede Zahl ist das Doppelte der vorherigen Zahl.
Nächste Zahlen: 96; 192
c) Der Quotient zwischen zwei aufeinanderfolgenden Zahlen wird immer um 1 größer:
$1 : 1 = 1$; $2 : 1 = 2$; $6 : 2 = 3$; $24 : 6 = 4$
Nächste Zahlen: 120; 720

S. 125, 16.
a) $(48 + 31) + 59 = 138$

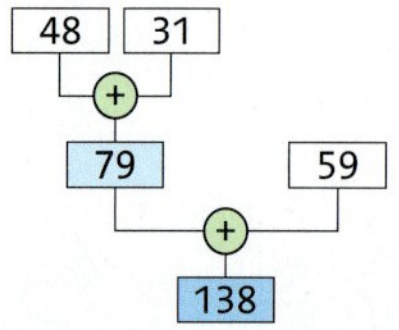

b) $(22 - 68) - (19 + (-23)) = -42$

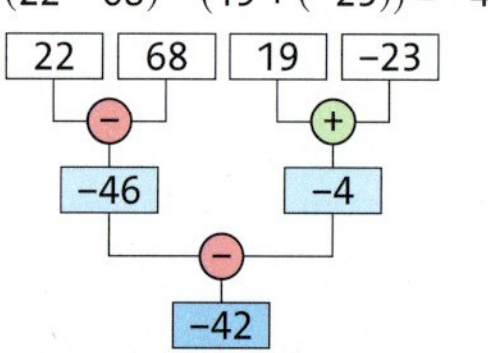

c) $(-25 - (-17)) + (25 + 17) = 34$

S. 125, 17.
a) Addition, zum Beispiel:
Kommutativgesetz: $1 + 2 = 2 + 1 = 3$
Assoziativgesetz: $1 + 3 + 7 = 1 + (3 + 7) = 1 + 10 = 11$
Multiplikation, zum Beispiel:
Kommutativgesetz: $2 \cdot 3 = 3 \cdot 2 = 6$
Assoziativgesetz: $7 \cdot 2 \cdot 5 = 7 \cdot (2 \cdot 5) = 7 \cdot 10 = 70$
b) Gegenbeispiele für Subtraktion:
Kommutativgesetz: $2 - 1 = 1$, aber $1 - 2 = -1$, die Ergebnisse sind nicht gleich.
Assoziativgesetz: $3 - 2 - 1 = 0$, aber $3 - (2 - 1) = 2$, die Ergebnisse sind nicht gleich.
Gegenbeispiele für Division:
Kommutativgesetz: $4 : 2 = 2$, aber $2 : 4 = 0\,R\,2$, die Ergebnisse sind nicht gleich.
Assoziativgesetz: $12 : 2 : 2 = 3$, aber $12 : (2 : 2) = 12$, die Ergebnisse sind nicht gleich.

Prüfe dein neues Fundament (S. 140/141)

S. 140, 1.
a) $12 + 72 = 84$
b) $62 + 8 = 70$
c) $4 \cdot 25 - 7 = 100 - 7 = 93$
d) $18 - 27 \cdot 2 = 18 - 54 = -36$
e) $12 - 16 + 7 = 12 + 7 - 16 = 19 - 16 = 3$
f) $30 + 60 = 90$
g) $32 - (-3) = 35$
h) $69 - 15 \cdot 2 = 69 - 30 = 39$

S. 140, 2.
a) $(-2) \cdot 6 + 3 = -9$

b) $8 \cdot (-5 + 12) = 56$

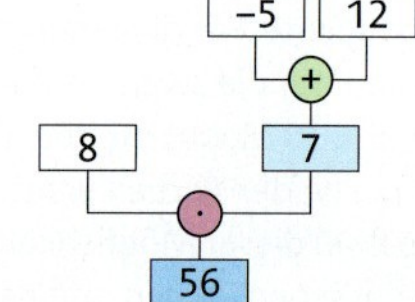

c) $(4 - 12) - 27 = -35$

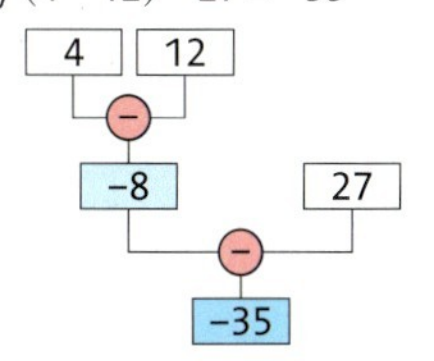

d) $(-8) \cdot 11 - (26 - (-7)) = -121$

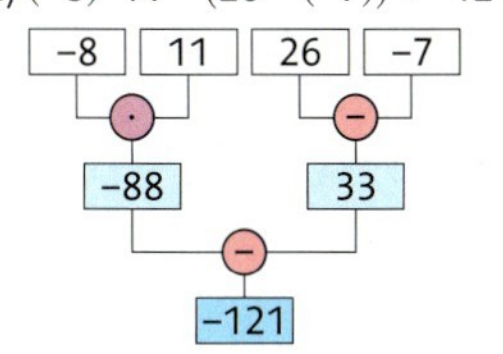

S. 140, 3.

a)

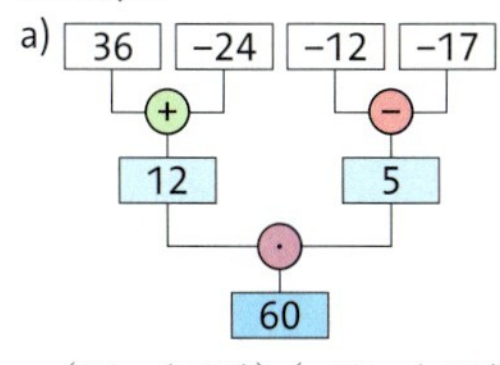

$(36 + (-24)) \cdot (-12 - (-17))$

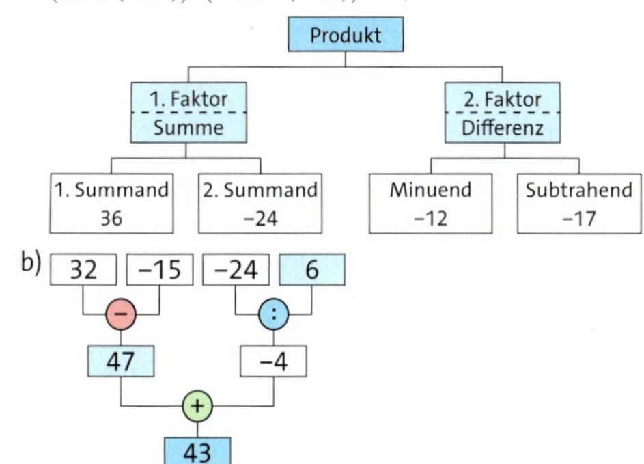

$(32 - (-15)) + (-24) : 6$

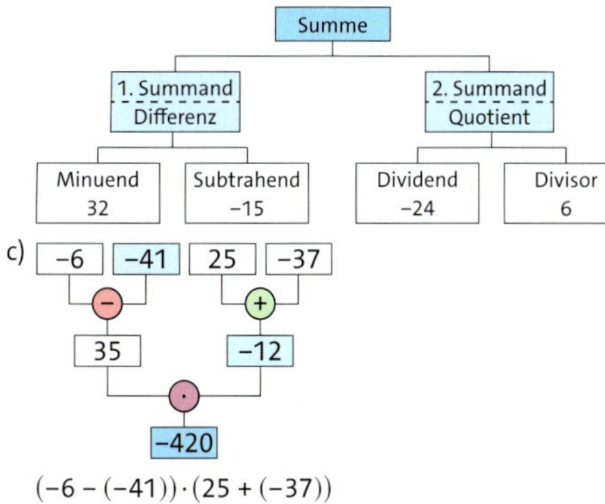

$(-6 - (-41)) \cdot (25 + (-37))$

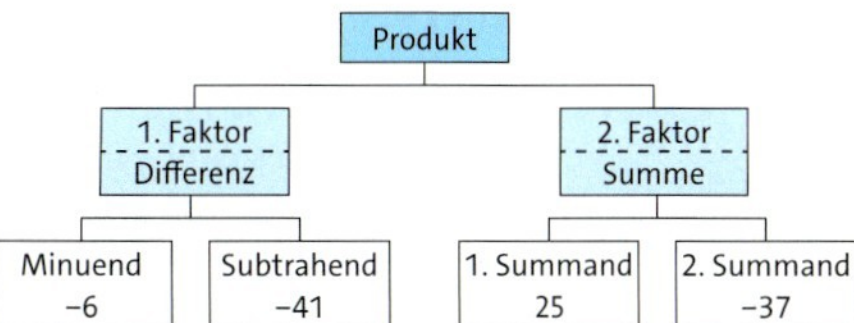

S. 140, 4.

a) $(3 + 6) \cdot 5 = 45$

b) $5 - 18 : (6 + 3) = 3$

c) $(19 - 3) : (3 + 5) = 2$

S. 140, 5.

a) $12 \cdot 6 + (-14) = 58$

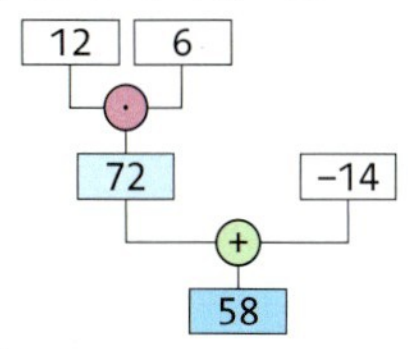

b) $(67 - 11) : (3 + 5) = 7$

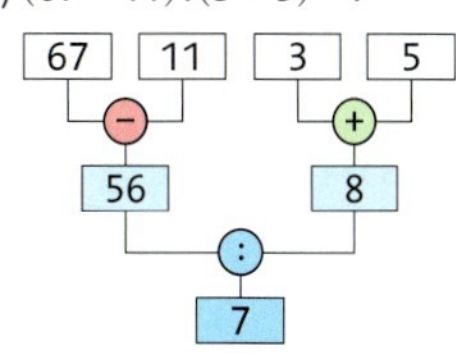

S. 140, 6.

a) 64	b) −24	c) 164
d) 13	e) 4	f) 528

S. 140, 7.

a) $15 + (740 + 260) + 430 = 1445$

b) $4 \cdot 25 \cdot 79 = 100 \cdot 79 = 7900$

c) $12 \cdot (-28 + 18) = -120$

d) $48 \cdot (-10) = -480$

e) $-20 \cdot 13 = -260$

f) $(200 - 1) \cdot 5 = 1000 - 5 = 995$

S. 140, 8.

a) 13 000	b) 23 700	c) 14 200	d) 32 000
e) 140 000	f) 30 000	g) 45	h) 40

S. 140, 9.

a) $45 - (45 - 78) = 45 - 45 + 78 = 78$

b) $20 - (-20 + 56) = 20 + 20 - 56 = -16$

c) $-20 - (-34 - 17) = -20 + 34 + 17 = 31$

d) $47 - (32 + 45) = 47 - 32 - 45 = -30$

e) $61 + (-32 + 75) = 61 - 32 + 75 = 104$

f) $-5 + (-41 - 13) = -5 - 41 - 13 = -59$

g) $-61 - (62 + 13) = -61 - 62 - 13 = -136$

h) $34 - (-14 + 13) = 34 + 14 - 13 = 35$

S. 140, 10.

a) 361	b) 216	c) 500	d) 12 000
e) 26	f) 176	g) 81	h) 72
i) 256	j) 90	k) 4	l) −356

S. 141, 11.

a) $(30 + 2) \cdot 14 = 420 + 28 = 448$

b) $28 \cdot (-50 - 1) = -1400 - 28 = -1428$

c) $120 \cdot (10 + 3) = 1200 + 360 = 1560$

d) $(100 - 2) \cdot 79 = 7900 - 158 = 7742$

e) $(-100 - 2) \cdot (-67) = 6700 + 134 = 6834$

f) $(-200 - 5) \cdot 34 = -6800 - 170 = -6970$

g) $(400 + 11) \cdot 81 = 32\,400 + 891 = 33\,291$

h) $111 \cdot (1000 - 1) = 111\,000 - 111 = 110\,889$

S. 141, 12.

a) $(28 + 2) \cdot (-24) = 30 \cdot (-24) = -720$

b) $(-74 - 47) \cdot 22 = (-121) \cdot 22 = (-121) \cdot (20 + 2)$
$= -2420 - 242 = -2662$

c) $23 \cdot (-47 + 47) = 0$

d) $-56 - 56 = -112$

e) $-2 + 2 + 7 + 2 = 9$

f) $-52 + 44 + 52 - 44 = 52 - 52 + 44 - 44 = 0$

g) $25 \cdot (22 - 1) = 25 \cdot 21 = 525$
h) $(-4) \cdot (4 + 2 + 7) = (-4) \cdot 13 = -52$
i) $7 \cdot (-284 - 7) = 7 \cdot (-291) = 7 \cdot (-300 + 9)$
$= -2100 + 63 = -2037$
j) 0
k) $(-27 - 10) \cdot 2 = -74$
l) $(-10)^2 : (-25) = 100 : (-25) = -4$

S. 141, 13.
$28 + (4 + 6) \cdot 5 = 28 + 10 \cdot 5 = 28 + 50 = 78$
Joris hat nach Weihnachten 78 Karten.

S. 141, 14.
$(1592 - 60 \cdot 14) : 8 = 94$
$94 + 60 = 154$
Es waren 154 Gäste in der Vorstellung.

S. 141, 15.
$(23 + 25 + 24 + 3) \cdot 9 = 75 \cdot 9 = 75 \cdot (10 - 1) = 675$
Alle Karten zusammen kosten 675 €.

S. 141, 16.
Es spielen so viele Menschen Klavier wie Flöte und Schlagzeug zusammen. Schlagzeug spielen doppelt so viele Menschen wie Flöte, also spielen Klavier insgesamt dreimal so viele Menschen wie Flöte. Gitarre spielen doppelt so viele Personen wie Klavier und Flöte zusammen, also insgesamt achtmal so viele Menschen wie Flöte. Alle Instrumente zusammen werden von insgesamt 168 Personen gelernt, das sind also 14-mal so viele Personen, wie Flöte spielen (Flöte + Schlagzeug + Gitarre + Klavier). 168 : 14 = 12, also lernen 12 Personen Flöte, 24 Personen Schlagzeug, 36 Personen Klavier und 96 Personen Gitarre spielen.

Lösungen zu Kapitel 6: Größen und ihre Einheiten

Dein Fundament (S. 144/145)

S. 144, 1.
a) 3 cm b) 4,5 cm oder 45 mm c) 8 mm

S. 144, 2.
850 m (Länge), 300 g (Masse), 2 kg (Masse), 200 g (Masse), 9,56 € (Geld), 35 Minuten (Zeit)

S. 144, 3.
a) 45 min
b) 8 Unterrichtsstunden sind $8 \cdot 45$ min = 360 min, also 6 Stunden. Dazu kommen $3 \cdot 5$ min + $2 \cdot 10$ min + 15 min + 30 min = 80 min, also 1 h 20 min Pause. Benedikt hat also nach insgesamt 7 h 20 min Unterrichtsschluss, das ist um 15:05 Uhr.
c) Eine Minute hat 60 Sekunden. Eine Schulstunde mit 45 Minuten hat also $45 \cdot 60$ s = 2700 s. Benedikt hat also zu viele Sekunden gezählt.

S. 144, 4.
Individuelle Lösungen, zum Beispiel:
a) 12 cm b) 65 cm c) 40 cm d) 7 kg e) 3 s

S. 144, 5.

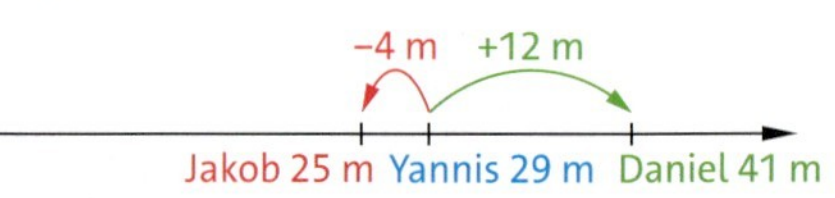

Jakob hat 25 m weit geworfen und Daniel 41 m weit.

S. 144, 6.
20 € − 15,36 € = 4,64 €
Milan bekommt 4,64 € Wechselgeld.

S. 144, 7.
7,69 € + 1,25 € + 2,49 € = 11,43 €
Tabeas Einkauf kostet 11,43 €.

S. 144, 8.
a) 5,25 € : 7 = 0,75 €
Ein Rosinenbrötchen kostet 0,75 €.
b) 4,50 € : 2 = 2,25 €; $5 \cdot 2{,}25$ € = 11,25 €
Fünf Stück Apfelkuchen kosten 11,25 €.
c) $5 \cdot 25$ ct = 125 ct = 1,25 €
Fünf einzelne Bleistifte kosten zusammen 1,25 €.
Der Vorteilspack lohnt sich.

S. 145, 9.
1,68 € : 6 = 0,28 €; $9 \cdot 0{,}28$ € = 2,52 €
Ein Foto kostet 0,28 €, also muss Bastian 2,52 € bezahlen.

S. 145, 10.
a) Im Laden bezahlt man 6,75 €. $(5 \cdot 1{,}35 = 6{,}75)$
Im Internet bezahlt man 7,75 €.
$(5 \cdot 1{,}01 + 2{,}70 = 7{,}75)$
Im Laden kauft man günstiger ein.
b) 10 Blöcke kosten im Internet (einschließlich Versandkosten) 12,80 €. $(10 \cdot 1{,}01 + 2{,}70 = 12{,}80)$
c) 7 Blöcke kosten im Laden 9,45 € und im Internet 9,77 €. 8 Blöcke kosten im Laden 10,80 € und im Internet 10,78 €. Ab 8 Blöcken lohnt sich also der Kauf im Internet.

S. 145, 11.
(53,30 € − $3 \cdot 13{,}50$ €) : 2 = 12,80 € : 2 = 6,40 €
Eine Tüte Popcorn kostet 6,40 €.

S. 145, 12.
a) 300 b) 72 c) 7200 d) 1440
e) 3 f) 7 g) 60 h) 9

S. 145, 13.
a) 2400 b) 13 000 000
c) 980 d) 8200

S. 145, 14.
a) 36 b) 240 c) 90 d) 30

S. 145, 15.
a) 1 € b) 6 € c) 625 € d) 2 €

S. 145, 16.
a) Wahr, denn solange die Pumpe betrieben wird, verbraucht sie Strom, und dieser muss bezahlt werden.
b) Falsch, da ein Mensch im Alter auch abnehmen oder sein Gewicht halten kann.
c) Falsch, da nicht beliebig viele Köche am Gericht mitarbeiten können. Zu viele Köche behindern sich sogar eher, als dass sie sich noch helfen.

S. 145, 17.
Individuelle Lösungen, zum Beispiel:
a) rund 150
b) rund 300

Prüfe dein neues Fundament (S. 168/169)

S. 168, 1.

Objekt	Höhe	Masse
Basketball	240 mm = 24 cm	0,6 kg = 600 g
Teetasse	0,1 m = 10 cm	410 000 mg = 410 g
1-ℓ-Milch-karton	2 dm = 20 cm	1000 g = 1 kg
Spielwürfel	16 mm	3000 mg = 3 g
Kleinwagen	1500 mm = 1,5 m	1400 kg = 1,4 t

S. 168, 2.
a) 70 cm = 700 mm b) 23 t = 23 000 kg
c) 7 min = 420 s d) 470 cm = 47 dm
e) 800 dm = 80 000 mm f) 420 min = 7 h
g) 10 kg = 10 000 000 mg h) 550 000 mm = 550 m

S. 168, 3.
a) 5,6 dm = 56 cm b) 14,5 t = 14 500 kg
c) 2,875 m = 2875 mm d) 10,90 € = 1090 ct
e) 0,04 kg = 40 g f) 30,15 km = 30 150 m

S. 168, 4.
a) 28,9 m b) 120 s = 2 min
c) 5,36 € d) 233,3 g

S. 168, 5.
a) 2,9 km b) 1085 g c) 290 min d) 16,2 cm
e) 60 cm f) 3 € g) 6 min h) 8,80 m

S. 168, 6.
a) 12 km b) 12,2 kg c) 8 m d) 4 e) 38,50 €
f) 8 g) 28 min h) 14 mm i) 8 j) 8

S. 168, 7.
a) 22:10 Uhr b) 4 Stunden 14 Minuten

S. 168, 8.
Division durch 3: 50 g Weingummi kosten 0,70 €.
Multiplikation mit 10: 500 g Weingummi kosten 7 €.

S. 168, 9.
Multiplikation mit 5: 125 Platten kosten 250 €.

S. 168, 10.
Division durch 4: 4 Bilder kosten 0,80 €.
Multiplikation mit 3: 12 Bilder kosten 2,40 €.

S. 168, 11.
150-g-Dose: Division durch 3, Multiplikation mit 20 : 1 kg kostet 8,60 €.
220-g-Dose: Division durch 22, Multiplikation mit 100 : 1 kg kostet 7 €.
120-g-Dose: Division durch 12, Multiplikation mit 100 : 1 kg kostet 9 €.
Das Angebot in der 220-g-Dose ist pro kg am günstigsten.

S. 168, 12.
Individuelle Zeichnungen. Die Halle ist in der Zeichnung 8 cm lang und 5 cm breit.

S. 169, 13.
252 000 m = 252 km

S. 169, 14.
a) Falsch. 2 cm in Marks Modell entsprechen 90 cm in der Wirklichkeit. Die Hälfte von 2 cm, also 1 cm, in Peters Modell entsprechen 100 cm in der Wirklichkeit. Das ist mehr als 90 cm, daher ist Peters Flugzeug in der Wirklichkeit länger.
b) Richtig. Es gilt die gleiche Begründung wie in a).
c) Richtig. 2 cm in Marks Modell entsprechen 90 cm in der Wirklichkeit. Die Hälfte von 2 cm, also 1 cm, in Peters Modell entsprechen ebenfalls 90 cm in der Wirklichkeit.

S. 169, 15.
Astrid: 6 cm · 100 000 = 600 000 cm = 6 km
Lea: 9 cm · 500 000 = 450 000 cm = 4,5 km
Sarah: 20 cm · 25 000 = 500 000 cm = 5 km
Astrid wohnt am weitesten von der Schule entfernt.

S. 169, 16.
Radius im Bild: 1,5 cm
1,5 cm = 15 mm entsprechen
6371 km = 6 371 000 000 mm
6 371 000 000 : 15 ≈ 424 733 333, also Maßstab rund 1 : 424 733 333

S. 169, 17.
a) 3000 Umdrehungen
b) 3000 s, also 50 min

Lösungen zu Kapitel 7: Flächeninhalt

Dein Fundament (S. 172/173)

S. 172, 1.
In jeder Reihe liegen 6 Platten, es gibt 7 Reihen. Daher werden 6 · 7 = 42 Platten benötigt.

S. 172, 2.
a) Es passen insgesamt 16 Quadrate in die Figur und es fehlen noch 12.
b) Es passen insgesamt 28 Quadrate in die Figur und es fehlen noch 21.
c) Es passen insgesamt 20 Quadrate in die Figur und es fehlen noch 10.
d) Es passen insgesamt 9 Quadrate in die Figur und es fehlen noch 4.

S. 172, 3.
Das gefärbte Dreieck passt 36-mal in Figur ① und 37-mal in Figur ②. Figur ② ist also größer.

S. 172, 4.
a) 45 mm b) 312 cm c) 1500 m d) 1892 mm

S. 172, 5.
a) 6 cm = 60 **mm** b) 5 km = 5000 **m**
c) 4,5 m = 450 **cm** d) 2000 mm = 2 **m**

S. 172, 6.
60 cm = 6 dm = 600 mm 60 dm = 6 m = 600 cm
0,6 km = 600 m = 6000 dm

S. 172, 7.
a) richtig
b) falsch, 5 cm = 50 mm oder 500 cm = 50 dm oder 5 dm = 50 cm
c) richtig
d) falsch, 2,5 km = 2500 m oder 0,25 km = 250 m

S. 173, 8.
a) (15 + 25) + (41 + 19) = 100
b) (63 + 27) + (14 + 36) = 140
c) (13 + 12 + 5) + 37 = 67
d) (63 + 47) + (103 + 27) = 240

S. 173, 9.
a) 72 b) 152 c) 60 d) 392

S. 173, 10.
a) 30 cm b) 42 dm c) 16 910 m d) 50 cm
e) 32 cm f) 8 cm g) 26 m h) 8 m
i) 22 cm j) 34 cm k) 25 cm l) 170 cm

S. 173, 11.
a) Ü: 140 · 10 = 1400
134 · 12 = 1608
b) Ü: 300 · 20 = 6000
346 · 18 = 6228
c) Ü: 150 · 100 = 15 000
140 · 120 = 16 800
d) Ü: 10 · 3500 = 35 000
11 · 3453 = 37 983
e) Ü: 400 : 20 = 20
360 : 18 = 20
f) Ü: 400 : 10 = 40
420 : 12 = 35
g) Ü: 200 : 20 = 10
195 : 15 = 13
h) Ü: 500 000 : 25 000 = 20
600 000 : 25 000 = 24
Es sind auch andere Überschläge möglich.

S. 173, 12.
a) 2100 = 700 · **3** = 70 · **30** = 7 · **300**
b) 12 000 = 2 · **6000** = 30 · **400** = 400 · **30** = 6000 · **2**
c) 2400 = 200 · **12** = 400 · **6** = 800 · **3**
d) 72 000 = 8 · **9000** = 80 · **900** = 800 · **90** = 8000 · **9**

S. 173, 13.
Zeichenübung

S. 173, 14.
a) a = 12 cm − 3 cm = 9 cm
b) a = 12 cm : 3 = 4 cm (und b = 8 cm)

S. 173, 15.

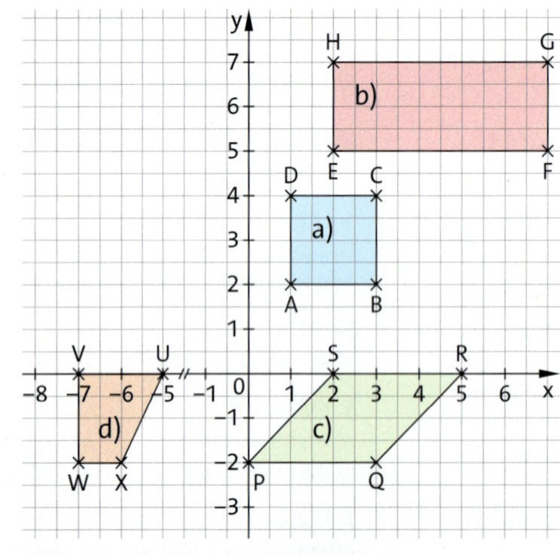

a) Quadrat b) Rechteck
c) Parallelogramm d) Trapez

S. 173, 16.
Zeichenübung. D(3|3)

S. 173, 17.

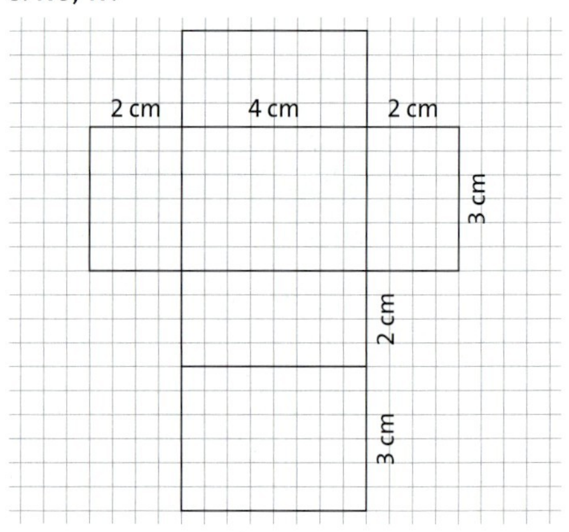

S. 173, 18.
a) Ja, da es 6 rechteckige Flächen gibt, von denen je zwei die gleichen Seitenlängen haben. Zudem sind die Flächen so angeordnet, dass man sie zu einem Quader falten kann.
b) Nein, da das Netz nur aus 5 Flächen besteht, ein Quader aber 6 Flächen hat.
c) Nein, da die 6 Rechtecke alle in einer Reihe angeordnet sind, sodass beim Falten immer zwei Seiten offen bleiben.
d) Ja, da es 6 rechteckige Flächen gibt, von denen je zwei die gleichen Seitenlängen haben. Zudem sind die Flächen so angeordnet, dass man sie zu einem Quader falten kann.

Prüfe dein neues Fundament (S. 202/203)

S. 202, 1.
① 16 ② 10 ③ 10 ④ 12 ⑤ 9,5
a) Figur ① b) Figur ⑤ c) Figuren ② und ③

S. 202, 2.
a) 20 000 cm² b) 3 dm² c) 10 000 m² d) 2 a

S. 202, 3.
a) 81 km²: Nein, Nordrhein-Westfalen ist mehr als 400-mal so groß (34 098 km²).
b) 7000 cm² = 0,7 m²: Kann stimmen.
c) 4 m²: Nein, selbst eine kleine Ein-Zimmer-Wohnung ist 5-mal so groß.
d) Kann stimmen, Fußballfelder sind zwischen 40,5 a und 108 a groß.

S. 202, 4.
Umrechnen aller Größen in cm² ergibt:
2000 cm²; 500 cm²; 10 000 cm²; 4000 cm²; 30 000 cm²
Also folgt:
50 000 mm² < 20 dm² < 4000 cm² < 1 m² < 300 dm²

S. 202, 5.
a) A = 48 cm²; u = 32 cm
b) A = 81 mm²; u = 36 mm
c) a = 200 cm; A = 30 000 cm² = 3 m²; u = 700 cm = 7 m

S. 202, 6.

	a)	b)	c)	d)
Breite	3 m	**4 cm**	2 cm	**2 dm**
Länge	5 m	4 cm	**4 cm**	5 dm
Flächeninhalt A	**15 m²**	16 cm²	**8 cm²**	1000 cm²
Umfang u	**16 m**	**16 cm**	120 mm	**14 dm**

S. 202, 7.

a) Individuelle Begründungen.
Flächeninhalt: ① 2400 m² ② 4800 m²

b) Umfang: ① 320 m ② 340 m
Grundriss ② hat den größeren Umfang.

S. 202, 8.

a) Der Umfang vergrößert sich um 12 cm:
$u_{neu} = (a + 3\,cm) + (b + 3\,cm) + (a + 3\,cm)$
$+ (b + 3\,cm)$
$= (a + b + a + b) + (3\,cm + 3\,cm + 3\,cm + 3\,cm)$
$= u_{alt} + 12\,cm$

b) Der Flächeninhalt vervierfacht sich:
$A_{neu} = (2 \cdot a) \cdot (2 \cdot a) = 2 \cdot 2 \cdot a \cdot a = 4 \cdot a^2 = 4 \cdot A_{alt}$

S. 202, 9.

Individuelle Lösungen, mögliche Rechtecke sind zum Beispiel:
a = 1 cm, b = 6 cm, u = 14 cm
a = 2 cm, b = 3 cm, u = 10 cm

S. 203, 10.

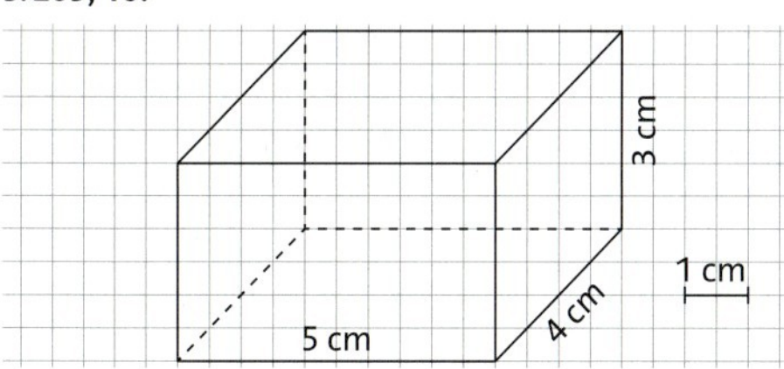

S. 203, 11.

a) O = 88 cm² b) O = 104 cm²
c) O = 198 cm² d) O = 486 cm²

S. 203, 12.

a) O = 88 m²

b) $O = 2 \cdot 8 \cdot 2\,cm^2 + 2 \cdot 6 \cdot 2\,cm^2 + 2 \cdot 8 \cdot 2\,cm^2$
$+ 2 \cdot 4 \cdot 2\,cm^2 = 104\,cm^2$

c) $O = 2 \cdot (5 \cdot 30\,cm^2 + 2 \cdot 5 \cdot 75\,cm^2) + 2 \cdot 20 \cdot 30\,cm^2$
$+ 2 \cdot 20 \cdot 80\,cm^2 + 2 \cdot 20 \cdot 75\,cm^2 = 9200\,cm^2 = 92\,dm^2$

S. 203, 13.

a) 18 m² Teppich werden benötigt.

b) u = 22 m
Es müssen für 19 m und 60 cm Fußbodenleisten besorgt werden.

c) Familie Knettel kann einmal 5 m × 2 m und einmal 4 m × 2 m kaufen. Dann bleibt kein Rest übrig und die Familie kauft nicht mehr Teppich als nötig.

S. 203, 14.

a) $O = 6 \cdot 10\,cm \cdot 10\,cm = 600\,cm^2$
Eva benötigt mindestens 600 cm² Papier.

b) Das Geschenkband muss zweimal um das Geschenk gewickelt werden, dafür sind insgesamt 80 cm nötig. Dazu kommen 50 cm für die Schleife. Eva braucht also mindestens 130 cm Geschenkband.

Technische Zeichnungen:
Cornelsen/Christian Böhning

Illustrationen:
Cornelsen/Stefan Bachmann

Abbildungen:
Cover Shutterstock.com/ImagineStock; **2 o.** Shutterstock.com/Hrecheniuk Oleksii; **2 Mi.** stock.adobe.com/matimix; **2 u.** Shutterstock.com/stable; **3 o.** www.colourbox.de/Colourbox.com; **3 Mi.** Shutterstock.com/Petr Bonek; **3 u.** Shutterstock.com/sirtravelalot; **4 o.** stock.adobe.com/Copyright Violeta Chalakova Photoqraphy/VioNet; **4 Mi.** stock.adobe.com/Christian Schwier; **4 u.** Shutterstock.com/Kekyalyaynen; **5** Shutterstock.com/Hrecheniuk Oleksii; **7** Shutterstock.com/Sergey Novikov; **8** Shutterstock.com/Avigator Fortuner; **10** mauritius images/Science Photo Library; **11** Shutterstock.com/N.Minton; **12/III** stock.adobe.com/Manfred Herrmann www.herr-m.at/Manfred Herrmann; **12/IV** akg-images/akg-images\Bildarchiv Monheim/Schütze/Rodemann; **14 Burj al Arab** Shutterstock.com/Nadezda Murmakova; **14 Freiheitsstatue** Shutterstock.com/spyarm; **14 Burj Khalifa** Shutterstock.com/S-F; **14 Petronas Towers** Shutterstock.com/Patrick Foto; **14 Frauenkirche** Shutterstock.com/tichr; **14 Gran Torre** Shutterstock.com/Jose Luis Stephens; **15** Shutterstock.com/Amy Johansson; **20** Shutterstock.com/Arsgera; **21** mauritius images/alamy stock photo/BSIP SA; **24** Shutterstock.com/Mehdi Photos; **27** stock.adobe.com/matimix; **31** stock.adobe.com/powell83; **35** Shutterstock.com/Dima Zel; **37** Shutterstock.com/SergiyN; **40** Shutterstock.com/Mikhail Markovskiy; **44** Shutterstock.com/MaeManee; **48** Shutterstock.com/BearFotos; **49** Shutterstock.com/Andreas Muth-Hegener; **50** Imago Stock & People GmbH/UPI Photo; **55** Shutterstock.com/stable; **64** stock.adobe.com/obelicks; **69** stock.adobe.com/anamejia18; **70** Shutterstock.com/De Visu; **72** Shutterstock.com/Smileus; **78** stock.adobe.com/photophonie; **80** Shutterstock.com/Roman Sigaev; **85** stock.adobe.com/ArTo; **91** www.colourbox.de/Colourbox.com; **93** Shutterstock.com/Romolo Tavani; **99** Shutterstock.com/Alen thien; **100** stock.adobe.com/Fotosasch; **106** Shutterstock.com/SpeedKingz; **107** Shutterstock.com/Syda Productions; **111** Shutterstock.com/stockfour; **112** Shutterstock.com/Marzolino; **113** Shutterstock.com/Naples photo; **114** stock.adobe.com/Fotosasch; **118** Shutterstock.com/noBorders - Brayden Howie; **121/18** Shutterstock.com/Andrey_Popov; **121/19** Shutterstock.com/Mikadun; **123** Shutterstock.com/Petr Bonek; **124** Shutterstock.com/by-studio; **125 Beine** stock.adobe.com/Halfpoint; **125 Vögel** stock.adobe.com/Pakhnyushchyy; **125 Getränk** Shutterstock.com/REDSTARSTUDIO; **125 Lauf** stock.adobe.com/contrastwerkstatt; **129** Shutterstock.com/Wolfgang Zwanzger; **133** Shutterstock.com/leolintang; **135** Shutterstock.com/Mathias Berlin; **136** stock.adobe.com/karandaev; **137** stock.adobe.com/storm; **141/15** Shutterstock.com/Altrendo Images; **141/16** Shutterstock.com/Africa Studio;**143** Shutterstock.com/sirtravelalot; **144/4** Shutterstock.com/White bear studio; **144/5** Shutterstock.com/oksankash; **145/11** Shutterstock.com/Serhii Bobyk; **145/17a)** Shutterstock.com/Pashu Ta Studio; **145/17b)** Shutterstock.com/AndreAnita; **146 o.** dpa Picture-Alliance/AP Photo; **146 Elefant** Shutterstock.com/Patryk Kosmider; **146 Reis** Shutterstock.com/innakreativ; **146 Tasse** Shutterstock.com/Andrei Kuzmik; **147** Shutterstock.com/franz12; **148 Frosch** dpa Picture-Alliance/imageBROKER; **148 Fels** interfoto e.k.; **148 Fledermaus** mauritius images/Oliver Borchert; **148 Parkscheibe** Shutterstock.com/Stefanie Keller; **148 Sonn- und Feiertage** Shutterstock.com/stockphoto-graf; **148 Lkw-Schild** Shutterstock.com/stockphoto-graf; **148 5,5-t-Schild** Shutterstock.com/stockphoto-graf; **148/15** Shutterstock.com/M.Aurelius; **150 Seehund** stock.adobe.com/Eric Isselée; **150 Hund** stock.adobe.com/meldes; **150 Katze** stock.adobe.com/masterloi; **150 Luchs** Shutterstock.com/Eric Isselee; **151** stock.adobe.com/contrastwerkstatt; **153** Shutterstock.com/Four Oaks; **155** Shutterstock.com/theshots.co; **156** Shutterstock.com/Mr.Alex M; **157/15** Shutterstock.com/Daisy Daisy; **157/18** Shutterstock.com/Kurt-Georg Rabe; **158** Shutterstock.com/Maridav; **160** Shutterstock.com/Davydenko Yuliia; **161** Cornelsen/Inhouse; **165/13** Shutterstock.com/Peter Hermes Furian; **165/15** Bridgemanimages/© Look and Learn; **166 Wal** Shutterstock.com/seb2583; **166 Schlange** Shutterstock.com/Anukool Manoton; **166 Schildkröte** Shutterstock.com/Danny Alvarez; **166 Giraffe** Shutterstock.com/meunierd; **166 Gepard** Shutterstock.com/Maros Bauer; **166 Strauß** Shutterstock.com/Elsa Hoffmann; **167** stock.adobe.com/doomu; **169** Shutterstock.com/max dallocco; **171** stock.adobe.com/Copyright Violeta Chalakova Photoqraphy/VioNet; **180/11** stock.adobe.com/hanohiki; **180/12** Bridgeman Images/AGIP; .; **181** stock.adobe.com/franzdell; **185** Shutterstock.com/Valerio951; **188** Shutterstock.com/liveostockimages; **193/5** stock.adobe.com/janvier; **193 Laufbahn** stock.adobe.com/bugphai; **193 Graffiti** stock.adobe.com/photoman120; **193 Hickelkasten** stock.adobe.com/Agence DER; **199** HERMEDIA Verlag GmbH, Riedenburg/TimeTEX/www.timetex.de; **201** Shutterstock.com/giedre vaitekune; **205** stock.adobe.com/Christian Schwier; **207** Cornelsen/Inhouse; **209** Shutterstock.com/Kekyalyaynen

Die Spielidee zu Aufgabe 8 auf S. 21 entstammt dem preisgekrönten Kartenspiel „The Mind“ – Die Verwendung findet mit freundlicher Genehmigung der Nürnberger Spielkarten Verlag GmbH statt.

Autoren: Hans Ahrens, Nina Ankenbrand, Dr. Frank Becker, Prof. Dr. Ralf Benölken, Jan Block, Dirk Bresinsky, Brigitte Distel, Anne-Kristina Durstewitz, Daniela Eberhard, Dr. Wolfram Eid, Dr. Lothar Flade, Carina Freytag, Nico Friese, Dr. Matthias Gercken, Daniel Geukes, Anneke Haunert, Jens Heinemann, Nadeshda Janzen, Friedrich Kammermeyer, Walter Klages, Brigitta Krumm, Dr. Hubert Langlotz, Micha Liebendörfer, Renatus Lütticken, Christian Marticke, Arne Mentzendorff, Axel Müller, Thorsten Niemann, Dr. Andreas Pallack, Dr. habil. Manfred Pruzina, Melanie Quante, Dr. Ulrich Rasbach, Wolfgang Ringkowski, Anna-Kristin Rose, Reinhard Schmidt, Klaus Schuster, Angelika Siekmann, Christian Theuner, Alexander Uhlisch, Jonas Vogl, Andreas von Scholz, Dr. Christian Wahle, Anja Widmaier, Florian Winterstein, Dr. Sandra Wortmann

Beratung: Brigitte Distel
Herausgeber: Brigitte Distel, Dr. Andreas Pallack
Redaktion: Henning Knoff, Antonia Kraus
Rechteprüfung: Kai Mehnert
Illustration: Stefan Bachmann
Grafik: Christian Böhning
Umschlaggestaltung: Studio SYBERG, Berlin
Layoutkonzept: klein & halm GbR
Technische Umsetzung: PER MEDIEN & MARKETING GmbH

Begleitmaterialien zum Lehrwerk

für Schülerinnen und Schüler
Trainingsheft mit Medien Klasse 5 978-3-06-040723-1

für Lehrerinnen und Lehrer
Unterrichtsmanager Plus 1100033450
Lösungsheft Klasse 5 978-3-06-040724-8

www.cornelsen.de

1. Auflage, 1. Druck 2025

Alle Drucke dieser Auflage sind inhaltlich unverändert und können im Unterricht nebeneinander verwendet werden.

Allgemeiner Hinweis zu den in diesem Lehrwerk abgebildeten Personen:
Soweit in diesem Buch Personen fotografisch abgebildet sind und ihnen von der Redaktion fiktive Namen, Berufe, Dialoge und Ähnliches zugeordnet oder diese Personen in bestimmte Kontexte gesetzt werden, dienen diese Zuordnungen und Darstellungen ausschließlich der Veranschaulichung und dem besseren Verständnis des Buchinhalts.

Die enthaltenen Links verweisen auf digitale Inhalte, die der Verlag bei verlagsseitigen Angeboten in eigener Verantwortung zur Verfügung stellt. Links auf Angebote Dritter wurden nach den gleichen Qualitätskriterien wie die verlagsseitigen Angebote ausgewählt und bei der Erstellung des Lernmittels sorgfältig geprüft. Für spätere Änderungen der verknüpften Inhalte kann keine Verantwortung übernommen werden.

Druck und Bindung: Livonia Print, Riga

ISBN 978-3-06-040722-4 **(Schulbuch)**
ISBN 1100033445 **(E-Book)**